话语·观念·建筑研究论丛

中国现代建筑“空间”话语历史研究（20世纪20–80年代）

A HISTORICAL RESEARCH OF THE SPACE DISCOURSE IN MODERN CHINESE ARCHITECTURE (1920S-1980S)

闵晶 著

中国建筑工业出版社

图书在版编目（CIP）数据

中国现代建筑“空间”话语历史研究（20世纪20–80年代）/ 闵晶著．—北京：中国建筑工业出版社，2016.12
（话语·观念·建筑研究论丛）
ISBN 978-7-112-20059-7

Ⅰ.①中… Ⅱ.①闵… Ⅲ.①建筑史—研究—中国—近代 Ⅳ.①TU-092.5

中国版本图书馆CIP数据核字（2016）第263884号

责任编辑：何　楠
书籍设计：张悟静
责任校对：王宇枢　张　颖

话语·观念·建筑研究论丛
中国现代建筑“空间”话语历史研究（20世纪20–80年代）
闵晶　著
*
中国建筑工业出版社出版、发行（北京海淀三里河路9号）
各地新华书店、建筑书店经销
北京京点图文设计有限公司制版
北京中科印刷有限公司印刷
*
开本：787×1092毫米　1/16　印张：22¼　字数：443千字
2017年9月第一版　2017年9月第一次印刷
定价：65.00元
ISBN 978-7-112-20059-7
（29528）

丛书前言

对研究方法的自觉是现代研究区别于传统学术的重要标志之一。近现代建筑史研究经前辈开创至今逾六十载，始终保持着清晰的学术传承脉络。各位前辈在研究方法和资料搜集等经验性研究方面做出了源远流长的非凡工作，泽被和激励着后辈去努力。

本丛书以鲜明的方法意识为线索，选目的共同特点，是以话语和观念研究作为研究方法，尝试将建筑史、观念史、社会史融合，倡导多维视角下具有明确的问题意识、方法意识和本土化视角的现代中国建筑史研究。

立场与问题意识

建筑历史的研究是否是一门科学？在历史面前，“我”能够做些什么？这个看似宏大的问题对确定本论丛的立场和研究问题关系重大。对于本论丛来说，历史研究不但是“揭露真相的面纱”，还原历史的真相，更是为历史寻找一种新的解读和诠释。这种诠释由来自当下的问题意识和批判性思考所驱动和制约。

本论丛的研究基于思考“如何理解近现代建筑话语乃至建筑文化的剧变”这个问题，试图与历史文献和当代研究文献进行对话。

话语与方法意识

本论丛的共同特征之一，就是尝试将建筑史放入思想文化史的大语境中考察，将关键词和话语分析作为建筑史研究的手段。

“话语”不只是写在文献报刊中的那些语言文字，而是受社会行为的驱动，并且对社会性实践产生影响的能动性力量。“不是人在说语言，而是语言在说人。”（索绪尔）话语的意义不在于去寻找说这些话的人是谁，而是确认，在某个历史的时刻，某些话在某些场合下，被说出来了。从某种意义上说，话语，就是行动。正如维特根斯坦所说：“说，就是做。”话语方法试图强调话语本身的实践性力量，而不仅是作为社会现实的被动反映。

现代与本土化视角

近现代中国的“现代”，毫无疑问与西方紧密相连。在整体来自西方移植的建筑学科中，中国问题研究的西方中心倾向是与生俱来的。然而，这也正是今天反思它的原因。中国语境下的“现代”，不应该采用某一个的西方标准，而应该在中国自身历史发展的脉络中去衡量和界定，即使学习西方一直是我们的目标。另一方面，在现代化的过程中，本土文化的传统是不可忽视的因素，甚至可以说，本土文化内部发展的需求和动力是决定外来影响作用方式和发展方向的根本因素。

总之，话语分析与建筑文化史叙述的方法相结合，外在的社会影响与建筑学科内在发展相结合是本论丛的研究策略：将语言放在它的文化、技术和社会环境中加以研究，用观念史的方法拓展建筑史研究的视野和维度。

序

“空间”，这个建筑专业人已太过熟悉的概念，早已是讨论建筑的常用词语，也是设计实践的基本思维方式。也许正因如此，我们已不太关注空间概念在中国的建筑学领域中是何时开始使用的，也少有人追问这个概念当时是如何从西方引入，为何引入，又是如何在中国建筑的现代进程中被接受、转变和发展的。

考察当代学术状况，有关中国近、现代建筑史的研究日益发展，无论是观念层面还是实践层面，也无论是相关社会、历史和文化环境的探源，还是关于学科自身进程的追溯，研究成果多样，学术视野拓展，尤其是深入到观念史和学科史的专题研究已成显著趋势。中国近现代建筑史学者赖德霖在《从宏观的叙述到个案的追问：近 15 年中国近代建筑史研究评述》一文中指出：“中国近代建筑话语或思想的形成无疑是近代建筑史研究中最重要的问题。它反映了中国建筑家在接受了西方建筑学的体系后，对于中国建筑自身现代化发展道路的思考。”空间无疑是 20 世纪中国近、现代建筑发展中的核心议题，但对于“空间”话语的历史是如何演进的，一直未能看到比较系统的研究。

闵晶博士的《中国现代建筑“空间”话语历史研究（20 世纪 20—80 年代）》，正是针对这一专题的研究成果。这是一部由作者的博士学位论文发展而来的学术专著，它聚焦“空间”问题，并将其基本概念和相关议题放回到历史环境和学科进程中考察探微。作者沿着半个多世纪中国建筑的发展脉络，在大量纷繁复杂的文献资料中寻觅、发现和梳理，以 1920 年代至 1952 年、1952~1976 年以及 1977 年至 1980 年代三个时期的相关史实与建筑观念的全面叙述，丰富地呈现出了近、现代中国建筑“空间”话语的来源、传播与影响，在一定程度上为中国近、现代建筑发展史填补了一项历史理论研究领域的空白。

以“话语”展开历史叙述，是这一专题史研究的独特架构。在著作的开篇，作者就借用陈寅恪的“凡解释一字即是作一部文化史”，强调这个“空间”议题的讨论根本上也是一项观念史和文化史的研究。作为文化概念，“话语”（Discourse）指的是特定社会语境中人与人之间进行沟通的具体言语行为，强调的是其作为交流方式和手段的存在。在法国哲学家福柯看来，“话语”的言说通过一定的术语、概念和范畴来表述，是可以被广泛地运用于社会理论和社会分析之中的。因而，“话语分析”（Discourse Analysis）作为一种研究方法，与以往更多关注对象客观性的研究不同，涉及的是人如何表达对象、为什么要表达这些对象以及怎样表达这些对象等一系列问题，并通过语言使用的变化，揭示话语与言语者之间的复杂关系以及这些变化与社会、文化等诸多因素的关联性。作者沿着这样的观念认识与学术路径倾力探索，最终为我们呈现出来的“空间”问题在 20 世纪中国建筑发展进程中的丰富性和复杂性，是以往的相关研究未能企及的。

首先可以看到，作者很有意识地对“空间”概念在宏观和微观两个层面的源与流展开了系统的考察。她以纵览中西方两种文化传统中各自的宇宙观所形成的“空间”哲学概念为起点，进入近代中西文化交流的大背景，以观察科学、哲学与艺术中的新概念，再来聚焦建筑学的微观领域。经过作者近似“考古学式”的发掘，许多相关事实从历史深处浮现出来。例如“空间”概念虽然来自西方，但它的中文形式以及在学科中的基本含义，最初仍是经由日本传入中国的。再如西方建筑学中的“空间”研究，最初是在 19 世纪的德语世界最为活跃，最富有开创性，而“空间”真正成为广泛传播的建筑概念，则是德语世界的建筑师与理论家于1930年代末1940年代初移民至英美以后才开始的。以这样的线索去追溯可以发现，以1920年代留学德国的宗白华为代表的艺术理论先驱，对建筑空间的理论引介与探讨要远早于建筑学领域。作者深入探究后的特别发现还有，1950年代自苏联引入的“空间构图”理论对中国产生了不小的影响，通过对这个概念的形成背景、内涵特征及其传播状况的分析，作者为之后在中国本土发展起来的“建筑空间组合原理”找到了更直接的理论渊源。总之，在这部专著中，无论是“空间艺术”、“空间构图”、“空间原理”，还是“空间结构”或“共享空间”，作者以尽可能的丰富叙述，呈现空间话语在每一个时代的特殊语境中被引入、影响和转换的复杂过程，注重“空间”话语的差异化和关联性分析，揭示其在生成学科知识的过程中的多源、多义与流变特征，从中探寻内在的延续性。

其次，这部专著对于“空间”话语如何推动现代建筑兴起作了进一步的历史挖掘。在我们以往的认识中，20世纪初西方兴起的建筑“空间”观念是战胜19世纪建筑中的折中主义、建构现代建筑体系的全新思想武器，而受西方影响的中国，对“空间”概念的推崇，同样也是用来超越学院派主导下的建筑设计风格与方法，尤其是抵抗“中国固有式”风格的利器。然而，作者并不满足于这种笼统的“传播—影响”的解释，而是在吸取前人研究成果的基础上，从哲学到艺术再到建筑，深入追溯西方现代建筑空间理论的起源与流变，由此为我们展开了一系列建筑历史理论家的名字和他们的理论贡献：从早在1834年第一个系统地以“空间”主题讨论建筑的卡尔·施纳泽（Karl Schnaase，1798-1875），到建树了丰富的建筑空间理论学说并产生深远影响的森佩尔（Gottfried Semper，1803-1879）和施马索夫（August Schmarsow，1853-1936）等，还有将空间运用于建筑分析（space as an analytic for architecture）的保罗·弗兰克尔（Paul Frankl，1878-1962）以及深受前人启发而将“空间”作为建构现代建筑历史特征核心要素的吉迪翁（Siegfried Giedion）和佩夫斯纳（Nikolaus Pevsner）。事实上，基于艺术分类的“空间”特征描绘，在1920年代中国早期的艺术理论中已有引介，而1940年代进入中国建筑界的“空间”话语，则主要来自于吉迪翁和佩夫斯纳等现代建筑师与理论家的直接影响。作者正是以这些丰富的历史探源和比较，展现了“空间”概念在移植中国的过程中显现的多重特性：它既是构建现代建筑知识体系的基本概念，又是一种饱含“时代精神”的设计语言，还是一种用来构建新的设计方法论的基本要素，而其在设计实践中与“布扎”方法的对抗与缠绕，则是“空间”概念在引入与转化中最具中国特性的现象。虽然对于西方建筑空间理论的溯源讨论其实已经超出作者的研究能力和研究条件，但这是抛砖引玉，实为开启一个极有价值的近现代建筑研究领域。

这部专著的历史叙述中还有一个关键线索，就是“空间”话语引发的对于中国传统建筑特征及其文化认同的形式重构。虽然是个熟悉的话题，但作者力图以关注更深层的文化转变来超越一般陈述，指出西方现代空间观的引入首先带来了中国传统空间观念从“无形的、经验化的宇宙观”向西方“有形的、可量度的、抽象化的”空间认知的转变。在此基础上，作者又在“中体西用”的框架中，呈现了不同时期的一系列以现代建筑空间特征重新诠释中国传统建筑，尤其是传统园林的新探索，使得“空间”既成为了抵抗“中国固有式”以及其他折中主义风格的时代利器，又为中国现代建筑与传统文化的共融另辟蹊径。丰富的史实让我们看到，“空间”话语与“空间”实践并没有将中国现代建筑带入激进的求新之路，却使传统的现代转换成为可能。

当然，要真正了解闵晶博士关于“空间”话语研究的丰富成果，需要进入这部专著各个章节具体阅读。或许，这个文本有时会让读者感觉历史叙述有些庞杂而细碎，但反过来看，在厘清一些学术脉络和关联因素之前，充分呈现历史的多样性和复杂性可能更加必要。事实上，这种庞杂和细碎恰是客观地反映出了“空间”在20世纪建筑学学科话语建构中的不定性、模糊性和角色的多重性，折射出了背后各个历史时期社会、文化以及意识形态的复杂性。此外，这一专题研究虽然在根本上并未脱离“西学东渐”、“影响—反应”等叙述模式，但作者切实而系统地呈现了西方现代建筑的“空间”话语在推动我们近现代建筑在理论、实践和教育领域的根本作用和价值，揭示了这一外来建筑概念内涵和设计方法的本土化过程。同时也让我们认识到，半个多世纪的“空间”探索，更多地显现出其推进中国现代建筑发展的工具性特征，而具有原创性和深刻性的空间理论尚未形成。也许正因如此，作者在其历史叙述中并不特别强调“近代”和“现代”时期的两分法，而是更期待通过这样的回溯，与当代中国建筑界再次出现的关于空间问题的理论探讨和文化研究形成历史性的对话。

卢永毅

2016年元月于同济大学

本书摘要

现在当我们谈论建筑的时候不可能避开“空间”这个词，可以说，正是因为空间，才使得建筑不同于其他的艺术，“空间”无疑是现在中国建筑学科中的一个非常重要的话语。那么，中国现代建筑中的“空间”话语究竟是如何发生的呢？本书从这个问题出发对中国现代建筑中的“空间”话语进行回溯，期望从“空间”这个关键词的角度去重新审视中国建筑学科的发展。

本书根据中国现代建筑“空间”话语所受外来影响的不同将其分成三个历史时期进行分析与探讨：第一阶段为1920年代至1952年，在西方文化的冲击下，“空间”的概念从物理学、几何学、哲学等领域传入中国，并与中国传统的空间意识相结合形成了中国现代的空间观念。中国美术界首先引入了“空间艺术”的概念，并对建筑空间进行了探讨，在其影响下，“建筑是空间艺术”的说法得到了广泛的认同；而西方现代主义建筑的传入则使得“空间”概念引起了中国建筑师的关注，中国建筑空间话语初步形成。第二阶段为1952~1976年，西方现代主义建筑的“空间”在这一时期既被批判又被接受，同时在苏联的影响之下，“空间构图”原理传入中国。中国建筑师逐渐意识到“空间”对于建筑的重要性，不但开始从空间的角度对中国传统建筑进行探索，还开始思考“空间”对建筑设计的意义。第三阶段为1977年至1980年代，国门的打开不仅使得前一时期受压抑的现代建筑空间思想强烈反弹，更带来了丰富多彩的后现代主义思潮，空间话语进入了空前繁荣的多样化时期。通过对三个历史时期空间话语的梳理，本书还从认识论和方法论的角度分析了“空间”话语在中国现代建筑发展中的意义。

中国现代建筑中的空间话语不仅丰富了建筑语汇，改变了建筑观念，更与中国建筑师一直不断追寻的民族意识密切相关，“空间”为中国传统建筑的现代化提供了一条可能的道路。同时，“空间”话语还与建筑设计问题密切相关，在西方建筑文化的冲击之下，中国迫切需要建立一套现代化的建筑设计方法，围绕着“空间”所展开的讨论为建筑设计方法论的建立提供了一些有价值的线索。对中国现代建筑“空间”话语的发展历程的研究从一个特殊的视角反映了中国建筑现代化的历程。

目录

建筑形式的最初原则是基于空间概念的。

——G·森佩尔（Gottfried Semper）[1]

建筑师首要的任务是提供一个温暖并适宜居住的空间。

——A·路斯（Adolf Loos）[2]

建筑是空间围合的艺术，我们必须强调建筑在构造和装饰中的空间本性。

——H·P·伯拉吉（H. P. Berlage）[3]

建造房屋仅是解决材料和施工方法的问题，而建筑艺术则包含了掌握空间处理的艺术。

——W·格罗皮乌斯（Walter Gropius）[4]

建筑是一种如何浪费空间的艺术。

——F·约翰逊（Philip Johnson）[5]

建筑是对空间有思想的创造，建筑的不断革新来自于空间观念的改变。

——路易斯·康（Louis I. Kahn）[6]

❶Werner Oechslin and Lynnette Widder. *Otto Wagner, Adolf Loos, and the Road to Modern Architecture* [M]. Cambridge University Press，2002: 55.
❷Adolf Loos. The Principle of Cladding [A]. Aldo Rossi，Jane O. Newman，John H. Smith. *Spoken into the Void: Collected Essays by Adolf Loos 1897-1900* [C]. MIT Press，1987: 66.
❸Adrian Forty. *Words and Buildings: A Vocabulary of Modern Architecture* [M]. Thames & Hudson，2000: 257-258.
❹[德]格罗皮乌斯．新建筑与包豪斯[M]. 张似赞译．北京：中国建筑工业出版社，1979:3.
❺[英]布莱恩•劳森．空间的语言[M]. 杨青娟等译．北京：中国建筑工业出版社，2003:1.
❻Comelis van de Ven. *Concerning the Idea of Space: The Rise of a New Fundamental in German Architectural Theory and in the Modern Movements Until 1930*. 宾夕法尼亚大学(University of Pennsylvania)博士论文，1974:1.

一

引　言

1.1 问题的提出

当我们谈论建筑的时候不可能避开“空间”这个词，提到建筑势必会提到空间，空间已经成为建筑的“主角”。就连法国著名哲学家、社会学家亨利·列斐伏尔（Henri Lefebvre，1901-1991）也认为“任何建筑的定义首先要求的是对空间概念进行分析与说明。”[1] 可以说，正是空间使得建筑有别于其他的艺术。“空间”无疑是现代建筑学中的一个非常重要的话语。

“空间”这个词汇：英语中的“Space”、法语中的“Espace”、德语中的“Raum”，它们的存在都早于其在建筑学中的应用。直到现代建筑运动兴起，“空间”才在建筑学中崭露头角。“空间”的出现对西方建筑学的发展产生了重要的影响，英国建筑历史学家彼得·柯林斯（Peter Collins，1920-1981）在《现代建筑设计思想的演变》的第一章就指出实用、坚固、美观这三个建筑传统的原则在建筑学中是无法被替代的：“革命性的建筑结果只能基于这三点以外的、增加的概念之上；或是给其中一方面或两方面以特别强调而牺牲第三方面，或是基于对建筑美观想法的含义的变化上。正如终将表明的那样，给维特鲁威三要素增加的惟一概念是下面的想法：即‘空间’是一个积极的建筑性质，比起形成它的结构来，至少具有同样多的建筑上的重要性。”[2] 英国建筑评论家雷纳·班纳姆（Reyner Banham，1922-1988）也指出：“在近代建筑中，唯一无可置疑的是了解了对空间的使用。”[3] 由此可见，“空间”对西方现代建筑的产生有重要的贡献，是西方现代建筑最重要的话语之一，它不仅使建筑与其他艺术相区别，更是成为了认识建筑的关键问题之一。如今这个词被翻译为各种语言，在全球建筑师和建筑院校中广泛使用。事实上，如今大多数人对“空间”的概念已经是如此熟悉，以至于不会意识到这个词在建筑学领域中曾经是一个新概念。

在中国，虽然有十分悠久的建筑历史，但建筑学的历史不过才一百余年，而且完全是在西方知识体系的影响下逐渐形成的。中国现代建筑空间话语无疑也是在西方的影响下形成的。任何一种话语的传播与话语体系的构建都是特定历史时期的需要，也是那个时期的精神反映，那么，中国现代建筑空间话语是如何形成的呢？这个问题正是本书研究的发出点：中国现代建筑为何也会出现空间话语？中国现代建筑空间话语形成的动因为何？“空间”是如何在中国成为一个建筑中常用的词汇的？关于建筑的空间讨论在中国到底是如何开始的？是否真如许多人所认为，“空间”话语进入中国现代建筑的讨论完全来自于西方现代主义建筑运动的影响？西方现代建筑对中国现代建筑空间话语到底产生了哪些影响？在谈论中国传统建筑和园林时为何经常会提到“空间”？中国传统所具有的独特的空间意

[1] Adrian Forty. *Words and Buildings: A Vocabulary of Modern Architecture* [M]. Thames & Hudson，2000: 256.

[2] [英] 彼得·柯林斯．现代建筑设计思想的演变 [M]. 英若聪译．北京：中国建筑工业出版社，2003: 10.

[3] Reyner Banham. 近代建筑概论 [M]. 王纪鲲译．台北：台隆书店，1982: 45.

识使得中国传统建筑以完全不同于西方建筑的形式出现，这种传统的空间意识对中国现代建筑产生了何种影响？中国现代建筑到底从“空间”的角度进行了哪些探索？这些探索相互之间有什么关联？“空间”对中国建筑学科的形成到底具有何种意义？这一系列问题从未被系统地探讨过。从这些问题出发，本书旨在对“空间”话语在中国建筑学科中的生成与发展进行回顾，希望从“空间”这个关键词的角度来重新审视中国建筑学科发展的历程。

1.2 研究视角与方法

无可否认，中国近现代建筑历史研究对中国建筑学的发展非常重要。纵观 20 世纪 50 年代以来中国近现代建筑历史的研究可以发现：关注更多的是历史分期、实例考察、建筑形式与风格等方面的问题，对于建筑思想、建筑观念方面的关注则相对比较薄弱；从宏观方面论述中国近现代建筑史的研究比较多，对重要人物、重要建筑、重要事件的研究比较多，而以具体的某个角度、某个话题作为出发点分析中国近现代建筑史的研究则不是很多。傅熹年在总结中国建筑史研究时，认为：“从七十余年来研究中国建筑史的经验看，基本规律是从掌握史实（通过对实物和文献的调查研究）到形成史论（通过编写建筑通史和专史）的阶段性渐进过程，到现在已经经历了三个阶段，现在正处于下一个阶段中的进行深入的专项或专门史研究，掌握新的史实，以进一步发现新的问题、酝酿和发展新的理论认识的时期。如能对这第三个阶段的工作进行回顾和总结，探讨其成就和不足，针对其薄弱处进行重点研究，必将对古代建筑发展进程、所取得的成就和历史发展的规律性有更为具体和深入的认识。”[1]

陈寅恪的名言：“凡解释一字即是作一部文化史”，在此思路下，传统意义上的文字训诂可以变身为一把剖析思想变化与观念变迁的利器，被“点石成金”为一种现代学术方法。正如英国语言学家诺曼·费尔克拉夫（Norman Fairclough，1941-）所言：

今天，各个学科中的研究正逐渐认识到：语言使用中的变化方式是与广泛的社会文化过程联系在一起的，因此，他们也正在逐渐意识到将语言分析用作为研究社会变化的一种方法的重要性。[2]

通过语言使用的变化来研究社会变化的语言分析方法就是“话语分析”（Discourse Dnalysis）。

“话语”（Discourse）是一个源自语言学的术语，据曼弗雷德·弗兰克（Manfred Frank，1945 ~）考证：“‘Discourse’（话语）源自拉丁语的‘discursus’，而‘diseursus’反过来又源自动词‘discurrere’，意思是‘夸夸其谈’。一个话语是一种言说，或具有（不确定的）一定长度的一次谈话，

[1] 傅熹年．对建筑历史研究工作的认识．中国建筑设计研究院成立五十周年纪念丛书：论文篇．北京：清华大学出版社，2002：320-325.

[2] [英] 诺曼·弗尔克拉夫．话语与社会变迁 [M]. 殷晓蓉译．北京：华夏出版社，2003：1.

其展开或自发的展开并不受到过分严格的意图的阻碍。”[1]“话语”不是单纯的语言表述，还体现了相应的历史与现实，是关于存在、关于精神构成的表达体系。“话语”是特定社会语境中人与人之间进行沟通的具体言语行为，重视言语者和被言语者之间的相互作用，或者作者与读者之间的相互作用。

[1][德]曼弗雷德·弗兰克.论福柯的话语概念//汪民安主编.福柯的面孔.北京：文化艺术出版社，2001：84.

“话语分析”作为一种方法，主要是由语言学家发展起来的，随着社会学家将社会理论、社会因素引入话语分析之中，形成了带有社会—理论意义的话语分析方法。在广泛吸收符号学、心理学、人类学、社会学、文学、言语传播等人文学科和社会学科研究成果的基础上，“话语分析”已经成为跨学科知识领域。从20世纪90年代以来，人们愈来愈清楚地认识到语言使用中的变化形式是与广泛的社会文化过程联系在一起的。在这种背景之下，话语分析日益受到国际学术群体的普遍关注，越来越多的学科将其应用于自己的研究领域。

现在，“话语”已经成为了人文社科研究领域中常用的一个概念，在人的建构和社会建构中起到深层的作用，是文化和思想的具体方式和形态。“话语分析”也成为了一种描述社会观念演变的有效方法。“话语”作为一种言说，它通过一定的术语、概念和范畴来表述，简单地说，“话语分析”关注的是语言文本。“文本”（Text）指涉的是任何书写的或口头表达的产物，一次访谈或一次谈话的抄本都可以看成是一个“文本”。

英国语言学家诺曼·费尔克拉夫结合语言分析和社会理论指出，有关话语和话语分析的思想具有三个向度，即任何话语“事件”（任何话语的实例）都同时被看作是一个文本，一个话语实践的实例以及一个社会实践的实例。“文本”向度（the Text Dimension）关注文本的语言分析；“话语实践”向度（the Discursive Dimension）说明了文本生产过程和解释过程的性质；“社会实践”向度（the Social Practice Dimension）倾向于关注社会分析方面的问题。[2]从费尔克拉夫所提的话语分析的三个向度来看，话语分析不仅关注“文本”，更关注“文本”与实践、与社会分析之间的关系。作为文本，“话语”是一种叙事，具有历史性，体现说话者的立场、价值观、世界观，并伴随着时代的迁移以及作者主体的变化而不断发生变化。作为实践，“话语”是一种主体的社会性行为，是动态的，具有一定的延异性；同时也是一个匿名的、历史的、有确定时空定位的规则体系，使得诸要素成为话语的对象并由此构成相应的历史和现实条件。因此，话语研究不仅是在研究“文本”，实际上也是在研究观念。

[2][英]诺曼·费尔克拉夫.话语与社会变迁[M].殷晓蓉译.北京：华夏出版社，2003：4.

正如福柯所说，话语“*不是自然而就，而始终是某种建构的结果*”。[3]“话语”是在人与人的互动过程中建构的，所以它具有社会性，可以被广泛地运用于社会理论和分析之中。“*话语不仅反映和描述社会实体与社会关系，话语还建造或‘构成’社会实体与社会关系；不同的话语以不同的*

[3][法]米歇尔·福柯.知识考古学.谢强，马月译.北京：生活·读书·新知三联书店，1998：30.

方式构建各种至关重要的实体，并以不同的方式将人们置于社会主体的地位，正是话语的这些社会作用才是话语分析关注的焦点。”[1] 不同的话语群体拥有不同的话语模式，因此，“话语”中又不可避免地掺杂了主观意识。同时，“话语”不可能是自然形成的，它必须在一定的社会关系中展开。

[1] [英] 诺曼·弗尔克拉夫．话语与社会变迁 [M]. 殷晓蓉译．北京：华夏出版社，2003：3.

作为一种新的学术研究范式，“话语分析”不同于以往的只研究对象的客观性，也不再是人对客观对象的认识，关注的是个人如何表达对象，为什么要表达这些对象以及怎样表达这些对象等一系列问题。在处理“文本”时，“话语分析”有其独特性，能够对“文本”进行富有想象的联系和组合，关注“文本”在形式上、在内容上承载的思想文化意义，而不去追问本质性意义的存在。重要的是在一个特定的群体当中，为什么要选择表述这些话语、如何表述这些话语、这些话语在使用过程中产生怎样的变异、这些话语如何影响社会进程等一系列的问题。也就是说，以“话语”来分析思想、主张的变化可以有效地揭示话语和言语者之间的复杂关系。另外，“话语分析”把长期受到压抑的边缘文化纳入研究的视野，可以更新人们对历史的理解和认识。同时，“话语分析”注意到了人类语言文化活动背后的被遮蔽的历史性，从而可以从话语的角度对各种文化和思想的起源进行“考古学式”的重新发掘。可以说，“话语分析”为语言研究和社会文化研究注入了新鲜的血液，也为人文学科的研究开辟了新的视角。

在中国近代思想文化史研究领域，“话语分析”已经成为一种研究社会思想与观念变化的有效方法。研究中国近现代建筑思想与观念的变化，可以向思想文化史研究学习，引入“话语分析”研究的方法。因为话语分析重视话语在意识形态和实践的创造性变化中的功能，它不仅能够反映思想与观念的变化，更可将这种变化与社会语境、意识形态联系在一起。中国近现代建筑历史研究的著名学者赖德霖在《从宏观的叙述到个案的追问：近 15 年中国近代建筑史研究评述》一文中指出：“中国近代建筑话语或思想的形成无疑是近代建筑史研究最重要的问题。它反映了中国建筑家在接受了西方建筑学的体系后，对于中国建筑自身现代化发展道路的思考。”[2] 一方面，从建筑术语使用变化的角度，建筑话语研究可以看成是一个文化传播过程的历史研究，既反映中国建筑学所接受的来自西方建筑学的影响，也反映中国建筑界本身对建筑学的思考与探索。另一方面，建筑话语研究也可以看成是建筑思想史的研究，不仅可以将建筑文献中所展现的建筑思想、建筑观念的变化呈现出来，更可以作为建筑观念与建筑实践的中介在建筑实践研究和建筑文献研究之间架起一座沟通的桥梁。

[2] 赖德霖．从宏观的叙述到个案的追问：近 15 年中国近代建筑史研究评述 [J]. 建筑学报，2002（6）：60.

建筑学作为一门比较特殊的学科，建筑观念不仅以理论思考的形式体现，更重要的是以建筑设计实践、以建筑作品（包括建成的与未建成的）的方式体现。建筑理论是对于建筑实践的认真思考及其相关思想的完整表达，其根本任务不仅是发现问题，更重要的是为学科建构新的思想。东、西方历史上都有相当时期是以工匠口头传授经验的方式来进行建造活动的，这使语言文本在建筑学学科的知识建构与传承中起到重要作用。语言文本是认识、思考与诠释建筑的基本方式之一，会对建筑学的进程施加强有力的影响，在建筑师的培养中起到了重要的作用。对建筑的话语进行研究可以将语言文本与建筑观念、建筑实践联系起来，一方面体现建筑观念、建筑思想对于建筑实践的指导作用，另一方面则可以通过建筑实践来展现建筑思想与观念的发展与变化。

从话语的角度研究建筑的发展，国外早已有人做出了尝试。英国建筑历史理论家阿德里安·福蒂（Adrian Forty）在《词语与建筑：现代建筑的词汇》（*Words and Buildings: A Vocabulary of Modern Architecture*）一书中追溯了现代建筑话语中常见的关键词的历史性起源，从建筑术语变化的角度对现代建筑的兴起、发展与变化进行了新的诠释。值得注意的是，福蒂在书中也专门针对“空间”话语进行了研究，并将形式、空间（Space）、布局、秩序和结构看成是现代主义（Modernism）建筑最主要的五个话语。[1] 福蒂的研究表明，话语研究对建筑学科同样具有重要意义，话语的变迁可更加直观地反映出隐藏在西方现代建筑运动背后的思想领域的复杂变化，而围绕着关键词展开的研究丰富了对西方现代建筑运动的认知层次。《词语与建筑：现代建筑的词汇》作为以关键词研究西方现代建筑史的范本，为本书提供了参照。

[1] Adrian Forty. *Words and Buildings: A Vocabulary of Modern Architecture* [M]. Thames & Hudson, 2000: 19.

“空间”目前在建筑领域被广泛地使用，中国建筑师已经完全接受了这一概念，在关于建筑的日常对话中经常使用这个词。那么，为什么“空间”对中国建筑师而言是特别的？从“话语分析”的研究方法和国外已有的研究来看，要解答这个问题，以“话语分析”的方法来进行研究是一条可行的途径。

亚里士多德在《物理学》第四章中就已经指出：“空间看来乃是某种很强大又很难把捉的东西。”[2] “空间”对于人而言，是一个既熟悉又陌生的词语。熟悉是因为人会不断地重复使用它，并懂得用它来指明什么；陌生在于空间的概念具有多义性，使得我们很难用语言的方式对它作出具有普遍性的明确定义。“空间”概念的这种特性使得从“空间”的角度来探讨建筑是从一个相对抽象的角度接近建筑学，相比其他更为普通、具象的用语，如“房间”、“房子”等，“空间”多少有些不可见，同时还包含了意识形态的问题。但是，“空间”引出的思考可以让人把建筑的重心从有形的方面转移到抽象概念与价值之上。通过“空间”，可以发展出一系列探究建筑的概念，例如“内部空间”、“外部空间”、“流动空间”等，能从思维方式与思想观念的角度对建筑进行从抽象到有形的探究。

[2] 童明．空间神化[J]．建筑师，2003（105）：18.

以“空间”作为关键词的话语研究作为专题史、思想史，正是目前中国现代建筑历史研究中比较缺乏的。通过对中国现代建筑史中与“空间”相关的话语进行分析研究来尝试解读中国现代建筑的历史演变，这种探索能使我们理解“空间”概念与建筑理论、建筑作品之间的关系，也将帮助我们理解中国现代建筑发展所依据的历史条件。对中国现代建筑“空间”话语的形成与发展进行研究不仅可以反映出中国现代建筑空间观念、空间理论的发展与变化，还可以从一个全新的角度、从一个侧面去考量中国建筑学科的发展轨迹。

1.3 研究对象与概念界定

1.3.1 研究对象

本书主要采用的是“话语分析”的研究方法。“话语分析”主要针对的是“文本”，“文本”既包括书写出来的文献，也包括口头表达的产物。口头表达的产物能够流传的仍然主要是通过书写记录的方式实现的，因此，本书研究的“话语”主要指向的是文本文献，即本书的主要研究对象是各类报纸杂志中的建筑文章、建筑出版物等实体文献。期刊文章和出版论著相比，篇幅短小，反应迅捷，论述集中，显然更具时效性，更能清楚地展示学术话语产生、变化、消失与重建的过程。因此，本书研究的主要对象将是期刊文章。

在文献收集上，由于中国现代建筑文献分布范围极广，文献总量巨大，要完整而全面地进行调查和统计很困难，因此，只能采用抽样调查的方式。报纸杂志类文献主要有两个来源：一是各大图书馆，二是各种电子文献数据库。其中，民国期间的文献主要来自于上海图书馆所编的“全国报刊索引数据库”、“大成老旧刊全文数据库”、“晚清期刊、民国时期期刊全文数据库”等；新中国成立以后的文献以中国知识资源总库、万方数据资源系统、维普中国科技期刊等数据库中收录的文献为主。建筑著作、教材等出版物主要来自各个图书馆及超星数字图书馆。

本书将只对收集到的文献中所体现的与建筑“空间”讨论相关的内容进行研究。在研究中，对“空间”话语的理解会受到多方面的制约，因为话语的演变本身就是一个十分复杂的现象。一方面，“空间”话语受制于语言成规的束缚，在“空间”一词的使用及叙述方式上要遵循话语内部的规则；另一方面，“空间”话语也无法摆脱当前语境的影响，外在的强势因素，如政治、经济、历史、传统、文化等对话语也有制约。笔者将在不同的话语层次上对“空间”话语加以分析，对其所指与能指、使用语境等进行梳理，并且在此基础上识别出将这些文本联系在一起的那些线索。关注点主要集中在这些文本本身是怎样的（how）以及何以这样（why），希望通过对历史文本的阅读不仅了解到当时的建筑师就“空间”说了些什么，还要发掘这些与“空间”有关的内容所具有的共性与个性以及相互之间的关系。

考虑到建筑学科的特殊性，建筑观念不可能只停留在文本和话语层面，更要表现在图纸和实际建成的作品之中，也就是说，建筑话语研究需要关注“文本”与建筑设计实践之间的关系。因此，本书的研究不可避免地要对建筑案例进行分析，案例分析的主要目的在于分析由案例所引起的空间话语及其与实践之间的互动。为了更好地体现这种互动性，在建筑案例的选取上，本书主要选取在文献中讨论较多的建筑作品，由其他人或者设计师本人对该建筑作品的分析还原当时由建筑实践引起的或者体现出的空间话语，而不是由笔者本人对建筑案例进行空间分析。也就是说，笔者所涉及的只是书写的建筑“空间”话语，并将自己限定在历史话语分析方面，只是对所选定的历史文本本身进行阅读，而不涉及检验历史文本与这些文本所涉及的真实空间和建筑的物质实体之间可能存在的关联性。

1.3.2 对“空间”概念的界定

由于本书的研究围绕“空间”这个关键词展开，所以首先必须对“空间”这个词在本书中的含义与指向进行概念的界定。“空间”对于人而言，作为一个既熟悉又陌生的词语，很难用语言的方式对它作出具有普遍性的明确定义。在本研究中，“空间”指向的是观念（认识），而非概念，包括认识论和方法论两个方面。

所谓观念，是人们在实践当中所形成的对事物总体的综合认识，它和经验一样是全人类普遍共有的，但不同的人可以有不同的观念，也就是说，空间观念是每个人都具有的，但同时也是因人而异的。概念反映了对事物本质属性的思考，在认识过程中经历了从感性认识上升到理性认识的反思，是对观念的概括与抽象，因此，每个人都有空间观念、空间意识，却并非每个人都会有明确的空间概念。空间观念作为空间经验的反映，表现了人们对现实世界中多种多样的具体空间关系的认识。空间概念作为一种反映空间特有属性的思维形式，是人们在长期的生活实践中，从空间的许多属性中抽出特有属性概括而成的。空间概念作为对空间经验、空间观念的概括、抽象与总结，它的形成标志着人们对空间的认识从感性认识上升到了理性认识阶段。同时，空间概念也不是一成不变的，而是随着社会历史、文化发展的变化而变化的。在本书的研究中将会避免空间概念化，强调的是不同人所具有的不同的空间观念、空间思想。

认识论是探讨人类认识的本质、结构，认识与客观实在的关系，认识的前提和基础，认识发生、发展的过程及其规律，认识的真理标准等问题的哲学学说，主要解决“是什么”的问题。方法论则是人们认识世界、改造世界的一般方法，是人们用什么样的方式、方法来观察事物和处理问题，主要解决“怎么办”的问题。认识论上的“空间”话语主要从建筑认知的角度来分析空间观念，而方法论上的“空间”话语则是用于指导建筑设计的那种空间观念，是具有一定理论化倾向的空间观念。

1.3.3 时间界定

根据笔者对所收集的历史文本的研究，“空间”进入中国建筑学科晚于“空间”一词引入中国，但 1910 年代末“空间”开始在建筑文献中出现，因此本书研究的起点定为 1920 年代。1983 年，彭一刚的《建筑空间组合论》的出版代表着中国现代建筑空间话语的一个重要成果，从此“空间”成为中国建筑学科中的一个重要话语并进入稳步发展阶段，因此，本书研究的时间终点定为 1980 年代，在研究中更偏向于对 1980 年代初期的研究，对 1980 年代后期涉及较少。即本书研究的时间范围主要是从 1920 年代到 1980 年代，时间跨度约为 70 年。

在中国通史和中国建筑史研究中，一般将 1949 年定为现代史的起点，1949 年以前属于近代史。近来中国建筑的历史研究表明，从 1920 年代开始“近代建筑”体系中已经存在着明确的“现代建筑”特征，而且与 1949 年之后的中国现代建筑现象一脉相承。[1] 在将 1920 年代看成是中国现代建筑的起点的基础之上，本书的研究定为对中国现代建筑空间话语的研究。

[1] 邹德侬，曾坚．论中国现代建筑起始期的确定 [J]. 建筑学报，1995 (7): 52-54.

在这么长的一个时间跨度中，中国建筑空间话语在不同的时期受到的外来影响是不同的，不同的历史时期关于建筑空间的讨论在内容上和关注点上也是不一样的。在分期问题上，本书既参考了中国现代建筑史的分期，也考量了中国现代建筑空间话语受到的外来影响以及本身的发展和演变，将从 1920 年代到 1980 年代分为了三个历史阶段：

第一个历史阶段：1920 年代至 1952 年[2]，这一时期空间话语主要受到西方艺术分类和西方现代建筑思想传入的影响。

[2] 以 1952 年为分界点是因为 1949~1952 年是新中国成立后的三年过渡期，在这三年中，基本上沿袭了民国时期的建筑学科格局。

第二个历史阶段：1952 ~ 1976 年，这一时期空间话语受到了来自意识形态的干扰，在苏联的影响下，一方面批判西方现代建筑，另一方面又受西方现代建筑的影响。

第三个历史阶段：1977 年至 1980 年代，这一时期现代建筑思想开始反弹，同时，后现代主义传入中国，空间话语进入一个繁荣发展、走向多元化的时期。

中国现代建筑“空间”话语本身包含的内容既广泛又复杂，本书在具体的论述过程中可能会存在时间上的交叉，分期论述只是为了更清楚地呈现中国现代建筑“空间”话语的发展与演变。

1.4 既往的相关研究

目前对中国近现代建筑的研究本身尚存在很多不足，一方面表现在研究数量上，另一方面表现在研究深度和广度上。从已有研究来看，针对中国现代建筑史中的“空间”问题的专题研究几乎没有，只有部分内容与本书有关。与本书研究有关的研究和成果主要有：

1974年，科内利斯·范德温（Comelis van de Ven）在其博士论文《空间观念：1930年代以前德语建筑理论与现代建筑运动中兴起的一个新原则》（*Concerning the Idea of Space: The Rise of a New Fundamental in German Architectural Theory and in the Modern Movements Until 1930*）中对西方建筑“空间”观念的兴起进行了历史梳理，研究了历史上（从古代到1930年代）对现代建筑“空间”观念的形成与发展具有影响的哲学家、美学家、艺术史学家、建筑师（以德语系人物居多）及其空间理论，并于1977年出版《建筑空间：现代建筑运动理论与历史中新思想的演变》（*Space in Architecture: The Evolution of a New Idea in the Theory and History of Modern Movements*）一书。英国建筑历史理论家阿德里安·福蒂在《词语与建筑：现代建筑的词汇》中对现代建筑话语中常用的一些关键词进行了梳理，从建筑术语变化的角度对现代建筑的兴起、发展与变化进行了新的诠释，其中有一章专门针对现代建筑的“空间”话语进行了研究。

在一些已有的针对中国建筑师、建筑理论著作的研究中，也有部分对中国现代建筑“空间”话语的提及。例如对其中的关键人物冯纪忠及其建筑设计作品方塔园的研究：刘小虎的《时空转换和意动空间》（博士论文）重点研究了冯纪忠晚年的学术思想——“时空转换”和“意动空间”在方塔园中的体现；孟旭彦的《现代诗意空间的理性构建》（硕士论文）分析了冯纪忠在方塔园设计中如何平衡理性和感性的关系以及将传统语汇和精神导向现代架构的时空模式的过程。这两本书中均有关于中国现代建筑“空间”话语中的重要内容——“空间原理”的研究。李华的文章《“组合”与建筑知识的制度化构筑：从3本书看20世纪80和90年代中国建筑实践的基础》和《从布杂的知识结构看“新”而“中”的建筑实践》则讨论了“布扎”体系中的“构图”对中国建筑学科的影响，并针对中国现代建筑空间话语的重要出版物——彭一刚的《建筑空间组合论》进行了研究，虽然李华研究的侧重的是“组合”与“构图”，但也有针对“空间组合”的研究，其对“构图”原理的研究对本书有一定的启示。

其他涉及空间话语的研究范围很广，内容相对比较分散。如对中国现代建筑历史的研究，这类研究主要是针对中国现代建筑的发展，其中有小部分内容涉及建筑中的空间问题；在对中国建筑教育的研究中也涉及了一些关于建筑“空间”的内容。

总的来说，从已有研究来看，目前尚无对中国现代建筑“空间”话语的形成与发展过程的系统梳理，更无关于中国现代建筑“空间”话语的专题研究。从“空间”话语的角度对中国现代建筑历史的研究几乎完全是空白，亟待有研究来填补。

1.5 本书的构成

本书对中国现代建筑“空间”话语的研究将涉及三个层面：一是“空间”话语的发展过程的研究。从“空间”话语发展的角度来描述中国现代建筑发展史，这是线性的历史。“空间”话语发展反映的不仅是建筑观念、建筑思想的变化与发展，也反映了其背后社会、政治、经济的变化。二是针对“空间”话语发展过程中具体的一些话题及促成“空间”话语兴起、转变的事件进行研究与分析。对一些重要的话题以及代表性的历史人物作横向、纵向的比较研究。三是从认识论和方法论的角度多层次地分析“空间”话语，理清“空间”话语对中国建筑学科发展的作用，更加丰满地还原中国现代建筑“空间”话语。从这三个层面的研究中寻找一些有规律、有价值的线索，理清中国现代建筑空间话语产生的缘由、受到的影响及来源、探讨的内容以及对中国建筑学科发展的作用。以中国现代建筑空间话语来折射西方建筑学对中国建筑学的影响，同时从一个侧面展示中国建筑学是如何从传统走向现代的，为中国现代建筑空间话语在中国建筑史中找到属于自己的位置，期望可以为今后中国建筑学科的发展提供一些借鉴与参考。

在结构上，本书除去引言和结语，主体部分分为三大块，一共五章：

第二章为第一部分，为相关背景介绍，包括三方面的内容：一是中国“空间”用语的起源，二是西方建筑空间话语概述，包括西方空间观的发展与变化、西方建筑空间话语的形成以及西方现代建筑空间话语，三是中国古代的空间观概述。

第三章至第五章为第二部分，是本书内容的主体，主要分析“空间”话语的发生与发展。其中：

第三章：针对1920年代至1952年，主要分析“空间”话语如何从西方引入中国，主要讨论“空间”话语如何通过中国美术界引入、并在西方现代建筑思潮的影响下初露端倪。

第四章：针对1952 ~ 1976年，主要分析“空间”话语在复杂的政治环境中受到了哪些外来影响以及中国建筑师围绕“空间”展开了哪些探索。

第五章：针对1977年至1980年代（以1980年代初期为主），主要分析外来影响多样化时期中国现代建筑“空间”话语是如何变化与发展的。

第六章为第三部分，主要从认识论和方法论两方面来分析“空间”话语对中国现代建筑发展所起的作用。认识论主要讨论“空间”话语所带来的建筑认识方面的转变，方法论讨论的是“空间”话语对中国建筑设计实践发展所起的作用。通过两方面的分析，将“空间”话语放在中国现代建筑发展的历程中进行讨论，总结“空间”话语发生的缘由及其特征。

结语部分将澄清中国建筑师对中国建筑“空间”话语的误解，同时对中国现代建筑“空间”话语的进一步发展进行展望。

二

中国空间用语起源及中西方空间观概述

中国现代建筑空间话语的形成是有一定背景和基础的，只有清楚、了解了这些背景与基础，才能更加全面地理解中国现代建筑空间话语的形成与发展历程。首先，中国现代建筑空间话语是围绕“空间”这个术语展开的，现代意义上中文“空间”一词的出现是中国现代建筑空间话语形成的前提，那么，在中国，“空间”用语是如何起源的呢？其次，中国建筑学科的发展深受西方影响，西方建筑空间话语无疑对中国现代建筑空间话语的形成产生了影响，那么西方建筑空间话语到底是如何形成、展开的呢？在西方建筑空间话语影响之外，中国古代独特的空间观念也对中国现代建筑空间话语产生了影响，那么，中国古代的空间观念到底如何呢？为了更清晰地展现中国现代建筑空间话语的脉络，在本章中将对这些问题进行简单的论述。

2.1 中国“空间”用语的起源

“空间”作为一个复合词，由“空”和“间”两部分组成。对于“空”字，《说文·穴部》:“空，家也。从穴，工声。”据《故训汇纂》汇集的多种解释，空还有“虚”、“尽”、“灭”、“无”、“通”等含义。对于“间”字，《说文》:“间，隙也”，即间隙、空隙、缝隙;《庄子·天地》有句:“则美恶有间矣”，是说明居其间，使彼此疏远；间也有隔开、阻隔、隔别的意思。

中国古代文献中曾出现过“空间”二字连用的情况，如：

《三国志·吴书十四》:“登或射猎，当由径道，常远避良田，不践苗稼，至所顿息，又择空间之地，其不欲烦民如此。”

《持人菩萨经》:“诸佛世尊常不空间。”

这种连用形式并不常见，其表达的意思与现代的“空间”的含义完全不同。在古文中，“間”与“閒”（jiàn）通，而“閒”（xián）又与“閑”通，在《关汉卿戏曲词典》中有如下解释：空间 kòng xián ①空隙。也作【空闲】。闲，借作“閒”。②空当子，作【空闲】。[1] 由此可见，在中国古代文献中，“空间”连用形式多数情况下是与“空闲”相通的。可以说，在中国古代，虽有“空间”的连用形式，却无与现代意义相当的“空间”一词。

[1] 蓝立蓂．关汉卿戏曲词典 [M]. 成都：四川人民出版社，1993：148.

虽然中国古代并无现代意义的“空间”一词，但在古文中也有与现代“空间”一词含义相当的词或字：

（1）“宇”，原意指屋檐，引以为四境、界限，含有空间范围之意。

《易传·系辞》:“上古穴居而野处，后世圣人易之以宫室，上栋下宇，以待风雨。”

《墨经》:“宙，弥异所也；宇，弥异时也。”

《尸子》:“天地四方曰宇，往古来今曰宙。”

（2）“六合”，常指上下和四方，泛指天地或宇宙。

贾谊《过秦论》:“及至始皇……吞二周而亡诸侯，履至尊而制六合。”

李白《古风》:“秦王扫六合，虎视何雄哉!”

(3)“合”，与宙连用时有上下和四方之意。

《管子·宙合》:“天地，万物之橐也;宙合，有橐天地。天地苴万物，故曰万物之橐。宙合之意，上通于天之上，下泉于地之下，外出于四海之外，合络天地，以为一裹，散之于无闲，不可名而山，是大之无外，小之无内，故曰有橐天地。”

这些与“空间”相当的字或者词中最常用的当属“宇”，“宇”与“宙”一起构成了中国古人的时空观。

至于现代的“空间”一词，根据语言学家的研究，它与“建筑”一词一样也是来自于日文的移译:

(1)1958年，王立达在《现代汉语中从日语借来的词汇》中将日制汉字新语分为八类，在第三类意译外国语词汇的对义语中有:时间—空间。[1]

(2)1960年，日本汉学家实藤惠秀在所著《中国人留学日本史》中罗列了“中国人承认来自日语的现代汉语词汇一览表”，原表只有784个词汇。香港中文大学谭汝谦、林启彦在将此书译成中文时将此表增补为844个词汇，其中包括了“空间”一词。[2]

(3)1984年，刘正埮、高名凯、麦永乾、史有为编的《汉语外来词词典》将“空间”列为“属于日本人利用汉字自行创造的新词”:“空间(kōng jiān)物质存在的一种客观形式，由长度、宽度、高度表现出来。源日空間 kū kan(意译英语 space)。”[3]

根据以上语言学研究可以确定，现代意义的中文“空间”一词是来自日文的新语,而日文中的“空间”则是与英语“space”相对应的译词。在日文中，“空间”与“时间”组成了一对对义词。

其实，日文对“space”的翻译并非一开始就采用了“空间”。曾经留学日本的史学家余又荪[4]在20世纪30年代中期发表的《日译学术名词沿革》与《日译学术名词沿革(续)》中考察了日本哲学家西周(にしあまね,1829-1897)[5]所创的学术名辞译语。西周将“space”译为“宇观”，将“time”译为“宙观”。[6]西周的这种译法显然呼应了汉语古文中“宇”指空间、“宙”指时间的用法。在日本，“空间”这个词出现在19世纪80年代的某词典中。1881年，井上哲次郎、有贺长雄为了避免西方哲学无对应的日语词汇而编辑了一部与欧洲哲学专用术语相对应的字典《哲学字彙(汇)》(全名为《英法德日哲学字彙(汇)》),在这本字典中,“space”被译为“空间”，“time”被译为“时间”。[7]在高良二和寺田勇吉共译的《独英和三对字彙(汇)大全》中则将日语“空间”同时作为英语“space”和德语“Raum”的翻译。[8]之后，以“空间”来翻译“space”的译法在日本逐渐被固定下来。

[1] 北京市中日文化交流史研究会．中日文化交流史论文集[C].北京:人民出版社，1982:463-464.

[2] [日]实藤惠秀．中国人留学日本史[M].谭汝谦，林启彦译．北京:生活·读书·新知三联书店，1983:330.

[3] 刘正埮，高名凯，麦永乾等编．汉语外来词词典[M].上海:上海辞书出版社，1984:190.

[4] 余又荪(1908-1965)名锡嘏，四川涪陵人，早年就学于北京大学哲学系，后留学日本东京帝国大学。曾任四川大学、重庆大学教授，台大历史学研究所主任等，著有《中国通史纲要》、《宋元中日关系史》、《隋唐五代中日关系史》、《日本史》，译有《康德与现代哲学》等书。

[5] 西周:幕府末期至明治维新初期的官僚学者、启蒙思想家、教育家。他第一个把“Philosophy”翻译为汉字“哲学”，第一个将西方哲学系统地介绍到日本，并翻译设计出了“艺术”、“理性”、“科学”、“技术”等诸多与哲学、科学相关的词汇，日本学术界称他为“日本近代哲学之父”、“日本近代文化的建设者”。

[6] 余又荪．日译学术名词沿革(续)[J].文化与教育旬刊，1935(70):14-20.

[7] 井上哲次郎，有贺长雄．哲学字(改订增补).东洋馆发行．明治十七年五月(1884):119，128.井上哲次郎在用英文为此书所作的序中写道:“这本字典名为西日对照，实为西汉对照，因为全部西语的对应词,都是依据《佩文韵府》等汉文古籍及‘儒佛诸书’而定的。其中难懂的还根据汉文古典作了注解。……这本书所译的术语，绝大部分已为日中两国及使用汉字的国家的哲学界所逐步采用，它对于东方接受、移植西方哲学的术语统一，起了很好的作用。”

[8] 高良二，寺田勇吉．独英和三对字彙(汇)大全．共同馆．明治十九年(1886)一月:10.

在中文文献中，“空间”首次出现于1903年出版的《新尔雅》[1]的“释格致”篇中：“万有物体之充塞于空间者，谓之物质。”[2]在此之前，英语“space”一词早已传入中国，在英汉字典中对“space”一词的翻译经历了如下变化：在未受日本影响之前，对“space”一词的翻译并无“空间”这种译法，随着来自日本的新语新词的影响的加强，“空间”这种译法在词典中逐步固定下来，在1910年代以后成为与“space”相应的中文词，并与德语的“Raum”、法语的“Espace”等建立了对应关系。

[1]《新尔雅》是近代中国最早的一部新语词词典，作者汪荣宝、叶澜都曾在日本留过学，这本书的出版年代也正处于日语词汇大量传入中国的时期。

[2] 汪荣宝，叶澜．新尔雅[M]．上海：上海文明书局，1903：121.

“space”一词在早期英汉词典中的汉译一览　　表2-1

字典名称	Space的汉译
华英字典（马礼逊，1815～1823年） A Dictionary of the Chinese Language	虚空清净，虚空， 无有边界
英华字典（罗存德，1866年） English and Chinese Dictionary	地方，间
华英音韵字典集成（谢洪赉，1902年） English and Chinese Pronouncing Dictionary	地方，间，有界之形
英华大辞典（颜惠庆，1908年）	空间、空处
官话（赫美玲，1916年） English-Chinese Dictionary of the Standard Chinese Spoken Language	地实、空界、空间
综合英汉大辞典（黄士复，1928年）	空间

2.2　西方建筑空间话语概述

中国现代建筑空间话语的形成无疑被西方建筑空间话语所影响，因此，在研究建筑空间话语如何引入中国建筑学科之前，我们有必要了解一下西方建筑空间话语，包括作为西方建筑空间话语思想基础的空间概念、空间观念的发展与变化以及西方建筑空间话语的形成与展开。

2.2.1　西方空间（哲学）概念的发展

从古至今，空间的概念一直是西方哲学的一个重要问题。西方对空间的认识建立在认识空间客观性的基础之上，从哲学、物理学、几何学等领域对空间作出了诸多的阐述。

古希腊文化是西方文化的源头，理解西方的“空间”概念也需要回到古希腊时期[3]。古希腊最初对空间的理解是借助其他的术语或概念来完成的。在古希腊哲学中与空间有关的词语有四个：topos（τοπος）、chora（χωρα）、kenon（κενον）和diastema（διάστημα）。topos意为“地方、处所”（place），是亚里士多德（Aristotle，前384-前322）提炼出来的用

[3] 关于古希腊空间概念的发展与变化，参见：吴国盛．希腊空间概念的发展[M]．成都：四川教育出版社，1997.

以概括空间经验的惟一范畴，也是亚里士多德之后古希腊主要的空间范畴。Chora 的意思与 topos 相近，柏拉图（Plato，前 427- 前 347）在《蒂迈欧篇》（Timaeus）中曾用过这个词。kenon 的意思是虚空（void），是原子论的重要概念[1]，本来指的是原子之间的间隙，后来逐渐演变成绝对的容器虚空。Diastema 指间隙、空隙，具有空间大小之意。这四个词都不直接等同于现代意义上的空间（space）。由于亚里士多德把处所（topos）当作惟一的“空间”范畴，而否定了虚空（kenon）的实体性存在，使得从古希腊起至近代之前占支配地位的“空间”概念是一种静止不动的局域化的处所，强调的是包容物体的边界、物与物之间的关系。后来，新柏拉图主义者开始强调处所（topos）就是空隙（kenon），从此，希腊的几种空间经验开始整合在一起，[2]“处所”与“空隙”成为了西方空间概念的基础。

希腊的空间概念是在形而上学的意义中被讨论的，属于知识上理性的范畴，是思想的产物，然而，随着天文学、数学、几何学、物理学的发展，对空间的理解发生了重要的转变。尼古拉斯·哥白尼（Nicolas Copernicus，1473-1543）提出的“日心说”打破了人类对宇宙的认识，地球不再是宇宙的静态中心，空间的绝对静止受到了挑战。伽利略·伽利雷（Galileo Galilei，1564-1642）通过科学化的宇宙观构成了一种“空间 / 物质本质一体化”的认识，空间如同实体一样可以物质化，无论是运动或是静止都是不影响物体存在的一种状态。在伽利略的基础之上，勒内·笛卡尔（Rene Descartes，1596-1650）进一步对传统的空间理解提出了质疑，他认为：“物质和空间是同一的，长、宽、高三个向量的广袤不但构成物体也构成空间。”[3]空间第一次作为“物质”出现，空间概念得到了实体化和理性化。笛卡尔以直角坐标系将代数与古老的欧几里得几何学联系起来，成功地创立了解析几何学，使得空间更容易被理解，由此，空间概念又被赋予了一种数学理性。

对西方传统空间观念的根本性变革则来自艾萨克·牛顿（Isaac Newton，1643-1727）。牛顿区分了绝对空间与相对空间两种空间类型：绝对空间是均质的和无穷的，不能被我们的感官所感知，只能依赖于相对空间来测量；相对空间是一种坐标体系，其理论基础是欧几里得的几何学。在笛卡尔的基础上，牛顿将物理学的重力原理引入空间模型中，万有引力把物质、空间、运动统一在一起，构成了牛顿的可测量和计算的数学（几何）结构的物理世界。从此，世界与自然万物纳入了一个理性的、可认知的、数学化的模式中，空间作为虚空是物之外的、惟一的参照系。

此后，伊曼努尔·康德（Immanuel Kant，1724-1805）从唯心主义的立场出发，认为空间是主观的先天“直观形式”，或者说是“感性的先天直观形式”。康德将空间作为人类的感知方式使得空间开始成为一个独立的概念而被理解。他在《纯粹理性批判》（*Kritik der reinen Vernunft*）

[1] 古希腊哲学家德谟克里特斯（Democritus，前 460- 前 370）讨论了物质结构的问题，提出了原子论的思想：“原子”和“虚空”是世界最根本的元素。“原子”在希腊文中是不可分的意思，它是一种最后的不可分割的物质微粒，它的基本属性是“充实性”；而虚空就是原子运动的场所，是空的空间，他们称为“非存在”（not-being），即没有充满的一种实在的存在，它也是无限广阔的。

[2] 吴国盛．希腊空间概念的发展 [M]．成都：四川教育出版社，1997：68.

[3] 程里尧．园林与绘画、文学及其他 [J]．建筑师，（8）：119.

中写道：“空间实仅外感所有一切现象之方式。故空间乃感性之主观的条件，唯在此条件下，吾人始能有外在的直观。”[1]在康德的观念里，空间并非实在之物，他将空间看成是人类感知的方式，是用来理解世界的工具，空间与时间并不是来自感官的体验而是一种先验的存在。时间和空间的形式是一切感官世界存在的依据，时间是内在的感官经验，空间是外在一切感官的经验，“时 - 空”范畴是思想最根本的要素。总而言之，康德的空间概念是形而上学的和先验的，空间以直觉的形式先验地存在于思想中；空间作为外在感官的形式则使得几何学空间成为可能。同样从唯心主义出发，弗里德里希·黑格尔（Friedrich Hegel，1770-1831）将空间、时间和运动统一起来，阐述了辩证的时空观，将空间概念的形而上学发展到了顶峰。黑格尔明确指出，空间是物质存在的基本形式，是事物所具有的一般规定性，是作为人们从事物中分解和抽象出来的认识对象而存在的，“空间是一种单纯的形式，即一种抽象，而且是直接外在性的抽象”[2]。

“空间作为一个独立的概念，自伽利略和牛顿以后才逐渐得以明确。随着时间的推移，针对空间概念的理解和运用也逐渐繁复起来：空间可以是一种均匀的、在任何位置和任何方向上都是等价的，又可以是感官所不能知觉的欧几里得空间，也可以是一种能够被体验的，与人及其感觉作用联系在一起的知觉空间。”[3]无论如何，西方的空间概念基本是在哲学、物理学、数学、几何学等学科中展开的，但对空间的理解始终是通过其他的介质（物质）来表达的，这使得西方的空间概念具有了同质化、客体化、可量化、抽象化、几何实体化的特征。康德将空间作为一个独立的概念来讨论和运用时，现代意义上的空间概念才算是真正建立起来。因此，可以说，在西方，空间也是一个直到近现代才产生的概念，它是伴随着科学的进步、现代哲学的发展而逐步明晰的，它完全可以看成是一个现代的概念。空间概念的现代建构及其传播为“空间”这个术语进入建筑领域奠定了思想基础。

2.2.2 西方建筑“空间”话语的兴起

建筑作为一个抽象的整体在西方一直是一门学问，至少在 15、16 世纪现代意义上的建筑学就已经得到确立。文艺复兴时期，透视原理的发现使得艺术家、建筑师们认识到了空间的几何深度，只是这种认识与视觉效果的关联远超过与“空间”的关联。建筑师和理论家们在谈论建筑时，尽管讨论的是关于结构和比例方面的问题，本质上却是在讨论建筑中极其微妙的空间关系。在这种讨论中没有出现“空间”的原因在于“空间”在此时还未能成为一个独立的概念，所以无法作为一个独立的建筑学术语出现。

[1] [德] 康德. 纯粹理性批判 [M]. 蓝公武译. 北京：商务印书馆，1960：54.

[2] [德] 黑格尔. 自然哲学 [M]. 梁志学译. 北京：商务印书馆，1980：41.

[3] 童明. 空间神话 [J]. 建筑师，2003（5）：18.

"空间"作为一个相对独立并具有明确含义的建筑学术语存在始于19世纪末期。彼得·柯林斯指出：

直到十八世纪以前，就没有在建筑论文中用过空间这个词，而将空间作为建筑构图首要品质的观念是，直到不多年前（指十九世纪初）还没有充分发展。[1]

18世纪时，建筑师开始谈论"体积"（Volume）与"空虚"（Void）的概念，偶尔也会提到"空间"（Space），不过是将"空间"（Space）作为"虚空"（Void Space）的同义词。[2] 此时，"空间"这个词的使用完全缺乏"三维空间"的含义。雷纳·班纳姆也曾指出：

有人正式提出"建筑空间"的名词是在十九世纪末，建筑师真正考虑到如何使用及处理空间是在本世纪（指20世纪）才开始的，这也正是和过去式样建筑不同之处，建筑师觉醒到现在所谓的空间与过去任何时期的建筑不一样。[3]

从19世纪初开始，一些德语世界的哲学家、美学家和艺术评论家开始讨论"空间"（Raum）这个术语。最早的例子来自黑格尔。在《美学演讲录》（*Vorlesungen über die Ästhetik*）中，黑格尔使用了"空间"（Raum）这个概念来分析各门艺术体系。对于建筑，黑格尔认为建筑要"界定和围起一定范围的空间去适应宗教或其它人类的目的"，"这样的空间可以用挖空一种坚固的体积很大的东西得来，也可以用筑墙盖顶的方式得来。"[4] 黑格尔强调了空间的围合作用。在黑格尔哲学的影响下，卡尔·施纳泽[5]（Karl Schnaase，1798-1875）第一个系统地以"空间"（Raum）来讨论建筑。[6] 1834年，在《尼德兰通信》（*Niederländische Briefe*）中，施纳泽将中世纪建筑看成是室内空间（Innere Raum）的连续发展，是对古典建筑关注于外部的创造性回应。在表述安特卫普主教堂（Antwerp Cathedral）带侧廊的中殿所起的空间作用时，施纳泽引证了空间的主观经验在中世纪建筑结构和细部的发展中起重要作用。[7] 到了1840年代，弗朗茨·西奥多·库格勒[8]（Franz Theodor Kugler，1808-1858）在柏林的一次演讲中公开表示文艺复兴建筑因为其"空间的美"（Raumschönheit）而著称。[9]

受哲学和艺术领域探讨的影响，"空间"（Raum）作为一个相对独立而又明确的建筑术语，于19世纪末在德语世界的建筑领域中出现。阿德里安·福蒂认为，在19世纪的德语世界，"空间"概念进入建筑领域有两条不同的思想路线：一条以19世纪著名建筑师、理论家戈特弗里德·森佩尔（Gottfried Semper，1803-1879）为中心；另一条则与康德的哲学有关。[10]

❶[英]彼得·柯林斯．现代建筑设计思想的演变[M]．英若聪译．北京：中国建筑工业出版社，2003：286.

❷Adrian Forty. *Words and Buildings: A Vocabulary of Modern Architecture* [M]. Thames & Hudson，2000：256.

❸Reyner Banham. 近代建筑概论[M]．王纪鲲译．台北：台隆书店，1982：45.

❹[德]黑格尔．美学[M]．朱光潜译．北京：商务印书馆，1979:30，德文原文见：https：//www.lernhelfer.de/sites/default/files/lexicon/pdf/BWS-DEU2-0170-04.pdf：714

❺卡尔·施纳泽：德国艺术史学家和法理学家，西方艺术鉴定学的先驱，力求视觉艺术的独立发展，并将其视为宗教发展的补充，1943年出版的《艺术史》（*Geschichte der bildenden Künste*）是西方较早的一部艺术通史。

❻Harry Francis Mallgrave. Modern Architectural Theory. a historical survey [1673-1968] [M]. Cambridge University Press，2005：196.

❼Karl Schnaase. *Niederländische Briefe*. Stuttgart，Tübingen 1834：212，219-230.

❽弗朗茨·西奥多·库格勒：普鲁士文化部门的负责人、艺术史学家，1834年成为柏林大学第一位艺术史教授，1837年出版的《艺术史手册》（*Handbuch der Kunstgeschichte*）被公认为关于世界艺术的第一个综合研究。库格勒还是瑞士杰出的文化史、艺术史学家雅各布·布克哈特（Jacob Burckhardt，1818-1897）的老师，库格勒对文艺复兴艺术的看法影响了布克哈特对文艺复兴文化的研究。

❾David Van Zanten. *Designing Paris: the architecture of Duban, Labrouste, Duc, and Vaudoyer*[M]. MIT Press，1987：197.

❿Adrian Forty. *Words and Buildings: A Vocabulary of Modern Architecture* [M]. Thames & Hudson，2000：257.

1. 以森佩尔为中心的思想线路

森佩尔是将空间作为现代建筑首要主题的第一位建筑师。[1]森佩尔认为建筑起源于对天气的反抗，在1848年11月11日的讲稿中，他第一次提到了建筑中的“原始形式”（Urformen），并描绘了促使原始住屋产生的两个想法或动因：“围合结构”（Umfriedung, Enclosure）与“屋顶”（roof）。其后，森佩尔将“火塘”（Hearth）也作为原始住屋产生的动因。[2]在1851年的《建筑艺术四要素》（*Die vier Elemente der Baukunst*）中，他进一步提出了创造建筑形式的四要素：火塘、屋顶、围护结构（即墙体）和基础，并将关注点集中在“围护结构（墙体）”上。森佩尔认为，建筑的墙体是由人类的基本动机——围合（Enclosure）所驱使的，提出了围合—墙体—编织（Wickerwork）的对应关系。在森佩尔看来，编织体现了墙体的本质：“现今，人们仍然会将悬挂的毯子当作真实的墙体，用这种方式来进行空间的限定（Raum-begrenzung）。隐藏于毯子后面的坚固的墙体与空间无关。”[3]森佩尔这种对围合的强调明显受黑格尔影响。从围合出发，森佩尔在1860年的《技术与建构艺术（或实用美学）中的风格》（*Der Stil in den technischen und tektonischen Künsten oder Praktische Ästhetik*）中（图2-1）明确指出：“建筑最原初的形式原则是基于空间（Raum）的概念，与结构无关。”（Das ursprünglichste auf den Begriff Raum fussende formelle Princip in der Baukunst unabhängig von der Konstruktion）[4]

森佩尔认为所有的自然形态都具有三种维度：长度、宽度和高度，形式的多样性使得其自身必须是这三者的三位一体的整体（Einheitlichkeit），并由此衍生出形式美所需要的三个条件：匀称（Symmetrie）、比例（Proportionalität）和方向（Kichtung）。[5]森佩尔的空间在三个不同方向上的扩展来自于竖立的人的身体，人的直立行走使得人在获得水平方向空间体验的同时也获得了竖直方向上的空间体验。从对空间三个维度的论述可知，森佩尔将建筑理解为一种笛卡尔式的三维空间存在，同时，他将建筑及其空间围合（Raumesabschlüsse）功能与人的内在直觉相关联。建筑的形式不再只是平坦的装饰，而是在尊重技术与材料天性的前提下对人的空间方向感的直接回应。[6]

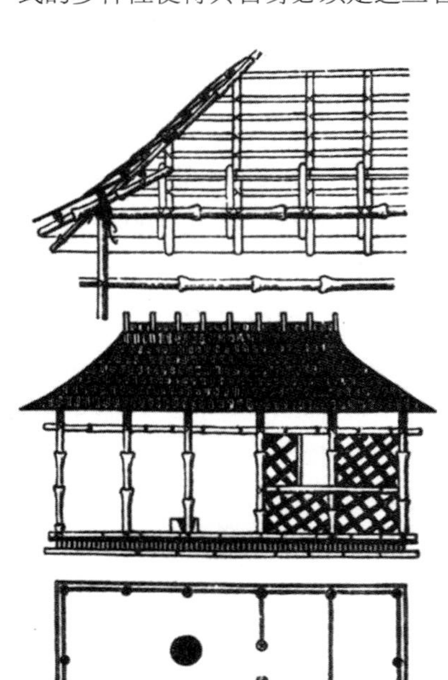

图2-1 森佩尔《技术与建构艺术（或实用美学）中的风格》中的插图

[1] Adrian Forty. *Words and Buildings: A Vocabulary of Modern Architecture* [M]. Thames & Hudson, 2000: 257.

[2] Gottfried Semper. Translated by Harry Francis Mallgrave and Wolfgang Herrmann. *The Four Elements of Architecture and Other Writings* [M]. Camberidge University Press, 1989: 23.

[3] Gottfried Semper. *Die vier Elemente der Baukunst: ein Beitrag zur vergleichenden Baukunde*. F. Vieweg, 1851: 58.

[4] Gottfried Semper. *Der Stil in den technischen und tektonischen Künsten oder Praktische Ästhetik: ein Handbuch für Techniker, Künstler und Kunstfreunde*. Frankfurt a.M., 1860: 227.

[5] 同上：XXIV.

[6] Comelis van de Ven. *Concerning the Idea of Space: The Rise of a New Fundamental in German Architectural Theory and in the Modern Movements Until 1930*, 宾夕法尼亚大学（University of Pennsylvania）博士论文, 1974: 98.

在1869年的演讲“论建筑风格”(*Über Baustile*)中，森佩尔梳理了建筑空间的发展与变化。他认为建筑空间的概念（中空的建筑物）最早是在公元前4世纪的艺术中发展起来的，其发展受到亚历山大大帝的建筑师及其后来者的推动，在罗马时期取得了“空间创造的强大艺术”。罗马人在空间创造上取得了巨大的成就，使空间创造向“一种自由的、自足的理想主义”发展，新的空间艺术是“建筑的世界性未来”。[1]

森佩尔没有专门针对建筑空间概念的论著，也没有详细地讨论建筑空间概念，他对后来德语世界的艺术评论家、建筑师产生了很大的影响。自1880年代以来，德语世界的艺术史学家们兴起了一种新的研究建筑的方法，将注意力集中在空间、体块（mass）与形式的美学质量与视觉感知上。[2]1878年，德国艺术评论家、理论家康拉德·费德勒[3]（Conrad Fiedler，1841-1895）撰写文章呼吁关注空间概念，以去除建筑中过剩的历史风格。在《对建筑的天性和历史的观察》(*Bemerkungen über Wesen und Geschichte der Baukunst*)中，费德勒指出，在建筑中“材料构成形式的基本特征来自于最初的实践需要：围合与覆盖空间（Raum）”，[4]并认为罗马建筑以拱顶来围合空间（Raumabschluss）的概念对现在的建筑师有意义。[5]曾跟随森佩尔学习的瑞士建筑师汉斯·奥尔（Hans Auer，1847-1906）在1881年的文章《建筑风格发展中建造的影响》(*Der Einfluss der Construction auf die Entwicklung der Baustile*)中指出，建造在建筑理论中应该优先考虑，建筑最重要的任务在于“创造空间”（Gestaltung des Raumes）。在1883年的文章《建筑空间的发展》(*Die Entwicklung des Raumes in der Baukunst*)中，奥尔进一步提出：“空间是建筑物的灵魂，它充实建筑物的躯体并从外部给予建筑物特性”（Der Raum is die Seele des Baues，die den Köper ausfüllt und nach aussen charakterisrt），并将空间看成是“新风格”发展的动力。[6]在森佩尔的影响之下，以“空间围合”作为建筑的主题在相当长的一段时间内是建筑中最广泛运用的“空间”。此外，森佩尔的学生——维也纳设计师卡米洛·西特（Camillo Sitte，1843-1903）在1889年出版了《遵循艺术原则的城市设计》(*Der städtebau nach seinen Künstlerischen*)一书[7]，将围合“空间”（Raum）的概念进一步扩展到建筑外部空间（Raumleere）——城市空间之中，将城市设计看成是和建筑设计一样的“艺术作品”（Kunstwerke）。艺术史学家、建筑理论家们对空间、体块以及形式的分析创造了新的建筑外观语汇，或者说是建立了建筑外观的生成规则。[8]

2. 以康德哲学为中心的思想线路

在康德本人对空间的哲学讨论中并没有直接将空间（Raum）与建筑联系在一起，但他的知觉空间为19世纪德语世界的哲学的对待形式和空间提供了范例。在康德的影响之下，亚瑟·叔本华（Arthur Schopenhauer，

[1] Gottfried Semper. Translated by Harry Francis Mallgrave and Wolfgang Herrmann. *The Four Elements of Architecture and Other Writings* [M]. Camberidge University Press, 1989: 281.

[2] Panayotis Tournikiotis. *The Historiography of Modern Architecture* [M]. The MIT Press, 2001: 243-244.

[3] 康拉德·费德勒：19世纪德国著名的艺术理论家、哲学家，他将温克尔曼（Johan Joachin Winckelmann，1717-1768）的艺术史学思想提升到哲学层面，在其论文《论造型艺术作品的评价》(*Uber die Beurteilung von Werken der Bilden den Kunst*)中最先提出“艺术学”应独立成为一门科学。

[4] Conrad Fiedler. *Bemerkungen über Wesen und Geschichte der Baukunst.* 英文参见：Harry Francis Mallgrave ed. *Empathy, Form, and Space: Problems in German Aesthetics, 1873-1893* [C]. The Getty Center For The History Of Art, 1994: 125-147；德文参见 http: //www.cloud-cuckoo.net/openarchive/Autoren/Fiedler/Fiedler1914.htm

[5] Harry Francis Mallgrave. *Modern Architectural Theory. a historical survey (1673-1968)* [M]. Cambridge University Press, 2005: 197.

[6] J. Duncan Berry. *Hans Auer and the morality of architectural Space* [A]// Deborah J. Johnson & David Ogawa Ed. *Seeing and Beyond: Essays on Eighteenth- to Twenty-First-Century Art in Honor of Kermit S. Champa*[C]. Peter Lang Publishing, 2005: 150-177.

[7] 卡米洛·西特是19世纪末到20世纪初奥地利著名的城市理论家，常常被视作现代城市设计之父。1990年仲德昆将这本书翻译为《城市建设艺术：遵循艺术原则进行城市建设》，由东南大学出版社出版。

[8] Panayotis Tournikiotis. *The Historiography of Modern Architecture* [M]. The MIT Press, 2001: 245.

1788-1860）在1819年的《作为意志和表象的世界》（*Die Welt als Wille und Vorstellung*）中首先将空间知觉与建筑联系在一起。叔本华认为建筑首先是存在于我们的空间知觉之中的，我们“**是完全直接地觉知这种空间（Raum），它以三进向的全部容积对我们起作用**”，建筑空间“显露了空间之为空间的规律性，还有助于美观”。[1] 叔本华对审美直觉的推崇和表述暗示了移情理论的兴起。

19世纪中叶，弗里德里希·西奥多·菲舍尔[2]（Friedrich Theodor Vischer，1807-1887）在《美学或美的科学》（*Aesthetik oder Wissenschaft des Schönen*，1846-1857）中从心理学的角度分析了审美的“象征”（Lebensgefühl）作用。1873年，他的儿子罗伯特·菲舍尔（Robert Vishcher，1847-1933）在博士论文《论形式的视觉感》（*Über das optische Formgefühl*）中以新的“移情”（Einfühlung）的概念取代了“象征”，认为审美感受的发生在于主体与对象之间实现了感觉和情感的共鸣。罗伯特·菲舍尔研究了移情在建筑中的可能性，探讨了身体上的感官作为解释形式意义的途径。

移情理论的兴起使得审美活动中主体的情感移置于对象之上。对移情理论而言，空间概念具有重要的意义，自然的有机形式都是处于空间中的，并且一个自然物象与另一个物象间有着相互影响的关系，“**我们与外部世界的关系主要在于我们对空间（Raum）和形式的理解与认知**”[3]，于是空间形式可以纯粹地存在于非物质的、对空间抽象的艺术再现中。在移情理论的推动下，空间概念在1890年代成为美学经验的本质，空间、体量（Volume）与形式以及它们的形象化、可视化成为了审美品质的重要问题。[4] 移情理论促进了对建筑空间的探讨，这种探讨在1893年达到了顶峰。

作为移情理论的主要代表之一，德国心理学家、美学家西奥多·里普斯（Theordor Lippers，1851-1914）在1893年发表的《空间美学与几何学——视觉的错觉》（*Raumästhetik und Geometrisch-Optische Täuschungen*）中，将移情理论应用到美术作品的空间体验中。里普斯区分了两种空间形态（Raumform）：几何学的形式，物体排除体积外壳之后形成的一种抽象的空间；美学的形式，将感觉或精神投射到所占有的几何空间后所感知到的形式的空间。这种区分使得人的观看行为分为两个层面：视觉的，关注物质；审美的，关注物质被移走后剩下的东西。空间形态可以纯粹地存在于非物质的、对空间抽象艺术的再现中，移情则依赖于我们感知抽象空间的能力。[5] 里普斯认为建筑是“抽象的空间形式（Raumgestaltung）与空间占有（Raumbelegung）的艺术，即空间艺术（Raumkünste）”。[6] 里普斯的理论对新艺术运动的建筑师产生了影响，成为建筑理论中“空间”观念形成的触媒之一。[7]

雕刻家、艺术理论家阿道夫·希尔德布兰德（Adolf Hilderbrand，

[1] [德]叔本华．作为意志和表象的世界[M]．石冲白译．北京：商务印书馆，1982：287，300.

[2] 弗里德里希·西奥多·菲舍尔：德国诗人、小说家、哲学家、美学家，晚年致力于心理学研究。主要著作有《美学或美的科学》（6卷，1846-1857）、《批评论丛》（Kritische Gänge，1863）、《论象征》（1873）等。

[3] Adolf Hilderbrand. *Das Problem der Form in der bildenden Kunst*. 英文参见：Harry Francis Mallgrave ed. Empathy，Form，and Space：Problems in German Aesthetics，1873-1893 [C]. The Getty Center For The History Of Art，1994：227；德文参见：http：//digi.ub.uni-heidelberg.de/diglit/hildebrand1893.

[4] Paul Zucker. *The Paradox of Architectural Theory at the Begin of the Modern Movement* [A]. Journal of the Society of Architectural Historians，1951，10（3）：9.

[5] Comelis van de Ven. *Ideas of Space in German Architectural Theory 1850-1930*. Architectural Association Quaterly，vol. 9：31-31.

[6] Theordor Lippers. *Raumästhetik und Geometrisch-Optische Täuschungen*. 参见：http：//www.tu-cottbus.de/theoriederarchitektur/D_A_T_A/Architektur/20.Jhdt/LippsTheodor/Lipps_Raumaesthetik.htm

[7] 例如里普斯的移情理论和对空间体验的论述影响了英国建筑师、理论家杰弗里·斯科特（Geoffrey Scott，1884-1929）。斯科特在《人文主义建筑》（*Architecture of Humanism*，1914）中将“空间”（Space）作为与体块（Mass）、线条（Line）、一致性（Coherence）相并列的建筑的四个要素之一，这是英语世界中较早的对建筑“空间”的强调。

1847-1921）在 1893 年的《造型艺术中的形式问题》（*Das Problem der Form in der bildenden Kunst*）中，从纯视觉（Gesichtsvorstellung）的角度探讨了自然物体与它作为心理视知觉的形相之间的关系以及它的艺术表现问题。他认为形式问题的核心就是对空间的界限划定，空间与时间是所有艺术创作的内在要素。所以，他在知觉印象的形成中强调了时间的因素，即运动在空间感知中的作用。希尔德布兰德主要针对的是雕塑与绘画，也涉及了建筑。他指出，建筑和其他艺术不同，其他艺术需要通过人体或不动的物体来再现空间，而建筑的空间是可以直接被感知的："在建筑中，我们与空间（Raum）的关系得到了直接的表达。建筑在我们心中唤起的不仅是一种在空间中存在运动的可能性的观念，更唤起了一种明确的空间感觉（Raumgefühl）。"[1] 希尔德布兰德对旁观者的艺术体验与被观察物之间空间关系的研究对艺术中的空间观念的发展产生了很大的影响，直接影响了未来主义（Futurist）绘画。

1893 年，德国艺术史学家、美学家奥古斯特·施马索夫[2]（August Schmarsow，1853-1936）在莱比锡（Leipzig）大学发表的就职演讲"建筑创作的本质"（Das Wesen der architektonischen Schöpfung）成为早期建筑空间讨论的顶点。施马索夫是第一个直接宣称建筑的主要任务是"空间的创造"（Raumgestalterin）的理论家，他将移情理论与可视性理论综合，把空间看成是一种美学观念，是建筑作品中刺激审美感知的形式。受森佩尔影响，施马索夫的空间理论强调了围合，他认为为了某些意图而围合空间是建筑的本质特征："人类围合空间（Raumumschließung）的尝试意味着人有了某种有意识的空间划分（Raumausschnitt）的概念……建立直观形式的倾向，我们称之为空间（Raum）。"施马索夫将建筑看成是"空间的创造"："我们的空间感觉（Raumgefühl）和空间幻想（Raumphantasie）促进了空间形式（Raumgestaltung）；它们在艺术中得到满足，我们将这种艺术称为建筑，通俗地说，建筑是空间的创造（Raumgestalterin）。"建筑的特殊性在于观者的移情并不是导向建筑的体块，而是导向建筑的空间，与人在空间中的方向体验与定向移动有关："建筑就是按照人的空间知觉（Raumanschauung）的理想形式进行的空间的创造。"同时，空间不单是三维的空间，也是加入了时间概念的空间，建筑是在空间与时间中连续的。由此，空间成为了一种可以在建筑的、美学的、心理的以及艺术史的参量中自由移动的概念，"建筑的历史就是空间感觉（Raumgefühl）的历史"[3]。施马索夫的"空间的创造"（Raumgestalterin）概念尽管有些超出当时建筑师对建筑空间的理解，但却刺激了德语世界的艺术史学家、建筑师如阿洛伊斯·李格尔[4]（Alois Riegl，1858-1905）、阿尔伯特·埃里克·布林克曼[5]（Albert Erich Brinckmann，1881-1958）、保罗·弗兰克尔[6]（Paul Frankl，1878-1962）等人以空间（Raum）作为建筑分析的

[1] Adolf Hilderbrand. *Das Problem der Form in der bildenden Kunst*. 英文参见：Harry Francis Mallgrave ed. *Empathy, Form, and Space: Problems in German Aesthetics*, 1873-1893 [C]. The Getty Center For The History Of Art，1994：227；德文参见：http：//digi.ub.uni-heidelberg.de/diglit/hildebrand1893

[2] 奥古斯特·施马索夫：1853 年 5 月 26 日出生于德国梅克伦堡州（Mecklenburg），早期他在瑞士的巴塞尔从事文化历史的研究，后来转向艺术史研究，1893 年击败罗伯特·菲舍尔和海因里希·沃尔夫林成为莱比锡大学艺术史的主持人，其就职演讲"建筑创作的本质"（Das Wesen der architektonischen Schpöfung）于 1894 年发表。

[3] August Schmarsow. *Das Wesen der architektonischen Schöpfung*. 英文参见：Harry Francis Mallgrave ed. *Empathy, Form, and Space: Problems in German Aesthetics*, 1873-1893 [C]. The Getty Center For The History Of Art，1994：281-297；德文参见：http：//www.cloud-cuckoo.net/openarchive/Autoren/Schmarsow/Schmarsow1894.htm

[4] 阿洛伊斯·李格尔：19 世纪末 20 世纪初奥地利著名艺术史家，维也纳艺术史学派的主要代表，现代西方艺术史的奠基人之一。李格尔在 1893 年的《风格问题：装饰艺术史的基础》（*Stilfragen: Grundlegungen zu einer Geschichte der Ornamentik*）中提出了"艺术意志"（Kunstwollen）的概念，围绕"艺术意志"理论展开艺术研究。在"艺术意志"的理论中，他强调了"空间"的重要性，将"空间"看成是所有艺术意志的源泉与目的。

[5] 阿尔伯特·埃里克·布林克曼：德国艺术史学家，著名艺术史学家海因里希·沃尔夫林（Heinrich Wölfflin）的学生，布林克曼意识到视觉与触觉的运动在空间中的联系，强调"空间"中的运动（Movement），发展了一系列与"空间"相关的术语：Raumbildung（Space-Formation）、Raumfassung

标准去研究过去的建筑风格，还成为了 20 世纪初建筑师理解建筑空间的美学基础。

在这两条思想路线之外，德语系艺术家对艺术分类的探索也对“空间”成为建筑话语起到了促进作用。1766 年，艺术理论家戈特霍尔德·埃夫莱姆·莱辛[1]（Gotthold Ephraim Lessing，1729-1781）在其出版的美学著作《拉奥孔》（或称《论画与诗的界限》）（*Laokoon. Oder: Über die Grenzen der Malerei und Poesie*）中，对画与诗的区别作了详尽的分析[2]，认为：“绘画用空间中的形状和颜色而诗却用在时间中发出的声音。”[3]时间（Zeit）和空间（Raum）都是物质存在的形式，绘画所用的符号是在空间中存在的，适宜描绘相对静态的物体，表现在空间中并列的事物；诗运用在时间中存在的符号，适宜表现动态的事物，描绘在时间中先后承续的动作情节：“时间上的先后承续属于诗人的领域，而空间则属于画家的领域。”[4]

莱辛对画与诗艺术的表现在“空间”与“时间”上的区分产生了很大的影响，20 世纪初，德国艺术家玛克斯·德索[5]（Max Dessoir，1867-1947）在莱辛的基础之上将“空间艺术”（Raumkünste）与“时间艺术”（Zeitkünste）的二分法作为了艺术分类方式的一种。德索在 1906 年出版的《美学与一般艺术学》（*Ästhetik und allgemeine Kunstwissenschaft*）中，对艺术体系和艺术分类进行了分析性研究，从艺术特征的异同出发，综合编制了一个艺术体系（图 2-2、图 2-3）。这个艺术体系涉及三种不同的分类方式：一是空间艺术和时间艺术，二是模仿艺术和自由艺术，三是造型艺术和诗的艺术。其中：空间艺术包括雕塑、绘画、建筑，都是图像艺术（Bildende künste），效应方式为空间形象（Raum-Bild）；时间艺术包括模仿艺术、诗歌、音乐，都是诗歌艺术，效应方式为听觉行为。[6]从此，这种以“空间”（Raum）和“时间”（Zeit）来分类艺术的方法成为众多艺术分类法中较常用的一种。这种分类方式的出现表明空间概念在艺术领域中已经被广泛使用。同时，这种分类法使得建筑被定义为“空间艺术”（Raumkünste），建筑与“空间”的关系变得非常明确，从而进一步引起了对建筑“空间”的关注。

Raumkünste (Künste der Rube und des Nebeneinander) Plastik Malerei	Zeitkünste (Künste der Bewegung und des Nacheinander) Mimik Poesie	Künste der Nachahmung, der bestimmten Assoziationen, der realen Formen
Architektur	Musik	Freie künste der unbestimmten Assoziationen und irrealen Formen
Bildende Künste (Wirkungsmittel [Raum-] Bild)	Musische Künste (Wirkungsmittel [Laut-] Gebärde)	

图 2-2　玛克斯·德索的艺术体系

接上页

（Spatial Framing）、Raumanschauung（Spatial Intuition）、Raumwirkung（Spatial Effect）、Raumgestaltung（Spatial Design）、Raumgefühl（Feeling for Space）、Raumanordnung（Spatial Disposition）。布林克曼以“空间”作为关键要素研究巴洛克建筑的方式直接影响了保罗·弗兰克尔（Paul Frankl）、西格弗里德·吉迪翁（Sigfried Giedion）、尼古拉斯·佩夫斯纳（Nikolaus Pevsner）的研究。

[6] 保罗·弗兰克尔：德国艺术史学家，著名艺术史学家海因里希·沃尔夫林的学生，以格式塔心理学的方法来建立对建筑原则和历史的研究。弗兰克尔从“空间”、“体积”（Mass）、“光”（Light）与“目的”（Purpose）四个要素来分析建筑，将形式分为四个范畴：空间的形式（Spatial Form）、物质的形式（Corporeal Form）、视觉的形式（Visual Form）和有目的的意图（Purposive Intention），并将这些范畴用于分析中世纪建筑（尤其是哥特建筑）。弗兰克尔研究哥特建筑的方式与方法对西格弗里德·吉迪翁有直接的影响。

[1] 戈特霍尔德·埃夫莱姆·莱辛：18 世纪德国著名的美学家和文艺理论家，近代德国文学的奠基人，德国启蒙运动的代表人物。
[2] 莱辛在《拉奥孔》一书中以“画”指一般造型艺术，以“诗”指一般文学，他的主要兴趣不在造型艺术而在于诗或文学。
[3][德]莱辛．拉奥孔 [M]．朱光潜译．北京：人民文学出版社，1984：82.
[4] 同上：97
[5] 玛克斯·德索：德国心理学家和美学家，曾任柏林大学教授，是 20 世纪初艺术科学论思想的主要代表人物。为了宣传艺术科学理论，他于 1906 年创办了《美学与一般艺术科学评论》杂志，还以“美学与一般艺术学”为题在柏林主持召开了第一届国际

这些来自于德语世界的哲学、美学、艺术心理学等相关领域对建筑空间的研究对建筑空间话语的形成做出了很大的贡献。究其原因，与德语的“空间”——“Raum”这个词有关。“Raum”既与具象的物质围合有关，也与抽象的哲学概念有关。德国现象学家马丁·海德格尔（Martin Heidegger，1889-1976）在《筑·居·思》（Bauen Wohnen Deuken）中从语源学的角度对“Raum”作出了如下解释：

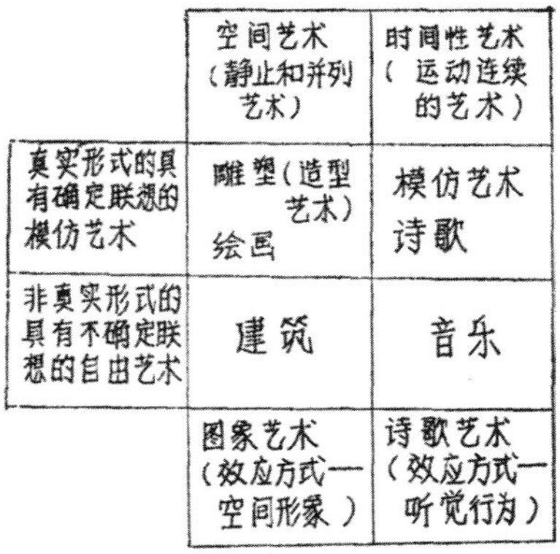

	空间艺术（静止和并列艺术）	时间性艺术（运动连续的艺术）
真实形式的具有确定联想的模仿艺术	雕塑（造型艺术）绘画	模仿艺术 诗歌
非真实形式的具有不确定联想的自由艺术	建筑	音乐
	图象艺术（效应方式——空间形象）	诗歌艺术（效应方式——听觉行为）

图十六 德索艺术体系

图2-3 玛克斯·德索艺术体系的中译版

“空间”一词所命名的东西由此词的古老意义道出。Raum，即Rum，意味着为定居和宿营而空出的场地。一个空间乃是某种被设置的东西，被释放到一个边界（即希腊文的π¡ρας［边界、界限］）中的东西。边界并不是某物停止的地方，相反，正如希腊人所认识到的那样，边界是某物赖以开始其本质的那个东西。因此才有边界（õρισμñς）这个概念。空间本质上乃是被设置起来的东西（das Eingeräumte），被释放到其边界中的东西。[1]

Raum是指为安置和住宿而清理出的或空出的场所，即在一定边界内清理和空出来的那个地方，边界不是事物从此终止，而是事物的开始，空间的本质是“空”而有“边界”。同时，“Raum”源于日耳曼语“ruum”，其意思是“一块（a piece），一部分（a part）”，这一词也演变成为了英语的“room”。也就是说，德语的Raum不仅指一种物质上的围合，而且指一个房间（a room）。这种有趣的语言上的一致，使得德语世界的人对空间特别敏感：“将房间想成仅是无限空间的一小部分，对一个德国人来说，并不需要很多想象力的，因为事实上不可能让他想成别的。”[2] 而在将Raum用作“房间”（room）时，它隐含有扩张（expension）之意，或者是一种更确实的适用性。[3]

对建筑空间观念的探索，英语世界明显晚于德语世界。弗兰克·劳埃德·赖特（Frank Lloyd Wright，1869-1959）是英语世界中最先开发建筑空间的潜力的人之一，他也是直到1928年才开始使用“空间”（space）一词。“空间”真正成为广泛流传的建筑术语是在德语建筑师与理论家移民至英美以后才开始的[4]，也就是说，“空间”作为建筑术语而被广泛地使用是1930年代中后期的事情，尤其是在瑞士现代建筑史学家、理论家吉迪翁的《空间、时间与建筑：一种新传统的成长》（*Space，Time and*

接上页

美学大会，对美学的国际交流与合作做出了不可磨灭的开拓性贡献。德索的主要代表作品为1906年出版的《美学与一般艺术学》（*Ästhetik und allgemeine Kunstwissenschaft*）。

[6]［德］玛克斯·德索．美学与艺术理论[M]．兰金仁译．北京：中国社会科学出版社，1987：269.

[1]［德］海德格尔．筑·居·思．孙周兴译.http://www.zhongguosixiang.com/thread-9313-1 -1.html

[2]［英］彼得·柯林斯．现代建筑设计思想的演变：1750-1950[M]．英若聪译．北京：中国建筑工业出版社，2003：287.

[3] Comelis van de Ven. *Concerning The Idea of Space: The Rise of a New Fundamental in German Architectural Theory and in The Modern Movements Until 1930*，宾夕法尼亚大学（University of Pennsylvania）博士论文，1974：15-20.

[4] Adrian Forty. *Words and Buildings: A Vocabulary of Modern Architecture*[M]. Thames & Hudson，2000：268.

Architecture: The Growth of a New Tradition）一书的英文版出版之后才在世界范围内有了广泛的影响。正如柯林斯所言：“在英国和法国的思想方法上，建筑上的空间概念完全是外来的，它被引进建筑观念史中，几乎完全来自当时德国的理论家们对它的应用。”[1]

在英语与法语中并不存在一个有关物质围合并同时与哲学观念紧密联系的词，通常将“space”或“volume”作为与德语“Raum”相对应的英译词。Space 一词直接来源于拉丁语的“spatium”，它在拉丁语里的最初含义是间歇、距离，比较接近希腊文的“diastema”，与“void”即“空”的意义有一定的重合，因此，“space”更多地是与“空”或“距离”同义。将“space”作为德语“Raum”的对应物，则缺乏围合的含义。Volume 来自拉丁语的“volumem”，意为“转动、演化、做成一块”，在英语中“volume”含有“体积、体量”之意，带有一定的空间限定的概念，侧重于同质性中的量的限定，缺乏“空”的概念。因此，以“space”或者“volume”作为德语“Raum”的对应物，都缺乏德语“Raum”的广泛含义，“Raum”应该是“space”和“volume”的结合。从这种意义上讲，英语的“space”远不如德语的“Raum”对建筑有意义。当“空间”以“space”的面貌在世界范围内传播时，与德语的“Raum”相比它失去了原来的深刻的哲学内涵，但却使得“空间”更容易为建筑师所接受，促进了建筑“空间”从德语世界走向全世界。

2.2.3 西方现代建筑与空间话语

1900 年前后，对空间的关注被吸收进对建筑原则的探讨之中。在此之前，关于建筑空间问题的讨论——无论是来自美学或艺术心理学方面的，还是来自设计理论的，都主要是为了重新总结或解释历史上的各种传统。在这个世纪交汇的时刻，建筑空间话语逐渐形成，而现代建筑运动也正在兴起，因此，“空间”在西方建筑领域的发展可以说是明确地与现代建筑的发展联系在一起的。

至 1920 年代，在德语世界，“空间”（Raum）正式成为一个常用的建筑词汇，一个用于表达各种“新”的观念和思想的建筑术语。这一词汇所具有的不可言说的潜力，使得建筑师拥有最大限度的自由来阐发这一新生术语。如莫霍利·纳吉[2]（Laszlo Moholy-Nagy，1895-1946）在《新视觉》[3]（*The New Vision*）中列举了多达 45 个用来描述不同种类空间的形容词，“空间”对想象力的激发由此可见一斑。福蒂在《词语与建筑：现代建筑的词汇》中认为，在这个时期主要有三种不同的“建筑空间观”[4]：

（1）空间作为围合（Space as enclosure）。这是 1920 年代早期对空间最普遍的理解，是森佩尔传统的延续。荷兰建筑师亨里克·彼图斯·伯拉吉（Henrick Petrus Berlage，1856-1934）将建筑看成

[1] [英]彼得·柯林斯．现代建筑设计思想的演变 [M]. 英若聪译．北京：中国建筑工业出版社，2003：287.

[2] 拉兹洛·莫霍利·纳吉：平面设计师、设计教育家、抽象派艺术家。出生于匈牙利，早年以绘画和平面设计为主。1921 年来到包豪斯，1923 年接替伊顿的职务，负责包豪斯的基础课程教学，并在金属制品车间担任导师。1927 年从包豪斯辞职。1937 年与格罗皮乌斯同去美国，并在芝加哥成立了新包豪斯。

[3] *The New Vision* 是出版于 1925～1930 年间的“包豪斯丛书”14 卷本中的一卷——《从材料到建筑》（*Von Material zu Architecktur*）的英译本，德文书名根据的是展现了进步建筑观念的发展，英译本的名称更贴近书中的内容（全书关注的是视觉与形式问题）。

[4] 同上：266

是空间围合（Spatial enclosure）的艺术，提出要强调建筑的空间本质，反对从外部来考虑建筑。彼得·贝伦斯（Peter Behrens，1868-1940）将创造体量（Volume）和围合空间（Enclose Space）看成是建筑的任务。

（2）空间作为连续体（Space as continuum）。这种空间观认为内、外空间是连续的、无限的，对荷兰风格派以及包豪斯有重要的意义，在莫霍利·纳吉的《新视觉》中表达得最为清楚。

（3）空间作为身体的延伸（Space as extension of body）。这种空间观认为空间是由与人的生命有关的感受形成的，因为人的行为和对生活的向往而具有活力。密斯·凡·德·罗（Mies van der Rohe，1886-1969）就曾受到这种观念的影响，莫霍利·纳吉也与这种观念相关。

实际上，这三种建筑空间观常常同时影响建筑师，例如奥地利建筑师阿道夫·路斯（Adolf Loos，1870-1933）不仅强调空间的围合作用，还强调空间与身体之间的关系，形成了独特的“空间体量设计”（Raumplan）理论[1]。

在“空间”开始成为一个建筑话语之时，空间观念也在发生着变化。1908年，数学家赫尔曼·闵可夫斯基（Herman Minkowski，1864-1909）提出了四维空间的数学模型，将时间看成是空间的第四维度。在牛顿的绝对时空理论和闵可夫斯基的“四维空间”的基础上，阿尔伯特·爱因斯坦（Albert Einstein，1879-1955）发展出了相对论，把时间、空间与物质运动统一起来，认为空间与时间是相对的，而不是绝对的。从此，空间和时间关联在一起，形成了“时间—空间”组合，时间成为了空间的第四维度，时间与空间是一体的。19世纪下半叶出现的花样繁多的机械发明也进一步强化了“时间—空间”观念。火车、汽车以及飞机等交通工具的出现为人们提供了速度体验以及日常生活中实实在在的时空变化。在这种背景之下，西方人对空间有了全新的认识，“时间—空间”观念以种种方式成为了先锋艺术动感空间形式的理论基础。

从文艺复兴时期开始，透视原理统治了西方的绘画艺术。西方绘画强烈地表现了一个时间点和一个透视点所描绘的真实空间，根据视觉对象的明暗、色彩的深浅和冷暖差别表现出物体之间的远近层次关系，使人在平面的范围内获得立体的、具有深度的空间感觉。现代科学技术的发展改变了人们观看事物的传统方法，西方绘画艺术也发生了大的转变，即由一点透视转为多点透视。动态的多点透视所形成的非稳定结构取代了一点透视所形成的稳定的空间结构，展示了人类新的视觉观察与空间体验，阐释了新的工业革命技术条件下人类新的“时空观”。先锋艺术家们在创新的过程中不断地抛弃过去的模式，在20世纪之初时出现了许多类型的绘画，

[1] 关于路斯的Raumplan理论的研究，参见：闵晶．从路斯楼（Looshaus）解读Raumplan．建筑师，2011（153）：43-57.

其中影响比较大的如立体主义（Cubism）。立体主义绘画对对象的描绘从一个时间点扩展到时间段，从简单的客观写实演进为复杂的客观抽象与立体。与爱因斯坦相对论对以往的空间观念的突破相类似，这个时期的立体主义绘画与抽象艺术以“空间—时间”的表现形式实现了对传统客观图像的突破。

现代抽象绘画艺术的形式与思想对建筑师产生了影响（图2-4）[1]，这种时空一体化的新的空间概念为创造具有动势的新型建筑空间开辟了新的途径。在1910年代晚期、1920年代早期，建筑的形体逐渐变得简洁，不再是简单的实体而是形体与空间的紧密结合，形体也不再是封闭的盒子，而是各种颜色的体与面从中心延伸到周围环境之中。

[1] 现代建筑历史学家和理论家如尼古拉斯·佩夫斯纳（Nikolaus Pevsner）、西格弗里德·吉迪翁（Sigfried Giedion）等均将绘画看作是处在建筑学之后的推动现代建筑发展的力量。

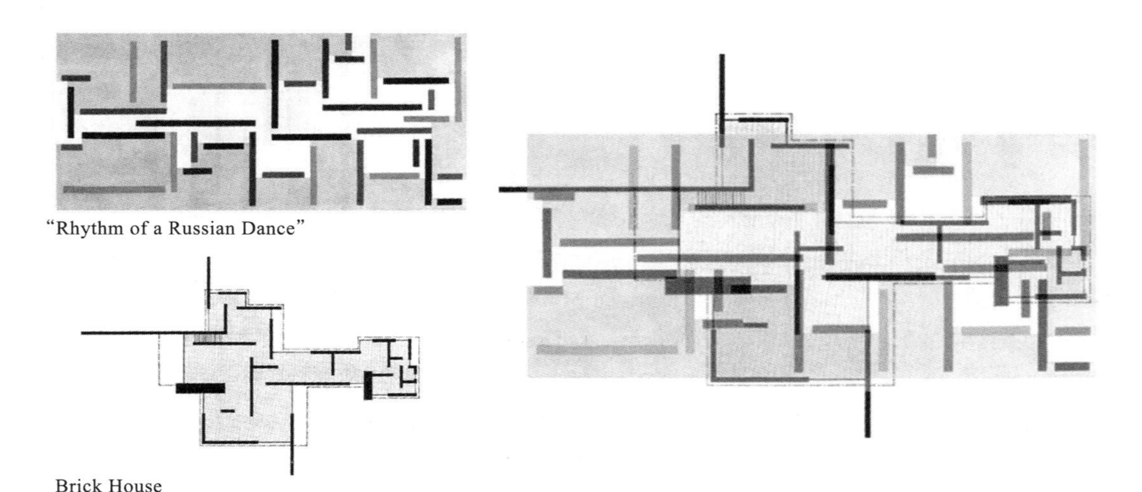

图2-4 特奥·凡·杜斯堡（Theo Van Doesburg）1918年的画作“Rhythm of a Russian Dance”与密斯1923年的砖住宅（Brick House）方案比较

恰逢其时的技术发展为创造这种“新”建筑空间提供了支撑。框架结构技术使得建筑不需要再像以前一样以一种封闭的形态出现，而是可以以一种开放的姿态出现。这使得新建筑在空间上可以完全不同于以往的建筑：以前的建筑受到结构技术限制，采用墙体承重，不仅建筑以封闭的体块呈现，厚重的外墙只能开很小的窗户，室内外空间得不到交流，同时室内过多的墙体使得室内空间不能自由分隔；而新建筑采用新的框架结构体系，表皮独立于结构之外使得建筑外观以表皮的形式呈现，大片玻璃的使用打破了室内外的界限，室内室外空间可以相互渗透、相互流动，室内空间也变得自由而开放。

可以说，新的空间概念完全打破了对称建筑单灭点的透视方式，时间加入到空间之中使得建筑空间随着视点的改变而不断变化，空间不再是静态的、封闭的，而是开放的、动态的。“新”的建筑形态及空间改变了建筑的审美观念，在优化建筑功能的同时为人们带去了更多的空间体验。能够反映“时代精神”（Zeitgeist）的“新”空间观念成为现代风格的内涵之一，而空间的流动与渗透则成为了“新”建筑的空间主旋律之一。

从 1920 年代末开始，“空间”开始成为建筑历史学家和理论家们用来建构“现代建筑”体系的关键概念之一。作为最早确立和解释现代建筑运动的著作，在阿道夫·伯纳（Adolf Behne，1885-1948）的《现代建造》（*Der modern Zweckbau*，1926）[1]、古斯塔夫·阿道夫·普拉兹（Gustav Adolf Platz，1881-1947）的《现代建筑艺术》（*Die Baukunst der neuesten Zeit*，1927）[2]中均关注了建筑“空间”问题。最有代表性的当属建筑史学家、理论家西格弗里德·吉迪翁的《空间、时间与建筑：一种新传统的成长》。这本书在 1941 年发行了英文版，其在建筑学界的广泛流传使得建筑“空间”话语得到了更广泛的传播与标准化，并使得建筑“空间”话语与西方现代建筑紧密联系在一起。吉迪翁本人系瑞士人，师从著名艺术史学家海因里希·沃尔夫林（Heinrich Wölfflin，1864-1945）。沃尔夫林被看成是西方艺术科学的创始人之一，他将希尔德布兰德以心理视知觉解释艺术的方式发展为形式—视觉的艺术分析方法。[3]在 1915 年出版的《艺术史的基本原理》（*Kunstgeschichtliche Grundbegriffe: das Problem der Stilentwicklung in der neueren Kunst*）中，他提出了五对基本概念来解释不同时期的艺术的视觉根源。从五对基本概念来看，沃尔夫林的艺术视觉更多地关注平面的二维特征，并没有明确说明建筑形式的空间结构，强调的是建筑的有形形式（Corporeal Form）与体积感（mass）。尽管沃尔夫林没有直接使用“空间”概念，但他评论艺术的方式影响了吉迪翁，使吉迪翁艺术理论基础深厚；沃尔夫林对希尔德布兰德的推崇则使得吉迪翁对以“空间”概念来分析建筑有相当的理解。吉迪翁的同门阿尔伯特·埃里克·布林克曼以“空间”为关键概念对巴洛克与洛可可建筑的研究、保罗·弗兰克尔以“空间”作为建筑分析方法对哥特建筑的研究也直接影响了吉迪翁。同时，吉迪翁既是国际现代建筑协会（CIAM）的秘书长，又是格罗皮乌斯等现代建筑大师的密友，这使得他对现代建筑运动非常了解。因此，他在建构现代建筑体系时可以说是得天独厚，他写这本书的目的在前言中表达得非常清楚：

> 我试图用论证和客观证据来证实，尽管看似混乱，但在我们的现代文明中仍然潜藏着一种实际的统一与隐秘的综合。指出这种综合为何还未成为一种有意识的、积极的现实是我的主要目的之一。[4]

吉迪翁想以这本书来分析现代建筑更新中所隐藏的共通之处，他的行文论据都是以史学书写的方式展现的，将现代建筑新思想发展的整个过程都涵盖其中。吉迪翁采用比较法来研究历史，用新的空间观念来分析建筑，“空间—时间”概念成为了吉迪翁将现代建筑理论化、体系化的工具。

1948 年，意大利建筑师、历史理论家布鲁诺·赛维（Bruno Zevi，

[1] 书中的三个主要章节的标题为：“要一座房屋而不是要一个立面”、“要空间的塑造而不是要房屋”、“要设计的真实而不是要空间塑造”。

[2] 书中第三部分中有“楼层平面、空间和材料的结构”的主题。

[3] Comelis van de Ven. *Concerning the Idea of Space: The Rise of a New Fundamental in German Architectural Theory and in the Modern Movements Until 1930*，宾夕法尼亚大学（University of Pennsylvania）博士论文，1974：119.

[4] Sigfried Giedion. *Space, Time and Architecture: the Growth of a New Tradition*[M]. Oxford University Press，1947：5.

1918-2000）在《可见的建筑》（*Saper vedere l'architettura*）[1] 中进一步对建筑学中的空间概念作为一个整体进行了历史回顾，并将对建筑的空间诠释看成是诠释建筑的最佳方式。在《现代建筑语言》（*Il linguaggio modern dell' architettura*）中，赛维更是将“时空连续”视为现代建筑语言的第六个原则。[2] 从此，“空间—时间”的概念正式加入建筑话语中。

为什么建筑历史学家、理论家会利用“空间”的概念来建构现代建筑体系？科内利斯·范德温在《建筑中的空间：现代主义运动理论及历史中的新思想》（*Space in Architecture: the Evolution of a New Idea in the Theory and History of the Modern Movements*）中认为，建筑空间的观念不仅使风格相对化，从而为克服建筑中的折中主义提供了全新的思想武器，而且也使人们更加注重建筑内外空间的塑性统一，采纳和吸收一切工具形式（Instrumental Form），并且在将它们转化为连续时空体验的时候，无须考虑这些工具形式的比例和使用方式。[3] 也就是说，空间的概念不仅代表了当时的“时代精神”与建筑艺术、技术的发展，还被建筑历史学家和理论家们有意识地用作了对抗当时建筑中流行的折中主义、形式主义的武器。

无论如何，正是在现代建筑历史学家、理论家的推动与建构下，空间形式成为了现代建筑与以前的建筑之间最大的区别之一，“空间”成为了现代建筑运动中体现“现代”的核心内容之一，由此发展出了一系列空间术语与空间理论（如流动空间、共享空间等）。罗伯特·文丘里（Robert Venturi，1925 ~）甚至在《向拉斯韦加斯学习》（*Learning from Las Vegas*）中写道：“也许现在我们的建筑物中最专横的要素就是空间了。”[4] 后现代建筑师在对现代建筑进行反思时，试图减少“空间”在建筑中的作用，将无限引入空间，将空间的边界变得模糊不清，使空间表现出历史性、非理性和浪漫主义的特点。尽管如此，空间观念已成为包括建筑在内的社会科学的一个必不可少的重要论题。亨利·列斐伏尔在 1974 年出版的《空间的生产》一书中预言：“实际上，我们不能不得出这样的结论：在所谓‘现代’社会中，空间正在扮演日益重要的角色。”[5]

2.3 中国古代空间观概述

不同时代与社会的文化、哲学、思维方法与心理特征形成了人们不同的空间概念。中国古代虽然没有现代意义上的“空间”一词，却有着独特的空间观念。中国古人对于空间的理解完全不同于西方人或者现在的我们，中国古人的空间观是“一种位于更高层次的关于宇宙、自然界、社会与人生的意念”[6]。这种意念与西方空间概念的“形而上”完全不一样，是与人的生活密切相关的，是能够指导社会生活实践的一种意念。

[1] 赛维的《建筑空间论》（*Architecture as Space: How to Look at Architecture*）最初的发表名称为“Saper vedere l' architettura: Saggio sull' interpretazione spaziale dell' architettura”，在 1956 年时曾作过修订，英译本是以 1956 年的修订本为基础翻译的。

[2] [意] 布鲁诺·赛维．现代建筑语言 [M]. 席云平，王虹译．北京：中国建筑工业出版社，2005：47-53.

[3] [美] 肯尼斯·弗兰姆普敦．建构文化研究：论 19 世纪和 20 世纪建筑中的建造诗学 [M]. 王骏阳译．北京：中国建筑工业出版社，2007：2.

[4] [英] 罗伯特·文丘里，丹尼丝·斯科特·布朗，史蒂文·艾泽努尔．向拉斯韦加斯学习 [M]. 徐怡芳，王健译．北京：知识产权出版社，中国水利水电出版社，2006：137.

[5] 冯雷．理解空间：现代空间观念的批判与重构 [M]. 北京：中央编译出版社，2008：145.

[6] 罗小未，张家骥，王恺．中国建筑的空间概念 [J]. 时代建筑，1986（2）：15.

中国著名美学家、哲学家宗白华就指出，中国古人的空间意识“不是像那代表希腊空间感觉的有轮廓的立体雕像，不是像那表现埃及空间感的墓中的直线甬道，也不是那代表近代欧洲精神的伦勃朗的油画中渺茫无际追寻无着的深空，而是‘俯仰自得’的节奏化的音乐化了的中国人的宇宙感。”[1]“宇宙感”表明中国古代的空间观与宇宙观是一体的，中国传统的宇宙观实际上就是一种关乎天、地、律、变的时空观念。

[1] 宗白华．美学散步[M]．上海：上海人民出版社，1981：83.

《尸子》中就曾出现过“天地四方曰宇，往古来今曰宙”，《尸子》一书虽已佚，但这是已知的最早的关于“宇”和“宙”的解释。最早的“宇宙”一词出自《庄子·内篇·齐物论》：“奚旁日月，挟宇宙，为其吻合，置其滑涽，以隶相尊？”《庄子》中，“宇宙”一词多次出现，在《知北游》中有“若是者，外不观乎宇宙，内不知乎太初”，在《列御寇》中，有“若是者，迷惑于宇宙形累，不知太初”。在《庚桑楚》中，庄子对“宇”和“宙”提出了很好的解释：“有实而无乎处者，宇也。有长而无本剽者，宙也。”宇，是有实在而无定处可执行者，宙，是有久延而无始末可求者。《墨经》将“宇”与“宙”解释为：“宙，弥异所也；宇，弥异时也。”弥，是遍、包括的意思；异所，异时，即不同的空间、时间。在刘安的《淮南子·齐俗训》中也有“往古来今谓之宙，四方上下谓之宇”，东汉高诱在注释《淮南子》时直接将“宇宙”解释为“四方上下曰宇，古往今来曰宙，以喻天地”。“宇”指的是一切的空间，包括东南西北中和上下内外等一切地点方位，是各个方向延伸的、无边无际的空间；“宙”指的是一切的时间，包括过去、现在、将来在内，是无始无终的；“以喻天地”表明中国古人将宇宙看成是天地万物的总称，空间和时间加在一起构成了人类生活的天地。中国古代这种对宇宙的理解首先在于宇宙就是时间、空间，是无限时空中无所不包的一切，“宇”和“宙”是作为一个不可分割的有机整体而存在的，宇宙即为无限的空间与时间的统一，只有它们被看作是“时空”统一体时才有意义。因而中国古人的空间观不是单纯的空间观念，而是与时间观念紧密结合的“时空观”。

同时，在中国古人的意识中，时间的含义是“周期性变化”，空间的含义则是“非周期性变化”。古人很早就注意到了宇宙万物的规律体现出一种奇妙的周期性节律，所以用时间的眼光观看自然万物，用节气来划分四季和气候，认为宇宙空间的律动具有明显的规律，白天黑夜交替，春夏秋冬轮回。在长期的历史发展中，中国人趋向于以时间统率空间，形成了用时间来体会空间的特点，把时间和空间相结合，使时间空间化、空间时间化。

中国古代的宇宙观还与中国古代建筑密不可分，其与建筑的关联可以从字源的角度来进行解释。在东汉许慎所著的《说文解字》中：“宇，屋边也，从宀于声。《易》曰：‘上栋下宇。’”“宙，舟舆所极覆也（意为：舟舆上覆如屋极者）。从宀由声。”“宀”发音为mián，其解释为：“宀，交覆深屋也。

象形。"从甲骨文"宀"的字形来看，正像有顶有墙的房屋。在高诱的《淮南子注》中也有："宇，屋檐也。宙，栋梁也。"屋边与屋极，屋檐与栋梁指的正是建筑。将"宇"直接解释为房屋的也有不少，如南朝顾野王所撰的《玉篇·宀部》中的"宇，屋宇也"，《素问·六微旨大论》中的"故器者生化之宇，谓屋宇也"。王夫之《思问录·内篇》有言："上天下地曰宇，往古来今曰宙。虽然，莫之为郛郭也。唯有郛郭者，则旁有质而中无实，为之空洞可也，宇宙其如是哉！宇宙者，积而成久大者也。"[1]这里"郛郭"即为建筑，建筑即是宇宙。宇宙就是"旁有质而中无实"的"空洞"，也就是"空间"。《世说新语·容止第十四》："刘伶放达，裸形坐屋中，客有问之者，答曰'我以天地为栋宇，屋室为裈衣'。""以天地为栋宇"即以天地作为住屋，一语道出在中国古人心中建筑与宇宙是相通的，建筑就是宇宙的微缩。古人在建筑房屋时完全是按照他们所设想的宇宙模型来建造的。宗白华对这种建筑就是宇宙的观念深谙其道，他指出：

[1] 王夫之. 思问录[M]. 济南：山东友谊出版社，2001：187.

> 中国人的宇宙概念本与庐舍有关。"宇"是屋宇，"宙"是由"宇"中出入往来。中国古代农人的农舍就是他的世界。他们从屋宇得到空间观念。从"日出而作，日入而息"（击壤歌），由宇中出入而得到时间观念。空间、时间合成他的宇宙而安顿着他的生活。……对于他空间与时间是不能分割的。春夏秋冬配合着东南西北。这个意识表现在秦汉的哲学思想里。时间的节奏（一岁十二月二十四节）率领着空间方位（东南西北等）以构成我们的宇宙。所以我们的空间感觉随着我们的时间感觉而节奏化了、音乐化了！[2]

[2] 宗白华. 美学散步[M]. 上海：上海人民出版社，1981：89.

由此，可以说，中国古人的时间空间意识是从建筑物中体会出来的。古人们在建造房屋的过程中、在居住或生活于其中的过程中，逐渐产生时空意识，并逐渐扩展为朴素的宇宙观。

中国古代文化典籍中没有专门的理论著作来诠释这种将建筑当成"宇宙"的时空意识，但还是有很多论及建筑空间观念的精彩篇章，它们不仅揭示出中国传统的建筑空间意识是一种时空合一的宇宙观，还充分体现了中国传统的哲学思想。尽管中国古代有众多的哲学流派，各流派使用的哲学语言是不同的，在空间观上却有着惊人的相似：

首先，各哲学流派都将"变"与"合"看成是普遍规律，肯定事物对立的两面是事物发展的原因，事物的对立面一直处于相互作用、相互融合之中。早在《易经》中就建立了"一阴一阳谓之道"的阴阳学说，认为世上万物都来源于变化，而变化来自阴阳两极的相互作用。《易传》有云："是故，易有太极，是生两仪"，"刚柔相推，变在其中"，"阴阳合德，而刚柔合体"，即万物都存在于对立两极的相互作用、渗透、融合与统一中。《老子》曰:“道生一,一生二,二生三,三生万物。万物负阴而抱阳，冲气以为和，有无相生，难易相成，长短相形，高下相盈，音声相和，前后相随，恒也。”孔子认为，对于任何事物的对立两面都不能片面地看，主张“过犹不及”，提出“执其两端，用其中于民”的“两端”观。佛教进入中国后能很快与中国文化同化，其原因就在于佛教教义中的因果、轮回也是强调对立两极间的相互转化。这种对立两极和谐共存正是构成中国时空观的最根本哲学范畴。中国古代的时空观体现了阴与阳、有与无、虚与实、大与小、左与右、刚与柔等对立两极间的相互依存、相互影响、相互促进与相互转换。

今人谈论建筑空间时最喜欢引用老子的“三十辐共一毂，当其无，有车之用。埏埴以为器，当其无，有器之用。凿户牖以为室，当其无，有室之用。故有之以为利，无之以为用。”(《道德经》第十一章)这段话充分体现了对立两极“有”与“无”的统一:“有”指的是实有的物质存在，是看得见、摸得着、有形有状的东西，比如车、器、室;“无”指的是实有物质之间看不见、摸不着、无形的东西，即空虚之处。有了车毂中间的空间，才有车的作用;有了器皿中间的空虚之处，才有器皿的作用;有了门窗四壁中间的空隙，才有房间的作用。车、器、室之所以能满足人的需要，不在于围护空间的实体，而在于“无”所代表的空间本身，开凿门窗造房屋是由于墙壁与屋顶所围合的空间才起到房屋居住的作用。正是由于车、器、室中“无”的存在，才能够给人们利益，所以这个“有”是发挥效益的客观根据,如果没有这个“有”可资以为利,“无”的作用便也不存在了。然而,车、器、室这三者实有的利益却是要借着它们中间的虚空——“无”才能发挥作用的，如果没有这种“无”，它们的作用便根本无从发挥且会失去它们作为车、器、室的存在价值。“有之以为利，无之以为用”，有无相资，原不可分,是相互依存、相互为用的,是一种共存的关系,体现了“变”与“合”。

《易传·系辞》中的“阖户谓之坤，辟户谓之乾，一阖一辟谓之变，往来不穷谓之通”讲的是室内空间随着门的开启与关闭产生的或阴或阳的变化:当门开启时，室外空间与室内空间融为一体，阳光射入，顿时觉得空间开敞明亮，就是“乾”，亦即“阳”，可以看成是一种开放空间;当门关闭时，室内外空间的交流被切断，室内空间变得幽暗封闭，就是“坤”，亦即“阴”，可以看成是一种封闭空间。空间的开放与封闭，即空间的阴阳变化，表明中国建筑的空间不是一成不变的，只有在阴阳变化的时间进程中才有意义,再一次表明了中国的空间观念是与时间观念紧密结合的“时空观”。这种以“变”与“合”为基础的独特的时空意识使得中国的建筑空间具有模糊性、相对性和无限性的特点。

其次，在中国古代哲学各流派之间的另一个相同的根本观念就是“天人合一”，即把人看成自然的一部分，故一切人事均应顺乎自然规律，达到人与自然的和谐统一。《庄子·齐物论》中有“天地与我并生，而万物与我为一”，《吕氏春秋·有始》中有“天地万物，一人之身也”，董仲舒在《春秋繁露·深察名号》中更明确提出“天人之际，合而为一”。“天人合一”的观念使得中国古人以自然为师，强调“返璞归真”或“回归自然”，这正是中国古代“风水”理论的基本内涵。李约瑟（Joseph Needham，1900-1995）在解释“风水”之说对中国建筑的影响时，一开始就说：

再没有其他地方表现得像中国人那样热心于体现他们伟大的设想“人不能离开自然”的原则，这个“人”并不是社会上的可以分割出来的人。皇宫、庙宇等重大建筑物自然不在话下，城乡不论集中的，或者散布于田庄中的住宅也经常地出现一种对“宇宙的图案”的感觉，以及作为方向、节令、风向和星宿的象征主义。[1]

风水理论肩负着指导中国人理解自然景观的重任，而以有限的人造空间再现自然空间的整体结构则成为了中国建筑空间的重要特点。

“天人合一”的整体观念使得中国古人行事的基本原则是以人为本。随着周代“以德配天”思想的形成和西周末的疑天思潮的蔓延，兴起了注重人事的观念。“上古穴居而野处，后世圣人易之以宫室，上栋下宇，以待风雨”，充分说明中国的建筑是为人而造的空间，当然也是人造的空间。师法造化、崇尚自然，“虽由人作，宛自天开”成为中国古代建筑所尊奉的重要原则之一。这种以人为本的精神以儒家的礼制为代表，以“礼”为规范，引导人们“有序”地、和谐地生活。由于长期受礼制控制，“礼”的意识完全融入到了古代建筑制式中，从王城到宅院，内容、布局、外形无一不是因“礼制”而作出的安排，在构图和形式上能充分反映一种礼制的精神为最高的追求目的。[2]

中国古代的空间观念与中国的文化、哲学、思维方式等息息相关。作为一种朴素的宇宙观，中国古代时空合一的空间观念来源于古人对生活、生产等社会活动的认识与体验，是与生活、与自然界、与社会息息相关的空间意识。

2.4 中国对西方现代建筑“空间”的启迪

现代主义建筑运动是西方科学革命的产物，在这场运动中，西方人同样借助了外来的力量。作为现代主义建筑主角的“空间”在其观念上明显受到了中国传统空间观的启迪作用。[3]

瑞士画家约翰·伊顿[4]（Johannes Itten，1886-1967）作为包豪斯早期最重要的教师之一，曾对整个现代设计教育产生过重要影响。1918 年，在伊顿举办的首次学生作品展览上，他以“三十辐共一毂，当其无，有车

[1] 李允鉌．华夏意匠：中国古典建筑设计原理分析 [M]. 天津：天津大学出版社，2005：42.

[2] 同上：40

[3] 关于中国对现代主义“空间”观念的影响，参见：冯江，刘虹．中国建筑文化之西渐 [M]. 武汉：湖北教育出版社，2008：188-191.

[4] 约翰·伊顿：瑞士画家，1904 ~ 1908 年曾当过小学教师，后来去斯图加特美术学院跟随德国表现主义的重要画家之一阿道夫·赫尔策尔（Adolf Hoelzel）学习。毕业以后在维也纳办学校，试验各种新的教学方法，与当时一些重要的实验艺术家如建筑师阿道夫·路斯，音乐家阿诺德·勋伯格（Arnold Schönberg）等人有密切的联系。伊顿在 1919-1922 年间在包豪斯任教，对包豪斯基础课程的设立起到了重要作用。

之用。埏埴以为器，当其无，有器之用。凿户牖以为室，当其无，有室之用。故有之以为利，无之以为用”作为序言。[1]在伊顿的建议下，1919年包豪斯开设了基础课程（Vorkurs），由伊顿主持。在课上，伊顿喜欢给学生讲解老庄哲学，将老庄的道家哲学思想与西方的科学技术相结合。为了帮助学生理解建筑中的空间概念，他经常引用老子的“有之以为利，无之以为用”的观点。[2]伊顿甚至要求学生学习中国画，中国画中的“计白当黑”[3]对他的空间观念有重要的启发作用。“计白当黑”体现的正是虚实相生的空间意境，只有留下相应的空白，才留有想象的余地，达到以无胜有的艺术境界。伊顿已经意识到建筑中虚实相生的道理，他所说的空间是辩证的、运动的空间。

美国天才建筑师赖特也深受老庄哲学影响，他非常喜爱东方文化。有一段经常被提及的典故：梁思成先生当年在美国拜访现代建筑大师赖特时，向赖特说自己是来学习建筑空间理论的。赖特则以“最好的空间理论在中国”来回答他，并直接引用了老子的“凿户牖以为室，当其无有室之用，故有之以为利，无之以为用”。这段话对赖特有重要意义，他甚至将其刻在了东塔里埃森的一座大壁炉上。赖特在一次演讲中谈到了他与老子《道德经》的第一次接触：

现在回顾下有机建筑的中心思想。据我所知，纪元前五百年，老子首先宣称建筑的实质并非由四垛墙和屋顶所构成，而存在于内部的居住空间之中。这个思想完全是异教徒的，是古典的所有关于房屋的观念的颠倒，只要你接受这样的概念，古典主义建筑就必然被否定。一个全新的观念进入了建筑师的思想和他的人民生活之中。我对这个观念的认识是直觉的。……这个观念，它精确地表达了曾经在我思想和实践中所抱有的想法——房屋的实在不是在四片墙和屋顶，而在其内部居住的空间。正是这样！原先我曾自诩自己有先见之明，认为自己满脑子装有人类需要的伟大的预见。因此我起初曾想掩饰，但终究不得不承认，我只是后来者。几千年前就有人做出了这一预言……我开始觉得能够像老子曾经领悟过的那样领悟了这种思想，并且努力实践它……[4]

开凿门窗造房屋，只有四壁的虚处和实体相结合，才可起到房屋住人的作用。赖特认为：

建筑实质是人居住（广义的）空间，空间是重要的，没有空间就不成为房子。建筑的墙壁、屋顶、地坪虽然重要，但它们只是构成空间的条件，空间是主体，而空间的实质在于区别——此空间与彼空间。[5]

[1] [瑞士]约翰·伊顿．设计与形态[M]．朱国勤译．上海：上海人民美术出版社，1992：22.

[2] 冯江，刘虹．中国建筑文化之西渐[M]．武汉：湖北教育出版社，2008：188-189.

[3] “计白当黑”是书法术语。凡作书法，既要注意黑的部分，即字形笔画的密（实）处，也要注意字画间及行间之白的疏（虚）处。字的结构和通篇的布局务须有疏密虚实，才能破平板、划一，有起伏、对比，既矛盾又和谐，从而获得良好的艺术情趣。清代邓石如称：“字画疏处可使走马，密处不使透风，常计白以当黑，奇趣乃出。”

[4] 冯江，刘虹．中国建筑文化之西渐[M]．武汉：湖北教育出版社，2008：190.

[5] 项秉仁．赖特[M]．北京：中国建筑工业出版社，1992：40.

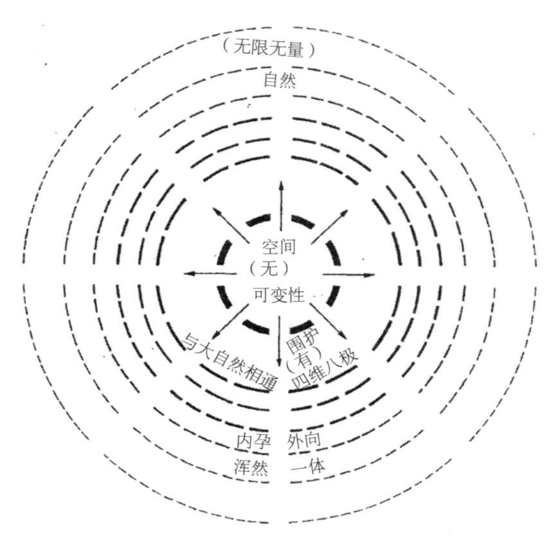

图 2-5 赖特“有机建筑”的思维模式

赖特已经理解了空间第一性，而空间的围合体则是第二性的（图 2-5）。“一个建筑的内部空间便是那个建筑的灵魂，这是一种最重要的概念，外部空间则应由室内居住空间的原状中生长出来。”[1] 正是由于赖特对空间的重视，才使得空间在现代建筑中的地位超然起来。[2] 在赖特撰写的著作中，明确地提出了他的建筑空间观点与老子的空间观点是一致的。所以，老子的空间学说在 20 世纪初期因赖特的推崇，而在建筑领域中具有了极其重要的地位和意义，也使它在世界范围内得到了推广。

之所以老子的空间学说会被西方人追捧，其原因在于它蕴含有三个层次的对空间的探讨：一是将空间看成是围合的结果；二是空间的用途在于其空的部分；三是空间的虚实转换联系了内部世界与外部世界。这种空间学说不仅与西方现代的空间观念具有相似性，还可以运用到建筑上，最早对空间的美学作出了表达。尽管西方哲学从古希腊时期就对“空间”概念进行了探讨，但直到 19 世纪美学评论才开始将哲学“空间”的概念用于探讨建筑的形式。现代西方对建筑“空间”的探讨在某种程度上可以看成是老子的空间学说作为一种现代思想的复兴。[3]

在老子的空间学说之外，中国画和中国园林也对西方现代建筑空间的发展产生了影响。中国画的“计白当黑”、园林空间的“步移景异”与现代主义建筑所表现出的空间意识异曲同工。

18 世纪早期，英国出现了浪漫主义园林——“如画式”（Picturesque）[4]，园林不再以规整的几何形花坛、修剪整齐的灌木的形式出现，而是加入了自然的元素，以“不规则的”（Informal）的形式出现。“如画式”园林的出现与英国人对自然风景、自然风景绘画的喜爱有关，更与中国式园林或“自由布局”有关。[5] 17 世纪末，英国社会开始流行“中国风”（Chinoirserie）[6]，喜爱中国的瓷器、家具、纺织品等室内摆设品，进而开始模仿瓷器上的中国园林、室内装饰。中国园林最大的特征就在于“虽由人作，宛自天开”，布局自由，路径曲折迂回，移步换景，步移景异。对于见惯了规整的法式花园的英国人而言，看到中国的园林自然更觉得新鲜有趣。

在中国园林的影响之下，英国的“如画式”园林让人体验到了一种精

[1] 高介华．楚学——赖特学派的哲学基础 [J]. 华中建筑，1991（04）: 5.

[2] [英] 彼得•柯林斯．现代建筑设计思想的演变 [M]. 英若聪译．北京：中国建筑工业出版社，2003: 287.

[3] 在科内利斯•范德温对建筑理论和现代建筑运动中“空间”观念兴起的研究中，首先回顾的是老子的空间学说，并认为现代西方人在将“空间”用于建筑时是对老子空间学说的复兴。参见：Comelis van de Ven. *Concerning the Idea of Space: The Rise of a New Fundamental in German Architectural Theory and in The Modern Movements Until 1930.* 宾夕法尼亚大学（University of Pennsylvania）博士论文，1974: 15-20.

[4] “Picturesque”一词源于意大利语“Pittoresco”，原指意大利一种同雕版绘画相关的绘画技术，17 世纪时与自然景观之间有了密切联系，意味着其更直接地在绘画中模仿和描绘自然。

[5] [英] 彼得•柯林斯．现代建筑设计思想的演变 [M]. 英若聪译．北京：中国建筑工业出版社，2003: 38.

[6] Chinoirserie 虽然被译为“中国风”或“中国热”，但它不单指欧洲社会中流行的中国风尚，而是指包括中国、日本、印度、波斯等东方国家在内的装饰风格在欧洲流行的现象，更确切地说，指的是“东方文化热”，当然，这种东方文化热是以中国为中心的。

心策划并设计而成的、不规则的景观（图 2-6），这种景观常常是图画般的（Pictorial）、带有戏剧性的（Theatrical），其最根本的审美范畴之一就是多样变换（Variety），这种多样不是通过一个景象在同一时间呈现，而是由多个景象的集合以依次出现的方式来呈现的，就像戏剧舞台上表演的一个个片段、一幕幕剧情一样。[1]

[1] 戴维·莱瑟巴罗．蜿蜒的法则 [A]// 卢永毅．建筑理论的多维视野：同济建筑讲坛．北京：中国建筑工业出版社，2009：112.

图 2-6　威尔特郡的斯陶尔赫德园林
（Gardens at Stourhead，1718）

“如画式”在建筑上反对古典的庄严，转而追求田园情趣、异国风情、非对称以及大小尺度之间的对比等，并把环境作为建筑的一部分来强调。

这种把建筑作为某一事物，或某一历史事件，或某一景色的一部分来强调的做法促进了建筑是发展、变化的且具有灵活性的观念的产生，同时也引起了建筑空间类型的变化。建筑空间类型的变化源于无目的的散步(Stroll)和漫游（ Wander ），运动成为了体验园林与建筑的有效形式，空间不再是静态的，而是可供穿越的动态空间，现代建筑诸多的空间类型，如自由平面（ Free Plan ）、空间体量设计（ Raumplan ）和开放平面（ Open Plan ）都与此有关。[1]

正如伽达默尔（ Hans-Geoig Gadamer，1900 ~ 2002 ）所言：“作为一种创造空间的艺术，建筑同时塑造了空间也解放了空间。”[2] 近代中国对西方的影响远不及西方对中国的影响，从中国传统的空间观能对他者产生启迪作用来看，我们对自己传统建筑的理解远远不够，对东西建筑文化与建筑理论的交流与融合的重视不够。我们抄袭了西方现代建筑的表皮却未能很好地领悟其本意，更没有领会本来就属于自己的传统空间的精髓。

[1] 关于“如画式”空间与早期现代建筑空间之间的关系，参见：戴维·莱瑟巴罗．蜿蜒的法则 [A]// 卢永毅．建筑理论的多维视野：同济建筑讲坛．中国建筑工业出版社，2009：111-134.

[2] 冯江，刘虹．中国建筑文化之西渐．武汉：湖北教育出版社，2008：191.

2.5 小结

本章的主要目的在于对中国现代建筑空间话语形成的前提与背景作一个简单的概述。

从语源学上研究中国“空间”用语的起源有利于理清“空间”这个术语的来源。通过对中国“空间”用语起源的研究可知，作为现代术语的“空间”来源于日文，是日文中与英语“space”相对应的译词。“空间”从日本传入中国后逐渐取代了中国原有的对英语“space”的译法（虚空、地方、间等），成为与其相对应的中文词，并与德语的“Raum”、法语的“Espace”等建立了对应关系。

对西方建筑空间话语的概述是为了对西方建筑空间话语本身的兴起过程、兴起原因有一定的了解，以便更好地理解来自西方的影响。西方对建筑空间概念的探讨源于哲学、艺术史的研究，在 1900 年前后“空间”开始与建筑原则相关，建筑“空间”话语开始兴起，相应的空间术语也不断涌现。随着现代建筑的兴起，“空间”概念被建筑历史学家和理论家们有意识地利用、推广，最终形成了丰富的建筑“空间”话语。在西方建筑“空间”话语引入中国的过程中，既有来自德语世界、英语世界的直接影响，也有转译后（如德译英、德译日、英译日等）的间接影响。部分话语 [如“空间艺术”（详见 3.2.1）、“共享空间”（详见 5.1.2）等] 被直接引入，部分话语 [如“空间构图”（详见 4.1.1）等] 得到本土化的移植与转译，形成了不同的影响。在话语的传入时间上也有先有后，直至今日仍然有新的空间话语正在不断地被引入。

在受西方影响之外，中国现代空间观仍然保留了部分中国古代空间意识。在哲学观念与文化传统的综合作用下，中国古人对空间的理解完全不同于西方，钱穆在《现代中国学论衡》中指出："西方人重空间之向外扩大，不重时间向后的绵延。中国人言世界，世乃时间，界乃空间，时空和合为一体。"[1] 中国人的空间始终是与时间联系在一起的，是一种时间型的空间概念。"相对论"为西方空间概念真正引入了时间观念，强调的是时间改变了空间位置，实际上是一种空间型的空间概念。对于空间的有形与无形、实与虚、有限和无限、静止与流动的相反的理解，反映在视觉艺术上时，西方将空间表现为几何形的、关系明确的量，东方则表现为不定的、模糊的，或用有限空间象征一种宏大的空间观念。[2]

正是西方现代空间概念中时间因素的置入，使得中国古代空间观与西方现代空间概念有了交集，对西方现代建筑空间产生了启迪作用，体现了中西文化交流的双向性。更重要的是，中国古代空间观对现代建筑的启迪展现了现代建筑与中国传统建筑之间可能存在的共性，为中国传统建筑的现代转译提供了另一种可能性。

[1] 刘月．中西建筑美学比较论纲 [M]. 上海：复旦大学出版社，2008：52.

[2] 程里尧．园林与绘画、文学及其他 [J]. 建筑师，(8)：119.

三

建筑空间话语在中国的初步传入：1920年代至1952年

20世纪之交，伴随着清王朝所谓的“新政”展开了一系列自上而下的政治、经济和教育的改革，中国建筑的发展轨迹也随之发生了历史性的转变。西方商人和殖民者带来的建造方式和建筑式样对中国传统建筑形式造成了很大的冲击，而西方先进科学技术的传入对中国建筑的建造方式也产生了巨大的影响，西方砖（石）木结构体系开始全面取代中国传统的木结构体系，并开始向钢筋混凝土结构、钢结构为代表的现代建筑技术体系过渡。与技术和营造方式转变同时发生的是思想观念的转变，科举制度的废除和新式教育的兴起，西式的建筑教育逐渐取代了传统建筑师徒相传的延续方式。中国建筑学科的建立完全是西方建筑体系的全面移植的结果，因此，中国建筑学科的话语从术语到内容基本上都是从西方引进的，“空间”话语当然不可避免地受到来自西方的影响。

3.1 科学、哲学领域对“空间”的引入

19世纪末20世纪初是中国社会发生急剧变动的时期，形形色色的西方新思潮涌入中国，从此西方的知识、思想和文化开始从各个领域向中国渗透，新的学科分类体系开始逐步建立，新的概念、新的术语大量传入中国，中国的现代化进程从多个层面展开。现代意义上的“空间”一词正是在这种背景下传入中国的。“空间”一词传入不仅带来了术语使用上的变化，还带来了西方的现代空间概念、空间观念。

“空间”一词的首先是从物理学领域传入中国的。1903年，现代意义上的“空间”一词首次出现在《新尔雅·释格致》中：“**万有物体之充塞于空间者，谓之物质。**”[1]《新尔雅》由留日中国学生汪荣宝[2]、叶澜[3]编写，是近代中国最早的一部新语词典，主要收录西洋的人文、自然科学的新概念、术语，这些新词新语大多数来自日语借词。“释格致”这一章是关于物理学的术语解释的章节。“空间”一词在中文文献中的首次亮相仅仅是被用来解释“物质”这个术语，尽管没有对“空间”一词给出相应的解释，却表明了空间与物质存在是紧密相联的。

此后，“空间”一词先后出现在几何学、天文学、哲学等学科的文献中，例如由马君武[4]所译的美国温特沃斯（G. A. Wentworth）著的《立体几何学》第六书即为“空间之线及平面”（*Lines and Planes in Space*）[5]，在哲学类的文章中也会用“空间”和“时间”来解释一些哲学观念与问题[6]。1916年，《旅欧杂志》中出现了最早的以“空间”为标题的文章——张竞生[7]的《空间研究法》。此文在当年的第3、7、8期进行了连载，内容涉及物理学、唯物和唯心哲学、心理学、几何学等多个学科，以有关“空间”与“时间”关系的四种说法讨论了空间概念：“第一说　世界仅有空间并无时间”；“第二说　时间不过空间运动时一形容词，并非实物”；“第三说　吾人不能独

[1] 汪荣宝，叶澜．新尔雅[M]．上海：上海文明书局，1903：121

[2] 汪荣宝（1878-1933）：字衮父，号太玄，江苏元和县人（今苏州），1897年丁酉科拔贡，1900年入南洋公学堂，1901-1904年留学日本早稻田大学。著有《清史讲义》、《法言义证》、《法言疏证》、《思玄堂诗集》、《歌戈鱼虞模古读考》等。

[3] 叶澜：字清漪，晚清资产阶级革命家。浙江仁和县（今杭州）人，曾是杭州府学附生，后赴上海格致书院就读，1901年留学日本早稻田大学。曾与叶瀚合编《算学歌略》、《地学歌略》、《天文歌略》。

[4] 马君武（1881-1940）：中国近代获得德国工学博士第一人、政治活动家、教育家。懂得英、法、德、日四国文字，精通数学、物理、化学、冶金、生物、农业等自然科学，对政治、经济、哲学、历史等社会科学也有研究。

[5] [美]温特沃斯．立体几何学．马君武译．上海：科学会编译部总发行，民国二年七月（1913）．

[6] 如在《清华大学学报》（自然科学版）上发表的严继光的《法国大哲学家柏格森学说概略》、浦薛凤的《卢梭之政治思想》等，均使用“空间”和“时间”来解释哲学问题。

[7] 张竞生（1888-1970），原名张江流、张公室，广东饶平人，民国第一批留洋（法国）博士。20世纪二三十年代中国思想文化界的风云人物，是哲学家、美学家、性学家、文学家和教育家。

认空间之存在又当兼认时间者”；“第四说　哲学及科学研究法仅事空间毋庸时间”。这些出现“空间”的早期文献不仅对“空间”一词的传播起到了重要作用，还将西方的空间概念引介到了中国。

从“空间”一词被引入中国开始，对该词的解释与定义也逐渐开展。对“空间”最初的解释与中国传统术语和观念是密切相关的。在1915年的《辞源》中将“空间”解释为：

[空间]常与时间对举。横至于无限者，空间也。纵至于无限者，时间也。空间犹言宇宇，谓上下四方。时间犹言宙，谓古往今来。[1]

作为中国第一部大规模的语文词书，《辞源》具有标志意义。《辞源》中使用中文已有的习惯用语来解释“空间”这个新术语，将传统的“宇”字与“空间”一词相对应，“宙”字与“时间”一词相对应。这种“空间”与“宇”字的对应也表现在“空间”一词早期的使用上。1917年，张鸿藻[2]在《原道》一文中使用空间、时间来解释“太极”：

太极一也即空间之一也时间之一也理之一也气之一也造化之一也天得之以清地得之以窜……[3]

由此可见，中国最初对“空间”这个词的定义并未超出古代“宇”的概念，此时的空间观、时间观仍然与中国古人的“宇宙”观相对应，只是采用新的术语取代了旧的用语。

辛亥革命的失败，使先进知识分子认识到必须进行思想革命才能真正救国。新文化运动开始在中国文化界兴起，民主和科学的思想得到了弘扬，白话文的提倡使得新语新词开始广泛地流传与使用。在这种背景下，“空间”作为一个外来的新术语很快取代了旧的“宇”字，体现了当时社会在西学的冲击下对传统文化进行变革的决心。同时，“空间”和“宇”字所存在的切合与对应在某种程度上也促进了大众对“空间”一词的接受。从1920年代开始，“空间”成为一个常用的中文词汇，哲学、数学、文化、教育等各类百科辞书中均出现了对“空间”的定义与解释。这些百科辞书中的定义与解释大部分来自西方，促进了西方空间概念在中国的传播。由此时开始，“空间”不再局限于中国传统的“宇”字，而是吸收了部分西方的空间概念，充分反映了当时各个学科的新发展以及西方的影响。

首先对“空间”进行定义的是几何学，在立体几何学中，“空间”是非常重要的概念。在1923年的《数学辞典：问题详解》中：

空间．几英 Space 试观吾人之周傍，能容吾人之场所，果有界限乎……

[1] 方毅等编校．辞源（丁种）[M]．上海：商务印书馆，民国四年十月（1915）：228.

[2] 张鸿藻：原籍安龙，清末举人，曾官费留学日本，归国后，任贵州法政学堂教员。1907年，与学生张百麟、胡刚等人创建了贵州自治学社。

[3] 张鸿藻．原道[J]．宗圣学报，1917，2（8）：27.

故空间虽不能下精密之定义，然可谓于一切无限大之方向而含一切物体之处也。换言之，空间者，为所有之场所，而以数学的言之，则空间为无限大也。又物体皆占空间之一部，故几何学可谓为论空间之学科也。空间有限之一部为立体，立体有长有广有厚有位置，立体与其周傍空间之界为面……[1]

这个解释不是纯数学的，还与物理学有关，将“空间”看成是无限的包含万物的场所。1930年舒新城[2]在《中华百科辞典》中也将“空间”看成是几何学概念，作出了类似解释：

【空间】Space［几］在无限诸方向之中而包含诸物体者也。在几何学上凡空间之有限部分曰立体。立体有长、有广、有厚、有位置。……[3]

在几何学定义之后，“空间”开始在哲学上被定义，在《新哲学辞典》中：

【空间】(space) 物质存在的一种形式。辩证唯物论与主观唯心论的见解相反，它认为空间不是主观的，而是客观的范畴，存在物体本身、客观现实本身中的一种客观的范畴。[4]

《新哲学辞典》的解释区分了唯物主义和唯心主义对空间不同的认识，反映了唯物论、唯心论在观念上的差异。在《现代语辞典》中，也将“空间”划归哲学范畴，但却给出了另一种解释：

【空间】Space (E); Espace (F); Raum (G)(哲)是与“时间”对称的名词。～是有容积，面积，体积，距离，环于吾人上下左右而成为一切物体寄托之所的，如太阳系即为一大～；美国与中国从距离上说来，亦可说是两个不同的～。[5]

在《现代知识大辞典》中，将“空间”看成一个普通词，而不再是专属于某个学科，其解释与《现代语辞典》中的解释接近：

【空间】(Space)(E);(Espace)(F);(Raum)(G)［普］“时间”的对立名词。凡广的占有面积和体积的，就是“空间”。如一个国家，从它的历史上说，是时间的；从它的地位和面积上说，是占有空间的。[6]

《现代知识大辞典》中的这种解释成为20世纪三四十年代比较普遍的解释。[7]

[1] 赵缭．数学辞典：问题详解[M]．上海：群益书社，民国十二年八月（1923）：93.

[2] 舒新城（1893-1960）：学者、教育家、出版家。1917年毕业于湖南高等师范学校。1928年，应中华书局总经理陆费逵之聘，任《辞海》主编。除编纂《辞海》外，著述主要有《现代心理学之趋势》（1924年版）、《近代中国留学史》（1927年）、《教育通论》（1927年）、《人生哲学》（1928年）、《中华百科辞典》（1930年）、《近代中国教育思想史》（1932年）、《近代中国教育史料》（1933年）等。

[3] 舒新城．中华百科辞典[M]．上海：中华书局，民国十九年三月（1930）：472.

[4] 沈志远．新哲学辞典[M]．北平：笔耕堂书店，民国二十二年九月（1933）：112.

[5] 李鼎声．现代语辞典[M]．上海：光明书局，民国二十三年十二月（1934）：291.

[6] 现代知识编译社．现代知识大辞典[M]．上海：现代知识出版社，1937：499.

[7] 如在胡明主编的《新哲学社会学解释辞典》（上海：光华出版社，1949），顾志坚、简明主编的《新知识辞典》（上海：北新书局，1948），新辞书编译社编辑的《新智识辞典》（上海：童年书店，1936）等中均采用了这种解释。

再来看看当代对“空间”的解释，《汉语大词典》、《现代汉语大词典》中将均“空间”解释为：“物质存在的一种客观形式，由长度、宽度、高度表现出来。与‘时间’相对。通常指四方上下。”[1]《辞海》的解释为：“在哲学上，与‘时间’一起构成运动着的物质存在的两种基本形式。空间指物质存在的广延性；时间指物质运动过程的持续性和顺序性。……空间和时间是无限和有限的统一。就宇宙而言，空间无边无际，时间无始无终；而对各个具体事物来说，则是有限的……”[2]将20世纪三四十年代的词典、辞书中对“空间”的普遍解释与当代的解释进行比较可以发现，当时对“空间”一词的解释与当代已无大的区别。可以说，1930年代末期中国现代意义上的空间概念已经开始形成。从这些辞典中对“空间”的解释还可以看出，随着时间的推移，“空间”已不仅仅是与英语的“Space”相对应，与德语的“Raum”[3]、法语的“Espace”也对应了起来。在概念上，“空间”不再局限于中国传统的“宇”字，在“宇”所包含的上下四方的概念之外，“空间”还吸收了西方空间概念中对物质性的强调，成为了物质存在的客观形式。空间概念发生变化的同时，中国人的空间观念也在发生变化。中国传统的空间观念是无形的、经验化的宇宙观，而在西方，空间是有形的、可量度的、抽象化的空间。在西方的影响之下，中国的空间观念开始向“有形化”发展，空间的长、宽、高这三个要素变得重要，空间成为一种可以度量的、物质化的空间。中国现代的空间观念随着空间概念的明确也基本成形，也就是说，在1930年代末期中国的空间观念已基本完成现代转变。

随着爱因斯坦广义相对论的传入，时间成为空间的第四个维度，新的时间—空间概念也随之产生了。1920年，雁冰[4]在《学生》杂志上较早地介绍了这种新的时间—空间概念：

> 这种包括在相对律内的理想——就是所谓时间与空间并非不变……此外更有一个问题——也许是最要的问题——便是从相对律中来的“时间的空间性”。……数理家已经证实，假使承认了空间是含有时间做第四度的（就是于原有构成空间的广长高而外，又加以时间做一度）……换一句话说，时间可以用为构成空间的一度！就是第四度了。……在一切空间的度量，常包含时间的原质。……故知我们的空间度量，不仅包高长广三者，而另外有个时间做第四度。……此等关于时间空间的新概念，在哲学思想上是很有革命性的。……[5]

相对论作为西方先进科学观的代表引起了中国人的广泛兴趣，在相对论的传播中，这种新的时间—空间概念在许多文章中被介绍、被讨论。相对论所引起的空间概念上的革命性变化对中国产生了相当大的影响，至1930年代末，“空间”与“时间”的组合成为了常用组合，进一步促进了中国

[1] 汉语大词典编委会．汉语大词典[M]. 上海：汉语大词典出版社，1991：420；现代汉语大词典编委会．现代汉语大词典．上海：上海辞书出版社，2009：2794.

[2] 辞海．上海辞书出版社[M].2002：931.

[3] 在1905年宾步程编写的《中德字典》中“Raum”被译为“房子”，1920年马君武编的《德华字典》中“Raum”被译为“空间、空所、地位、部位”。

[4] 沈德鸿（1896－1981）：字雁冰，笔名茅盾，浙江嘉兴桐乡人。1916年，从北京大学预科毕业后不久进上海商务印书馆编译所工作，随即在《学生杂志》、《学灯》等刊物上发表文章，从事文学理论的倡导，进行文学批评，翻译、介绍外国文学和文学思潮，初露才华。

[5] 雁冰．时间空间的新概念[J]. 学生，1920，7（7）：20-24.

空间观念的现代化。

必须指出的是，相对论下的“时间—空间”观与中国传统的时空观即宇宙观是不同的。“时间空间”强调的是时间作为空间在长、宽、高三个维度之外的第四维度，时间对空间形式产生了影响，本质上强调的还是空间性。而在中国传统宇宙观中，空间是以时间进程的方式来呈现的，空间与时间是完全融合、无法分离的，本质上更强调空间的时间性。相对论所传播的“时间—空间”观念与中国传统的时空观念尽管在本质上不同，但这种新的空间概念由于加入了时间因素而与中国传统的空间观念具有了相似之处，更易引起中国人的关注与接受。

可以说，随着“空间”一词的传播与渗透，中国人对于“空间”这个术语的理解越来越深入，有了对“空间”的整体认识：

> 任何物质，都各自占有着一个空间。空间的本身，该是没有什么好坏的分别；有的，是由于某件东西所占的空间之外，其他东西所形成出来的。因此，各个东西所占的空间，彼此配合的情形如何？就产生了空间的好坏问题。同是一样东西，如果他所占的空间和旁的东西配合得当，那么便可顺畅地发挥它的作用，否则便会减少力量。[1]

[1] 苏倩梦．从迁居新厦想到“空间”的运用 [J]. 新语，1947（16）: 182-183.

随着西方影响的深入，由“空间”发展出的语汇，如空间知觉（Space-perception，Raum wahrnehmung）、空间感觉（Space-sensation，Raumempfindung）、空间艺术（Space-art，Raumkunst）、空间美（Space-beauty，Raumschönhēit）等也逐渐传入中国。在辞典中，对这些“空间”词汇也进行了解释与定义。如“空间知觉”被看成是心理学的概念，其解释主要有两种：一是“对于空间认知其大、小、长、短、深、浅方向、位置者也。分视、触、听及运动诸觉。”[2] 二是“辨别物的方向与距离的知觉，是由视、触、运动诸觉构成的。”[3] 这些由“空间”发展而来的术语与概念的引入，一方面有助于理解“空间”这个现代的概念；另一方面，对西方空间观念的传播和“空间”一词的使用也起到了促进作用。

[2] 舒新城．中华百科辞典 [M]. 上海：中华书局，民国十九年三月（1930）: 472.

[3] 在李鼎声编的《现代语辞典》（上海：光明书局，1935）、现代知识编译社编辑的《现代知识大辞典》（上海：现代知识出版社，1937）、胡行之编的《外来语词典》（上海：天马书店，1936）中均采用了此种解释。

更重要的是，在对这些由“空间”发展而来的术语与概念的解释中出现了间接甚至直接与建筑相关的内容。如作为艺术概念的“空间感觉”，包括视觉、触觉和运动感觉三种，这三种感觉是对相异空间的不同感觉：“视觉的空间是平面的。如绘画、如工艺美术中染织物等是。触觉的空间是立体的，如雕刻、如工艺美术中的陶器漆器等是。运动感觉的空间，是中空的，如建筑是。”[4] 以体验方式来解释：“平面的如绘画，即用视觉鉴赏的；立体的如雕刻，即用触觉鉴赏的；空间的如建筑，即用运动感觉鉴赏的。”[5] 这些与建筑相关的内容，尤其是直接与建筑相关的“空间艺术”一词（详见 3.2.1）对“空间”进入建筑领域起到了直接的促进作用，推动了中国

[4] 孙俍工．文艺辞典 [M]. 上海：民智书局，民国十七年（1928）: 375.

[5] 现代知识编译社．现代知识大辞典 [M]. 上海：现代知识出版社，1937: 500.

现代建筑空间话语的初步形成。

在西方的影响之下，“空间”首先从科学、哲学领域传入中国。“空间”传入中国与中国现代学科的建立是同步进行的。可以说，中国现代的空间观念是西方现代空间观念与中国传统宇宙观的结合。中国现代的空间观念在吸收西方空间概念、空间观念时放弃了其中形而上学的思想，而选择性地吸收了与日常生活更加相关的对空间物质性的强调、对空间边界的强调。在保留中国传统的宇宙观时，又受西方现代的“时间—空间”观念影响，将原来时空合一的宇宙观分解为时间—空间观念，放弃了对时间的强调，弱化了空间的时间性。这种综合使得中国现代空间观念既有形又无形，既强调物质性又强调意识的作用，既不同于西方现代空间观，又与中国传统时空一体的宇宙观有区别。与西方现代空间概念的形成为西方建筑空间话语的形成做好了思想准备相似，现代空间概念在中国的传播也为“空间”进入中国建筑学科做好了充分的思想准备。

3.2 艺术界对建筑空间话语的推动

在西方文化传统中，建筑是艺术的一种，文艺复兴时期就已形成了建筑、绘画、雕刻三位一体的造型艺术观。同时，艺术作为哲学的分支，使得建筑在西方思维中带有一定“形而上”的观念，建筑长期受到哲学家、艺术理论家的关注。而在中国古代，建筑被视为“形而下”之器，主要的价值在于“功用”，外形只是达到功用的手段，从未将建筑上升到艺术的范畴。随着西方知识体系对中国传统文化的冲击，中国开始将建筑纳入艺术、美术的研究范畴之中，因此，早期的建筑研究是被包含在艺术研究，尤其是美术研究之中的。在这种情况下，中国美术界比建筑界更早展开建筑空间话语。

3.2.1 作为“空间艺术”的建筑

将建筑作为一种技术（工学）的概念自清末就已经被中国人所接受，而将建筑作为一种艺术的概念则是直到民国时期才开始的。民国时期对建筑的认识可以说是从认识美术开始的。将建筑理解为美术之一种是民国时期建筑学科再编的一个重要变革。[1]

早在1904年前王国维[2]就将“美术”一词从日本引入了中国，鲁迅全面推行了“美术”一词的使用[3]。1913年，鲁迅在《拟播布美术意见书》一文中指出“美术为词，中国古所不道，此之所用，译自英之爱忒（art or fine art）。……美术云者，即用思理以美化天物之谓。苟合于此，则无间外状若何，咸得谓之美术。如雕塑、绘画、文章、建筑、音乐皆是也。[4]”

❶ 徐苏斌．近代中国建筑学的诞生[M]. 天津：天津大学出版社，2010：166.

❷ 王国维：初名国桢，字静安，亦字伯隅。汉族，浙江海宁人。早年追求新学，受资产阶级改良主义思想的影响，把西方哲学、美学思想与中国古典哲学、美学相融合，研究哲学与美学，形成了独特的美学思想体系，继而攻词曲戏剧，后又治史学、古文字学、考古学，成为中国近、现代相交时期一位享有国际声誉的著名学者。

❸ 徐苏斌．近代中国建筑学的诞生[M]. 天津：天津大学出版社，2010：166-167.

❹ 原载1913年2月教育部《编纂处月刊》第一卷第一册，后收入《集外集拾遗》。

鲁迅对美术进行了多种分类，认为：“美术之中，涉于实用者，厥惟建筑。”他将建筑归为形之美术（与声之美术相对）、独造美术（与摹拟美术相对）、致用美术（与非致用美术相对）。蔡元培对美术教育的推行进一步促进了国民对美术的认识，1920 年蔡元培在《美术的起源》中认为：“美术有狭义的，广义的。狭义的，是专指建筑、造象（像）、图画与工艺美术（包装饰品等）等。广义的，是于上列各种美术外，又包含文学、音乐、舞蹈等，西洋人著的美术史，用狭义；美学或美术学，用广义。现在所讲的也用广义。”[1] 从这些论述可知，尽管此时中国人对“艺术”和“美术”的概念并不明晰，甚至是混淆的，但将建筑视为美术或艺术的一种已经成为一种普遍的观念。

在西方，“艺术”（Art）与“美术”（Fine Art）在概念和范畴上是不同的。1918 年，美术家吕澂[2] 在《美术革命》一文中对艺术和美术进行了区分，指出只有占据“空间”形体的艺术才别称美术，“空间”成为了区别艺术与美术的关键所在：

凡物象为美之所寄者，皆为艺术 Art，其中绘画、雕塑、建筑三种，必具有一定的形体于空间，可别称为美术 Fine Art，此通行之区别也。我国人多昧于此，尝以一切工巧为艺术，而混称空间时间艺术为美术。[3]

吕澂在后来编著的《西洋美术史》一书中进一步明确了这种说法：

以表现之形式不同，故美术有空间的（绘画雕塑建筑及工艺美术），时间的（音乐诗歌），与两间的（戏剧舞蹈）之别。通常就狭义言，则单以空间的美术为美术。[4]

从对“美术”与“艺术”概念范畴的区分开始，建筑与“空间”之间建立了直接的联系。

“空间艺术”这种提法不仅在美术界中传播，还出现在各类百科辞典中。1922 年的《百科新辞典·文艺之部》中出现了“空间的艺术”一词，其解释为：“像绘画、建筑等占领空间而成立的艺术，叫做空间的艺术。”[5] 此后，“空间艺术”一词在各类辞典中反复出现，而建筑均被看成是“空间艺术”的一种。如在孙俍工[6] 主编的《文艺辞典》中：

空间艺术（德 Raumkunst）空间艺术是依据空间感觉而成立的一种艺术，是对于时间艺术而说的。如依据视觉的空间（平面的）的绘画，依据触觉的空间（立体的）的雕刻，依据中空的空间（运动感觉）的建筑以及视觉触觉并用的工艺美术与浮雕等都包括在内。用表显示其关

[1] 蔡元培．蔡元培美学文选 [M]. 北京：北京大学出版社，1983：61.

[2] 吕澂（1896-1989），亦名渭，字秋逸，号秋子，江苏丹阳人，著名美术家吕凤子的三弟，早年留学日本，现代著名佛学家、美学家和艺术史家。他积极传播西方美学思想，是王国维、蔡元培之后较早从事美学研究并做出重要贡献的一位学者。

[3] 吕澂．美术革命 [J]. 新青年，1918，6（1）. 转引自：郎绍君，水天中．二十世纪中国美术文选（上册）[M]. 上海：上海书画出版社，1999：26.

[4] 吕澂．西洋美术史 [M]. 上海：商务印书馆，民国二十二年（1923）：1.

[5] 郝祥辉．百科新辞典·文艺之部．上海：世界书局，民国十一年（1922）：92.

[6] 孙俍工（1894-1962）：原名孙光策，又号孙僚光，是我国现代一位有影响的教育家、语言学家、文学家和翻译家。

系（图 3-1）……[1]

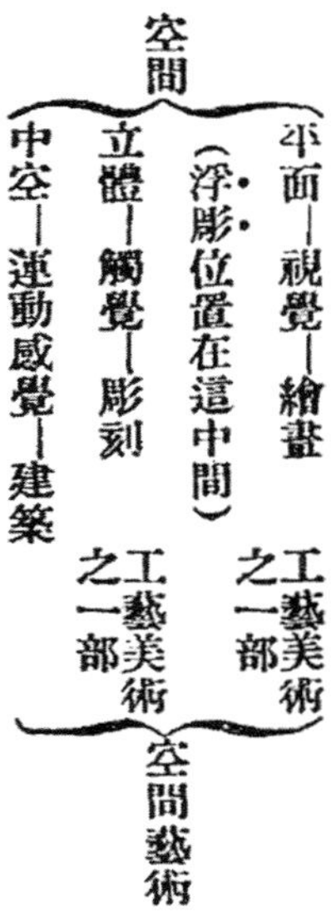

空間
平面—視覺—繪畫
（浮影・位置在這中間）
立體—觸覺—彫刻
中空—運動感覺—建築
工藝美術之一部
工藝美術之一部
空間藝術

图 3-1 《文艺辞典》中的“空间艺术”关系表

在舒新城主编的《中华百科辞典》中：

> 建筑、雕刻、绘画统称空间艺术，以其占有空间而用空间感觉鉴赏者也。与时间艺术相对待。分三种：（一）平面，如绘画，用视觉鉴赏;（二）立体，如雕刻，用触觉鉴赏;（三）空虚，如建筑，用运动感觉鉴赏。此种感觉，即空间感觉。但在事实上，空间艺术多以视觉鉴赏之。[2]

由此可见，“空间艺术”依据空间感觉而成立，多以视觉来鉴赏。同时，“空间艺术”与“时间艺术”是相对的，绘画、雕刻与建筑均是“空间艺术”。有些辞典甚至将“空间艺术”直接等同于“造型艺术”，如在刑墨卿编写的《新名词辞典》中有“空间艺术是表现于空间的艺术，与造型艺术同义”[3]，在李鼎声编写的《现代语辞典》中有“空间艺术是表现于空间的艺术，即造型艺术”。[4]

1920 年代以后，将艺术分为“时间艺术”、“空间艺术”的分类方式出现在许多艺术著作与译著中，成为一种普遍流行的艺术分类方式。如在由丰子恺[5]翻译的黑田鹏信[6]的《艺术概论》中列举了五种艺术的分类方式，第五种“依感觉的分类”实际上就是“空间艺术”与“时间艺术”的二分法：

> ……感觉大别为时间感觉与空间感觉两种。用空间感觉的为空间艺术……空间艺术有建筑，雕刻，绘画，工艺美术四种。……[7]

黑田鹏信在书中采用这种分类法来讨论艺术，他在后面的“空间艺术及细别”一节中，对绘画、雕刻、建筑进行了空间感觉和鉴赏上的细分：

> ……空间中亦有平面与立体二种。立体中又有中实和中间二种。各自相应的空间感觉。即对于平面为视觉；对于中实的立体为触觉；对于中空的立体为运动感觉。由这三种感觉发生绘画，雕刻，建筑三种艺术。三者都是空间艺术。但绘画的空间是平面的，由于视觉；雕刻的空间，是中实（铸铜及木雕也有中空的，但作中实论）的立体，由于触觉；建筑的空间是中空的，由于运动感觉。雕刻在制作的时候，原是以触觉为主的，但总须借视觉之助。至于鉴赏的时候，就差不多只用视觉，触觉不过在视觉中再现，即把

[1] 孙俍工．文艺辞典 [M]. 上海：民智书局，民国十七年（1928）: 375-376.

[2] 舒新城．中华百科辞典 [M]. 上海：中华书局，民国十九年三月（1930）: 472.

[3] 刑墨卿．新名词辞典 [M]. 上海：新生命书局，民国二十三年（1934）: 73.

[4] 李鼎声．现代语辞典 [M]. 上海：光明书局，民国二十三年（1934）: 291-292.

[5] 丰子恺（1898-1975）：现代画家、散文家、美术教育家、音乐教育家、漫画家和翻译家，是一位有多方面成就的文艺大师。1921 年曾东渡日本考察，1922 年回国后从事美术、音乐教学，曾任上海开明书店编辑，并在多所大学任教。

[6] 黑田鹏信（1885-1967）：日本艺术评论家，毕业于东京帝国大学文科哲学系美学专业，历任文化学院讲师、东京家政大学教授。其艺术学思想是中国近代艺术学启蒙的媒介与桥梁。西方艺术学学科概念的传入始自黑田鹏信，他的宏观视角和对"艺术全般"的细致研究，为中国当时的文艺理论研究提供了范式。

[7] 黑田鹏信．艺术概论 [M]. 丰子恺译．上海：开明书店，民国十七年（1928）: 10.

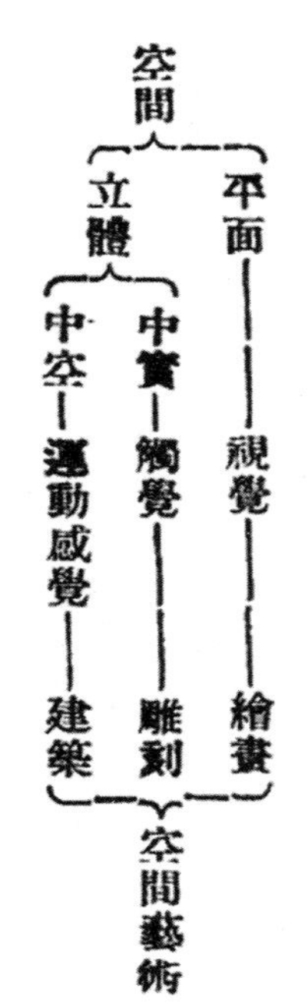

图 3-2 《艺术概论》中的附表

触觉翻译为视觉。建筑的内外部都有平面的分子，也有中实的立体分子，故并含有视觉与触觉（图 3-2）。[1]

在由钱稻孙[2]翻译的福尔倍（Dr. Phil. Theodor Volbehr）的《造型美术》[3]中传播了空间艺术造成形体的观念：

> 视觉艺术中，有建筑、雕刻、绘画……视觉为空间上之感觉，别有空间艺术之名……普通称为造型美术（die bildende Kunst）者，即空间艺术之谓，以造成形体为主者也。[4]

从早期提及空间—时间这种分类法的中国艺术家、美术家来看，吕澂、丰子恺、钱稻孙等人都有留学日本或在日本游历的经历，他们谈论“空间艺术”应是受到日本艺术界的影响。可以说，20世纪早期，中国最早接触到的西方艺术思想是从日本转译而来的。日本作为亚洲较早接受西方知识体系与现代概念的国家，在接受“空间”概念时经历了西方文化与东方文化的融合阶段。中日文化的同源性，使得中国知识分子与学者更易接受经日本“转译”后的西方“空间艺术”概念。在日本的影响下，与建筑密切相关的造园学中也出现了将建筑归于“空间艺术”的表达。童玉民[5]在1926年编写的《造庭园艺》中通过艺术分类的方式表达了“造园在艺术中之位置”（图 3-3）。[6]童玉民采用的分类方式是在视觉的（空间的）艺术与时间的艺术之外加入了综合的（时间与空间）艺术，将建筑归于空间的艺术，将造园归于综合的艺术。

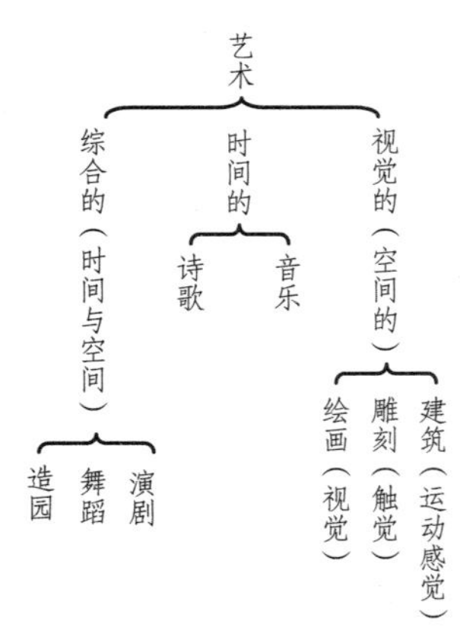

图 3-3 《造庭园艺》中所表示的“造园在艺术中之位置”

中国直接向西方学习艺术略晚于向日本学习，早期的学习对象是德国。宗白华学习德国文学和哲学后开始向中国全面介绍西方艺术。早在1920年的《美学与艺术略谈》中，宗白华就介绍了按照凭借表现的感觉来分别艺术的方法，其中将建筑看成是“目所见的空间中表现的造型艺术”。[7]在这种分类中，尽管仍然将建筑看成是造型艺术，却指出了建筑是在空间中表现的。“空间艺术”源于德语“Raumkünst”，是德国艺术家玛克斯·德索在莱辛的艺术分类基础之上发展起来的艺术分类方法，而玛克斯·德索正是宗白华在德国学习时所跟随的老师之一（详见 3.2.3）。

[1] 黑田鹏信．艺术概论[M]．丰子恺译．上海：开明书店，民国十七年（1928）：10-11.

[2] 钱稻孙（1887-1966）：浙江吴兴人，翻译家、作家、教育工作者，1900年随外交官父亲到日本，完成中学学业后，随家到比利时，在当地接受法语教育，后到意大利，在罗马的意大利国立大学完成本科学业，回国后曾任北大造型美术研究会的副会长。

[3] Dr. Phil. Theodor Volbehr（1862-1931）：德国艺术史学家，在纽伦堡的日耳曼国家博物馆任研究员。《造型美术》译自福尔倍所著的“*Bau und Leben der bildenden Kunst*”中第一卷“造型美术之基础条件”。

[4] 福尔倍．造型美术[M]．钱稻孙译．上海：商务印书馆，民国十九年（1930）：1-2.

[5] 童玉民（1897-2006）：原名秉常，学名王常，为乡村教育家童春的长子。1912年，受旅日华侨吴锦堂先生资助去日本深造，次年进入冈山县立甲种农业学校学习，毕业后又考入鹿儿岛高等农林学校，1919年毕业，获农学学士学位，1928年又获得康奈尔大学农业科学硕士学位。主要研究园艺学、农学，著有《花卉园艺》、《造庭园艺》、《公园》、《桃树园艺》、《农学概论》等书。晚年从事华侨史、世界经济史及营养学、长寿学方面的研究。

[6] 童玉民．造庭园艺[M]．商务印书馆，民国十二年（1923）：163.

[7] 宗白华．美学与艺术略谈[N]．时事新报，1920.

建筑从“形之美术”、“致用美术”、“造型艺术”到“空间艺术”意味着中国美术界对建筑艺术特征的认识的深化与转变。“形之美术”、“造型艺术”强调的是形式的创造，“致用美术”强调的仅仅是实用性，“空间艺术”则既强调了形式又强调了实用。用“空间艺术”来定义建筑表现了西方艺术观念与建筑观念的发展。从封闭的房间发展为开敞的空间既有技术发展的影响，也是生活方式、空间观念改变的结果。空间既表达了建筑在形式上的独特性，又与建筑的使用密切相关，是建筑实用性的体现。“空间艺术”将建筑的本质特性表达得更加清楚明确，使得建筑与其他艺术的区别更加明显。

中国建筑学界对“空间艺术”的引入远晚于艺术领域，直到1930年代中后期才在建筑专业文章中出现“空间艺术”一词。1936年，发表于《中国建筑》的《谈建筑及其他美术》（详见3.2.3）是首次提及建筑属于空间艺术这种归类法的建筑类文章，作者费成武是画家而非建筑师。建筑师最早谈论“空间艺术”则是1937年广东省立勷勤大学建筑系学生梁净目所写的《建筑艺术讲话》：

建筑艺术是空间艺术的一种，绘画雕刻，也是空间艺术，不过虽同是空间，还有平面，立体，综合的差别，绘画是侧重平面的结构，雕刻是立体的造型，建筑对于立体的表现自然是重要，但平面的布置，也有同样的重视，建筑和人类的生活最密切，对都市的形态影响最大，因此实用艺术中建筑是占一重要位置。

梁净目在文中还比较了建筑空间与绘画、雕刻空间的不同，指出建筑的空间是立体式的内部空虚的空间：

建筑的空间，较之绘画和雕刻，更是复杂得多，从外壁或内壁的表面看来，是绘画的，但对于庭柱的鉴赏，就是立体的，雕刻的了，那么建筑既非平面，也非立体，可称为空虚的立体式，因为建筑是空虚的立体式，倘若把建筑内部充实起来，就早已失去建筑的意味了。[1]

[1] 梁净目．建筑艺术讲话[J]．新建筑，1937（4）：20.

尽管中国建筑师受美术界影响接受了建筑属于空间艺术的说法，但却并没有就建筑的“空间艺术”话题展开深入的讨论。在梁净目之后，仅有唐璞在《从建筑风格谈谈当前建筑创作的方向》中对建筑、绘画、雕刻的空间进行过比较分析：

建筑和其他艺术作品，仍然有很大区别，因为它们的空间各有不同。绘画的空间是平面的空间，除大幅画面外，一般作品瞬间即能得到第一次印象。雕刻是立体的空间，为正、侧、背四个面所组成，不可能一望而及全貌。建筑和前两者不同之处，在于它既有平面的空间，也有立体的空间，且还有内部的空间，可见建筑艺术空间的表现是最完整的。特别是内部空间，人们对它的要求，就不只是艺术问题，而更重要的是科学技术问题。[1]

[1] 唐璞．从建筑风格谈谈当前建筑创作的方向[J]．建筑学报，1961（10）:1-2.

此文之外，在"空间"概念运用于建筑学的早期很少再有对"空间艺术"的详细讨论了。建筑是空间艺术的说法得到了中国建筑师的普遍认同，在建筑类文章中经常会提及"建筑是空间艺术"。

在中国美术界以"空间艺术"来讨论建筑十多年之后，"空间艺术"一词才进入中国建筑学科，究其原因在于：建筑学在中国属于新生的学科，本身还处于起步阶段。中国的建筑学是在西方知识体系影响下形成的，而中国第一代建筑师接受的要么是强调艺术的"布扎"（Beaux-Arts，巴黎美术学院的称谓）体系[2]的建筑教育，要么是重视技术、重视建造的工学院（Polytechnique）体系的建筑教育。"布扎"教育强调建筑的艺术性，这种艺术性是以式样、风格、外形等对形式的审美为体现的，对于建筑内部空间关注较少，因此并未将建筑作为空间艺术对待，而是作为造型艺术对待。中国第一代建筑师虽然对西方新兴的现代建筑运动有所了解，但在最初西方对现代建筑的宣传中，重点也不是"空间"，而是新技术、新材料、新形式与新风格。直到西方建筑界本身对现代建筑的解说开始强调"空间"后，"空间"才成为西方现代建筑的重要内容之一，而且西方现代建筑在中国早期的传播并不系统，这些都使得中国建筑师初期是从"形"的角度去理解西方现代建筑。直到直接接受西方现代建筑教育的中国建筑师归国后，西方现代建筑才开始比较系统地引入中国，西方现代建筑对"空间"的重视才逐渐引起中国建筑师的注意。

[2] 欧美国家现代建筑教育模式起源于巴黎美术学院，1671年，法国皇家建筑学院（The Royal Academy of Architecture）的成立标志着建筑学正规教育的开端。此后两百多年间，所谓的"布扎"（1819~1968年间巴黎美术学院的称谓）建筑教育模式成为世界上其他国家建筑教育的母本。

"空间艺术"作为中国建筑"空间"话语中出现的第一个关键词，作为联系建筑与艺术的一个新纽带，改变了中国人对建筑艺术特征的认识与理解。在"空间艺术"之前，对建筑艺术的欣赏主要聚焦在外部形式上，"空间艺术"使得建筑内部的组织变得与外部形式一样重要，欣赏建筑需要进入内部，行走其间才能更好地体会建筑的美。

3.2.2 艺术界对建筑"空间"概念的推广

在西方，建筑始终是作为一种艺术而存在的，建筑与其他艺术之间关系密切。蔡元培对美术教育的提倡使得中国艺术界在相当长一段时间内非常活跃，对西方艺术新思潮的引入与传播也很积极主动。这使得他们在研究与引介西方艺术史、艺术思潮的过程中传播了西方正在兴起的建筑空间概念。

1. 艺术史中的建筑空间

建筑史在西方是作为艺术史的一个分支发展起来的，而艺术史在西方的兴起与西方人对建筑历史的兴趣是分不开的，正是在西方人对古代遗迹不断的探索与考察中出现了最初的历史观念。德国艺术史学家约翰·约阿辛·温克尔曼（Johan Joachin Winckelmann，1717-1768）从纷繁杂乱的艺术现象中梳理出一条历史的线索，奠定了艺术史的基本学科架构，而建筑史正是温克尔曼艺术史中重要的组成部分。[1]

艺术史对建筑史的囊括使得建筑史最初是随着艺术史而进入中国的。此时的艺术史（或美术史）深受“风格”（style）学说影响，基本上以风格史为主，但“空间”的概念已经开始用于艺术评价之中，尤其是在谈论建筑的时候常有对建筑空间的描述。例如在由萧石君编译的《西洋美术史纲要》中，第一编即为“建筑”，其中有不少对建筑空间的描绘：

耶脱鲁里亚（注：Etruria）的弓形（Arch）构成法创造穹窿屋顶，弓形屋顶，十字形穹隆屋顶等样式，得掩有巨大的空间。

用尖頠形引诱观者的视线向上，可予观者以崇高的空间表象，最适合于宗教建筑。

蒲奈曼特（注：Donato Bramante，1444-1514）设计的溦辟耶托（Tempietto）……模仿罗马式的圆形神殿，建楼二层，上顶半球形的穹隆……表出广大空间的效果，建筑各部分都相联络，与人以明了之感。

……

书中甚至认为在古典运动“这个期间，建筑不独流行折中的模仿，关于空间的效果，材料的使用法，和其他建筑的一切基础问题，都不见有何等发展。”[2]

傅统先[3]在《美学纲要》中介绍哥特建筑时，着重从“空间”的角度对哥特建筑进行了诠释：

高特式（注：哥特式）的建筑便极力从这个高大的方面用功夫。……高特式建筑的中心思想就是统一形式和空间。形式是具体的，空间感乃是不可摸触的。现在的问题就是，一方面如何使具体的形式因抽象的空间感而发生意义，另一方面如何使抽象的空间感因具体的形式而得以表现。[4]

在《绘画的文章体式和峨特式（注：哥特式）建筑艺术及上海的圣三一堂》一文中，也对哥特式建筑所带来的空间感受进行了描述：

假定诸君站在峨特式建筑的教堂中央。高的圆柱，尖的圆屋顶，向远延去的长的回廊的整齐的世界，回绕着诸君：一切的线，奔凑而上，规则

[1] 王贵祥．被遗忘的艺术史与困境中的建筑史[J]. 建筑师，2009（137）: 16.

[2] 萧石君．西洋美术史纲要[M]. 中华书局，1928: 9，16，26-27.

[3] 傅统先（1910-1985）：中国哲学家、教育哲学家、穆斯林学者，一生著述颇丰，主要有《知识论纲要》、《中国回教史》、《美学纲要》、《哲学与人生》、《教育哲学讲话》，主要译著有《格式塔心理学原理》、《心理学——一本根据事实的课本》、《唯心哲学》等。

[4] 傅统先．美学纲要[M]. 中华书局，1948: 110.

地屈曲着；眼睛轻快而自由地追随着那些线，把捉了空间，测定了深和高，而且同时诸君又还感到这教堂，仿佛正被看不见的强大磁石吸向上方似地，凭着一种突进的冲动，从地中长了起来。[1]

❶ 齐明．绘画的文章体式和峨特式建筑艺术及上海的圣三一堂[J]. 现实，1939（1）：40-41.

这些对历史建筑空间的描述表明，中国艺术家对西方各个时期的建筑在空间上的区别已有所了解，并且已经意识到哥特式建筑所带来的空间感受与其他建筑风格是完全两样的。

2. 现代艺术思潮中的建筑空间

在西方，各门艺术之间存在相互影响。作为艺术的建筑由于具有实用性而使得其发展与变化在一定程度上滞后于其他艺术。其他艺术中产生的新思想、新思潮会对建筑的发展产生重要的影响，尤其是同属空间艺术的绘画与雕刻对建筑影响很大。因此，中国的艺术家、美学家们在介绍西方艺术新思想、新思潮时常会附带一些关于西方建筑新思潮的内容。可以说，西方建筑新思潮最初完全是作为艺术新思潮的一部分而被引入中国的，对西方现代建筑的传播更是首先从艺术家开始的。

从 1920 年代开始，各种西方新兴艺术流派、艺术新思潮大量涌入中国，带来了新的艺术空间观。如在由冯雪峰[2]翻译的匈牙利人玛察[3]（I. Matsa）所著的《现代欧洲的艺术》中，第一章介绍了新兴的艺术流派，在提及立体主义（Cubism）时有：

……依据严格的，客观的，科学的分析，即形，线，色彩，光线及它们对于平面及空间的关系底分析的方法……在一切的物中之中发现它底基本的形及基本的色彩，并创成为美术家底工作之处的这等形及色彩底对于那平面及空间的关系底科学的体系……[4]

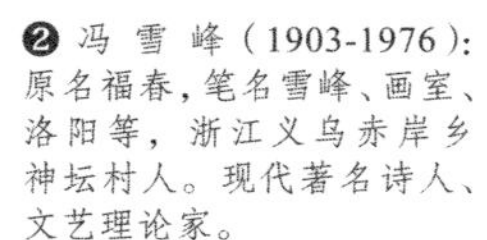

❷ 冯雪峰（1903-1976）：原名福春，笔名雪峰、画室、洛阳等，浙江义乌赤岸乡神坛村人。现代著名诗人、文艺理论家。

❸ 玛察（I. Matsa，1893-？）：匈牙利文艺评论家，1919 年匈牙利革命失败后流亡俄国，著有《现代欧洲的艺术》、《西欧文学与无产阶级》、《理论艺术学概论》等。《现代欧洲的艺术》中的“艺术及文学的诸流派”，雪峰译，题为“现代欧洲艺术及文学诸流派”，曾连载于《奔流》第二卷第四、第五期。

❹ 玛察．现代欧洲的艺术．雪峰译．上海：大江书铺，1930：37.

图 3-4　毕加索的《亚维侬少女》

立体主义作为 20 世纪初重要的艺术流派对后来各种现代艺术流派产生过不同的影响。立体主义以几何学形体来表现对象，放弃了透视法，发展出一种所谓“同时性（Simultaneity）视象（像）”的绘画语言，分解视点，将从不同视点观察和理解的形象结合，投射到画面中的同一形象之上。如毕加索的《亚维侬少女》（图 3-4），正面脸上画着侧面的鼻子，侧面的脸上画着正面的眼睛。由于多角度观察，人与对象相对位置不断改变，从而在空间中引入了时间，创造出了时空一体的四维动态空间，提供了一种打破传统的空间连续性，通过把分离的碎片合在一起形成了新的空间中的物体的视觉呈现方法。立体主义认为，人对于物体的观察是动态连续的、多方位的，观察所得的印象是全面而整体的，因此，绘画必须能表达时间度量下的空间，体现对于空间的理解与重组。立体主义绘画开创了人类客观地抽象与立体的新体验，展示了人类空间思维由视觉到思想感情的转变。立体主义这种“同时性”概念是空间观念上的革新，深深地影响了现代主义建筑的空间。

在这一时期，除了立体主义之外，在对未来主义（Futurism）的介绍中，“空间”也是重要的内容之一，例如吕澂在介绍未来派时就写道：

汇观其作品参以宣言其特质即在描写动的感觉。谓光与运动可以破坏事物之定形。……又从无不透明体之主张，使相异空间互相交涉，其竟乃欲以观者居画之中心，藉画像之启示，而与画境同向展开。所感得者惟有一动美也。以是今人亦有名未来派为动感派者。[1]

[1] 吕澂．西洋美术史 [M]. 上海：商务印书馆，民国二十二年（1933）: 161.

丰子恺对未来派的介绍更加详细，认为未来派在绘画中描绘出了时间的感觉，将空间与其周围的他物相联系，同时还要表出物体前后的动作与变化：“拿时间来同空间相乘，相错综，把感觉的经过表现出来，就是‘未来派。’”[2] 如果说立体主义提出了新的空间表现方式，那么未来主义则致力于探索对运动的表现。未来主义者借用立体主义分离形式的方法，但没有继承“多角度同时观察”，而采用固定视点，将注意力集中于运动物体本身的表现（图 3-5）。

图 3-5 被拴住的狗的动态，巴拉（Dynamism of a Dog on a Leash, Giacomo Balla）

[2] 丰陈宝 丰一吟 丰元草编．丰子恺文集·艺术卷一．浙江文艺出版社，1990: 321.

“立体派是在新意义上征服空间与时间的……印象派是把时间看作空间的；反之未来派是把空间看作时间的。”[3] 虽然立体主义、未来主义等艺术新思潮中关于“空间”的论述不一定直接与建筑相关，但是这些新的空间观念却是西方现代建筑空间发展的基石。现代主义建筑师吸收了抽象艺术的观念、视觉语言的动力特征，从而形成了现代建筑的空间表现。

[3] 同上：436，445.

在当时为西方建筑新思想、新思潮的传播作出重要贡献的艺术家非丰子恺莫属。曾经东渡日本考察的丰子恺从日本了解到西方现代艺术、建筑的发展动向，并将其引介到了中国。过去，建筑界一直没有重视丰子恺对西方建筑，尤其是西方现代建筑传播的先驱作用，实际上，在 1928 年上海开明书店出版的丰子恺所著的《西洋美术史》中，建筑史是重要的组成部分，它更是较早地介绍了西方现代建筑。在 1935 年出版的普及性读物《西洋建筑讲话》中，丰子恺对欧洲现代建筑进行了进一步的介绍，表达了对于西方现代建筑的理解与认同。丰子恺提出现代建筑的形式美有四个条件：视实用目的而定、符合工学构造、巧妙应用材料特色、表现出现代的感觉。他认为无产者集合住宅（Siedlung）能最彻底地表现现代建筑的形式美，因为：“集合住宅的意图，是用最小限的空间，最小限的费用，来企图最大限的活用。”[1] 在材料的使用上，丰子恺认为玻璃是现代建筑上一种特别重要的材料，他在 1933 年写了《玻璃建筑》一文对玻璃在建筑上的使用进行称赞。虽然，丰子恺没有读过保罗·希尔巴特[2]（Paul Scheerbart，1863-1915）的《玻璃建筑》（Glasarchitektur）一书，但他在日本游学时曾见过日本人的摘译，使他对希尔巴特的《玻璃建筑》有所了解。丰子恺引用了他所见到的日文摘译中的一段话：

❶ 丰子恺．西洋建筑讲话 [M]．上海：开明书店，1935：98.

❷ 保罗·希尔巴特：表现主义作家，专好作奇思异想之语。他 1914 年发表了散文诗、科幻小说《玻璃建筑》，仔细描述了“玻璃建筑”的建造目的与实践方法。

> 倘要我们的文化向上，非改革我们的住宅不可。这所谓改革，必须从我们所居住的空间取除其隔壁，方为可能。要实行这样的改革，只有采用“玻璃建筑”……这样的新环境，必能给人一种新文化。……[3]

❸ 丰陈宝 丰一吟 丰元草编．丰子恺文集·艺术卷三．浙江文艺出版社，1990：280.

希尔巴特的这段话表明玻璃使得光线更容易进入室内，不仅使室内变得光亮，更使得建筑空间变得开敞与流动，在改善人类的居住环境的同时也改变了人类的生活方式，从而带来了一种新的文化。希尔巴特的《玻璃建筑》直接启发了德国建筑师布鲁诺·陶特（Bruno Taut，1884-1967）将玻璃作为现代建筑的语言，1914 年德意志制造联盟科隆展览会上的玻璃馆（Glass Pavilion，图 3-6）成为了表现主义的代表作。此外，丰子恺本身对“空间”概念有相当的理解，他甚至将“构图”（composition）与“空间”联系起来：“构图的一种知识，其实只是巧运匠心于空间的一种技巧（technique）”，“构图是一个独立的空间，必须有脱离写实的特殊的构成——有长，有阔，有深——的一个构成”。[4]

图 3-6 德意志制造联盟科隆展览会玻璃馆

西方艺术史、艺术新思潮的传播不仅促进了西方建筑史、建筑思潮的传播，更是带来了新的空间观念，促进了“空间”概念在整个艺术领域（包括建筑在内）的传播。艺术领域对西方建筑新思想、新思潮的传播为西方现代建筑思想在中国的传播打下了基础，为建筑“空间”话语在中国的初

❹ 丰陈宝 丰一吟 丰元草编．丰子恺文集·艺术卷一．浙江文艺出版社，1990：69，446.

步形成作出了相当大的贡献。

3.2.3 美术家、美学家谈建筑空间

中国美术界不仅传播“建筑是空间艺术的一种”的概念，更重要的是一些美术家、美学家开始关注“空间”对于建筑的意义，开始从“空间”的角度来谈论建筑。美术家、美学家中对建筑“空间”进行过深入分析的主要有宗白华、冯文潜、费成武等人。

1. 宗白华

宗白华（1897-1986），现代哲学家、美学家、诗人，1917 年开始学习德国文学和哲学，1920 年赴德国留学，在法兰克福大学、柏林大学学习哲学、美学等课程，1925 年回国后在南京、北京等地的大学任教。宗白华是我国现代美学的先行者和开拓者，被誉为“融贯中西艺术理论的一代美学大师”。宗白华早在 1920 年代就开始了对建筑艺术的关注，是我国最早对建筑艺术之美进行研究的理论家之一，遗憾的是宗白华的建筑始终只是文艺美学中的一环而未能引起建筑界的足够重视。

从宗白华的建筑美学思想上来看，有三大特征[1]：一是生命本体论[2]；二是建筑意境[3]；三是建筑是空间的艺术。从这三大特征可以看出，宗白华对建筑空间是非常重视的。早在 1920 年的《美学与艺术略谈》中，他就已经在推广建筑是“目所见的空间中表现的造型艺术”[4]的说法了。宗白华对“空间艺术”的清楚认识与他留学德国的经历有关。

在柏林大学学习时，宗白华曾直接受业于德国著名的美学家和艺术理论家玛克斯·德索。德索的《美学与一般艺术学》（*Ästhetik und allgemeine Kunstwissenschaft*）对宗白华的影响很大。德索在书中集中阐述了他对美学和艺术科学的观点，提出应该有一门独立于美学的研究艺术的学科，即一般艺术学（General Science of Art）。同时，德索的以“时间”和“空间”来分类艺术的方式，明确了建筑与“空间”的关系，促进了对建筑的“空间”探讨。宗白华在其后构建的“艺术学”中贯穿了德索的思想。[5]1925 年起，宗白华受聘于国立东南大学（1928 年易名中央大学），讲授美学与艺术学。在“艺术学”与“艺术学（讲演）”课程中，宗白华引用德索艺术体系对艺术的形式与内涵问题（图 3-7）、艺术的系统及各种内容进行了探讨（图 3-8），明确了建筑是空间的（静）、无定联想的（自创不定联想）艺术。

空间的(静) 雕刻图画	时间的(动) 拟容 music	模 仿 的 有固定联想的
	诗 歌	
建 筑	音 乐	自创不定联想的
造型艺术	声音艺术	

图 3-7 《艺术学演讲》插图“艺术的形式与内涵问题”

空间艺术(静)	时间艺术(动)	
雕 刻	拟容艺术 mimirc	模仿自然
图 画	诗 歌	有定联想
建 筑	音 乐	无定联想

图 3-8 艺术的系统及各种内容

[1] 关于宗白华的建筑美学思想，参见：朱永春．宗白华建筑美学思想初探[J]．建筑学报，2002（11）：44-45；戴孝军．生命的建筑——宗白华建筑美学思想研究．美与时代（上旬），2011（12）：9-14；李文倩．论宗白华的建筑美学思想．新疆艺术学院学报．2009，7（4）：85-88.

[2] 宗白华将美的终极形态归为一种生命活力、律动，认为：“建筑之特点，一方不离实用，一方又为生命之表现。”

[3] “意境”是中国古典美学的一个核心范畴，首见于唐代诗人王昌龄的《诗格》中，王昌龄说诗有三境：物境、情境、意境。宋元明清（近代以前），意境都是在中国诗论的话语中使用。及至晚清学者王国维，完成了意境内涵的现代转换，并将意境提升为艺术创造的首要追求。意境是通过特定的艺术形象（符号）和它所表现的艺术情趣、艺术气氛以及它们可能触发的丰富的艺术联想与幻想的总合。

[4] 宗白华．美学与艺术略谈[N]．时事新报，1920[1920-3-10].

[5]《宗白华全集》收录他 1925 ~ 1928 年间在国立东南大学（1928 年改名国立中央大学）授课的 3 部讲稿：《美学》、《艺术学》、《艺术学（讲演）》。在这些讲稿中，宗白华 6 次提到玛克斯•德索，并直接或间接引述了他的许多论点。关于宗白华与玛克斯•德索的关系，参见：桑农．宗白华美学与玛克斯•德索之关系．安徽师范大学学报（人文社会科学版），28，（2）：212-215.

在柏林大学，宗白华还有机会听到关于爱因斯坦相对论的课程。爱因斯坦认为空间和时间是统一的不可分离的四维连续体。这一观点对宗白华启发很大，使他能敏锐地觉察到中国艺术时空统一的特殊的空间意识。宗白华还受到了德国哲学思想的影响，他系统研究了西方哲学史，重点借鉴了德国古典哲学美学的优秀成果，康德的时空观也成为了他思考空间艺术的契机。这使得宗白华谈论的空间不仅仅是指通过视觉形式创造出来的感性空间，还包括康德的空间意识以及“我们心理上的空间意识”：“原来人类的空间意识，照康德哲学的说法，是直观性先验格式，用以罗列万象，整顿乾坤。然而我们心理上的空间意识的构成，是靠着感官经验的媒介。我们从视觉、触觉、动觉、体觉，都可以获得空间意识。”[1] 也就是说，空间意识并不等于空间概念，绘画、雕塑、建筑是空间概念的三种表现形式，但“每一种艺术可以表现出一种空间感形，并且可以互相移易地表现它们的空间感形”。[2]

宗白华对建筑的最初论述出现于1926～1928年间的“艺术学”课程中，尤其是在“艺术学（讲演）”中，他探讨了作为艺术的建筑。他认为：“建筑之艺术为造型艺术中量之最大者，亦即为造型艺术之母体。在美术史上，建筑与人类的关系，极为密切，然颇难欣赏，不易全部明了其命意及建筑精神，然建筑在美术上、文化上及民族性、民族生活，又人与宇宙之关系，由建筑上亦可表出。”他敏锐地将空间作为建筑的首要品质，将建筑定义为：“由自由空间中隔出若干小空间而又联络若干小空间而成一大空间之艺术。故建筑为制造空间之艺术，最初之目的为应用（Practical）由此表现其idea（理想）。”[3]

宗白华认为建筑表现内容有二：一是空间的造型（Room Formation），二是装饰。“人生处处不能离开空间，但一空间有一空间的环境，使你生命情绪大不同，如立于高山之望远，与立于海滨之望远，景况大不相同，故空间的情绪，可生出心理差别也。建筑即利用此不同环境而加以创造。”[4] 他将建筑的内容分为四部分：空间的问题、平面的问题、总部形体的问题、光线与建筑的问题。关于“空间的问题”，他是从空间体验和空间形式两方面进行论述的：

①吾人时空的经验，利用触觉与视觉，可以体察空间的深远，德国某哲学家谓视觉乃扩大触觉而成，故空间与触觉之联想非常密切；其外建筑亦能引起感情，如巍峻之空间，能引起人高蹈之情感；低塞之空间，引起局踳之情感。由此可知，不同的空间能引起各种异样的情绪。

②空间的形式有：高（向上）、深、广（前进）及平均关系之不同。此为最普通基本之空间，宗教空间为走的空间，其形式能引起走的冲动，希腊之建筑（如图）（图3-9）：

[1] 宗白华．中西画法所表现的空间意识[J]（原是中国哲学会1935年的一个演讲，1936年载于商务印书馆出版的《中国艺术论丛》第1辑）．宗白华全集2[M]．合肥：安徽教育出版社，1994：142.
[2] 同上：142-143.
[3] 宗白华．宗白华全集1[M]．合肥：安徽教育出版社，1994：578.
[4] 同上：522.

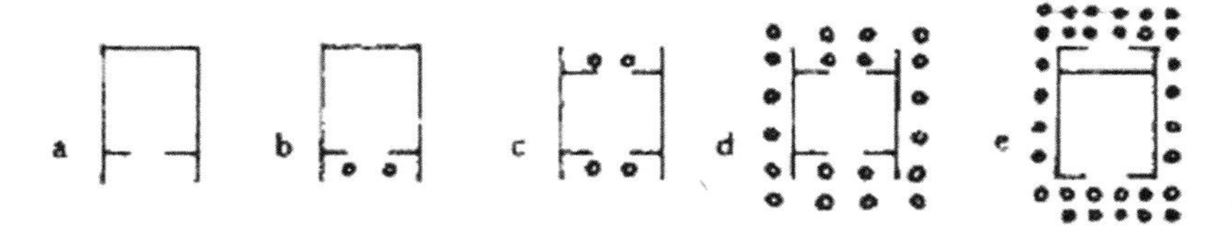

图 3-9《艺术学（讲演）》插图“希腊之建筑”

a，b 则为普通住屋，c，d，e 则为寺宇，其不同之点仅不同圆柱子。走空间：长方（教堂，街道，走廊），留空间：圆，方（厅，聚会）。

……埃及人文化的精神以走的空间为象征，希腊人则以高而谐和为其宇宙观。[1]

[1] 同上：580-582.

从这些关于建筑空间的论述可以看出，宗白华对空间的理解很深刻，对各个历史时期的建筑形式及空间特色有一定的了解。他不仅指出建筑空间主要是由视觉和触觉体验共同完成的，更指出了建筑空间形式对人心理感受的影响力。他对空间形式的分类显然也与空间感受有关，“走空间”会使人产生向前行进的冲动，而“留空间”则使人希望停留在原地不动。

宗白华还区分了建筑的内外空间：“建筑在外面不过大空间中的一个形体及其背景的关系，至内容则又有特别空间，绝与外面不相似。”[2]“建筑不仅外部为大空间之一极紧要，内部亦自构成一个空间，且多表现其意义之所在。”[3]强调建筑师不仅要注意建筑内部空间，还要注意建筑的外部空间（即外观形体）的塑造，认为建筑外观可以体现出建筑内部空间是否合理、是否协调。

[2] 同上：522.

[3] 同上：523.

虽然建筑在整个“艺术学”讲演中只占了一小部分，却体现了宗白华对艺术学认知的体系化。他完全是将建筑作为一种空间艺术来对待的，在他眼中的建筑空间不是死的空间，能引起人的感情共鸣。建筑形式（包括空间、外观、大小等）与人的情感之间存在互动关系，空间的这种情感特征使得建筑艺术富有生命感。

宗白华对于建筑空间的认识更多地体现在他对中西艺术的比较研究之中，空间意识是其中非常重要的组成部分。在对中西绘画的比较中，宗白华认识到西洋画法所呈现的空间感与西洋建筑空间有关：“西洋自埃及、希腊以来传统的画风，是在一幅幻现立体空间的画境中描出圆雕式的物体……它们的渊源与背景是埃及、希腊的雕刻艺术与建筑空间。”“西画以建筑空间为间架，以雕塑人体为对象，建筑、雕刻、油画同属于一境层。”[4]他将中西绘画所表现出的意境差异归结到各自的哲学基础之上。西方人的空间是由几何、三角测算所构成的透视学的空间，要求艺术家以固定的角度来营构他们的审美空间，图画的意蕴也就有了固定性，是一个死的物理的空间间架。这种空间意识是西方文化自觉追求艺术与科学相一致的产物，体现了西方传统的科学精神。中国画的哲学基础在于《周易》中所体现的

[4] 宗白华．论中西画法的渊源与基础 [J]（原载中央大学《文艺丛刊》第 1 卷第 2 期，1934 年 10 月出版）. 美学与意境 [M]. 上海：人民出版社，1987：150，152.

宇宙观:“《易经》上说:‘无往不复,天地际也。’这正是中国人的空间意识!这种空间意识是音乐性的（不是科学的算学的建筑性的）。它不是用几何、三角测算来的，而是由音乐舞蹈体验来的。”[1]通过《中西画法所表现的空间意识》(1936年)、《中国诗画中所表现的空间意识》(1949年)等文章，宗白华提出，中国的空间意识是一种节奏化、音乐化的生命意识（见2.3），中国的艺术是节奏化的生命体现。中国绘画是“以大观小”，体现了移远就近、由近知远的空间意识，集合了数层与多方视点，既有空间，亦有时间,时间融合着空间,空间融合着时间,时间渗透着空间,空间渗透着时间。需要用整个心灵来感受世界，世界的万物浓缩在艺术家的心中，这样，整个画面就呈现出一种音乐的生命空间,艺术家通过创造“意境”来体验心灵。

从这种时空意识出发，宗白华认为，中国建筑的空间不只是几何的空间，也充满了生命的节奏和韵律，是音乐化的空间。“空”是虚空，是老子所说的“无”，即“道”，是生命的节奏，虚中蕴含着神韵。“中国的建筑、园林、雕塑中都潜伏着音乐感——即所谓‘韵’。”[2]中国画重视空白，中国的书法也讲“计白当黑”，中国的建筑也有类似的手法，即在布置和处理空间时常使用“以虚带实，以实带虚，虚中有实，实中有虚，虚实结合”的手法，这是中国艺术的空间特色。宗白华认为，中西方的建筑空间美感表现出了很大的不同:古希腊人不关注庙宇四围的自然风景，把建筑本身孤立起来欣赏;中国人则不同，他们总要通过建筑物接触外面的大自然，通过门窗内的小空间来体会门窗外无限的空间，从小空间进入大空间，可以获得层次丰富的空间美的感受。宗白华认为，通过中西方建筑空间的对比，更能体现出中国传统建筑，尤其是园林所具有的空间美感。

宗白华对建筑空间的论述是包含在其对艺术空间意识的论述之中的，正是从艺术整体的角度使得他更能把握住建筑的空间特性，对中西方空间意识、中西方建筑空间的差异作出比较研究。需要指出的是，宗白华对建筑空间概念的强调与西方现代主义建筑创立新的空间概念的时间是大体同步的。之所以宗白华能够在中国较早地以“空间”来论述建筑，其原因有二:①从学术史来看，最先认识到建筑空间意义的黑格尔、阿道夫·冯·希尔德布兰德、奥古斯特·施马索夫等人均为德国的哲学家、美学家、艺术家，宗白华的留德经历使得他很了解德国的哲学与美学;②宗白华洞察了中国传统文化精神，明了中国人独特的空间意识及其与建筑的关系。宗白华的空间既是老庄美学中那种流动的宇宙生命的载体，更是主体意志和理想的表现。将空间与人和自然发生关系，使得他对建筑空间的论述与那些建构在空间几何形体和实用功能上的西方建筑理论有很大的区别，他在老子的哲理中发现了建筑空间的意义，即“建筑和园林的艺术处理，是处理空间的艺术。老子就曾说‘凿户牖以为室，当其无，有室之用’。室之用是出于室中之空间。而‘无’在老子又即是‘道’，即是生命的节奏。”[3]尽管

[1] 宗白华. 中国诗画中所表现的空间意识[J]. 美学散步. 上海：人民出版社，1981：83.

[2] 宗白华. 中国美学史中重要问题的初步探索[J]（原载《文艺论丛》1979年第6期）宗白华全集3[M]. 合肥：安徽教育出版社，1994：465.

[3] 宗白华. 中国美学史中重要问题的初步探索[J]（原载于《文艺论丛》，1979年第6辑）美学与意境[M]. 人民出版社. 1987：405.

建筑学界的人很少提到宗白华对建筑空间的认识，实际上现在很多人在讲中国空间意识时经常会引用或者转引宗白华对中国的空间意识的解说。

2. 冯文潜

冯文潜（1896-1963），字柳猗，中国现代西方哲学史家、美学家。1917年赴美留学，在葛林乃尔学院（Grinnell College）主修哲学，副修历史，1920～1922年间，入芝加哥大学研究院深造。1922年5月赴德，在柏林大学研究院攻读哲学和历史，历时6年。1928年回国后，曾任教于南京中央大学、南开大学、昆明西南联大，开设过的课程有美学、哲学概论、柏拉图、逻辑、德文等，在古希腊哲学、德国古典哲学、美学史等方面造诣很深，而且注重中外哲学的比较与贯通。

冯文潜对建筑空间的论述主要体现在一次题为“中西建筑漫谈”的公开演讲中。这次演讲于1931年5月12日在南开大学举行，听者有40余人。在《南开周刊》5月19日第110期上刊登了这次演讲的大意：

> 就性质上言，中西建筑皆为视觉的，空间的，直达的艺术，然进一步观之，则后者系立体的，堆积的，无机的，前者系平面的，展开的，有机的。第一，一般西洋建筑，利用空间经济，巍立独存，不论其本身之大小，皆可一望在目，而不免缺少变化，失于单调。中国建筑则系平面的开展，重层次，有曲折，使人不测，不能一览便无余；盖中国建筑重在整个的位置与联络，而其精神则非能由一部分代表也。……

从这篇演讲大意可以看出，冯文潜不仅了解建筑的艺术特征，而且了解中西方建筑的差异，尤其是空间组织上的差异。在随后一期的《南开周刊》上刊登了由王之杰、高殿森合记的演讲全文，在《中国学生》（上海，1929年）杂志第三卷第五期中节选刊登了演讲的部分内容，同时还附了图片（图3-10）。

图3-10《中国学生》上“中西建筑漫谈”一文附图

冯文潜是从欣赏的角度、从美学的角度来谈论建筑的。在演讲中，他首先提及了三种艺术分类的方式，以期明确建筑的艺术特征，其中第二种“由欣赏对象本身之分类”即为空间、时间的二分法：

（a）空间艺术——此种艺术品是固定的，各部同时存在的，如绘画、雕刻、建筑等。

（b）时间艺术——此种艺术品，前后关系并非同时存在的，如音乐，戏剧，诗歌等。建筑自然是属于空间艺术的。

从三种艺术分类中，他将建筑总结为视觉的艺术、空间的艺术、直达的艺术，认为中西建筑都具备这三种条件。但是，冯文潜认为只凭视觉、空间和直达这三种方法可以理解西方建筑但却无法彻底理解中国建筑，因为“观察中国的建筑，你不得不走动着看，刚一看见，你不能立刻得到一种直达的观感”。这是因为中西建筑利用空间的方法不同：

不信试看西洋建筑，上自希腊中古下迄近代的美国，其间变化虽然不无小异，然而它们有一个共同的性质，是很显而易见的，这种性质可以拿我杜撰的名词来形容一下就是：它们都是立体的，堆积成功的，无生机的，因为它们往往是高耸云霄，所以是立体地利用空间；因为它们是各自为主，彼此之间，没有贯连，所以是堆积的，无机的。反回来看一看中国可就不然了，中国的建筑，可以说是平面的，开展的，有机的，因为它的铺张是向着平地面平着发展，所以我说它是平面的开展的；因为它的门窗户壁，走廊飞檐，垣墙过道，莫不各各相连，一气呵成，所以我说它是有生机的。

这段论述基本上道出了中西建筑各自的空间特征：西方建筑强调相互独立的单体造型，主要利用的是垂直向上的（立体的）空间；中国建筑强调的是各个单体建筑之间有机的组合与联系，主要是由平面展开（水平发展）的空间。

从中国建筑空间特征出发，冯文潜进一步就中国建筑的观察方式提出了自己的见解。他认为，尽管中国建筑类型很多，但观察方法以及建筑所表现的精神是差不多的，观察中国建筑的关键就在于“走动”二字：

试以北平的宫殿为例……试进前门经过午门直到后门，全局秩序井然，互相连贯，无懈可击。要想明了它的全局，你一定得走动，随走随看，不像西洋建筑似的，可以站在固定一地，窥其全豹。中国建筑是最重次第的。惟其有次第，所以才觉到变幻无穷；中国建筑的道是曲折的，起伏不平的，升高阶降低台，重升重降，宛如音乐的音谱，抑扬顿挫，令人觉到它的深邃，它的迢远！明明是数十武的道路，这样一来，到显得有数里之遥，这是中国利用平面空间的特色。……

中国建筑由于对“次第”的重视使得建筑组合富于变化，无法从一个角度了解整座建筑的全貌，同时，复杂的建筑组合使得中国建筑内部的通道曲折起伏，令建筑的整体体验变得更加深远。

除了建筑体验方式不同外，中国的园林体验方式也不同于西方园林。冯文潜指出，西方园林是有规律的、几何形的，虽然占地很大，但仍然可以在入园之初就一窥其全貌，而中国的园林，即使弹丸之地也迂回曲折，无法一目了然，这是因为中国园林擅于利用曲线：

……它的回廊，它的羊肠曲径，它的花草布置，假山陈列……令你看了如置身别有洞天，只觉得它的伟大，它的幽与邃远，往往几亩地大的花园，叫你觉得如几十顷地大，这诚然是中国利用曲线的特长。

冯文潜不仅对中西建筑的差异很了解，对于当时的中国建筑状况也提出了自己的看法：“可惜近来对于古代建筑破坏的工作多，重葺的工作少，近来复古的趋向虽然渐兴，然而多不知从何入手。非剽窃西洋的食而不化的建筑方式，就是自己失却了 sense of proportion，失掉了中国固有建筑的优点。”他将中山陵和明孝陵进行比较，认为中山陵未能从整个园区考虑，而失去了中国建筑在空间处理上的优点。他认为中国建筑想要发展，就应该：“舍己之短，取人之长。第一要先明了自己的根本建筑精神，究竟是什么，然后再研究改良，庶可得到圆满的成绩！一味地效仿西洋建筑的皮毛，或盲目地墨守中国建筑的一切优点劣点，都不是根本的办法，望全国建筑家注意及之！”从冯文潜对中国建筑的分析可以看出，他认为，中国建筑的根本精神在于建筑空间组织上的特色，这种特色是值得保留与借鉴的，不能盲目地学习西方建筑而抛弃中国本身所擅长之处。

由冯文潜的演讲可知，冯文潜对建筑的理解是建立在他对建筑艺术特征的理解之上的，尤其是对于建筑的空间艺术特征的理解，因此与当时流行的从风格、从形式的角度理解建筑是完全不同的。从空间的角度出发，他对中国建筑的理解与当时建筑师的理解完全不同。当时，中国建筑师在建构“中国建筑”时多关注于建筑的形式、结构、构造、装饰、色彩等方面。即使有部分建筑师已经注意到中国建筑在平面布局与建筑组织上的特性，他们也只是利用“布扎”体系的术语来评述这种特性，并未能将其与“空间”概念相联系。从这一点上讲，冯文潜将中国建筑的空间特征看成是中国建筑的根本精神，这在当时是非常有先见性的。

3. 费成武

费成武（1911-2000），江苏吴江人，中国著名画家、美术教育家，毕业于国立中央大学教育学院艺术系，受业于徐悲鸿。1934年毕业后留校任教。后又在苏州美术专科学校研究生班学习油画两年，1938年开始在苏州美术专科学校教授油画、素描课程。抗战时期任中国美术学院副研究员及中央大学美术系副教授。1946年在徐悲鸿的安排下赴英国研修。

费成武的《谈建筑及其他美术》（图3-11）于1936年在《中国建筑》杂志上连载了两期。[1] 与宗白华、冯文潜两位在艺术、美学领域讨论建筑不同，费成武是在建筑领域讨论建筑和其他美术。《中国建筑》作为近代中国建筑界最重要的主流学术期刊之一，在当时的建筑界有相当大的影响力，因此，费成武的文章在当时对中国建筑界的影响可能要大于前两者。

图3-11 《谈建筑及其他美术》插图

[1] 费成武．谈建筑及其他美术[J]．中国建筑，(27，28)．

《谈建筑及其他美术》一文其实并未载完，但从已刊登的两篇仍可以看出作为画家的费成武对于建筑艺术的理解。文章开篇即提出：“建筑是一种美术，它和人类的生活最亲密，可是在欣赏和了解上却最淡薄，因为一般人对于它仅有一种实用的需要而已。”从这句开篇语可以看出，费成武对当时忽视建筑艺术性的现状非常不满，为了明确建筑的艺术性，他也介绍了德国艺术家玛克斯·德索的艺术分类法：

综合空时	空间	时间	
戏剧 歌剧 舞蹈 ……	雕型（立体，中实，触觉） 绘画（平面，视觉）	拟容艺术Mimic 诗歌（视，听）	模仿的， 有固定联想
	建筑（立体，中空或中实，运动感觉）	音乐（听觉的）	创造的无固定联想
	造型艺术	声音艺术	

美术（Fine Art）指的是雕型、绘画、建筑和图案等造型艺术。以对艺术分类的认识为基础，费成武将建筑看成是：“空间的形式美，是主观的创造，没有固定的联想（Undefinite Association），它以科学的理论和技术为基础和工具，由建筑师主观地自由发展其美丽的理想而实现之。”

费成武不光接受了建筑属于空间艺术，还将“空间”看成是建筑的重要问题。在对“图样”的解说中，他写道：

图样是建筑师具体的计划，是建筑的特殊的技巧。在空无所有中，先有了一个具体的理想，可是实现的初步全是抽象的几何形体的构合。建筑有两方面重要的问题，就是内空间和外空间的实用和美观。所以图样的基本是平面图（Plane）和立视图（Elevation），剖视图（Section）和细部图（Detail）是一种演绎和补充，使图样更周详。……

费成武不仅将建筑图样的内容与建筑内外空间的实用和美观联系起来，还提出“建筑家的奇妙本领就是运用空间，除了空间，就是光和色彩的运用。”同时，他也注意到不同的空间会带来不同的感受：“至于空间的感觉，我们举两个较浅近明白的例，就是狭长的空间给我们一个前进不可停留的感觉；广阔的空间给我们一个安息停留的感觉。”

在谈论建筑绘画时，费成武论述了“空间的表现”，他认为建筑的内空间有明确的界限，但表现在绘画中时会因为画家的感觉和意识差异而表现出不同。他反对建筑中的壁画：“壁画不宜表现实在感觉的空间，因为在建筑内凭空幻出许多空间，使我们心绪很不安宁，壁画应具有装饰的意义，须注意全部建筑本身的色彩，不宜特别炫耀以致压倒建筑本身的价值。”建筑中的壁画所产生的虚幻的空间效果使得建筑空间的整体性被破坏，如果壁画过于炫耀，则会掩盖建筑本身的价值。

从费成武对建筑空间的论述来看，他对“建筑是空间艺术”的理解是以玛克斯·德索的艺术分类为基础的，虽然认识到了建筑的“空间”特性，但仍是主要从形式的角度谈论建筑，强调的仍然是造型艺术的概念。尽管费成武对建筑空间的理解不如前两位来得深刻，但他的文章作为最早在建筑专业期刊中向中国建筑界介绍“建筑是空间艺术的一种”这类思想的文章，对中国建筑学的影响与贡献在某种程度上来讲更大。

美术家、美学家之所以会早于建筑师讨论建筑“空间”问题，一方面在于中国美术界在“美育”运动时期相当活跃，他们更容易接触到西方艺术新思想、新思潮，同时，他们并不局限于建筑学本身，而是从更广的艺术、美学的角度来讨论建筑，对于建筑的艺术特征的思考会比较全面，对建筑是“空间艺术”有更深刻的理解。此外，宗白华、冯文潜两位都有留学德国的经历，而德语世界正是建筑空间话语发展的源头，在这种直接影响下，肯定比接受“布扎”教育、工学教育的中国建筑师更早发现“空间”对建筑的重要性。

3.3 建筑学科中“空间”的初步出现

中国古人对建筑没有明确的分类，建筑的内容分散于经史子集的各个部分，清末以前中国根本不存在建筑学科。直到 1904 年清末学制中才首次出现“建筑学门”，但建筑学真正的发展是到民国时期才逐渐展开的。[1]也就是说，“空间”传入中国之时正是中国建筑学科兴起之初，中国的建筑观念、建筑话语正处于接受西方建筑体系影响向现代转型的过程之中。

1910 年代，建筑及相关文章开始在报纸杂志等出版物中出现，尽管“空间”与建筑发生关系明显晚于物理学、几何学、哲学等学科，但 1910 年代末期在建筑及相关文章中也已经出现了“空间”一词。1918 年发表在《妇女杂志》的《论居室》一文是笔者所发现的最早使用“空间”一词的建筑类文章，作者为江阴胡香泉。在比较多层住宅与单层住宅时，作者写道：“**夫楼居与平屋较，一则占地面小，占空间多，光线明亮，空气新鲜。**”[2]“占空间多”表明“楼居”通过楼层的叠加，充分利用有限的用地发展了竖向空间，此处“空间”的使用显然已经不同于中国传统的宇宙观而是一种现代的空间概念，表明现代意义上的“空间”一词开始用于建筑，开始成为中国建筑学科使用的词汇。

从 1918 年“空间”在建筑类文章中出现开始至 1930 年，“空间”出现的频率并不是很高，一年至多出现 4 次，有时甚至一次也没有。在多数的文章中它只出现一次，重复出现的很少。1930 年以后，中国建筑学科进入迅速发展期，不仅大量建筑类文章在各大报纸、杂志中出现，在报纸杂志中还出现了建筑专刊：1930 年《时事新报》开设了“建筑地产附刊”（1930 年 12 月 5 日至 1933 年 10 月 18 日，共计 109 期），《申报》开设了本埠增刊“建筑专刊”（1932 年 11 月至 1935 年 12 月，共计 149 期）。1932 年，专业的建筑期刊《中国建筑》、《建筑月刊》、《中国营造学社汇刊》的创刊使得建筑的传播更加专业化。在这种情况之下，“空间”在建筑类文章中出现的频率有所提高，多的时候一年有十几次，而且在同一文章中重复出现的情况增多了。

3.3.1 “空间”的“所指”

“一个社会所接受的任何表达手段，原则上都是以集体习惯，或者同样可以说，以约定俗成为基础的。”[3]“空间”在中文中的使用达到“约定俗成”经历了一个过程：首先，现代的空间概念并不是在“空间”一词被引入中国后就清晰了然的，而是在西方空间观念影响、吸收了中国传统观念后才逐步明晰的；其次，空间概念的传播也不是一蹴而就的，而是在多个学科共同努力下逐渐传播开来的。可以说，1920 ~ 1940 年代中国还处于现代空间概念形成与传播的过程之中。甚至直到 1940 年代还存在非现代的“空间”二字连用的形式，例如《建筑月刊》所载杜彦耿写的《北行报告（续）——北平市沟渠建设设计纲要》中有“**住宅区域，道路多为石潭路或土路，院地较大，空间处且种植草木，泄水自少**”，[4]此处的“空间”

[1] 关于中国建筑学的诞生问题，参见：徐苏斌．近代中国建筑学的诞生 [M]. 天津：天津大学出版社，2010.

[2] 胡香泉．家政门：论居室 [J]. 妇女杂志，1918，4（2）.

[3] [瑞士] 索绪尔．普通语言学教程 [M]. 高名凯译．商务印书馆，1985：103.

[4] 杜彦耿．北行报告（续）——北平市沟渠建设设计纲要 [J]. 建筑月刊，2（7）：60.

一词显然带有“空闲、空隙”之意。但是，现代意义的“空间”已经在使用中逐渐成为了主流用法，非现代意义的“空间”二字连用的形式正在逐渐被淘汰。

瑞士语言学家弗迪南德·德·索绪尔（Ferdinand de Saussure，1857-1913）认为，语言由“能指”（signifiers，语言的声音形象）和“所指”（signifieds，语言所反映的事物的概念）两个方面组成。“能指”与“所指”的联系是任意的，两者之间没有任何内在的、自然的联系，只有在约定俗成的情况下“能指”与“所指”才有关联。由于这一时期“空间”的使用并未达到“约定俗成”的阶段，使得它的“所指”具有多样性。总的来说，此时的“空间”的“所指”主要有五类：内部空间、空间体积、竖向空间、地域空间以及空隙空间。

1. 内部空间

对于建筑而言，目前我们使用“空间”一词时，在非特殊说明的情况下，多指内部空间。在这个时期，建筑及相关文章中“空间”的使用指向最多的当然也是建筑的内部空间。例如沈尘鸣在《建筑师新论》一文中写道：

> 我们看到内地的许多房屋，大多是违反科学原理的，他们的窗子往往是不多的，所以空气是窒碍而不流畅，他们所留的空间是没有的，所以光线是暗淡而不明透，这都是对于卫生上大有妨碍。[1]

❶ 沈尘鸣．建筑师新论 [N]. 时事新报，1932 [1932-11-23].

沈尘鸣批评内地房屋的不科学，其中一点就是室内空间的不足。而林徽因在谈论清代建筑时提到了清代建筑的结构布置有时与室内空间的需要是不相合的：

> 再就屋架结构而论，清式柱之配列，亦极呆板，绝未顾及室内空间之需要，使柱之配列增减，不致与之相妨。[2]

❷ 林徽因．清代建筑述略 [J]. 中国建筑展览会会刊，1936：2.

“空间”指向内部空间的用法强调了建筑实体之外“空”的部分，发展到后来，不再局限于建筑内部，还用于建筑的外部空间，甚至是建筑与建筑之间空的部分，即城市空间。

2. 空间体积

在介绍某个建筑作品时，建筑规模的大小一向比较受关注，而建筑规模与建筑体量大小相关。在这一时期，“空间”的一个含义便与这种建筑体量的大小有关，指向的是建筑占用空间体积的大小。例如《中国建筑》中介绍南京新都大戏院时：“戏院占空间体积约计 940000 立方尺”[3]，介绍上海霞飞路恩派亚大厦时：“全部房屋占据空间一五八五二八九立呎”[4]。

这种以“占空间”来表示建筑规模的用法偏向的是建筑作为空间体的

❸ 李锦沛．南京新都大戏院 [J]. 中国建筑，1936（26）：4.

❹ 黄元吉．上海霞飞路恩派亚大厦 [J]. 中国建筑，1935，3（4）：4.

体量或者体积的大小，与英语的“volumn”对应。现在提到建筑规模时更多关注的是建筑面积，也会提到建筑体积，但“占空间”这种用法很少见。

3. 竖向空间

中国传统建筑多是平面展开的，较少向高空发展。在西方建筑的影响之下，尤其是高层建筑的引入，中国的建筑也开始变得越来越高。在这种情况下，“空间”也指建筑向上发展，少占用地面，而充分利用垂直高度，即占用空中的空间，也就是竖向空间。例如《论居室》一文中的“空间”便有此种含义。在《欧洲及美洲建筑学之歧视》一文中，作者提到美国人主张建筑向空中发展：

美国人则以地面有限，利用空间之说以为原则，主张建筑应当占空间而不占地。[1]

土地面积是有限的，而土地之上的竖向向上空间却是无限的，在有限的土地上要建造更多可供使用的房间，只有将建筑建得更高。这正是高层建筑兴起的原因，也是在经济因素影响下建筑发展的趋势。《自修》杂志上连载的“住宅设计与制图”也提到了“今后的建筑将一天天地想向空间发展去”。[2]

中国传统建筑尽管多是平面展开的，但始终是有高度的，姜丹书在《中国建筑史话》中描写中国传统建筑时就写道：

大而宫殿庙宇，次则亭台楼阁，无踵事增华，巍然矗立于空间，形成奇观。[3]

将“空间”指向竖向发展的空间强调的是利用空间的高度问题，这种用法现在已经很少见。

4. 地域空间

由于建筑受到文化、宗教、经济等因素影响，不同地域、不同时代的建筑之间存在着差异。这一时期许多中国建筑师都注意到了这种由于地域因素而产生的建筑形式上的差异，会使用“空间”一词来指向地域的不同。例如刘既漂在《中国美术建筑之过去及其未来》中写道：

由盘古开天地那日用到现在，所谓变化的演进，也有空间而无时间。所谓空间的，也不过南方作风来得夸张或热烈一点，北方的较为平稳，都是同一作风。[4]

刘既漂认为，中国建筑没有所谓的随时间而变化演进，但南方建筑与北方

❶ 仲琴．欧洲及美洲建筑学之歧视 [J]．申报，1933 [1933-5-9].

❷ 金贤法．住宅的设计与制图（续）[J]．自修，1940，（131）：18.

❸ 姜丹书．中国建筑史话 [J]．艺术，1925，（119）．

❹ 刘既漂．中国美术建筑之过去及其未来 [J]．东方杂志，1930，27（2）：138.

建筑之间是有差异的。刘敦桢在对日本人滨田耕作所写的《法隆寺与汉六朝建筑式样之关系》一文进行补注时，强调不仅各个朝代的建筑有差异，而且南方、北方的建筑也有差异：

以上就滨田氏"重叠"、"密接"二语，加以讨论，惟阐明枓栱制度，"时间"以外，"空间"关系亦极重要，如同为辽代遗物，普通枓栱外，尚有斜栱之例，同为明清建筑，南北不无殊远，而湘鄂自成一系，尤与风土材料，关系至巨……[1]

这种指向地域空间的用法有时也使用"空间性"一词，例如孙宗文在《中国历代宗教建筑艺术的鸟瞰》中写道：

所以建筑对于人类的生活上，是具有密切关系的，我们从文化史上看来，知道建筑事业在时间性上，它是表现时代特有的精神；在空间性上，它是显露整个民族的特性。[2]

石麟炳在《建筑正轨》第九章"建筑之性质"中也使用"空间性"来表达地域：

按建筑之性质包括不同之意义，即时间性与空间性也。就时间性言，一代有一代的特点，一时有一时的不同。就空间性而言，一国有一国的作风，一地有一地的色彩。[3]

用"空间"来指地域通常是在与"时间"并用的情况下出现的，将地域作为一种范围更大的空间，而历史的演变成为了一种长时期的时间进程，这种用法表明了这一时期空间与时间这对概念并列使用的普遍性。现在这种用法也不常见了，"空间"直接为"地域"所取代，"时间"则被"历史"所取代。

5. 空隙空间

空隙空间指物体之间的距离或者物体与物体之间未被填满的部分，实际上就是现在所谓的"空隙"。这种指向也是这一时期的建筑文章中"空间"的常见用法之一。如在《钢筋三合土概论》中，分析材料配比时就使用了"空间"一词来指代材料之间未被填充的部分：

至于水门汀砂子和石块三种材料数量的比例，则以石块和砂子各物间所有的多少为标准，照他们建筑界中的经验，设使石块间的空间，占全石块体积百分之四十，那么这百分之四十之数就是砂子之数；但是，砂子除

[1] 滨田耕作．法隆寺与汉六朝建筑式样之关系并补注 [J]. 刘敦桢译注．营造学社汇刊，3（1）: 59.

[2] 孙宗文．中国历代宗教建筑艺术的鸟瞰 [J]. 中国建筑，1934，2（2）: 44.

[3] 石麟炳．建筑正轨（续）[J]. 中国建筑，1934，2（8）: 41.

填充石块间的空间而外，还有一部隔于石块之间，所以照普通经验，应当再加百分之十，成为百分之五十之总量。……[1]

在梁思成、刘敦桢所写的《大同古建筑调查报告》中也有用“空间”指代物体之间的距离：

至于桨广之异同，以日本天平时代我国鉴真大师所建之唐招提寺证之，其栱与栱之空间——即梁广之分位——等于栱高四分之三。[2]

以“空间”来指物体之间空的部分的用法现在已经不再使用了，完全被“空隙”一词所取代了。

总的来说，由于空间概念本身还处于逐步明晰与固定的过程之中，1920年代到1952年这一时期，“空间”在建筑及相关文章中的使用还包含有现在已不再使用的其他指代如地域空间、空隙空间等，在如此使用时，它完全不能算是建筑学讨论的一个“关键词”。“空间”指代含义的不定性使得这一时期建筑文章中“空间”一词的含义远广于现在，但使用的频率却不高。随着“空间”的现代概念的明确化、固定化，至1930年代后期，“空间”的使用基本上接近现在的用法。通过对这一时期建筑及相关文章中“空间”指代的含义进行分析可知，当时的中国建筑界人士已经在逐渐接受“空间”一词并对现代的“空间”概念有了基本的理解，开始有意识或者无意识地使用“空间”来描述建筑问题。

3.3.2 “空间”的语境

1920年代到1952年，建筑及相关文章中使用了“空间”一词的不超过十分之一，针对“空间”的讨论更是只有只字片语。仔细分析这些出现频率并不高的“空间”，仍会发现有很多值得注意之处。如黄钟琳在《建筑工程述要》一文中提出，建筑从古至今皆负有三种使命：适用、坚固与美观，在论述“适用”的时候并未使用“空间”一词，但在由“适用”转向“坚固”时却写道：“建筑物除给予空间以应用外，并须对于外界之破坏力，有相当抵抗力，此即表示其坚固程度。”[3] 这短短的一句话表明了建筑的适用是与“空间”应用相关的。经过对建筑及相关文章中“空间”一词的使用的分析发现，尽管“空间”指代的含义很广泛，对“空间”一词使用的目的性也不如现在明确，但是“空间”一词主要出现在以下几个建筑语境中：

1. 对中国建筑特征的认识

19世纪以前，在中国人眼里中国是作为世界的中心而存在的，在这种认识之下，“中国建筑”本身并非一个需要特别讨论的概念。明末以来，

[1] 知止．钢筋三和土概论[J]．申报，1933[1933-1-1].

[2] 梁思成，刘敦桢．大同古建筑调查报告[J]．营造学社汇刊，1933，4（3，4）：144.

[3] 黄钟琳．建筑工程述要[N]．时事新报，1933[1933-9-27].

随着欧洲传教士和殖民者的东来，中国人对世界的认识受到了根本性冲击。在这个过程中，中国人通过与西方文明的初步接触有了“洋式建筑”的说法，后来则发展为“西式建筑”，中西建筑的区别意识开始出现。如何在西方知识体系下建构“中国建筑”成为中国人必须面对的问题，因此，将中国传统建筑体系化、现代化成为了中国建筑学科发展关注的焦点之一。尽管早期的这种关注多集中于建筑形制、结构方式、材料构造等方面，但也有人注意到了中国建筑在空间上的特征。

1919 年，过明霞以《我国建筑谈》一文批判了中国建筑的局限性，却也注意到了中国建筑喜欢占用横长空间的特点：

> 我国宫室建筑特庄严；宫室形式，则多齐整。只知应用平均对称等美的法则。……既鲜变化，且鲜知利用纵的空间。——塔占空间，纵长者也。然为印度制。汉由西域入中国，非纯粹中国建筑。——于以知我国人性之和平静默，并其思想多横向四极延长为现世的，故空中楼略，仅托空谈。……致今之流传者仅有占空间横长之宫室形式已耳。[1]

占用横长空间，用现在的话来讲，就是平面铺开，即水平向发展，这正是中国传统建筑在空间上的特征之一。

从空间特征上来认识中国传统建筑的特征，更多地是通过对中西方建筑进行比较研究而展现的，本书 3.2.3 节中提到的美学家宗白华、冯文潜的研究就是代表。在美学家之后，建筑师也开始从空间差异的角度来比较中西方建筑，例如卢毓骏在《三十年来中国之建筑工程》中将中西建筑之差异的归结为“空间艺术”表现上的差异：

> “艺术与人生”著者[2]谓：“中国式的建筑或西洋式的建筑，各有其实用的好处，各有其美术的价值。就实用说，中国式建筑宽舒而幽深，宜于游息；西洋式建筑精致而明爽，宜于工作。就形式（美术）说，中国建筑构造公开，质料毕露，任人观览，毫无隐存及虚饰，故富有自然之美；西洋式建筑形状精确，处处为几何形体，部署巧妙，处处适于住居心情，故富有规则的美”。上语之下半段，是否完全正确，姑且不论，但中国古建筑之不若西洋建筑之宜于今日工作，似为千真万确，此中原因似可参读某西人论中西文化，其中有云：“西方以工作，活动，实践，紧张之情绪见称，东方则以安逸无事见长；西方之优点在于变迁，进步，有效率，东方之艺术，在致力于谐和的配称”。东西民族在思想观念的形态有显著的分歧，故其所表现于空间艺术者自异。[3]

这个时期，从空间的角度来分析中国建筑的特征没有从结构体系、立

[1] 过明霞．我国建筑谈 [J]. 北京女子高等师范文艺会刊，1919（3）: 238.

[2] 指丰子恺，《艺术与人生》原名《艺术漫谈》，1936 年由上海人间书屋出版，1943 年由民友书店重印，这段话则引自其中的《洋式门面》一文。

[3] 卢毓骏．三十年来中国之建筑工程 [J]. 现代防空，1944，3（4-6）: 29.

面构图的角度分析或以朝代划分风格的影响来得大，却开启了中国建筑“空间”话语中最具意义的话题之一。

2. 空间利用

建筑始终是为一定的使用目的服务的，建筑的实用性就在于组成建筑的各个功能空间，因此，与“空间”有关的讨论，在初期最多的无疑就是如何充分利用建筑空间的问题以及满足各种功能要求所必需的空间大小问题，这些问题与建筑设计是密切相关的。下面分别从公共建筑和住宅建筑两方面来看这一时期对建筑空间利用问题的讨论：

（1）住宅建筑中的空间利用

与人类关系最密切的建筑无疑是住宅建筑，居住问题从来都是关系民生大计的问题，只有安居才能乐业。《新上海》杂志曾刊登过一篇名为“上海人所占的空间”（1925 年第 1 期）的文章，文章描绘了普通上海人由于所占空间不足而导致居住环境恶劣、生活不便的情形，可见对于居住而言，适宜的空间是非常必要的。

林徽因在《住宅供应与近代住宅之条件：市政设计的一个要素》中对中国住宅发展的问题进行了探讨，她认为解决住的问题的关键点在于提供一个能满足生活需要的单位空间：

解决睡的问题——即是解决住的问题的一个缩影——简单说来，它的主要点在每一个人能取得固定的，有遮蔽的一个单位的空间，使他可以横着伸开他的六尺身躯在一张正式用以睡眠的床上。……由此类推，比这睡的问题稍稍复杂的住的问题，也同样是一家人能在他们工作场所附近，获得固定的有墙壁，有遮蔽的，一个单位的空间，来施展他们处置生活上所必需的操作，饮食，及休息，住的每个单位……住的最低限度的面积也要根据生活动作上，平均每一事，每一人或每数人所应占的空间来计算的。……住的问题的解决……不但关系于材料结构且亦着重于空间面积大小适当之分配。……

在文章中，林徽因还分析了空间的经济性问题：

所谓面积经济是以最小空间取得最大发展功能的效果的意思，以经济的空间控制造价的低廉，间接便达到低廉租金的效果。[1]

[1] 林徽因．住宅供应与近代住宅之条件：市政设计的一个要素 [J]. 市政工程年刊，1946（2）：24-25.

俞徵在《20 世纪欧美新兴建筑之趋势》中提出要善于利用空间布置家具，使生活更加美好：

在房间里面，应善于利用空间来布置适宜的家具，可使客人入内，得到相当好印象，所以今日之建筑师装饰师的设计，都是能合乎近代模范生活的理想。[1]

与公共建筑一样，住宅也有对通风、采光等卫生方面的要求，甚至比公共建筑要求更多。在《世界卫生组织汇报》上刊登的《住屋问题》中提到的国际联盟卫生组织所订立的住宅标准及原则中就有关于空间问题的规定。[2]马育骐在《何谓卫生住宅》中更是从通风的角度对住宅中每人所需的空间进行了详细的论述：

为使每人10立方呎空气每分钟调换一次计，如窗户面各充足时，每人须有400立方呎之空间。…… 此每人四百立方呎之规定，系指任何应用之房屋，倘一家之客厅与卧室分开，其总空间须有每人800立方呎，而其卧室每人虽少于400立方呎亦无妨碍，若一室兼为寝室与客厅，则所需空间为每人500立方呎，以便放置家具，天花板之高度，以所需空间及窗框之高度而定。[3]

在对居住问题的讨论中，最关注的还属理想居住问题，而理想之屋的设计与“空间”是有关联的。在署名为“棄名”的《理想家庭之屋》一文中，作者介绍了在纽约公开展览的由两百多个建筑设计专家的心血凝聚而成的“理想家庭之屋”。文中将空间经济看成是理想家庭之屋的设计原则：“内部设计，无处不为空间设想，特别适于寸金尺土的地方……房子实在不大，实用的地方却多，空间经济，这是‘理想家庭之屋’的理想原则。”文章强调了“空间”对于“理想家庭之屋”的重要性，其中一节还以“为空间和舒适着想”为小标题：

这房子的设计，无时不为空间设想，下层只有厨房的间隔是固定，其余虽然你可如意地分为若干部，可是必要时也可完全开敞。房间不再是箱子化……看来很像又和外间打成一片。……家具方面，也和房子相配，特别为空间与舒适设想。[4]

类似地，锦江在《理想家庭之屋的理想家具》中将“舒适、便利、美观、空间节省、光线”看成是住屋的理想条件：

这些理想家具的理想，依然是对于舒适，对于空间，对于美观三者上加以极度的注意。一所房子之设计，并不是几个箱子样的建筑，挖几个洞作窗户，将剩下的空间塞上了橱柜，桌子，床铺等这样的简单。房子在设计时，已为家具预留了空间，这是理想之第一点。……舒适而有经济的空

[1] 俞徵. 20世纪欧美新兴建筑之趋势[J]. 湖南大学季刊，1935，1（3）：4.

[2] 住屋问题 [J]. 世界卫生组织汇报，1947，1（1-12）：123.

[3] 马育骐．何谓卫生住宅 [J]. 卫生工程导报，1948，1（1）：16.

[4] 棄名．理想家庭之屋 [J]. 理想家庭，1941（创刊号）：18-19.

间，这是为了家具设计之得宜……[1]

[1] 锦江．理想家庭之屋的理想家具：舒适•美观•空间节省•光线•都是理想的条件[J]．理想家庭，1941（2）：31.

从这两篇文章可以看出，“舒适而经济的空间”是创造理想之屋的条件，只有从空间着手才有可能建造出适合居住的理想之屋。

（2）公共建筑

作为建筑类型中的一大类，公共建筑包含多种建筑类型，这一时期关于空间利用问题的讨论基本上涵盖了各种公共建筑。例如在李小缘的《图书馆建筑》中有：

利用空间，建筑耐久，规模大小适中，过大则常年开销必增大，过小则不足发展。

空间经济则“以最小地方，能容相当多之人数，与书籍”，而得最大效果。

书库者以最小之空间，置最多数之书籍，而能取携最为便利者也。[2]

[2] 李小缘．通论：图书馆建筑[J]．图书馆学季刊，1928，2（3）：385-400.

这一串与空间有关的话语都在表明建筑要以最小的空间获得最大的效益。赵福来在《图书馆建筑与设备》一书中也有关于空间利用问题的论述，还从通风的角度介绍了美国公立图书馆所规定的每人所需空间的大小。[3]

[3] 赵福来．图书馆建筑与设备[M]．武昌文华图书馆学专科学校，1935.

龙庆忠在《农业仓库建筑之计划（仓廪计划）》中更将利用空间的方式作为仓库建筑四种分类方法的第一种：

（1）从区分空间方法来分类（即利用空间）：

a类：把空间水平（横）区分的仓库形式
- 一层建筑……旧来房子式。
- 多层建筑……新样房子式。

b类：把空间垂直（纵）区分的仓库形式——silo
- 圆形silo
- 角形silo

（圆形silo、角形silo）滤斗式为近代一新建筑。

这篇文章中多次提到了空间利用：

空间利用率越大越好。

空间多，对于米贮藏大有利益。

平面计划时，考虑运装机械的采用，而设定其相当面积及空间……不为设备而占有多大空间。[4]

[4] 龙庆忠．农业仓库建筑之计划（仓廪计划）[J]．中华留日东京工业大学学生同窗会年刊，1930（8）：46-57.

“按每人所占空间”在介绍建筑设计经验时更是经常出现，例如钟自新在《乡村小学建筑设备谈》中分析了在通风、采光要求下建筑空间的大小：

教室高度与光线空气均有关系，室内有双人座位四行者，宜高十三呎，每儿童平均约占二百零六立方呎空间。[1]

李清悚在分析校舍建筑时也写道：

就尺寸方面说，普通每生在教室应占十八方呎至二十方呎之地面，二百五十立方呎之空间。

每人平均占地十五方呎，占空间二百至三百呎间。[2]

除了"按每人所占空间"以外，还有以其他单位空间来计算建筑容量的，例如"剧场之体积须使每一座位有二百立方尺之空间为度"。[3] 从上面这些关于所需空间大小的说法来看，空间的大小不仅与使用的需要有关，还与对新鲜空气、光线的需求有关。这些需求体现了由西方传教士所带来的"卫生"观念，属于建筑科学性的要求。

由这些关于建筑空间利用的讨论可知，当时对空间的合理利用是有一定的关注度的，而且这些关于空间利用问题的讨论不仅关注了利用完整的空间，还考虑到了对一些边角空间、空隙空间的利用，如《中国建筑》第29期中杨大金的《房屋各部构造述概》一文、薛次莘所著《万有文库一千种·房屋》一书中都有提到要利用楼梯之下、坡屋顶之下的空间。甚至还有人考虑到家具的空间利用，如《科学画报》上就介绍了利用座椅垫下的空间的方法（图3-12），文章认为："座椅垫下的空间大都空着不去利用。礼堂或讲堂内座椅尤多，浪费的空间更大。"[4] 文章从不浪费空间的角度提出，利用座椅垫下的空间贮藏诸如帽子、书籍之类的小物件。总而言之，此时充分利用空间不仅与建筑功能的合理性有关，还与建筑的经济性要求有关，即在对建筑功能性要求的满足上，既追求空间的合理性，同时也重视空间的经济性。

图3-12《利用座椅垫下的空间》插图

3. 城市空间

从中国人向西方文明学习开始，西方城市文明在中国人眼中便成为了民主治国的体现，他们试图通过城市发展来实现中国的地方自治、政治改良的理想。1920年代开始，市政学（Municipal Administration）被中国留学国外的学生引介到中国，这一时期出版了大量关于城市规划的图书。市政学的普及促进了"都市计划"概念的导入，使得城市规划成为了建筑学的一个独立分支。与市政学关注城市管理不同，"都市计划"的重点在于

[1] 钟自新．乡村小学建筑设备谈[J]. 广东省立小学教员补习函授学校月刊，1930（2）: 11.

[2] 教育编译馆．校舍建筑及效率测量[M]. 教育编译馆，1935：14-16.

[3] 刘仲超．平民剧院设计应注意之事项[J]. 申报，1935[1935-11-5].

[4] 利用座椅垫下的空间[J]. 科学画报，1940，6（9）: 554.

城市的规划。尤其是在“首都计划”、“大上海计划”之后，建筑师对城市规划的关注更加普遍化，大量建筑师参与到城市规划的讨论之中。最初的讨论与“空间”并无关系，随着国外城市规划理论的引入，城市也成为了一种“空间”，最典型的就是奥地利著名城市理论家卡米洛·西特的城市理论。

1889年，西特出版了极有影响力的《遵循艺术原则的城市设计》（*Der städteban nach seinen Künstlerischen*）一书，强调室外空间的重要性，城市设计和建筑设计一样都是空间的组织工作，建筑物、广场和街道应构成有机的城市空间，而不是只考虑建筑物的完整性。1939年，郑祖良在《建筑艺术与市政建设》一文中介绍了西特的城市理论：

当时Camillo Sitte在他的名著：都市建设（1890）一书，曾根据审美的观感，举出市道路与广场的配置和建筑造型的计划，对于都市的美化是有着极大的影响。其他如绿地，花木，喷水池，纪念碑等也都是点缀都市的景色底要件。结论并提出：“都市建设的要旨，在使各项建筑物应该能够和环境互相调和并与空间相配称”的主张。

在文中，郑祖良还对城市的虚与实进行了区分：

因为整个都市是有着它的虚和实的区分，譬方建筑物的形体就是实体，其余空间，道路，广场，（空地，绿地）都是虚的。[1]

1946年赵杏白更是以《都市计划中之美学原理》为题节译了西特的城市理论，西特围绕着对维也纳的美学改造分析了城市空间的美学，通过举例说明了如何利用建筑之间的空间来调整建筑之间的关系，从而美化城市。[2]

关注空间的城市理论的引入使得中国建筑师进一步扩展了对“空间”的认识，“空间”不仅对建筑本身意义重大，对建筑群体、对整个城市环境都有重要意义。这使得城市规划从建筑学中分离出去后仍然有建筑师从建筑学的角度关注城市空间问题。

4. 空间体验

西方建筑学在引入了移情说之后，人的感觉、情感、意志等被移置到建筑的形式之中，使建筑形式仿佛有了感觉、思想、情感、意志和活动，产生了物我同一的境界。尽管这一时期建筑类文章中没有出现与移情说有相关的内容，但已经有人从空间体验的角度来谈论建筑空间了。

1937年，施世珍在《谈民间建筑》中就不同形式的空间给人的不同体验与感受进行了简短的论述：

[1] 郑祖良．建筑艺术与市政建设[J]. 今日评论，1939，2（23）: 362.

[2] Camillo Sitte．都市计划中之美学原理[J]. 赵杏白节译．市政评论，1946，8（10）: 13.

建筑的本身，是立体造形（型），好像立体雕刻，内部有许多不同的空间，方的、圆的、小的，依据作者匠心，造出各种形体的空间，圆的空间使人停留；长的空间使人行走；大的空间，使人受到压迫；小的空间，使人安适。所以建筑以不同空间，引起各种心理变化。[1]

短短的两句话清楚地表明了建筑能以不同的空间形式引起人心理的变化。范文照在《中国建筑之魅力》一文中也写道：

因之，当你站在某一建筑或某一壮丽内部空间面前时，你会感觉到一种令人激动的灵感一种宁静肃穆的崇敬从内心涌起，于是你就知道自己正处身于某个伟大的、真正的建筑杰作之前。[2]

空间给人的感受不仅在于空间的形式或者形状，还在于空间的空旷程度。丁谛在《谈空间》一文中谈论了"空间"的价值，分析了"空间"过小对不同职业的人产生的不同影响，丁谛认为：

房间里要有空，有空地方人心才能够自在。尽管安排一屋漂亮的家具，富丽的陈设，但倘使留下空间过少，屋子中的人心理是不会舒畅的。一个稍微懂得雅致的人在造房子的时候，宁可牺牲一两亩地，不造房屋，让它空着，做个小花园，或是把周围都做成旷地，这是为的要空间。[3]

丁谛的说法立刻引起了建筑师毛心一、金贤法的共鸣，两人在《健康家庭》杂志中连载的《小家庭经济住宅设计》中引用了丁谛的这段话，并在其后写道："我在设计这所小住宅时也是这么地想，可是空间的利用应是适度……"[4]

建筑之所以成为艺术，在于除了满足人的需要之外还能引起人的审美共鸣，能唤起人的感觉，甚至让人产生视觉上或者心理上的错觉。在建筑设计中，利用这种空间感受的形成机制可以创造出更符合人心理需求的空间。斌南在《空间之扩大》（中央大学《建筑》杂志，1944年第4期）中就探讨了"如何使有限空间，产生其最大效能"的原则与方法，这些原则与方法主要是利用不同的平面布局、家具布置、房间高度、房间色彩、装饰物、室内外空间延伸等创造出一种视觉上的和心理上的错觉，使得使用者觉得同样大小的空间在经过改造后更加宽敞。熊汝统在《内部装饰》中也提及了"在墙上挂大块的照镜可增加空间幻象"[5]，这种空间幻象的形成利用的正是镜子反射所形成的空间扩张的错觉。

可见，在"空间"概念进入中国建筑学科领域的早期就有建筑师对建筑的空间体验有了相当的认识。不仅有人将空间的感知与心理学相联系，

[1] 施世珍．谈民间建筑 [J]．月报，1937，1（3）：663.

[2] 范文照．北京：中国建筑之魅力 [J]（1933 年 3 月发表于美国《人民论坛》）// 杨永生．建筑百家杂识录．北京：中国建筑工业出版社，2004：6.

[3] 丁谛．谈空间 [J]．文综（上海 1941），1941，2（1）：20-21.

[4] 毛心一，金贤法．小家庭经济住宅设计：设计九：闹市的幽居（A）[J]．健康家庭，1941，3（5）：19.

[5] 熊汝统．内部装饰 [J]．台湾营造界，1948，2（2）：15.

还有人初步地探索了如何在设计中利用人对空间的感知来形成某种既定的空间体验。

5. 关于建筑结构和建筑物理

建筑的发展离不开结构与技术的发展，正是结构与技术的发展带来了建筑空间的改变，更不要说空间结构本身就与“空间”有关。早期的建筑文章对新的空间结构也很关注，如《空间刚节构架之分析》、《空间刚架的应力分析》介绍的都是建筑空间刚性节点构架的计算问题。

在建筑声学、热工方面也使用了“空间”一词。与建筑声学有关的如：

> 留声时间之推算，须视房屋空间体积之大小为正比例，而与壁面之吸音能力为反比例……[1]
>
> 声之矫正，有时尝于选择相当之面上装置花栅（Grill）以使声经过此栅而被其后的空间吸收，此种布置适用于有回声之墙上。[2]

与建筑热工有关的如：

> 惟用于望板或外墙之雨踏板（Siding）下者，因已有充分之空间，足令其隔热之作用仍复有效。[3]

建筑空间的塑造与结构关系密切，建筑的声、光、热问题也会影响建筑空间的形式。这一时期，在这类话题中“空间”的使用更多地关注于结构计算和声、光、热问题本身，在后续发展中对结构和物理的这种关注则与建筑设计关系越来越密切。

从这些使用了“空间”一词的建筑讨论来看，“空间”在这一时期建筑话语的构成中远不如“科学”、“卫生”、“艺术”、“民族性”之类的话语来得重要[4]，但是建筑师们已经了解“空间”这个概念，并有逐渐有了建筑空间观念，对“空间”在建筑中的作用也有了初步的认识。同时，“空间”已经参与到当时建筑学一些热门话题的讨论之中，并引入了一些国外对“空间”的探讨。有些讨论在后来的发展中声音渐弱，但有些讨论，如对中国传统建筑特征的探索、如何合理利用建筑空间等，却发展成为了中国现代建筑空间话语的核心话题。

3.4 西方现代建筑空间话语的初步传入

在西方，建筑空间话语的发展是明确与现代建筑的发展联系在一起的，现代建筑开始了新的空间认识与实践。在建筑历史学家、理论家建构“现

[1] 朱枕木．未来建筑之声音处理问题[J]．申报，1933[1933-9-19].

[2] 唐璞．房室声学（续）[J]．中国建筑，2（3）：47.

[3] John Hancock Callonder. 隔热用之铝箔[J]．夏行时译．中国建筑，2（3）：43.

[4] 关于早期中国建筑话语的研究，参见：王凯．现代中国建筑话语的发生：近代文献中建筑话语的“现代转型”研究[D]．同济大学博士学位论文，2009.

代建筑”体系时，“空间”更是一个比较核心的话语。在中国，西方现代建筑作为一种新事物和新思想，首先是作为一种新的艺术思潮从艺术领域引入的。但是随着西方现代建筑思想的日益成长与清晰，传入中国的相关出版物日益增多。在1930年代之前，中国建筑师对西方现代建筑已有所耳闻，真正开始讨论这一新思潮则是在1930年代以后，中国建筑师对于西方现代建筑思想与实践的接受与认识也随着了解的深入而发生改变。西方现代建筑思想的传播使得中国建筑师接触到了西方现代建筑中对“空间”的探讨，对中国现代建筑空间话语的形成起到了关键的推动作用。

3.4.1 西方现代建筑“空间”的初步传入

早在1920年代，“modern architecture”就已经在中国出现，只是普遍被音译为“摩登建筑”，这种翻译显示出，最初中国社会和建筑界对西方现代建筑的认识与理解是一种以风格为基础的、时尚的、肤浅的看法。与此同时，中国也开始出现现代建筑形式的建筑物，这些建筑物只是在外观上吸收了西方现代建筑的形式特征，而没有体现出西方现代建筑的本质精神和本质特征。随着越来越多的介绍西方现代建筑的内容出现在中文出版物上，1930年代“现代建筑”开始取代“摩登建筑”出现在建筑类文献中。从“摩登”到“现代”的转变不仅是一个名词术语的变化，更标志着中国建筑界对西方现代建筑的认识已经从风格和时尚的肤浅认识转向了更深层次的对时代精神和建筑本质特征的把握，中国建筑界开始真正讨论与接受了这一新思潮。[1]

1930年代正是中国建筑学科发展最迅速的时期，《时事新报》开设了“建筑地产附刊”，《申报》开设了本埠增刊“建筑专刊”；工程类和艺术类期刊中也有不少关于建筑的文章；专业的建筑期刊《中国建筑》、《建筑月刊》、《中国营造学社汇刊》等也在1932年创刊。这些都表明，建筑受重视的程度是与日俱增的。建筑期刊的出现使得西方现代建筑思想得以在大众传媒和专业学术刊物的双重渠道中传播。因此，在“空间”还没有上升为西方现代建筑的核心问题时，现代建筑的空间思想就已经开始在中国传播了。

在1927年，汪伯申在《现代的建筑》一文中宣传了现代建筑的思想，文章开篇即提到：“奥国建筑家齐思赖（F. Kiesten）的宣言解释了建筑的新意义，同它的新使命：‘在空间中伸张的组织，创造人生新的可能，产生新的社会。’”[2]1931年，由袁宗耀翻译的《建筑师漫谈》刊登在《时事新报》上。这篇文章第一节的标题为“建筑师应具之特点：设计能力”，主要内容则是关于空间分配问题，其中写道：

建筑师对于任何建筑物空间之分配，均使其利便，故其分配之每一空间，

[1] 1930年代前后中国对西方现代建筑认识的转变研究，参见：邓庆坦．中国近现代建筑历史整合研究论纲[M]．北京：中国建筑工业出版社，2008.

[2] 汪伯申．现代的建筑[J]．海灯，1927（1）：22.

于形式上，于大小上皆能尽善尽美，至于各部分之建筑，如何分配，始可占得最利益之地位，而其全部计划，亦始可达到，又建筑师所应知也。再者，彼绘图所建之屋，出入口方便，屋主实深受惠，凡缺乏智巧之建筑师则不然矣，常使一建筑之某部多占空间，或某部少占，或某部之位置与计划不符，或使通行处多占空间，或少占，如此种种均予使用之不便，或不适合，技术优良之建筑师则对于各方面皆加虑及，故上说缺点，均可免去也。

将空间分配看成是建筑师应具备的设计能力，建筑师只有合理分配建筑物的空间才能使建筑便于使用。同时，文章还将建筑空间分配的合理性与建筑物的经济性相关联：

从认为重要之经济立场而言，则一方有限制之地位，建筑师能为占有者解决一切疑难，而能精密计划所需之容积，不使一立方尺之面积，稍有不顾，而不使其达于最有用处之途径，盖增加一立方尺之空间，则费金钱，若弃置而不施于正用，则正与耗费金钱相等，今建筑师能运用空间而不使之弃废，则授吾人之利大矣。[1]

作为民国时期为数不多的知道原文来源的文章之一，袁宗耀翻译的这篇文章的原文来自以介绍和传播现代建筑思想而著称的美国建筑杂志“Pencil Points”（图 3-13）[2]。作为一本国外的建筑杂志，“Pencil Points”在当时的中国建筑界有相当的影响力。[3]这篇文章对建筑师之意义、应具有的特点以及服务之范畴等问题进行了论述。将建筑空间的分配看成是建筑师应具备的主要设计能力，将空间分配与建筑的合理性、经济性相关联这种思想显然是属于现代建筑的。斌南在《空间之扩大》中对“空间”之于建筑设计的意义表达得更为清楚：“‘如何使有限空间，产生其最大效能’为建筑师设计时最主要之问题。”[4]

PENCIL POINTS

A Journal for the Drafting Room

DETAILS OF THE TEMPLE OF THE SCOTTISH RITE, WASHINGTON, D. C. JOHN RUSSELL POPE, ARCHITECT. MONUMENT OF LYSICRATES, AT ATHENS, RESTORATION BY E. LOVIOT—DESIGNS BY ROBERT ADAM, PAUL VALENTI ON PERSPECTIVE

JUNE 1920

VOL.1 Published by THE ARCHITECTURAL REVIEW Inc. NO.1

图 3-13 Pencil Points 封面

随着社会主义思想的传播，苏联建筑也成为了建筑师关注的对象，苏联新兴的现代建筑思潮随之传入中国。在《苏维埃建筑思想（1917-1933）》一文中，作者介绍了成立于 1923 年的新建筑师协会（ASNOVA）[5]

❶ 袁宗耀．建筑师漫谈（译自美国“Pencil Points”杂志）[N]. 时事新报，1931 [1931-2-28].

❷ 美国的“Pencil Points”杂志创刊于 1920 年，是“一本为制图室服务的杂志”（a journal for the drafting room），是由 The Architectural Review Inc. 支持出版的，为月刊。1943 年，“Pencil Points”和“Progressive Architecture”杂志合并，以“Progressive Architecture”为名继续出版。当现代主义建筑运动兴起时，“Pencil Points”成为了建筑与平面设计领域推广现代主义建筑思想的前沿。

❸ 除袁宗耀译的《建筑师漫谈》外，还有其他建筑文献提到了“Pencil Points”，如 1944 年发表于《戏剧时代》的《建筑我们的剧场》（张骏祥著）中就提到以“Pencil Points”中关于剧院的文章作为参考。“Pencil Points”在中国国家图书馆、上海市图书馆、同济大学图书馆、南京大学图书馆等图书馆有收藏。

❹ 斌南．空间之扩大 [J]. 建筑（中央大学油印版），1944（4）.

❺ 新建筑师协会（Association of New Architects），简称 ASNOVA，是 1923 年由拉多夫斯基（N. Ladovsky）创立的一个前卫建筑师组织，受马列维奇（K. Malevich）的“至上主义”（Suprematism）影响很大。其成员将自己视为“理性主义者”，将建筑感知的组织的理性化视为主要任务，认为建筑的主要问题是空间的组织。著名人物有李西茨基（El. Lissitzky）、梅尔尼柯夫（K.Melnikov）等。

对康德的合理主义美学思想的吸收，认为这种合理主义美学带来了“空间的理论”：

……每回各个具体的建筑实例，不能不新创造“空间的真理”，这个不断地由于社会的发展的辩证法而提出，从一般文化的，计划的，艺术的及建设技术的诸问题的新解决而产生……[1]

[1] N.A.E.. 苏维埃建筑思想（1917-1933）[J]. 中华留日东京工业大学学生同窗会年刊，1934：62.

苏联新建筑师协会将空间问题看成是建筑的主要问题，根据文章中的说法，他们的“空间的理论”从社会发展的辩证法出发，在文化、艺术、技术等方面不断创造新的建筑空间。

1936年广东省立勷勤大学建筑系的学生创办了《新建筑》杂志，其目的在于传播现代建筑思想，在第2期开篇（图3-14），旗帜鲜明地提出了“我们共同的信念：反抗现存因袭的建筑样式，创造适合于机能性，目的性的新建筑！”《新建筑》在当时虽然不如《中国建筑》和《建筑月刊》有影响，但对传播现代建筑精神起到了积极作用，在《新建筑》对现代建筑的引介中，不止一次提到了“空间”。如在创刊号上，欧阳佑琪发表了《现代的荷兰建筑》一文，将空间扩大和虚实相互调和看成是受近代绘画影响而来的建筑表现：

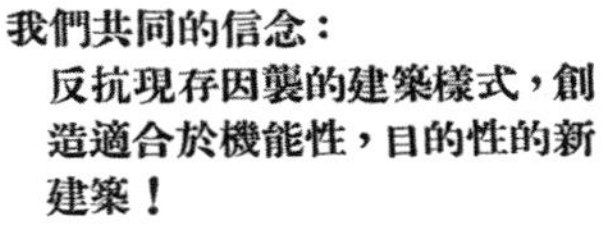

我們共同的信念：
反抗現存因襲的建築樣式，創造適合於機能性，目的性的新建築！

图3-14 《新建筑》宣言页

在荷兰，惹起因习建筑革命的主因是近代绘画所给与的影响，尤其是以de Stije（荷兰美术杂志）为中心，由其言论与主张所得的暗示，使新建筑之主唱者得以运用直线，平滑的面，清澄的色，正纯的比例，大气的明朗，空间的扩大和虚实相互调和的作用（图3-15）。[2]

图3-15 《现代的荷兰建筑》插图

勷勤大学的建筑学生已经接触到了国外的建筑杂志，如“The Architectural Review”、“The Architect’s Journal”、“Architectural Record”、“Architectural Forum”等[3]，这使得他们对新兴的现代建筑和现代建筑思想有了一定的了解与认识。黎抡杰在第5、6期合刊上发表的《都市之净化与住宅政策》一文提到了荷兰建筑能充分利用空间：

[2] 阳欧佑琪．现代的荷兰建筑 [J]. 新建筑，创刊号：16.

[3]《勷大旬刊》中不时刊登有“图书馆新到图书目录”、“工学院新到书籍目录、工学院新到重要刊物一览”，由此可知勷大当时拥有的外文杂志有：“The Architectural Review”、“The Architect’s Journal”、“Architectural Record”、“Architectural Forum”、“Architecture Illustrated”、“Building”、“Better Homes &Gardens”、“Design of Today”、“Homes & Gardens”、“The Ideal Home”、“American Home”、“American Architecture”、“Architecture”等。

对于荷兰构造型形之解明研究，其平面计划，能利用充分的空间，以其形式之采光能减少，住宅的面积，对于标准化窗户，门及其他尺度之标准化为住宅价格低下的原因。[1]

林克明在第7期的《国际新建筑会议十周年纪念感言》中介绍荷兰新建筑时也写道：

荷兰……艺术绘画家盛倡所谓表现主义，而影响于建筑的构成，反对建筑的抄袭主义采用几何式，色彩和直线，此种思潮大抵由Dudok and Rietveld影响，他们的工作做成了新华贵及前代装饰的基础，表示直线及几何式平面的价值，空间及比例的新意义。[2]

在《新建筑》之外，介绍荷兰现代建筑时提及"空间"的文章还有俞徵的《20世纪欧美新兴建筑之趋势》：

荷兰……人民对于绘画术已经有很大的改革，绝对不愿意抄袭历史的装饰，于是简单的直线及立体式的建筑建立起来，Dudok同Rietveld二人是新兴建筑装饰工作的基础，表明直线，平面，新比例及空间印象的价值。

俞徵文中还认识到了新的时间—空间观念对建筑所产生的影响：

假使一定要引用史材的时候，先就要了解现代的审美观念，用着新的材料，施着新的工作，对于时间与空间，皆有一种新的印象，在横的方面决不会再受线条的束缚，在竖的方面亦无须用柱子的支撑，悬梁突出，作高阁凌云之想，窗户连横，成长虹贯空之势……[3]

将荷兰现代建筑与"空间"相关联不仅出现在建筑类文章中，还出现在《现代外国人名辞典》中。《现代外国人名辞典》是1933年9月出版的一本介绍现代外国名人的书，其中介绍了共计31位影响西方新建筑的建筑家[4]，在介绍Willem Merinus Dudok时提到了"空间构成"：

Dudok，Willem Merinus（都多克）荷兰建筑家。……很巧妙地使用荷兰特有的炼瓦，为近似赖特（F. Wright）而为更近代的空间构成，代表了近代建筑界的浪漫主义。[5]

从整个1940年代以前对西方现代建筑的介绍来看，提及"空间"最多的是对荷兰现代建筑的介绍，尤其与风格派（De Stijl）有关，而对其他国

[1] 黎抡杰．都市之净化与住宅政策[J]. 新建筑，1937（5，6）.

[2] 林克明．国际新建筑会议十周年纪念感言[J]. 新建筑，1938（7）: 2.

[3] 俞徵．20世纪欧美新兴建筑之趋势[J]. 湖南大学季刊，1935，1（3）: 3.

[4]《现代外国人名辞典》中介绍的著名建筑家包括：贝伦斯（Peter Behrens）、伯拉吉（H. P. Berlage）、加尔尼（Tony Garnier）、格罗皮乌斯（Walter Gropius）、霍夫曼（Josef Hoffmann）、勒•柯布西耶（Le Corbusier）、密斯（Mies van de Rohe）、培勒（August Perret）、诺伊特拉（Richard Neutra）、威尔德（Herny van de Velde）、托特（Bruno Taut）、赖特（Frank Lloyd Wright）等等。

[5] 唐敬杲．现代外国人名辞典[M]. 商务印书馆，1933: 224.

图 3-16 1923 年特奥·凡·杜斯堡画的建筑轴测图

家现代建筑和现代建筑师的介绍则很少提到“空间”。作为现代建筑探索的先驱运动之一，风格派追求的是最为本质和抽象的、具有一般性的视觉艺术形象，以基本几何形态——点、线、面和红、黄、蓝三原色来组合构成抽象的绘画作品。在建筑上，风格派以简洁的几何形体、方正的网格、穿插的片墙打破并分解了建筑的实体感，使建筑呈现出漂浮、延伸的意象，在空间上展现出与传统的古典空间序列完全不同的具有穿插、渗透与流动感的离心式空间（图 3-16）。风格派在绘画上的探索对现代建筑空间观念的发展有重要的启示作用，作为风格派建筑的代表作品，里特弗尔德（Gerrit Thomas Rietveld，1888-1964）设计的荷兰乌得勒支（Utrecht）的施罗德 - 施拉德（Schröder-Schräder）住宅对现代建筑的空间形式和造型设计都产生了影响。

总的来说，在 1940 年代以前对西方现代建筑的介绍很少提到“空间”。这与西方现代建筑空间话语本身的发展是有关系的。虽然“空间”在 19 世纪末就已经被引入西方建筑学领域，但最初更多地是在德语系建筑师中传播，“空间”真正成为广泛流传的建筑术语是在德语建筑师与理论家移民至英美以后（即 1930 年代末 1940 年代初）才开始的。因此，在早期的对西方现代建筑的引介中，“空间”不可能成为现代建筑的重要内容。

在 1940 年代以前，对现代建筑的讨论更多是关于风格的，将现代建筑看成是“万国式”（国际式）的。自从 1932 年希契柯克（Herny-Ruseell Hitchcock，1903-1987）和菲利浦·约翰逊（Philip Johnson，1906-2005）在纽约现代艺术博物馆中举办了展览并同时出版《国际式——1922 年以来的建筑》（*The International Style: Architecture Since 1922*）一书后，“国际式”一词迅速在全世界范围内产生了很大的影响。在《国际式——1922 年以来的建筑》中，希契柯克和约翰逊总结了“国际式”建筑的三个原则：作为体量的建筑（Architecture as Volume）、规律性（Concerning Regularity）、避免使用外加的装饰（Avoidance of Applied Decoration）。从这三个原则来看，希契柯克和约翰逊关注的更多是建筑的形式与美学表征，完全将新兴的现代建筑作为一种“样式”或者“风格”（style）来介绍，这种“样式”或者“风格”的变化主要是来自于技术发展与美学的再结合。他们将“作为体量的建筑”具体解释为：由于建造体系从墙体承重结构转向了框架承重结构，建筑不再是传统的封闭的体块（mass），而是呈现出一种体量感（effect of volume），或者说是表面（plane surface）所限定出的体量感（图 3-17）。[1] 框架结构体系的使用使得墙体的作用被削弱了，建筑的外观不再是由建筑的外墙来表现，而是由可以独立于建筑结构的表皮来体现，表皮就像衣服一样包裹着框架结构。这种以体量形成外表的原则（Principle of Surface of Volume）强调由表皮来限定体量以塑造出无间断的、连续的建筑表面，其特征主要在于

[1] Herny-Ruseell Hitchcock and Philip Johnson. *The International Style: Architecture Since 1922* [M]. New York: W.W. Norton, 1995: 56.

图 3-17 《国际式》插图——约瑟夫·克兰兹（Josef Kranz）设计的 “Cafe Era”

平屋顶、窗户的安排、隔墙的透明与不透明之间的相互作用（Interplay of Transparency and Opaqueness in the Partitions）以及非真实的平坦（Insubstantial Flatness）。[1] 希契柯克早就注意到，框架结构体系使得建筑内部发生了巨大的变化，建筑在平面上变得更加自由："开放平面"（Open Plan），"将内部作为单一空间对待"，"外部与内部在一个开放空间和平面的组织中相互交织"。[2] 但是由于对形式、对美学更加关注，希契柯克和约翰逊强调了体量（Volume），尤其是对体量价值的三维的利用，而没有充分关注建筑空间形式的变化。在这种情况下，《国际式》一书完全没有强调新建筑在空间形式上的改变。在"国际式"称号的影响之下，当时中国建筑师更多地将西方现代建筑作为了一种新的"样式"（风格）来对待。

[1] Panayotis Tournikiotis. *The Historiography of Modern Architecture* [M]. The MIT Press, 1999: 138.

[2] Herny-Ruseell Hitchcock. *Modern Architecture: Romanticism and Reintegration* [M]. New York: Payson & Clarke, 1929: 164, 165, 183.

1937 年抗日战争的爆发改变了中国的历史命运，中国政治、经济、文化的发展都受到了影响，建筑活动也蒙上了浓厚的战争色彩。在民族存亡的危急关头，为战争服务成为建筑发展的基本出发点，因此，对国际上现代建筑发展的关注程度远不及 1937 年以前。但是，现代建筑仍然在战争的大后方——重庆得到了传播。1941 年，《新建筑》杂志移师重庆，继续倡导现代建筑思想。在黎抡杰写的《五年来的中国新建筑运动》一文中，介绍了奥地利著名建筑师奥托·瓦格纳（Otto Wagner, 1841-1918）对新建筑运动的贡献，将空间艺术主义视为由瓦格纳所开启的新建筑运动的两大主潮之一：

……新建筑运动发展以至今日，其显著的表现有两大主潮，一以建筑为完成空间艺术为目的者为空间艺术主义，一以完成满足建筑之机能性者为机能主义……[3]

[3] 黎抡杰．五年来的中国新建筑运动 [J]. 新建筑，1941（1）.

邓友鸾翻译的《今日的都市问题》一文，其原作者为芬兰建筑大师埃罗·沙里宁（Eero Saarinen，1910-1961），沙里宁将建筑的新发展与空间观念的变化直接相关联，认为空间观念的变化带来了生活方式上的改变，对建筑的形式产生了必然的影响：

在此一长时期摸索中，亦有其特点，吾人须知在此时间中人类对宇宙知识大增，对空间及其组织之概念大有异于前人，且人类及其思想之交通又遭最大变化，凡此均易于影响人类精神及物质生活之见解，新变化更将层出不穷，许多新问题必须获得解决，新形式发展亟为需要。[4]

[4] E. Saarinen. 今日的都市问题 [J]. 邓友鸾译．市政评论，1946，8（9）: 24.

在西方现代建筑思想的影响下，此时的建筑文章中"空间"的使用开始有意识起来，建筑对建筑空间的认识明显较之前更为深刻，例如 3.3.2 节中已经分析过的《住宅供应与近代住宅之条件》、《理想家庭之屋的理想家具》、《中国建筑之魅力》等文章就已经显现出西方现代建筑思想的影响。

值得注意的是，1940 年代一些由西方现代建筑师所书写的建筑历史、建筑理论书籍也开始传入中国，使得中国建筑师可以更加直接地了解西方建筑，尤其是西方现代建筑的发展，对中国建筑师看待西方现代建筑产生了深远的影响。

《空间、时间与建筑：一种新传统的成长》[1]

研究西方现代建筑不可能不提西格弗里德·吉迪翁。早在 1940 年代吉迪翁的《空间、时间与建筑：一种新传统的成长》（以下简称《空间、时间与建筑》）一书的第一版（1941 年）就已经传入中国，一些中国建筑师（如黄作燊）私人珍藏了此书。1938 ~ 1939 年间，吉迪翁受格罗皮乌斯的邀请在哈佛大学作建筑讲座，《空间、时间与建筑》最初正是由这段时间在哈佛的演讲稿和课堂讨论稿汇集而成，此后，此书曾多次修订、扩充、重印，被译为多国文字，是现代建筑理论的经典著作之一。

在这本书中，吉迪翁是以"空间"为核心概念来将现代建筑理论化、体系化的，那么吉迪翁所谓的空间概念到底是什么，对现代建筑又意味着什么？首先，吉迪翁提到了数学家闵可夫斯基的"四度空间"理论：

> 1908 年，伟大的数学家闵可夫斯基首先将世界构想成具有四个维度的、由空间和时间共同形成的一个不可分割的连续体。在他那年出版的《空间与时间》（Space and Time）中以这样一句名言开篇："从今以后，各自独立的空间与时间将注定化为乌有，唯有这两者的结合将保存为独立现实（independent reality）。"[2]

"四度空间"理论将空间与时间组合成一个具有四维的连续整体，而立体派与未来派的画家则在这一时期发展出了在艺术上同时表现空间—时间的方法。吉迪翁将 1910 年前后看成是新空间观念发展的重要时期：

> 至 1910 年时，建筑师们尝试了许多方法以期获得新的空间感觉——此乃建筑创造的基础和最强动力。……1910 年前后发生了一件具有决定意义的重大事件：艺术领域发现了新的空间概念。……画家和雕刻家们……研究了空间、体量（volume）以及材料使人产生感觉的方式。
>
> 数理物理学家的理论……导致人类环境的巨大改变。同样，立体派的实验……暗示建筑师们如何在他们的特殊领域中掌握现实的工作。这些发现为建筑提供了组织空间的客观手段，使得空间可以将同时代的感觉（contemporary feelings）具体化。[3]

从吉迪翁对新空间观念发展的论述可知，他所提倡的"空间—时间"概念来源于闵可夫斯基的"四度空间"理论，这种时间与空间的结合使得建筑

[1]《空间、时间与建筑》一书目前的中文译本有两部，都是来自中国台湾：时空与建筑：一个新传统的成长．刘英译．银来图书出版有限公司，1972；空间、时间、建筑．王锦堂，孙全文译．台隆书店出版，1986（华中科技大学出版社 2014 年再版此译本）.

[2] Sigfried Giedion. Space, *Time and Architecture: the Growth of a New Tradition*[M]. Oxford University Press, 1947: 14.

[3] 同上：26.

在空间组织上变得完全不同。对于吉迪翁而言，这种空间概念就是“建筑创造的基础和最强动力”。

吉迪翁在对现代建筑形成的基本脉络的疏理中认为，新的空间观念的产生是从文艺复兴早期开始的，到了巴洛克时期，这种新的空间观念变得更加大胆与灵活了。南欧以及 17 世纪的北欧——法国与英国城市空间的发展则利用了文艺复兴以来所积累的建筑经验，将城市规划与大规模空间组织提升到了新的高度。吉迪翁特别强调了文艺复兴时期出现的透视法（Perspective）的作用，透视法的出现打破了中世纪的空间观念，它的发展带来了无限空间（Limitless Space），使得空间变得开放，而对空间的体验也变得不同了。

透视法带来的只是对三度空间的表达的改变，而 1830 年以来几何学的发展则带来了空间向度的变化。吉迪翁认为艺术家率先认识到古典的空间与体量（Volume）的观念是有限的、片面的，这使得现在对空间的认识发生了根本性改变。空间在本质上是具有多面性的，本身具有各种关系上的无限可能性。在现代物理学的影响下，空间与运动发生了关联，绝对的、静止的空间已经不存在了。技术的发展为实现这种新的空间提供了支撑，建筑空间形式发生了巨大的变化。从一个视点不可能全面了解空间，空间随着视点的变化而变化，只有置身其中到处体验这个空间才可能明了空间的真谛。对建筑的理解不再是从一个固定的点来观察，而是从多个点观察建筑，同时还要进入建筑内部，根据内部空间的组织来掌握建筑。这种观察方式将感觉的尺度放大了，使得时间因素加入到空间之中，时间成为了空间的第四向度，由此产生了吉迪翁所声称的与现代生活密切相关的一项原则——同时性。吉迪翁认为立体派最为完美的成就在于“自文艺复兴以来第一次新的空间观念导致我们理解空间的方式发生了自觉的扩张”。[1]

在吉迪翁看来，17 世纪意大利建筑师弗朗西斯科·波罗米尼（Francesco Borromini，1599-1667）所创造的巴洛克教堂（图 3-18）的空间中已经蕴

[1] Sigfried Giedion. *Space, Time and Architeture: the Grwoth of a New Tradition* [M]. Oxford University Press, 1947.

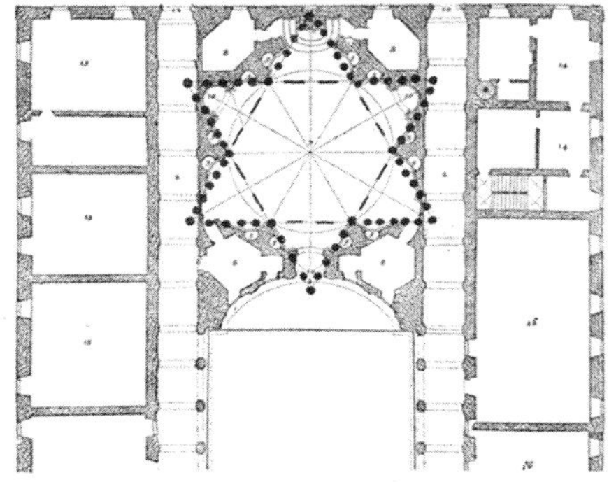

图 3-18《空间、时间与建筑》原文插图——波罗米尼设计的罗马圣依华教堂（Sant' Ivo）

图3-19《空间、时间与建筑》插图——“埃菲尔铁塔，自上向下看”

含了20世纪建筑所表现的内外空间的相互转换以及动态化的空间感觉。在艺术家（尤其是立体派画家）、工程师和建筑师的联合之下，现代建筑最终将这种空间概念完整地呈现了出来。

回顾吉迪翁在《空间、时间与建筑》之前的几本关于现代建筑的论著可以发现，他所提的“空间—时间”的概念实际上是他对1928年出版的《在法国建造：以钢铁建造，以钢筋混凝土建造》（*Bauen in Frankreich, bauen in Eisen, bauen in Eisenbeton*）中使用的关键性概念“渗透”（Durchdringung）的发展。埃菲尔铁塔等19世纪轰动一时的构筑物的出现，带来了新的空间体验，外部空间和内部空间不断的相互交织、相互转换，甚至无法区分彼此（图3-19）。他将这种新的空间体验称为渗透，并其看成是新建筑思想的基础，渗透实际上就是空间之间的渗透。渗透一词清楚地表明了吉迪翁想要强调的现代建筑在空间上的特征。对吉迪翁而言，空间的渗透性使得建筑空间在不同层面发生联系，建筑的边界变得模糊。将空间的渗透性看成是未来建筑的特征并非吉迪翁所独有，莫霍利·纳吉也有同样的思想。[1] 但吉迪翁不仅是在建筑层面讨论这种新的空间概念，更重要的是他将这种新的空间概念发展到了城市领域，并与社会现实、社会生活方式的改变建立了联系。在渗透的基础之上再来理解《空间、时间与建筑》中所提的“空间—时间”的概念，将容易许多。“空间—时间”概念实际上与两方面的内容有关：一方面是新材料、新建造技术所带来的建筑形式的变化；另一方面是立体派、未来派等艺术运动中发现的新的空间显现方式。“在这些因素之间的相互作用（在建造方面和在艺术方面）打开了现代建筑中对空间认识的新大门。”[2] “空间—时间”概念使得空间不再由静态的单点透视来表现，而是需要从不同的多个视点来进行观察，强调的是对空间的动态体验。

❶ Hilde Heynen, *Architecture and Modernity: A Critique* [M], The MIT Press; New Ed edition, 2000: 33-35.

❷ 同上：41.

吉迪翁对建筑空间的历史描述，摆脱了那种欧几里得式的几何空间的思考方式，试图阐明人类意识中的物质形象的本质。他利用“空间—时间”的概念，宏观上将形式各异的新建筑整合为一个统一的整体——现代建筑，他的目的在于把现代建筑置于始终处于艺术与科学相统一的西方建筑历史之中。从对新的空间观念的溯源，他将现代建筑的形成追溯到几个世纪前已经开始的一些转变之中。通过分析确定现代建筑形成的力量（如技术的发展、生活方式的改变等），吉迪翁将现代建筑空间与美术上的新的空间概念中的抽象性、透明性、同时性等的发展关联了起来。吉迪翁的这种“理论”化的历史建构实际上可能与建筑设计者本身的叙述并不一致，他将一些自己的想象注入到了真实的历史之中，带有一定偏见地选择了适合自己的历史评论的建筑师与建筑作品来创建西方现代建筑的历史谱系。

作为第一个以空间意识为中心来解说西方现代建筑的人，吉迪翁的贡献相当大：他使得空间概念成为了西方现代建筑的核心内容之一，并确立了时间作为空间的第四维度的存在。空间概念在建筑中的核心地位的确立对建筑学后来的发展产生了重要影响。

1940 年代，这本书虽然只是在中国建筑界小范围内传播，但却使得接触到这本书的中国建筑师、建筑学者比较系统地了解了西方现代建筑，这本书也成为了这些人认识与理解西方现代建筑的基础，而这些人直接或者间接地影响了后来的中国建筑师。因此，吉迪翁的这本书对中国建筑师理解西方现代建筑的影响非常大，可以说，这本书是中国建筑师理解西方现代建筑最重要的基础之一。正是这本书使得中国建筑师将西方现代建筑打上了“空间”的印记，甚至在某种程度上将“空间”看成是现代建筑惟一的重点。由于这本书的不断增补，使得吉迪翁的思想越加清晰，中国建筑师对这本书的理解也是不断地深入，因此，这本书在不同的历史时期体现出了不同的影响，在本书后面的章节中还将根据不同的版本对此书进行进一步的分析。

《欧洲建筑概述》[1]

在吉迪翁出版《空间、时间与建筑》两年后，即 1943 年，尼古拉斯·佩夫斯纳（Nikolaus Pevsner，1902-1983）在《欧洲建筑概述》（*An Outline of European Architecture*）一书中也从空间的角度解读了建筑历史，这本书也传入了中国[2]。两本书的不同之处在于：吉迪翁的《空间、时间与建筑》主要关注的西方现代建筑既包括欧洲，也包括美国，美国还是其中非常重要的部分；而佩夫斯纳的《欧洲建筑概述》主要论述的是从公元 4 世纪开始到 19 世纪第一次世界大战之后欧洲建筑的发展与变化。与《空间、时间与建筑》一样，《欧洲建筑概述》在 20 余年间经历了 7 个版本，内容一直有增改，但由于这本书关注更多的是建筑历史而非建筑理论，而且在第一版的“导言”（Introduction）中就已经将作者的意图清楚地表达出来了，因此，本书不再针对各个版本进行研究。

在《欧洲建筑概述》的“导言”中，佩夫斯纳首先对建筑物（Building）和建筑（Architecture）进行了区别：

> 自行车棚是一幢建筑物，而林肯大教堂则是一座建筑。几乎所有以某种尺度为人类活动围合足够空间的都是建筑物，但建筑一词仅适合于着眼于审美要求而设计的建筑物。

从审美出发，佩夫斯纳提出了建筑引发审美感受的三种不同形式：

[1] [英] 尼古拉斯·佩夫斯纳．欧洲建筑纲要 [M]. 殷凌云，张渝杰译．济南：山东画报出版社，2011.

[2] 中国国家图书馆收藏有 1945 年版的 An Outline of European Architecture.

首先，审美感受来自于墙壁、窗户的比例、墙壁面积（wall-space）与窗户面积（window-space）之间的关系、楼层以及装饰（ornamentation）的处理方式……其次，建筑外观作为一个整体所具有的审美意义……再次，建筑内部处理对我们感觉产生影响……

佩夫斯纳认为，第一种形式是二维的，第二种形式虽然是三维的却将建筑看成是体量（volume），第三种形式也是三维的，但却强调了空间的作用，“空间与其他两者比起来才是建筑师所独有的处理方式”：

正是空间的品质（spatial quality）使得建筑与绘画和雕塑区别开来。这一点，唯有这一点，使其他艺术家无法与建筑师相匹敌。因此，建筑史首先是人类塑造空间的历史，建筑历史学家必须将空间问题一直摆在最显著的地位。

根据审美的不同，佩夫斯纳用“空间”将建筑与绘画、雕塑相区别。对于建筑空间，佩夫斯纳认为：

尽管建筑首先是空间的，但却并不是仅仅与空间有关。每幢建筑除了围合空间以外，建筑师还要塑造体量和设计表皮（surface），即设计外观并装饰独立的墙面（sets up individual walls）。这意味着，优秀的建筑师除了需要雕塑家和画家的视觉方式之外，还需要有自己的空间想象力。[1]

可见，佩夫斯纳既强调了“空间”对于建筑的重要性，也肯定了建筑在空间之外还包含有其他的内容。他将建筑的新形式与新目的相关联，认为建筑师的工作就是要让新的形式满足美学与功能的要求。从这种思想出发，《欧洲建筑概述》“把欧洲建筑史当作一部表现（expression）的历史，主要是空间表现（spatial expression）的历史”。[2]

建筑的价值只有借着描述及分析才会被认知，佩夫斯纳表明了“空间”对于建筑的重要性，用“空间的观点”讨论建筑成为这本书最精彩的地方。佩夫斯纳在对每个时期的建筑进行分析时，总是先归结这个时期建筑的特征，然后再以建筑实例来分析建筑空间，他对于空间的论述是描述性的，以大量的篇幅来描述建筑的空间感。与吉迪翁以空间概念建构历史的方式不同，佩夫斯纳以历史分析的方式突出了建筑中的空间观念，使空间成为了建筑评论的一个重要内容，通过建筑历史对空间观念进行推广与传播。

西方现代建筑思想的传入对中国建筑学科的发展产生了重要的影响。必须指出的是，中国建筑师对西方现代建筑的认识与理解是一个从“摩登”

[1] Nikolaus Pevsner. *An Outline of European Architecture* [M]. Penguin Books，1961：23.

[2] 同上：25.

到现代、从形式到本质的不断深化的过程。在这个变化的过程中，中国建筑师逐步认识到"空间"对于建筑尤其是现代建筑的重要性，由此开始了对"空间"的理解与重视。虽然当时"空间"在建筑话语中并非那么重要，但已经在逐步展现它的影响力了。

3.4.2 现代建筑教育中的空间话语

中国第一代建筑师中有很多人在1930年代开始思考中国建筑现代化的问题，有一部分建筑师在建筑设计实践中也有了明显的现代建筑的倾向，一些学校的建筑系在教学中也反映出了西方现代建筑的思想，但这些都不能算是真正的系统的西方现代建筑思想在中国的传播。西方现代建筑思想真正系统的传播始于现代建筑教育在中国的兴起，建筑"空间"正是在现代建筑教育中开始了更广泛的传播。

1. 黄作燊与圣约翰大学建筑系

黄作燊（Henry Huang，1915-1975），曾在英国伦敦建筑联盟学院（Architectural Association School of Architecture，简称A.A. School）学习建筑，1939年毕业后进入哈佛大学设计研究生院（Graduate School of Design），成为现代建筑大师格罗皮乌斯的门徒，是格罗皮乌斯的第一个中国学生。1942年，黄作燊学成回国，创办了圣约翰大学建筑系。在教学中，他引进包豪斯式的现代建筑教学体系，强调实用、技术、经济和现代美学思想，使得圣约翰大学建筑系成为了中国现代建筑的摇篮，开创了中国系统的现代建筑教育的先河。

作为格罗皮乌斯的学生，黄作燊深受其"全面建筑观"[1]（Total Architecture）的影响。在格罗皮乌斯的建筑设计思想中，尽管"空间"没有被特别地提出来加以强调，却也具有重要意义。格罗皮乌斯认为："有限的空间——开敞的或封闭的——才是建筑学的媒介。所以，建筑的体积与它所围绕的空隙两者间的正确关系在建筑学中乃极为重要……"[2]黄作燊完全理解了"空间"对建筑的作用，在名为"建筑师的培养"（*The Training of An Architect*）的演讲中他明确宣称：

> 空间是现代建筑的核心（Space is the core of modern architecture）。这一点与过去的建筑形成反差。因为过去的建筑并不考虑空间，建筑的外观才是更重要的，造成的结果是彻底忽视了空间与形式之间的关系。

他不仅强调了"空间"对现代建筑的重要性，更从"空间"的角度来诠释建筑设计与构思：

> 当从内部开始设计时，学生们要考虑每个房间的用途和要求，并以科学

[1] 格罗皮乌斯在1920年代即提出全面建筑观（Total Architecture），倡导艺术与工业的统一，早期论述集中体现在其1925年的著作"*The New Archirecture and the Bauhaus*"中，该书在1935年出了英译本。1955年，格罗皮乌斯以"*Scope of Total Architecture*"（英文版）更加系统地论述了全面建筑观。

[2] 格罗皮乌斯．整体建筑总论．汉宝德译．台北：台隆书店，1984：31.

的方式回应每一种需求，例如：空间容量、新鲜空气、通风、照明（包括自然的和人工的），声音和声学效果。同时，合理地安排各个房间之间的关系。建筑构思也就是设计空间体量——以平面和表面围合而成的空间，而不再是基于体块和实体（The conception of the building is so designed in terms of volume – of space enclosed of planes and surfaces – as opposed to mass and solidity）。

这种对建筑的“空间认识”应该与当时西方建筑理论家对现代建筑的全新解说有关。他提出要合理地使用颜色、图案和不同的材质，虚与实的交替使这些因素在三维中相互配合。黄作燊还将这种对空间的构思扩大到了更广泛的领域：

这种空间概念不只限于建筑单体，而是可以从建筑一直拓展到花园、景观，到街道，到作为城镇一部分的街道，甚至可以拓展至整个地区乃至国家的规划。[1]

黄作燊对建筑空间的强调是从建筑的功能性与适用性出发的，将空间概念诠释为一种设计思维和构思的方法则体现出空间占据现代建筑核心地位的原因在于它可以作为现代建筑设计的手段。

黄作燊还将这种空间观念用于解读中国传统建筑。虽然他并不十分了解中国传统建筑的构件名称，但他认识到了中国画中的“气韵”和中国传统建筑中的“空间”的相通性，是完全从空间序列组织的角度来理解中国传统建筑的。在题为“中国建筑”（*Chinese Architecture*）的演讲中，黄作燊将明孝陵和李渔描述的理想住居看成是自然环境与人工环境、建筑相融合的一种序列性空间组织的典范。[2] 黄作燊对这种中国传统建筑空间组织非常欣赏，他曾多次带着学生去感受故宫与天坛的空间艺术。黄作燊指出，故宫建筑群的本质特点是系列仪式空间，从中单独取出任何一座建筑都根本无法体现中国建筑，即使这座建筑有着单体宫殿建筑的所有特征。[3] 据王吉螽回忆：

有一次他和我一同去北京天坛，上天坛有一条很长的坡道，我们走在高高曲丹陛桥上时，两旁的柏林树梢好像在向下沉，人好像在“升天”，他十分赞赏这样的空间感觉与空间序列。后来他在“华沙英雄纪念碑”的设计中也使用了这种手法。再例如午门，四面高高的封闭空间，给人以强烈的威压感，令人马上会想起‘午门斩首’。他久久地站在那里，认真研究和领会这些。

樊书培也回忆到：

[1] Henry Huang. *The Training of Architect*. 本文为黄作燊 1947 年或 1948 年在当时英国驻上海文化委员会的一次演讲。

[2] Henry Huang. *Chinese Architecture*. 本文为黄作燊 1948 年某日在英国驻上海文化委员会举办的文化活动上的演讲。

[3] Henry Huang. *The Training of Architect*.

黄先生和我一到北京没多久，他就拉我来到故宫，要我站在午门的中轴线上，好好体验一下帝都的气势磅礴的中轴线和帝王宫殿群体的“气派”，并把它比做是建筑群体在向人“approach”（迫近）的气势，他称之为“中国气势”。可以说，他对中国传统建筑的深刻理解，更多在于建筑空间对人的“精神功能”方面。[1]

[1] 罗小未，钱锋．怀念黄作燊 // 杨永生．建筑百家回忆录续编 [M]. 北京：中国建筑工业出版社，2003：55.

重视建筑空间艺术本身是现代建筑的重要思想之一，现代建筑经常体现出具有序列感的空间组合，这使得黄作燊在理解中国建筑时注重其中的序列空间给人的强烈感受。黄作燊认为人在行进过程中感受到的建筑群体及其扩大的场所环境（树、石、山等）共同形成的一系列变化多端的空间才是中国传统建筑的本质特点。[2] 此外，受小时候家庭的影响，黄作燊对中国传统文化比较了解。他喜爱中国画与传统京剧，认为中国画的“气韵”和建筑中的“空间”概念相通，京剧以抽象的动作来表现具体而复杂的内容的方式与建筑中的“空间—时间”概念相通。因此，他虽然叫不出很多中国传统建筑拗口的建筑构件名称，但对其空间，尤其是空间对人的精神功能方面有着深刻的理解。正是出于这种对中国传统文化的情感，他认为中国传统建筑的空间与西方具有颠覆性的现代建筑空间思想是暗合的，对其推崇备至。黄作燊以空间组织的序列性来解读中国传统建筑不仅摆脱了“样式”的思维，更重要的是他解读的基础来自西方现代建筑思想，与宗白华、冯文潜两位从艺术的角度解读中国传统建筑空间有本质的区别，尽管这三人对中国传统建筑空间特性的分析有相似性。

[2] 钱锋．现代建筑教育在中国（1920s-1980s）[D]. 同济大学博士论文，2005：91.

从“空间”出发，在对中国建筑传统的继承上，黄作燊并不赞成当时流行的结合中国宫殿式外形与西方室内特点的“中国固有式”建筑，认为这种建筑并没有体现中国建筑的特点，而是一种急于求成和简单化处理的产物。中国传统建筑空间与现代建筑空间之间的相似性使得他引导学生用现代的建筑材料与建造方式去设计具有丰富空间的建筑，在空间所营造的精神氛围中去寻找中国建筑的传统特色。正是在这种思想的指导下，他的学生李德华、王吉螽才能在 1956 年设计的同济大学教工俱乐部中将现代建筑的流动空间与中国江南民居空间、园林空间融合在一起。

作为建筑教育家，黄作燊将现代建筑教育引入了中国，同时在教学中传播了西方现代建筑的空间概念。黄作燊在教学中删减了古典五柱式渲染和学院派的建筑历史等课程，代之以西方现代建筑理论和作品的讲解，并且结合造型设计教授现代主义的雕塑、绘画等内容。

黄作燊在基础教学上深受包豪斯的“基础课程”（Vorkurs）的影响。这门最早由瑞士画家约翰·伊顿开设的课程在艺术教育史上具有深远的影响。这门课程的主要目的在于解放学生的创造力，培养他们对自然材料的理解能力和对形式的自主探索能力。伊顿离开后，由莫霍利·纳吉讲授基础课程，纳吉更注重现代工业材料技术的使用，主张一种“纯理性的艺术”，追求造型的“纯基础要素”，比如光、空间、运动、节奏等，重视发挥学生自身的视觉天赋并且不断对新材料的可能性进行研究（图 3-20）。从 1923 年的基础课程设置来看，对空间的研究是其中的一个组成部分。格罗皮乌斯来到哈佛大学后，在教学中沿用了“基础课程”的教学内容。格罗皮乌斯将基础教育看成是教育建筑师的理想方式，他认为：“设计的基础——线、面、体块、空间和构成，对它们的研究应该贯穿于基础教育和专业教育的全过程。如果让学生们自由地去看待生活，他们将首先接受向他们开放的表达的多种可能的观点……纸、铅笔、画笔和水彩，对于形成空间的感觉，是远远不够的，因为空间是以自由表达为核心的。首先，学生必须用诸如空间构成等建筑元素，并利用相关材料进行三维物体训练”，而且，“这些创造性的练习将更多着眼于学生个人的增减，而不是仅仅得到职业训练”。[1]

[1] 钱锋．中国现代建筑教育奠基人——黄作燊 [D]. 同济大学硕士论文，2001：38.

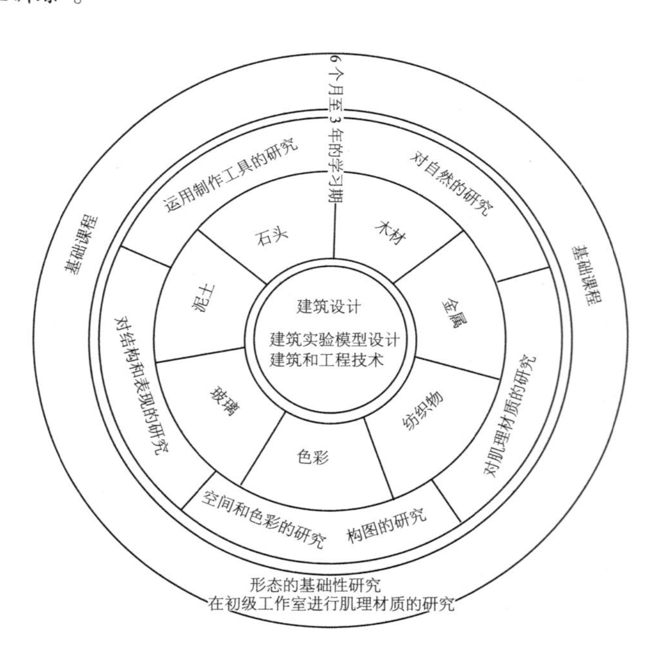

图 3-20　1923 年时包豪斯“基础课程”设置图

黄作燊在低年级开设了建筑初步课，让学生学会用线、面、体块、空间和构成来研究空间表达的多种可能性。同时，在美术课程中加入了模型课，结合建筑设计进行，让学生用模型的方式来展现设计过程和成果。建筑初步课不仅与包豪斯的“基础课程”有关，还与他在哈佛大学研究生学习阶段所上的课程有关。由伯格纳（W. F. Bogner）主持的名为“建筑设计的要素”（Elements of Architecture Design）的课程包括三部分：①建筑研究入门；②空间和结构的构成；③空间、结构和体量的整体规划。这是一门关于建筑设计创造性的拓展训练课，引导学生通过一系列问题的罗列和草图分析，以图纸和模型的手段学习建筑设计的构图原则和表现方法。[1]这种现代的建筑设计训练与“布扎”的建筑设计训练完全不同。在传统的“布扎”建筑教育中，建筑设计以绘画表现为基础，建筑设计主要由平面、立面控制，在平面、立面设计中则注重比例、尺度和整体形式，设计的思维方式是二维的，因而设计常常流于对建筑表皮的形式操作。模型制作的训练方法打破了传统的、二维的表达建筑设计意图的方式，虽然模型所表现的空间体验与真实建筑中的空间体验有所区别，但基本可以反映真实空间形式，空间体验更加直接，不需经过设计思维的转换。以三维方式进行的模型制作可以训练学生对建筑造型的感悟和分析，有助于学生建立空间思维，从空间构思的角度来思考建筑设计问题。

黄作燊还在建筑技术课程中将建筑材料、构造技术和它们与建筑空间、形式的形成紧密联系起来教学。例如墙体的转折加强了墙体的强度和稳定性，同时还形成了墙面的图案（Pattern），墙面的图案会产生质感（Texture），质感会引起人的某种心理感受，从而影响建筑空间的形成。[2]在建筑理论课上，黄作燊则主要介绍格罗皮乌斯、柯布西耶、赖特等现代建筑师的建筑思想，还重点介绍了吉迪翁的《空间、时间与建筑》一书。[3]在黄作燊就读于哈佛期间，吉迪翁曾在这所学校讲授现代建筑，这本书正是课堂演讲稿与讨论稿的成果汇集。这本书成为了黄作燊的学生了解与理解现代建筑最重要的基础，吉迪翁对现代建筑空间形式、空间思想的称赞对黄作燊的学生产生了很大的影响，促进了他们的建筑空间观念的形成。

作为直接接受西方现代建筑教育的中国建筑师，黄作燊对建筑空间的认识受到了现代建筑大师，尤其是他的老师格罗皮乌斯的影响。格罗皮乌斯没有将“空间”作为其建筑设计的核心问题，但他的建筑思想与建筑设计却体现出了空间观念的影响。在西方现代建筑思想的影响下，黄作燊将空间看成了现代建筑的核心，将空间概念看成是建筑的设计思维和构思方法。遗憾的是，黄作燊未能将这种以“空间”为核心的设计思维和构思方法体系化为一套建筑设计的方法论原则。对黄作燊而言，“空间”与其说是组织建筑设计的工具，不如说是一种由设计带来的、引发情感体验的艺术。[4]虽然，他的现代建筑教育始终是围绕着材料、技术等问题展开的，空间并不是教学的核心内容，但他不仅将现代建筑空间概念传递给了他的学生，还以现代建筑空间概念为基础对中国传统建筑空间进行了解读，为消解中国与西方、现代与民族的两分状态找到了可能的途径。[5]

2. 梁思成与清华大学建筑系

梁思成（1901-1972），曾就读于美国宾夕法尼亚大学建筑系，宾夕法尼亚大学作为美国的“巴黎美术学院”采用的是传统的“布扎”的教育方式，强调建筑的艺术性，注重培养学生对古典形式的掌握。梁思成接受的是“布扎”的教育，但他在欧洲旅行期间也看到了欧洲现代建筑的兴起，受到了

[1] 卢永毅．解读黄作燊先生的现代建筑教育思想[C]// 同济大学建筑与城市规划学院编．黄作燊纪念文集．北京：中国建筑工业出版社，2012：77.

[2] 钱锋．中国现代建筑教育奠基人——黄作燊 [D]. 同济大学硕士论文，2001：44.

[3]《空间、时间与建筑》被列入圣约翰大学建筑理论课程的参考书中，关于圣约翰大学建筑理论课程，参见：钱锋，伍江．中国现代建筑教育史（1920-1980）[M]. 北京：中国建筑工业出版社，2008：110.

[4] 卢永毅．解读黄作燊先生的现代建筑教育思想[C]// 同济大学建筑与城市规划学院．黄作燊纪念文集．北京：中国建筑工业出版社，2012：80.

[5] 卢永毅．关于西方现代建筑引入中国的几点认识[C]. 2009 年世界建筑史教学与研究国际研讨会论文集，2009：258.

现代建筑的影响。1946 年的美国之行，更让他直接接触了西方现代建筑运动，促进了他的思想向现代建筑转变。在回国到清华大学建筑系任教后，梁思成在教学中传播了西方现代建筑的思想。

在美国一年多的时间里，梁思成先后访问了赖特、格罗皮乌斯等现代建筑大师，接受了西方现代建筑的“空间”概念。梁思成认为，建筑师“除了具备土木工程师所有的房屋结构知识外，在训练上他还受了四年乃至五年严格的课程，以解决人的生活需要为目的。他的任务在运用最小量的材料和地皮，以取得最适用，最合理，最大限度的有用空间，和最美观（就是朴实庄严，不是粉饰雕琢之意）的外表。建筑师是以取得最经济的用才和最高的使用效率，以及居住者在内中工作时的身康健为目的的。”[1]

梁思成回国后首先改革建筑系的启蒙教学，把传统的以希腊、罗马古建筑为蓝本的“五柱临摹法”为启蒙训练的方法，试改为在美国所见到的“建筑初步”，包括“抽象图案”新的入门训练。王其明、茹竞华在她们的文章中对这种抽象构图训练进行了介绍：

一年级的建筑设计课叫“预级图案”，在我们功课中训练学生从平面到立体的构图能力。当时我们叫它“抽象构图”，即是不准画“具象”，而是用点、线、面、体等构成美的构图，对权衡、比例、均衡、韵律、对比等等形式美学法则学会运用。[2]

在郑孝燮的回忆中：

记得“建筑初步”的大图片挂满了大教室的墙面，用以介绍什么是空间体型的现代基本概念，如空间（Space）、容积（Volume）、层面（Plane）、转动（Rotation）、质感（Texture）、明快（Light）、色调（Colour）等等。[3]

在朱自煊的回忆中也提到了教室墙面上关于现代建筑思想的图片：“下面是一组‘Elements of Design’大画片，图文并茂十分醒目。如‘Design is Everywhere’,‘Space is Nothing’,‘Colour has Power’等至今仍历历在目。”[4]

梁思成在教学中不止一次提到了 1946 年他拜访现代建筑大师赖特的故事。赖特问他：“你来美国干什么？你来找我干什么？！”梁先生回答说：“向您学习建筑空间理论。”赖特说：“你回去，最好的空间理论在中国”，并引了老子《道德经》中的“凿户牖以为室，当其无有室之用，故有之以为利，无之以为用”。在给学生辅导设计时，他也总是强调空间效果，要求设计平面时就要有空间概念，对只追求立面好看的设计方法十分反感。[5]

在教授西方建筑史时，梁思成也时常分析哥特式教堂如何减薄墙壁，出现大窗，加强壁柱，出现扶壁及飞扶壁，其结构与建筑造型、平面处理、

[1] 梁思成至聂荣臻信 // 杨永生．建筑百家书信集 [M]. 北京：中国建筑工业出版社，2000：15.

[2] 钱锋．现代建筑教育在中国（1920-1980）[D]. 同济大学工学博士学位论文，2005：97.

[3] 郑孝燮．清华大学建筑系初期教学的若干回顾 // 赵炳时，陈衍庆．清华大学建筑学院（系）成立 50 周年纪念文集（1946-1996）[C]. 北京：中国建筑工业出版社，1996：42.

[4] 朱自煊．海纳百川有容——大系庆 50 周年有感 // 赵炳时，陈衍庆．清华大学建筑学院（系）成立 50 周年纪念文集（1946-1996）[C]. 北京：中国建筑工业出版社，1996：35.

[5] 王其明，茹竞华．梁先生不是保守的人 // 杨永生．建筑百家回忆录续编 [M]. 北京：中国建筑工业出版社，2003：91.

室内空间及气氛之有机关系，给学生以深刻的印象。至于谈到现代建筑时，更是如此。[1]

梁思成不仅接受了西方现代建筑的空间思想，在出席普林斯顿大学关于"体形环境"的学术会议后，梁思成深受影响，回国后提出了以"体形环境"（Physical Environment）为中心的设计教学思想。"**建筑的范围，现在扩大了，它的含意不只是一座房屋，而包括人类一切的体形环境。所谓'体形环境'，就是有体有形的环境，细自一灯一砚，一杯一碟，大至整个城市，以至一个地区内的若干城市间的联系……**"[2] 从梁思成对"体形环境"的解说不难看出，"体形环境"的概念实际上是"空间"概念的一种放大。

梁思成接受了西方现代建筑的空间思想，在清华大学的教学中将"建筑是空间组织的艺术"的观念传授给学生，以赖特学习老子《道德经》的故事向学生传递中国传统的空间意识。与黄作燊较为体系化的现代建筑思想相比，梁思成仍保留有"布扎"传统，但他也为空间概念、为现代建筑空间思想在中国建筑学科中的传播做出了贡献。

从黄作燊、梁思成对西方现代建筑"空间"的传播来看，他们的传播并不系统，也并未将空间作为现代建筑的重点内容，只是在某些情况下将"空间"作为西方现代建筑的特点来介绍。他们使得空间观念开始成为中国建筑师建筑思维的一部分，为中国现代建筑空间话语的形成做出了应有的贡献。但是，他们这种将"空间"作为西方现代建筑特点的介绍也使得受他们影响的中国建筑师在一定程度上对"空间"产生了误解。

3.5 小结

中国建筑学科的形成是在西学东渐的背景下发生的，是对西方知识体系的平行移植，中国建筑话语也是对西方建筑话语的直接或间接移植。由于西方将"空间"作为一种建筑话语主要是在现代建筑兴起的过程中实现的，在中国建筑学科形成之初"空间"还未成为西方建筑的重要话语，因此，在中国建筑学科最初移植的西方建筑话语中"空间"并不存在。

然而，在中国建筑学科形成时，"空间"一词已由中国的其他学科传入中国，"空间"概念随着其解释的明晰化逐渐在更广泛的学科领域使用，尤其是在相对论传播的影响之下，新的空间观念在中国迅速扩散，使得"空间"这个术语逐渐为中国人所接受。由于"空间"最初的含义既受到了来自西方的影响，又有中国传统概念的遗留，使得"空间"的"所指"在早期有现在所不具备的含义（如地域、空隙等）。随着"空间"概念的固定化，建筑学科领域对"空间"的使用也开始走向有意识、自主地使用，从而使"空间"在中国建筑学科中具有了有益的价值。值得注意的是，"空间"在

[1] 高亦兰．梁思成早期建筑思想初探 // 汪坦．第三次中国近代建筑史研究讨论会论文集 [C]. 北京：中国建筑工业出版社，1991：147.

[2] 梁思成．清华大学营建学系学制及学程计划草案 // 梁思成．梁思成谈建筑．当代世界出版社，2006：404-405.

建筑文章中的使用远早于西方现代建筑空间概念的传入，也就是说，并非西方现代建筑为中国建筑学科带来了“空间”。“空间”在中国建筑学科中被使用主要是因为空间概念在其他学科中得到了广泛使用与传播，中国人有了现代的空间概念。

在“空间”与中国建筑学科发生关联后，中国现代建筑“空间”话语的形成受到了两股力量的推动。1920—1930 年代，推动力主要来自中国艺术界，在日本的间接影响和欧美的直接影响下，艺术家们将建筑看作艺术的一种，传播了“建筑是空间艺术”的观点。中国艺术界比建筑界更早从“空间”的角度来理解建筑，一些艺术家在将中西建筑进行比较时抓住了“空间”的差异。在艺术界的影响之下，中国建筑师逐渐接受了建筑是空间艺术的说法，这种说法开启了中国建筑“空间”话语的大门。1930 年代末至 1940 年代又增加了来自西方现代建筑传播的推动力。由于对西方现代建筑的理解经历了从最初的样式、风格的理解到深入探讨西方现代建筑所体现的时代精神和建筑本质的转变，“空间”在这一时期并没有真正作为西方现代建筑的重要内容而被介绍与传播。但是，直接接受西方现代建筑教育的中国建筑师在教育领域对西方现代建筑思想的传播仍然使得“空间”概念影响了后来的建筑师，为中国现代建筑“空间”话语的进一步展开打下了基础。

总的说来，1920—1952 年中国现代建筑“空间”话语还处于初生期，在不断地接受外来影响，本身有意识地展开的讨论很少，只是有意识地开始使用“空间”一词了。在这个时期出现的关于建筑空间的讨论更多地关注于建筑认知方面，即建筑知识的建构，对建筑设计实践的关注极少，因此未能对建筑设计与创作产生实质性的影响。中国现代建筑“空间”话语中最主要的一些话题，例如从“空间”的角度认识中国传统建筑、关注空间利用问题等在这一时期已经显现。总之，作为一个专业的建筑术语，“空间”已经出现在大众传媒和专业学术出版物中，尽管不能与当时热门的民族性、科学、卫生、现代、艺术等建筑话语相提并论，但也拉开了自己的序幕，登上了中国建筑学科的舞台。

四

中国现代建筑空间话语的初步展开：1952—1976年

二战后，国际社会形成了政治体制、意识形态完全对立的两大阵营。新中国成立后，采取了向苏联“一边倒”的外交政策，这使得中国建筑学科一度深受苏联影响。当时的苏联提倡的是社会主义现实主义的建筑理论，在建筑风格、建筑形式与社会制度、意识形态之间建立了政治关联。“一边倒”的政策和建筑政治化不但使得中国建筑界中断了与国际现代建筑运动的联系，还使得西方现代建筑在中国受到了严厉的批判。尽管后来中国与苏联分道扬镳，但以国家意识形态为主导的政治因素仍然影响着建筑学的发展。反复无常、愈演愈烈的政治运动，物资匮乏的经济条件以及极端封闭的国际环境使得中国建筑学科在这一时期的发展数度起伏。虽然苏联社会主义现实主义建筑理论的影响、对现代建筑的批判使得中国建筑空间话语的发展偏离了现代建筑的轨道，但是中国建筑学科对“空间”话语的探索仍在曲折中前行。

4.1 来自国外的建筑空间话语

在1920年代到1952年的三十多年间，中国现代建筑“空间”话语在中国美术界和西方现代建筑思潮的共同影响之下开始逐渐形成。然而，新中国成立以后“一边倒”地向苏联学习，使得反对资本主义、帝国主义的政治斗争扩大到了建筑领域。苏联此时正处于将俄罗斯古典主义和巴洛克风格作为民族形式伟大典范的最盛时期，之前曾经产生过相当大影响的前卫建筑运动构成主义受到了批判。苏联建筑学对古典主义的回归对中国建筑学科的发展产生了很大的影响，中国对待西方现代建筑的态度也随之发生转变。这些变化对中国的建筑“空间”话语产生了影响，“空间”话语在西方现代建筑思想之外又接受了苏联“社会主义现实主义”的影响。

4.1.1 来自苏联的“空间构图”

1930年代，苏联确立了社会主义现实主义的文学艺术创作方向，而“社会主义内容、民族形式”是社会主义现实主义的一个重要特征。“社会主义内容”就是要体现对劳动人民的关怀；“民族形式”的目的在于促进民族融合。“社会主义内容、民族形式”实际上更强调“民族形式”，在建筑上，“民族形式”体现为宣扬俄罗斯的古典主义和巴洛克风格，历史主义、复古主义成为建筑的主流。社会主义现实主义的创作方法的确立使得苏联终止了各种前卫艺术活动，建筑设计走向复古，建筑教育也向“布扎”体系回归，艺术表现再次成为建筑设计的主导原则。但是，由于此时在国际上“空间”话语已经完全渗透到建筑学之中，对建筑学产生的影响已不容忽视，因此尽管苏联将西方现代建筑作为资本主义的产物进行了批判，尤其批判了西方现代建筑的“空间”，但对建筑“空间”本身却并不排斥，还在西方现代建筑之外对建筑“空间”话语进行了发展。

在中国选译的苏联大百科全书“建筑艺术”一部中，尽管开篇就将建筑与阶级斗争联系起来使建筑染上了政治色彩，但是在论及建筑创造的对象时仍然是客观的，明确地将内部空间配置看成是建筑创作的对象之一：

建筑创造的对象就是整个建筑物（或建筑群）的总体，建筑物（或建筑群）在地区的分布（总平面图），建筑物内部空间各部分的配置（个别建筑物的平面），整个建筑物的外观和每一个立面的外观，每一个房间的布置和装饰（建筑物内部）以及建筑物在营造过程中结构技术上的各个方面。[1]

在对历史上各个时期的建筑进行回顾时，也提到了各个时期的建筑具有不同的“空间”特色。苏联大百科全书对“空间”的提及表明，在以阶级斗争为主题的苏联建筑中“空间”对建筑仍然具有重要意义：“建筑艺术的主要任务是创造和划分空间与形式。”[2]“为了得到艺术表现力，建筑师采用着各式各样的手法。其中包括：在空间中建筑体量的布置；建筑物各部分的权衡（比例）；建筑物的总轮廓线（侧影）；房屋依照垂直和水平的分划；装饰处理和其他手法。”[3]

“空间”在苏联建筑出版物中出现得非常频繁，从对“空间”一词的组合运用来看，具有实质性意义的无疑是“空间”与“构图”（Комлозиция）的组合，“空间构图”多次出现在介绍苏联建筑理论的出版物中，例如《苏联大百科全书》[4]、《苏联城市建筑问题》[5]等，而《建筑学报》上刊载的阿·库兹涅佐夫的《恢复俄罗斯苏维埃联邦社会主义共和国城市的创作总结》（1954年第1期）、沙洛诺夫的《苏联建筑的新趋向》（1956年第8期）也使用了“空间构图”一词。“空间构图”可以看成是苏联建筑“空间”话语的核心，是一种系统化、体系化的理论，其主要体现为1960年出版的《建筑构图概论》一书，这本书由苏联建筑科学院建筑理论、历史和建筑技术研究所主编，书中的“构图”颠覆了传统的二维“构图”概念，是一种“空间”的“构图”。

首先来看看“构图”的概念，“构图”（拉丁文：Compositio，英文、法文：Composition，俄文：Комлозиция）原字有组合、联系之意，中文还翻译成“构成”或者是“组合”。“构图”的基本概念来源于绘画，建筑中的“构图”是对绘画概念的移植。建筑构图理论的兴起与法国的建筑教育有关。18世纪末19世纪初，法国巴黎美术学院（Ecole des Beaux-Arts）和巴黎理工学院（Ecole Polytechnique）对建筑理论的探讨促成了建筑学说的系统化整合，将建筑学说演绎为一套系统的建筑教学体系，即所谓的“布扎”建筑体系。“布扎”体系建筑思想影响了19世纪整个欧洲的建筑思想和实

[1] 苏联大百科全书选译：建筑艺术[M]. 北京：建筑工程出版社，1955：4.

[2] [波兰]伊·基谢尔．工业建筑的设计和定型化[M]. 陶吴馨等译．北京：建筑工程出版社，1958：13.

[3] [苏]寇金（А.Д.Кокин），杜尔宾（Н.И.Турбин）．建筑技术与建筑艺术[M]. 高履泰译．北京：建筑工程出版社，1956：167.

[4] 苏联大百科全书选译：建筑艺术[M]. 北京：建筑工程出版社，1955：71.

[5] 苏联城市建筑问题[M]. 程应铨译．北京：龙门联合书局，1954：128，130.

践的发展，成为了 20 世纪以前整个西方世界建筑教育体系的代表，而“构图”正是“布扎”体系中建筑设计方法中最关键的环节之一。

“构图”的兴起与法国建筑理论家、教育家让 - 尼古拉 - 路易·迪朗（Jean-Nicolas-Louis Durand，1760-1834）有关。迪朗认为建筑内部存在不受外物干扰的自生法则，这些法则可以用来指导设计。迪朗的这种考虑与当时欧洲兴起的启蒙运动有关，启蒙运动不仅强调理性的思维，更强调以科学的研究方法去寻找事物内部的规律，建立科学的体系。迪朗希望探求深藏于建筑中的普适性法则，建立一门建筑的科学，并在此基础上获得教授学生设计方法和传递、交流设计思想的更加有效的手段以及设计时帮助思考及表达的便捷途径。在理性主义原则下，迪朗形成了关于建筑构图（Architectural Composition）的理论，他在建筑中优先考虑的概念是“布置”（Dispositon），认为建筑惟一的目标是找到“最适合、最为经济的布置”（la disposition la plus convenable et la plus économique），最终他建立了一个关于建筑构图的网格系统。对于迪朗而言，建筑是由水平部分（平面）、垂直部分（立面）两者结合而成的。也就是说，迪朗的出发点不是空间，而是建筑的平面与立面以及由此产生的“体积”（volume）。迪朗在 1802 年出版的《简明建筑学教程》（*Précis des leçons d' architecture*）第一册第二部分中对建筑整体构图进行了详细叙述（图 4-1），这本书成为了 19 世纪上半叶建筑学领域最受瞩目的论著。[1]

[1] Hanno-Walter Kruft. A History of Architectural Theory: From Vitruvius to the Present [M]. Translation by Ronald Taylor & Elsie Callander and Antony Wood.Princeton Architectural Press，1994：273-274.

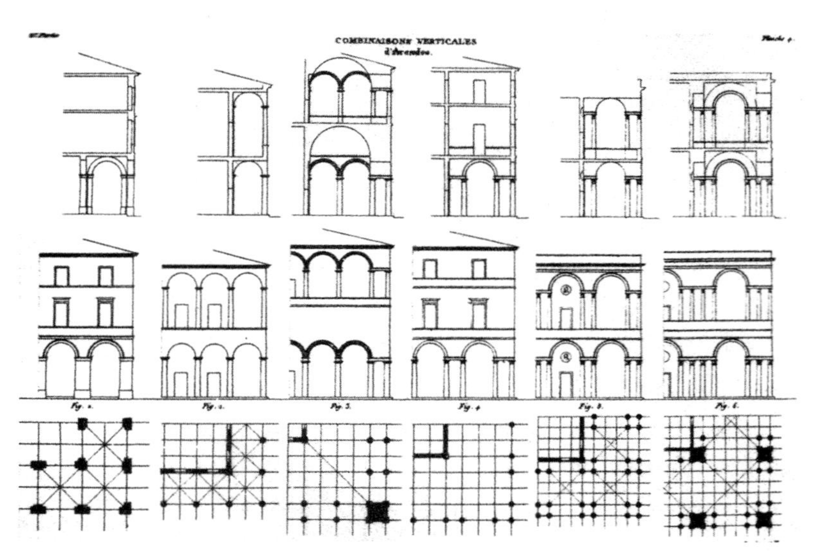

图 4-1 《简明建筑学教程》插图——“使用网格体系设计的拱廊”

虽然迪朗本人从未在巴黎美术学院任教，但他的思想被巴黎美术学院吸收运用，尤其是在朱利安·加代（Julien Guadet，1834-1908）的努力下“构图”在 19 世纪末被系统化为巴黎美术学院的一套行之有效的建筑设计原则，结束了长期以来设计教学中的混乱。加代在《建筑理论与要素》（*Elément et théorie de l' architecture*，1901-1904）中将“构图”定义为：“构图意味着将各个部分组合、融合、联合成一个整体，在这个意义上，部分本身就是构图的要素。”[1] 加代对建筑设计理论产生了很大的影响，在他之前从未有人对“构图”如此重视，从此“构图”成为了一套行之有效的建筑设计原则，成为了“布扎”教学体系中最关键的三分法（即构件、构图与画详图）之一。[2]“构图”可以说是“布扎”体系最基本的工具（Essential Technique）和结构知识的方式。[3]

从加代的《建筑理论与要素》开始，20世纪初期出版了不少关于“构图”的著作，例如约翰·贝弗利·罗宾逊（John Beverley Robinson，1886-1975）的《建筑构图》（*Architectural Composition: An Attempt to Order and Phrase Ideas Which Hitherto Have Been Only Felt by the Instictive Taste of Designers*，1908）、纳撒尼尔·柯蒂斯（Nathaniel Curtis，1881-1953）的《建筑构图的秘密》（*The Secrets of Architectural Composition*，1923）、霍华德·罗伯逊（Howard Robertson，1888-1963）的《建筑构图原理》（*The Principle of Architectural Composition*，1924）、罗伯特·阿特金森（Robert Atkinson，1883-1952）和霍普·巴格纳尔（Hope Bagenal，1888-1979）合著的《建筑理论与要素》（*Theory and Elements of Architecture*，1926）等。直到1952年，在塔尔博特·哈姆林（Talbot Hamlin，1889-1956）的主持下，哥伦比亚大学（Columbia University）组织编写了长达四卷的《20世纪建筑的形式与功能》（*Forms and Functions of Twentieth-century Architecture*），其中第二卷为“构图原理”（*The Principles of Composition*）。1954年，加代的学生阿尔伯特·弗朗（Albert Ferran，1886-1952）还出版了《建筑构图的哲学》（*Philosophie de la composition architecturale*）。由此可见“布扎”的“构图”对建筑学的影响。

“构图”意味着一系列使建筑基本元素的集合或者组合变得有规则的普适法则。通过网格体系，建筑从形式上被分类，这种做法使得建筑变得简单易学。作为一种设计手段，“构图”关注的中心是如何将建筑的各部分结合成一个完美的整体。为了实现这一目标，“构图”以一系列操作性、资料性的规则为基础，为设计提供了一套系统化的工具和方法：选择形式和功能上适当的元素，以一定的原则将这些元素组合在一起，最终形成一个最好的解决方案（parti）。[4] 规则的存在使得设计在最终完成时可以保证具有一定的水准而不至于太差劲。在规则的运用和选择上，建筑师是完全自由而非随意的，要根据不同的设计构思选取相适应的规则，并适当地运用这些规则。

由于“构图”的出发点不是建筑空间而是建筑的平面、立面及由平立面所生成的体量（volume）。因此，“布扎”“构图”的主要表现是以二维的图纸为基础的。随着“空间”概念在建筑学科中影响力的增强，“布扎”

[1] Hanno-Walter Kruft. *A History of Architectural Theory: from Vitruvius to the Present*[M]. Princeton Architectural Press，1994：289.

[2] [英]彼得·柯林斯．现代建筑设计思想的演变[M]. 英若聪译．北京：中国建筑工业出版社，2003：222.

[3] 李华．从布杂的知识结构看“新”而“中”的建筑实践 // 朱剑飞．中国建筑60年（1949-2009）：历史理论研究[C]. 北京：中国建筑工业出版社，2009：36.

[4] 对“布扎”的“构图”的论述，参见：李华．从布杂的知识结构看“新”而“中”的建筑实践 // 朱剑飞．中国建筑60年（1949-2009）：历史理论研究[C]. 北京：中国建筑工业出版社，2009.

不可避免地吸收了“空间”的概念。“布扎”体系作为一种知识结构的组织方式，是一个开放的发展体系，其对现代性的追求使得它会随着时代与条件的不同而调整、改变。在这种情况之下，“布扎”体系吸收了具有现代性的“空间”概念，并很快将“空间”概念与传统的建筑原理“构图”相结合。这种结合在西方各国建筑界几乎是同步进行的，至1950年代中期，“空间”与“构图”的结合基本成熟。如在1952年哥伦比亚大学组织编写的长达四卷的《20世纪建筑的形式与功能》中，第二卷“构图原理”中即将建筑视为空间艺术，其中的“构图”根据“空间”概念进行了调整。

在苏联，对“空间”和“构图”进行系统讨论的主要代表为1960年出版的《建筑构图概论》。

《建筑构图概论》

《建筑构图概论》由苏联建筑科学院建筑理论、历史和建筑技术研究所主编，是苏联第一部把建筑构图理论系统化的著作，通过大量建筑实例论述了建筑构图的客观规律和有关建筑形式的构成手段及其作用。中译本直到1983年才出现，但是俄语版在1960年初就被引入中国了，在当时具有相当的影响力，甚至影响了清华大学建筑设计教材的编写。之所以说这本书是苏联“空间”与“构图”结合的“空间构图”理论的代表，主要在于这本书中“构图”是围绕着关键概念“空间体量组合”而展开的。

由于这本书是关于构图的，所以书中首先明确了建筑“构图”指的是“建筑物构成的基础，是建筑物内外各部分（或各组合体）本身与整体之间布置和配合……这种布置和配合是由功能技术、经济、美观要求所决定的。”在对这段话的注释中更是明确了“构图”的含义：

> “构图”（拉丁文 compositio——联合、联系）含义：1）作用，过程——配合、组成、加工等；2）指建筑作品的构成，形成统一整体时，其各个部分的相互关系。在这里说的是构图的第二层意义。本书在分析建筑作品的构图基础上，揭示构图的个别规律。[1]

[1] 苏联建筑科学院建筑理论、历史和建筑技术研究所．建筑构图概论 [M]. 顾孟潮译．北京：中国建筑工业出版社，1983：2.

书中将建筑构图理论看成建筑理论的一部分，研究建筑作品形式构成的客观规律，讲授的是建筑的初步原理，目的在于使建筑设计任务能够最合理地、现实地、科学地完成。也就是说，构图理论是一种系统化的、指导建筑设计实践的理论，只是其规律已经不再只与平面、立面有关，而且也与“空间体量组合”有关。

“空间体量组合”是《建筑构图概论》中的一个比较中心的概念与问题。首先，建筑构图理论由空间体量组合、构造学、协调手段三个范畴组成，“空间体量组合”被看成“是建筑构图中首要的、基本的、特有的要素，同时它也是建筑师完成构图任务的基本手段”：

体量空间组合的具体形成，不仅受建筑物实际功能和艺术要求的影响，而且也受社会物质、精神发展规律的影响。……

建筑技术的发展规律同样影响着空间体量组合。现代预应力钢筋混凝土的发明和应用，使创造那种大空间建筑形式有了可能。

经济问题在空间体量组合形成上起相当大作用。[1]

❶ 苏联建筑科学院建筑理论、历史和建筑技术研究所．建筑构图概论 [M]. 顾孟潮译．北京：中国建筑工业出版社，1983：6.

“空间体量组合”不仅与建筑的功能和艺术要求有关，还受建筑技术、建筑结构形式、经济等因素的影响。将建筑功能、技术、结构、经济因素纳入“构图”中体现出了现代建筑的思想（图 4-2）。其次，构图手段的三类为：①空间体量组合和构造学；②对称与不对称，韵律与节奏，对比与微差，比例，光与色彩，尺度；③雕塑、绘画、装饰图案、实用艺术。“空间体量组合”为建筑构图特有的基本构图手段。

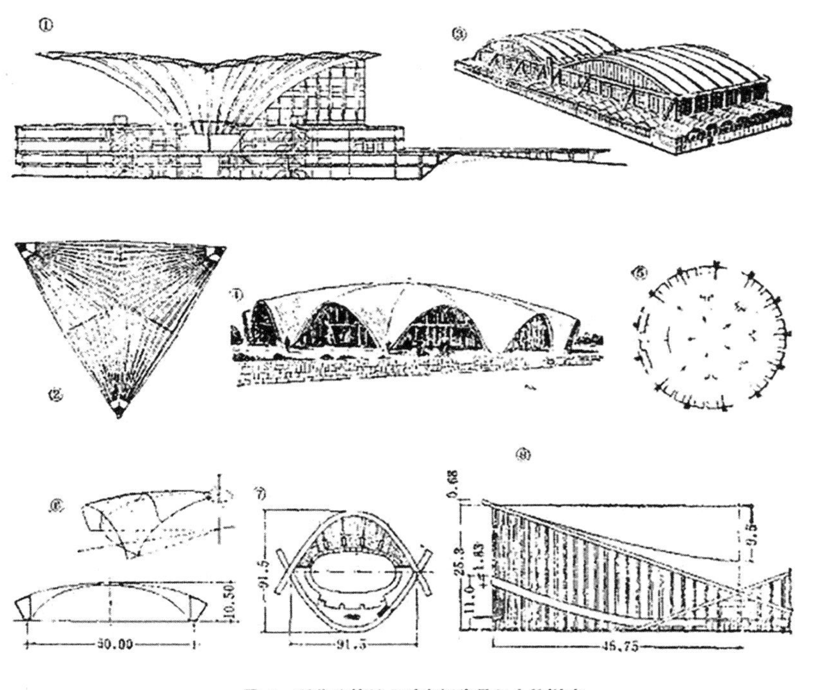

图 6　现代建筑技术对空间体量组合的影响

巴黎国立工业、技术中心主馆：①—建筑物剖面；②—法国马里尼场的飞机库拱壳平面；③—全貌；法国罗扬有盖市场的全貌；④—全貌；⑤—平面；⑥—结构方式，英国列里有盖运动场；⑦—平面；⑧—立面局部

图 4-2《建筑构图概论》插图——“现代技术对空间体量组合的影响”

书的第二章“建筑物用途与构图——建筑物和建筑群的体量空间组合”完全是围绕着“体量空间组合”（空间体量组合）而展开的。“建筑构图中的体量空间组合首先要反映建筑物的用途。”在“体量空间组合”的概念中，“体量空间组合”再次被强调为建筑构图的基础，是建筑艺术的首要因素：

它确定了空间和体量是分不开的复杂统一体。建筑物构图的形成，就从建筑物体量空间组合开始。从功能和艺术的观点看，要想用建筑艺术手段满足人民物质文化要求，在相当大程度上，取决于建筑物及其综合的体量空间构成的合理性。[1]

“体量空间组合”分为四种基本类型：①只有内部空间（如地铁站的月台大厅）的构图；②没有内部空间（如堤坝）的构图；③包括外部体量和内部空间（建筑物）的构图；④有体量而外部无盖空间（院落、广场等）的构图。针对这四种类型的空间组合，书中结合了大量建筑实例进行分析，将创造体量空间组合的要求归为：

（1）最好地保证功能需要（对于生活、生产和技术设备都适用）。

（2）必须满足空间构成的经济要求，同满足人民需要一样。

（3）最有思想、艺术表现力，每个空间要匀称、朴素、经济、装饰要适当。

（4）最充分地考虑结构要求和建筑生产条件（定型化、标准化、工业化、机械化）。这是解决前三项任务中的第一项任务的最好手段。[2]

《建筑构图概论》以“布扎”体系的建筑构图理论为基础，却将二维的“构图”发展为“空间构图”，将以图纸表现为基础的“构图”理论与实践结合起来，特别强调了建筑体量与空间的统一性与整体性。同时，将建筑功能、技术、结构、经济因素纳入“构图”中，强调现代建筑技术对空间形式发展的影响，体现出了一定的现代建筑思想。以“空间体量组合”作为构图原理的核心使得“布扎”的“构图”理论得到了升华，改变了“构图”理论完全以绘画技巧为基础、以形式为中心的思想，表明“空间”概念已经完全融入到“构图”之中。因此，《建筑构图概论》中的“构图”完全可以看成是系统化的“空间构图”理论。

围绕着“空间构图”，苏联还发展出一系列与之相关的“空间”语汇，例如在 В·В·谢尔巴桐夫、В·Е·贝柯夫、Г·К·别里林、Д·Б·哈扎诺夫合著的《电影院建筑》一书中就还有“空间比例”、“空间构成”、“体量空间构成”等词汇：

（普希金电影院）建筑物的体量构图真实地反映了内部的空间构图。这个内部空间构图，是以观众厅很高的矩形体量，与其周围辅助房间的单层的体量，相互对比而构成。

电影院的特点……反映在建筑物独特的外部面貌上以及真实的体量空间构成上，而且也反映在内部建筑处理上……

纵长式方案的组合方式……在门厅以及同门厅相贴近的休息厅的设计上，也具有空间构成很明确、有必要的壮观等特点。

[1] 苏联建筑科学院建筑理论、历史和建筑技术研究所．建筑构图概论 [M]. 顾孟潮译．北京：中国建筑工业出版社，1983：18.

[2] 苏联建筑科学院建筑理论、历史和建筑技术研究所．建筑构图概论 [M]. 顾孟潮译．北京：中国建筑工业出版社，1983：53.

（“建筑师之家”的观众厅）各边的空间比例给予大厅以有雄伟而且壮观的面貌。❶

在 И·И·那依玛尔克编写的《庭院式少层住宅建筑》中也有“空间布置”、“空间立体布局”、“空间立体处理”等词汇。❷

❶［苏］В·В·谢尔巴桐夫，В·Е·贝柯夫，Г·К·别里林，Д·Б·哈扎诺夫．电影院建筑[M]．北京：城市建设出版社，1957：20，76，83，140．

❷［苏］И·И·那依玛尔克．庭院式少层住宅建筑[M]．吴梦光译．北京：建筑工程出版社，1956：29，33，86．

尽管“空间构图”是以“布扎”的构图理论为基础发展起来的，但将构图向三维发展显然与“社会主义现实主义”兴起之前的前卫艺术活动有关。1920 ~ 1930 年代，苏联聚集了一大批不同派别的艺术人才，并产生了以卡西米尔·马列维奇（Kazimir Malevich，1879-1935）为主导的“至上主义”（Suprematism）和以弗拉基米尔·塔特林（Vladimir Tatlin，1885-1953）为代表的“构成主义”（constructivsim）等流派。“至上主义”强调与人的视知觉相联系的感知逻辑，在形式上以不同色彩的点、线、面、体的相互拼合来3现运动、重量和深度的概念（图 4-3）。受“至上主义”影响很大的苏联前卫建筑运动组织“新建筑师协会”（ASNOVA）将建筑感知的空间组织的理性化视为主要任务，认为建筑的主要问题是空间的组织。“构成主义”则是谋求造型艺术成为单纯的时间空间构成体，使绘画雕刻各自失掉特性，用实体代替幻觉，强调物体的空间和运动感而回避物体的质量感（图 4-4）。在建筑上，构成既是雕刻又是建筑的造型，而且建筑形式必须反映构筑手段，将建筑的基本问题看成是用物质的外壳限定空间的边界（图 4-5）。虽然“至上主义”与“构成主义”的主张并不一致，但后来的评论一般将他们以及当时苏联的其他前卫派别都归入到“构成主义”之中。“构成主

图 4-3 马列维奇《至上主义》

图 4-4 李西茨基的“构成 99”（Proun 99）

图 4-5 塔特林的“第三国际纪念碑”（Monument to the Third International）

义”（包括各个前卫流派，下同）对西方现代艺术和现代建筑运动影响非常大，对苏联的古典复兴的影响也不小。

“构成主义”最早来自于 1920 年 8 月 5 日雕塑家安托万·佩夫斯纳（Antoine Pevsner，1886-1962）、瑙姆·加博（Naum Gabo，1890-1977）一起发表的《现实主义宣言》（*Realistic Manifesto*）。构成主义认为，艺术应当是“构成”（construction）的艺术，“构成”首先存在于与空间有关的各种艺术中，指的是将实物元素在空间中组合成一定形态的行为，是物体特定的材料属性（faktura，the particular material properties of an object）与其空间状态（tektonika，its spatial presence）的结合[1]。如果说“构图”（composition）是平面的、二维的，那么“构成”则是空间实体的立体构成，强调物体的三维性、空间性。构成主义在某种程度上就是要以（空间的）“构成”来对抗（平面的）“构图”，要从基于平面想象的“构图”走向现实环境中直接造物的“构成”。[2] 构成主义艺术崇尚机器美学，把对空间结构的探索以及对材料、结构自身的表现作为终极目标。构成主义的艺术家们力图将表现新材料本质特点的空间结构形式作为绘画及雕塑的主题；把结构当成是建筑设计的起点，以最能表现新时代特征的新结构、新技术和新材料作为建筑表现的中心。可以说，构成主义以一种全新的意识形态体系活动在欧洲现代艺术运动的最前沿。

在“构成主义”前卫艺术运动在理论和实践领域活跃的同时，苏联还有一个与包豪斯相当的现代建筑思想的研究、教育和实验基地，即 1920 年成立的高等艺术与技术创作工作室，简称呼捷玛斯（英文：Vkhutemas，俄文：BXYTEMAC，全称为：Высшие художественно-технические мастерские）。[3] 在对新风格的探索、全新的现代艺术教育理念及方法、艺术门类的互通、与工业的结合上，呼捷玛斯为现代艺术与现代建筑的发展做出了重要贡献。

呼捷玛斯有八大专业：建筑、绘画、雕刻、陶瓷、纺织、印刷、木材及金属加工，具有高度的全面性和广泛性。在教学上，呼捷玛斯将不同门类的艺术进行了综合，采用预科的基础艺术教育，将工艺制造与艺术教育相结合。针对各个专业统一开设的基础艺术教育，主要包括四个方面的内

❶http：//en.wikipedia.org/wiki/Constructivism_（art）
❷关于构成主义的研究，参见：南京艺术学院学位论文《源流与误解——论构成的变异》。
❸呼捷玛斯是在斯卓戈诺夫工艺学院（Stroganov School of Applied Arts，1860-1917）和莫斯科绘画、雕塑和建筑学校（Moscow School of Painting，Sculpture and Architecture，1866-1917）的基础之上创建的，1927 年改名为高等艺术技术研究所（BXYTEИH），1930 年改名为建筑工程学院，1933 年改名为莫斯科建筑学院。关于呼捷玛斯的研究，参见：韩林飞．关于现代建筑起源与中国现代建筑发展的几点思考 // 杨永生．建筑百家言续编：青年建筑师的声音．北京：中国建筑工业出版社，2003；天津大学学位论文《包豪斯与苏维埃》、南京艺术学院学位论文《源流与误解——论构成的变异》。

容：制图法 [Graphics，最初称为“图形构成”（Graphic Construction on a Plane），训练以几何元素来构成图形]；色彩（以绘画为主题，包括色彩原理、平面色彩构成、空间色彩构成等）；立体（Volume，主要针对雕刻，包括对静物的立体分析、抽象立体构成等）；空间（培养学生的建筑式思维方式）。在课程设置上，除绘画和素描课之外，还有三门重要的艺术基础课，为“空间”、“形体构成”和“色彩”，这三门课可以说是现代造型艺术共同的基础。由此可见，呼捷玛斯基础艺术教育强调了“空间”的作用、各种形式元素的分析与新的“构成”方式。

“空间”课主要是关于空间形态构图原理的研究，曾主持过“空间”课的老师有尼古拉·拉多夫斯基（Nikolai Ladovskywas，1881-1941）、弗拉基米尔·克林斯基（Vladimir Krinsky，1890-1971）等（图 4-6）。拉多夫斯基把形体分析方法引入建筑学教育中，在课程中试图系统地阐述关于形式、空间、体量、色彩、韵律、结构等的理性、客观的模式以及人的感知规律。他认为应该根据人对空间方向的基本需求，通过添加元素的设计方式来设计造型。克林斯基认为抽象的形式理论实际上是关于空间思维的，是在空间中思考的科学。他在建筑形体、空间、色彩、表现手法等方面进行了大量的实践与探索，总结出了一套致力于发展学生空间想象力的实验教学方法，并在 1934 年出版了专著《建筑空间构图的元素》（*Elements of Architectural and Spatial Composition*）[1]。“空间”从建筑形式的基本特性和建筑形式在空间中的关系两方面入手研究建筑形式的几何特性，主要课程设计题目有：结构的韵律、结构的表现力、形体的韵律、形象与光影、色彩与形象、色彩与空间构成等（图 4-7）。

[1] Krinsky Vladimir, Lamtsov Ivan, Turkus Mikhail. *Elements of Architectural and Spatial Composition*. Moscow-Leningrad, 1934.

图 4-6 呼捷玛斯的基础训练课“空间的课堂”

图 4-7 建筑形体构成训练体量与韵律的组织，1924

"空间"课在呼捷玛斯的师生中享有很高的声誉，1923 年之后，基础教学中只有"空间"课是完全独立的科目，原则上讲，它已经成为一门适合所有造型艺术领域的新艺术课程。

在建筑的专业教育上，呼捷玛斯非常注重建筑构成结构最基本的问题，强调了空间构成在设计中的作用。空间构成建立在对客体空间组成的心理分析基础上，由两个最基本的方面组成：一是空间形体构成的最基本理论，主要探索社会、文化、工程技术问题的建筑表象；二是应用基本理论，分析特定建筑的空间结构、空间形体类型，并以此为基础创造建筑空间形体。[1]"空间构成"不仅可以帮助建筑设计摆脱传统的折中主义的束缚，还促进了现代艺术风格的形成。呼捷玛斯这种以空间构成为主导的现代建筑学教育体制，在莫斯科建筑学院[2]一直延续到 1933 年。1934 年，由于政治方面的原因，苏联建筑教育开始转向复古思潮，在斯大林"社会主义内容，民族形式"的口号下，建筑学教育停留在以复古主义建筑形式为主的现实主义建筑模式中，现代建筑教育模式完全被废除。

由于陷入了苏联意识形态的斗争之中，再加上连年战争和频频的政治运动及体制的变迁导致的珍贵资料和作品的散失，使得呼捷玛斯对现代艺术和现代建筑的重要贡献鲜为人知。实际上，呼捷玛斯在当时具有相当的影响力，许多著名前卫艺术家、建筑师，如马列维奇、塔特林、维斯宁兄弟 [Leonid Vesnin（1880-1933）、Victor Vesnin（1882-1950）、Alexander Vesnin（1883-1959）]、康定斯基（Waassily Kandinsky，1866-1944）、埃尔·李西茨基（Eleazar Lissitzky，1890-1941）、康斯坦丁·梅尔尼科夫（Konstantin

❶ 韩林飞，B·A·普利什肯，霍小平．建筑师创造力的培养：从苏联高等艺术与技术工作室（BXYTEMAC）到莫斯科建筑学院（MAPXHИ）[M]. 北京：中国建筑工业出版社，2007：16.

❷1930 年，高等艺术与技术学院建筑系与莫斯科高等技术学校建筑工程系的建筑学分部合并成立建筑工程学院，1933 年改称莫斯科建筑学院。

Melnikov，1890-1974）等都曾在呼捷玛斯工作过。可以说，呼捷玛斯是构成主义者的营地，也是苏联前卫建筑运动的发源地，而现代主义建筑的一些创作原则、艺术手法在不同程度上借鉴了苏联前卫建筑运动的经验。作为现代建筑教育的源头，呼捷玛斯与包豪斯之间相互影响。曾在呼捷玛斯工作过的康定斯基[1]、李西茨基到包豪斯之后将构成主义介绍给了包豪斯，在校长格罗皮乌斯、康定斯基等人的共同参与下，构成教学才逐渐在包豪斯占据重要地位，并得到了进一步的发展。

[1] 康定斯基于1921～1923年在呼捷玛斯工作，1923年后应格罗皮乌斯之邀任教于包豪斯，康定斯基在包豪斯的教学包括构图课程《点、线、面》（1926年出版）。莫霍利·纳吉（Moholy-Nagy）与罗德钦科（Alexander Rodchenko）的通信证明纳吉受到呼捷玛斯构成主义理念的影响并将其移植到了包豪斯。

尽管“社会主义现实主义”的兴起终止了前卫建筑运动和现代建筑教育，但它们所形成的影响力已不容忽视，空间构成的概念已经深入苏联建筑师的建筑思想。“构成”的概念与“布扎”的核心概念——“构图”虽然有差异，但也有相似之处——强调各种基本元素之间的组合。作为一种现代的、开放的知识体系，“布扎”体系本身也在现代建筑发展的过程中逐步成长与不断完善，因此，“布扎”的构图理论很容易吸收“构成主义”的（空间）“构成”，将“空间”与“构图”结合在一起，发展出了新的空间构图理论。这种结合使得构图理论由二维表现向三维构思发展，强调的不只是建筑物的外部体块，更重要的是建筑物的体量与内部空间。“空间”概念的加入使得建筑不再是由水平部分（平面）、垂直部分（立面）以及二者的结合构成的体块，而是三维化的有虚有实的建筑空间，要将各种建筑基本元素有规则地组合在一起，更要考虑“空间”的使用。“空间构图”将二维构图向“空间”发展，成为与实际效果更具关联性的三维空间，弥补了“布扎”将设计教学与实际建造分离的致命弱点。“空间构图”吸收了现代建筑以模型这种三维方式作为建筑再现手段的优点，改变了以前纯二维的建筑构思与表现方式，使建筑构思与实际建造之间的联系比“布扎”以“构图”为基础的建筑设计与建造之间的关联更密切。

必须指出的是，“布扎”的“空间”与现代建筑“空间”的出发点完全不同。现代建筑的“空间”从功能与使用出发，空间形式的变化来自于科学技术的发展以及由此带来的生活方式的改变，而“布扎”体系下的“空间”却是从艺术、从审美的角度出发，本质上追求的仍然是建筑在形式上的完美与和谐。但是，不得不承认，苏联以“布扎”为基础在西方现代建筑之外进一步扩展和充实了“空间”话语的内容。这种来自苏联的“空间构图”理论对中国建筑“空间”话语的发展产生了巨大的影响。

4.1.2 对西方现代建筑“空间”的批判与接受

新中国成立后，由于外交政策的原因，中国建筑界基本中断了与国际现代建筑运动的联系。在对待现代建筑的问题上，中国深受苏联影响，在特定的建筑风格与社会制度、意识形态之间建立了政治关联。在“社会主义现实主义”的创作要求之下，内容决定形式，没有独立的形式，独立的形式是资本主义的。西方现代建筑被看成是形式主义的代表，由此打上了资本主义的印记，是资产阶级腐朽的产物，应该被批判。但是，现实国情（主要是经济因素）使得中国对现代建筑仍有客观的需要，而中国建筑界对现代建筑的渴望使得中国建筑师从未完全拒绝过西方现代建筑。西方现代建筑在中国一边受到严厉的批判，一边仍然艰难地发展着，西方现代建筑“空间”话语也在曲折中传播。

1. 对西方现代建筑“空间”的批判

在苏联提倡的“社会主义现实主义”中，与“社会主义现实主义的创作方法”、“社会主义内容、民族形式”的口号形影不离的是“批判结构主义、世界主义”。“结构主义”就是“构成主义”（constructivsim），是1950 年代苏联建筑理论输入中国时的中文翻译；“世界主义”指的是现代建筑中的国际风格。“批判结构主义、世界主义”表达的是对发源于欧美资本主义国家的现代建筑的严厉批判，其中包括了对西方现代建筑“空间”话语的批判。例如穆·波·查宾科（Mihail Pavlovič Capenko，1907-1977）在《论苏联建筑艺术的现实主义基础》一书中对建筑师金兹堡[1]（Moisei Yakovlevich Ginzburg，1892-1946）进行了批判，其中不少内容都与金兹堡对“空间”的看法有关。金兹堡认为：“孤立一个空间，把这个空间闭塞于某种范围，这也就是摆在建筑师面前的第一个任务。”他在《构造问题与现代建筑艺术》（刊载于《苏联建筑艺术》1945 年第 10 号）一文中提出：“……建筑艺术的基本任务……可以说就是用最经济的手段达到组织必要空间的意图……”查宾科认为：

> 他（指金兹堡）说，建筑艺术的本质要归结于“闭塞空间”，这也就等于在实际上什么也没有说。建筑艺术如果没有形式和空间就不会存在，这个道理人人皆知。……这位著者从一个形式主义者贫乏的立场出发，对于像建筑艺术这样一个复杂的现象，他只见到九牛一毛，便急忙用它来冒充建筑艺术的本质。[2]

查宾科认为，金兹堡出于形式主义的立场过分强调了建筑艺术形式的因素——体积、空间等而忽视了艺术之外的问题。以同样的理由，查宾科批判了加布里切夫斯基（Aleksandr Gabrichevskii，1891-1968）于 1923 年写的《建筑艺术中的空间和体量》（*Compositions space and weight in the architecture*）：

> 加布里切夫斯基是这样来说明建筑艺术的意义和使命的：“作为空间艺术的建筑艺术，是艺术创作之一种，这种艺术创作要创造孤立的体量和

[1] 摩西·雅科夫列维奇·金兹堡：“现代建筑师协会”（Association of Contemporary Architects，OSA）副主席兼同仁刊物《现代建筑》的主编，构成主义的理论权威。金兹堡著作很多，代表作是 1924 年的《风格与时代》，《风格与时代》一书在现代建筑史上堪称可以与勒·柯布西耶的《走向新建筑》媲美的经典名著。

[2] [苏] 查宾科（М.П.Цапенко）. 论苏联建筑艺术的现实主义基础 [M]. 清河译 . 北京：建筑工程出版社，1955：81-82.

被孤立的空间之有组织的统一。”……所讲的都是纯粹形式的、狭窄的建筑艺术概念。空间和体量并不是建筑艺术作品意义中的决定性因素……空间，体量、比例等等——这一切只是表现的方法……

在加布里切夫斯基这篇文章中，我们又可以读到以下的关于建筑艺术性质的议论：“空间和体量并不只是审美的范畴，而是一切艺术形式构成的天然基本原则。而造型的感受本身和空间动态的感受就是人类创作和世界感的最基本的而又各走极端的类型”……对于这位著者来说，空间和体量不仅是建筑艺术的意义和内容，而且还是某种神秘的东西，还是“人类精神生活运行”的世界性的道路。这位著者把建筑艺术，空间和体量变成荡漾着僧侣气息的来世的范畴。[1]

[1] [苏]查宾科（М.П.Цапенко）．论苏联建筑艺术的现实主义基础[M]．清河译．北京：建筑工程出版社，1955：87.

查宾科认为加布里切夫斯基和金兹堡都是片面地从纯形式的角度强调了空间和体量对于建筑的重要性，将空间和体量作为建筑的决定性因素，而忽视了建筑艺术性。这种立场是唯心主义、形式主义和主观主义的，与社会主义现实主义是对立的，没有从人民大众的立场出发，忽视了人民大众对建筑的精神要求。对查宾科而言，建筑的空间和体量只是建筑表现的方法和工具，建筑不应该只强调形式，更重要的是形式所体现的社会理想，建筑空间和体量要体现社会意识形态。

来自苏联的这种对构成主义、对现代建筑的批判，对中国建筑界认识西方现代建筑产生了负面的影响，“空间”也成为了中国建筑界批判西方现代建筑的一个切入点。刘敦桢在《批判我的资产阶级学术思想》中写道：

由于我的资产阶级形式主义思想未曾清除干净，无论分析住宅园林或庙宇，不是把经济与功能放在主要地位，而是把艺术手法尤其是空间组合的手法提到第一位。[2]

[2] 刘敦桢．批判我的资产阶级学术思想[J]．建筑学报，1958（11）：18.

从这段话可以间接地体会出，现代建筑将“空间”提升到非常重要的位置正是现代建筑被批判的一个重要原因，“空间”也因此被打上了资产阶级形式主义思想的记号。这种对西方现代建筑的理解显然是一种误读与曲解，片面地夸大了现代建筑对“空间”的强调，将现代建筑的“空间”仅仅理解为一种形式手法，完全忽视了现代建筑兴起的根本原因是与时代发展、技术发展有关的，空间形式从某种程度上来讲只是功能要求和经济因素的形式体现。

这种类似的批判西方现代建筑“空间”的例子还有很多。例如1957年在对华揽洪进行批斗时，戴念慈等人就曾针对华揽洪提倡的“空间构图”进行批评。华揽洪曾经说过“建筑师的主要任务是组织空间构图。”这种说法有来自西方现代建筑思想的影响，但实际上更多的影响还是来自于“布扎”的“构图”理论。在政治斗争为主题的年代，这种说法被夸大地误解为“建筑师的全部工作是空间构图”，华揽洪因此而被打上了“形式主义者”的印记。戴念慈在批判华揽洪的同时，也认可：“如何把建筑物内部的空间组织得经济合理，如何把建筑物内部功能和它的外表形式统一起来，使它的空间组织得既解决了使用上和构造上的要求，又表达了一定的艺术要求，这是建筑师工作中一项非常重要而且很不简单的问题。”[1]他强调了空间构图并不是建筑师的全部工作，建筑师要根据建筑使用上的功能、结构上（包括设备上）的合理、施工上的简便以及房屋和庭园等在体形上的艺术效果等问题，综合地考虑“空间构图”。

[1] 戴念慈．从华揽洪的建筑理论和儿童医院设计谈到“对现代建筑”的看法[J].建筑学报，1957（10）：65-73.

阶级对立和对意识形态的强调使得一些原来清晰的概念变得混乱不清，建筑形式、建筑空间成了社会意识形态的体现。在这种情况下，一些说法被夸大、被误读，错误的批判直接导致西方现代建筑在中国的传播变得十分艰难。对西方现代建筑的批判虽然对中国建筑界认识西方现代建筑的“空间”产生了一定的负面影响，但也反映出西方现代建筑在中国仍然具有相当的影响力。对西方现代建筑的批判实际上间接地传播了西方现代建筑思想。

2. 对西方现代建筑“空间”的接受与向往

西方现代建筑在这一时期虽然是以被批判为主，但是只要在政治氛围相对比较宽松的情况下，中国建筑师的现代建筑思想就会抬头，西方现代建筑就会得到一定的传播与讨论，现代建筑“空间”话语也会随之传播。

首先，虽然整体环境是对外封闭的，但中国建筑师还是有机会参与国际交流。在与国际建筑界少有的交流活动中，基本都会带来关于现代建筑的消息，其中一些与建筑“空间”有关。例如中国建筑师代表团参加了在海牙召开的第四届国际建筑师协会会议后，在《建筑学报》上发表的《国际建筑师协会海牙大会关于讨论的各项议题的决议》中带来了“住宅就是用来满足每个人和他家庭的物质的和精神的要求的一种空间”的说法。[2]波兰建筑师海伦娜·锡尔库斯教授在关于标准设计的报告中也提出：

[2] 附国际建筑师协会海牙大会关于讨论的各项议题的决议[J].建筑学报，1955（2）：83-89.

> 在平面图中各种空间的分布、建筑物的体形和空间的调和是建筑师越来越关心的一点。
>
> 实体和空间的关系，各空间互相间的关系，物体形状颜色的关系，自然环境和总平面布置的关系，都给予建筑师以广泛的研究范围，并给予追求各种方案的可能性。[3]

[3] 海伦娜·锡尔库斯．国际建筑师协会执行委员波兰建筑师海伦娜·锡尔库斯教授．关于标准设计的报告[J].华揽洪、吴良镛译．建筑学报，1955（2）：65-66.

其次，在“百花齐放、百家争鸣”的双百方针下，建筑界有了一段探讨正确的设计思想方法的健康发展时期。在这个宽松的时期，西方现代建筑被重新审视。1957年,在《建筑学报》上出现了清华大学学生发出的“我们要现代建筑”的呼声，由此展开了关于现代建筑的公开讨论。在这些讨论中，同济大学学生朱育琳在《对“对‘我们要现代建筑’一文意见”的意见》中明确指出了“空间处理”对现代建筑的重要性：

现代建筑有没有艺术性呢？应该说明，建筑的艺术性首要的是指“空间处理”而言，它是一种处理空间的艺术。怎样使一组使用上相连的空间接近，一组使用上相妨碍的空间隔离，怎样使广大的空间看来不空洞，而狭小的空间看来不紧迫，怎样使同一间屋子内二个使用不同的空间既分得开而又不隔断等等，这些都是“建筑艺术”……[1]

[1] 朱育琳．对“对‘我们要现代建筑’一文意见”的意见[J]．建筑学报，1957（4）：55.

同济大学建筑系由圣约翰大学建筑系、之江大学建筑系、同济大学土木系等合并而成，在教学上受圣约翰大学的现代建筑教育影响，对西方现代建筑思想的传播仍然比较多，正是因为如此，朱育琳才会对现代建筑空间思想有相当的理解。这次关于现代建筑的公开辩论充分表明，尽管在政治压力下现代建筑曾受到严厉的批判，但在现实中，现代建筑的传播并没有完全中断，对青年学生、新生力量有着强大的吸引力和影响力。1957年,《建筑学报》还对现代建筑大师密斯·凡德罗和格罗皮乌斯进行了介绍，这也加深了中国建筑师及建筑学生对现代建筑“空间”的理解。在由密斯的学生罗维东[2]所写的《密氏·温德路》一文中，谈到了密斯关于“空间”的看法，密斯认为建筑离不开空间，建筑的首要意义就是把时间的观念转变为空间观念的具体化，密斯设计的建筑物体现了他对空间组织的重视，尤其是他对墙的理解更是体现了他独特的空间观：

[2] 罗维东（1924-）：1940年代毕业于原中央大学建筑系，1949年经香港赴美国芝加哥伊利诺伊工学院（IIT）建筑系研修硕士课程，直接求学于密斯门下，1951年毕业回国。

密氏对房屋的墙有一个新的解释：一所房屋再也不是由内墙把空间划成各种大小不同的匣子，再由外墙把这一堆匣子包围而成一个大匣子。墙，按功能的要求看，是把空间分隔成不同的区域，没有匣子的感觉。墙，还应把室外的空间引进到室内来，做成室内外空间的继续和不停的流动，互相交错，传统的室内和室外的观念理应打破。[3]

[3] 罗维东．密氏·温德路[J]．建筑学报，1957（5）：53-54.

密斯对空间的重视不仅体现在建筑设计中，还体现在他运用空间的组合原理处理家具的布置上。在周卜颐写的华·格罗毕斯中也介绍了格罗皮乌斯的空间观。格罗皮乌斯认为“掌握空间才是‘建筑’”，新的技术改变了建筑的空间形式：

新的技术已经使建筑从笨重的砖石中解放出来，新的综合性材料、钢铁、玻璃、混凝土可以建造比以往跨度更大，空间开朗，体积更大的建筑，因而引起了革命性的改革。

现代建筑……室内宽畅，空间互相贯通，室内室外打成一片与自然结合在一起。自由开畅的平面，产生宽敞而连续不断的新的空间，大大不同于以往盒子式的房间。[1]

从这两篇对现代建筑大师的介绍可以看出，密斯和格罗皮乌斯都将“空间”看成是建筑设计的重要影响因素，都强调室内空间的流通与室内外空间的结合。室内空间的流通与室内外空间的结合正是西方现代建筑在空间形式上的特征。

第三，尽管基本中断了与国际建筑界的联系，但中国建筑师始终能够接触与现代建筑有关的理论书籍或者报刊杂志，其中具有代表性的仍然是吉迪翁的《空间、时间与建筑》一书。早在1940年代就有建筑师、建筑学者私人拥有此书，1950年代，图书馆方面引入了此书，如上海图书馆收藏有1952年印的第二版（第9次印刷），清华大学图书馆有1956年印的第三版（第11次印刷）。图书馆对这本书的引入，使得更多的中国建筑师接触到了这本书，其影响范围进一步扩大。从这本书第二版、第三版的内容增补来看，吉迪翁为了完善他所建构的现代建筑发展过程，增加了与之相合的建筑师、建筑作品，这些补充的内容，尤其是关于现代建筑大师密斯的内容，使得现代建筑在空间形式上的特征更加明显，突出了现代建筑在空间上的开放性、流动性、渗透性。

最后，在批判西方现代建筑的文章中也会有关于现代建筑“空间”的内容。例如在写于1960年代初的《资本主义国家现代建筑的若干问题》一文中，作者顾启源虽然对现代建筑进行了批判，但也注意到：“新材料与新结构迅速发展，尤其大跨度空间结构的出现，为新形式的创造开辟了广阔的道路。”“即使像美国这样一个形式主义泛滥的国家，也仍有人提出一些有益的批评和建议，试图改善目前的混乱状况。例如他们主张建筑设计要注意功能，注意建筑个体和群体的空间组织，合理地利用新技术和新材料，以及满足人们对建筑的精神要求等等……”[2]吴焕加在《评西方十座建筑》中对所选的十座现代建筑进行了批判，但也提到了路易斯·康（Louis I. Kahn，1901-1974）将建筑空间分为“仆从空间”（Servant Space）和“被服务的空间”（Served Space）两种性质不同的空间。[3]这些批判表明，当时中国建筑师对西方现代建筑的发展并不是一无所知，对西方现代建筑“空间”话语也是有所接触与了解的，否则无法提出批评。

这些直接的或者间接的对西方现代建筑的传播体现出了中国建筑师在本质上对西方现代建筑的向往与接受，只是由于政治原因，使得他们在某些时候不得不站在批判的立场。通过这些西方现代建筑的传播还可以看出现代建筑的“空间”话语在中国并没有完全终止，而是在艰难地、曲折地传

[1] 周卜颐．华·格罗毕斯[J]. 建筑学报，1957（7）: 35-38.

[2] 顾启源．资本主义国家现代建筑的若干问题[J]. 建筑学报，1962（11）: 19.

[3] 吴焕加．评西方十座建筑[J]. 建筑学报，1964（6）: 29-33.

播与发展。

3. 对“流动空间”的矛盾态度

“流动空间”（Flowing Space）是吉迪翁在《空间、时间与建筑》第三版中新增加的关于密斯的内容中使用的说法。在《空间、时间与建筑》的第一、二版中关于密斯的内容非常之少，名字也仅出现过六次。这可能与密斯没有加入 CIAM 有关，吉迪翁对密斯的了解远不及他对格罗皮乌斯、柯布西耶的了解。然而密斯的建筑作品更适合吉迪翁所希望建构的现代建筑谱系，因为密斯的建筑空间更具有识别性，能够将吉迪翁所强调的建筑内外空间的穿插、渗透、流动的思想表达得更加清晰。

现在提到“流动空间”，首先想到的就是密斯，实际上，在吉迪翁的书中，“流动空间”最初是与赖特的建筑空间相关联的。在第三版之前，吉迪翁虽然写了一章关于赖特的内容，却没有使用到“流动空间”，只是认为赖特在 1910 年时就已经获得了无可媲美的开放平面的灵活性（Flexibility of Open Planning），赖特使建筑内部空间的灵活处理得以实现，将生命、运动、自由引入了整体上死板麻木的现代建筑。[1] 而在第三版中，吉迪翁认为赖特设计的建筑底层平面的开放性，像蔓延的植物一样在各个方向生长（图 4-8），整幢住宅被构思成一个流动空间（Flowing Space）。[2] 赖特在建筑内部空间处理上的灵活使得其他国家的建筑师在见识了赖特的建筑作品之后开始认识到自己在空间处理上的死板与生硬。吉迪翁认为正是受赖特影响，密斯的空间观念发生了改变，在 1923 年的砖宅（Brick Country House）与独身者田园住宅（Country House for a Bachelor）设

[1] Sigfried Giedion. *Space, Time and Architecture: the growth of a new tradition* [M]. Oxford University Press, 1947: 327.

[2] Sigfried Giedion. *Space, Time and Architecture: the growth of a new tradition* [M]. Oxford University Press, 1963: 543.

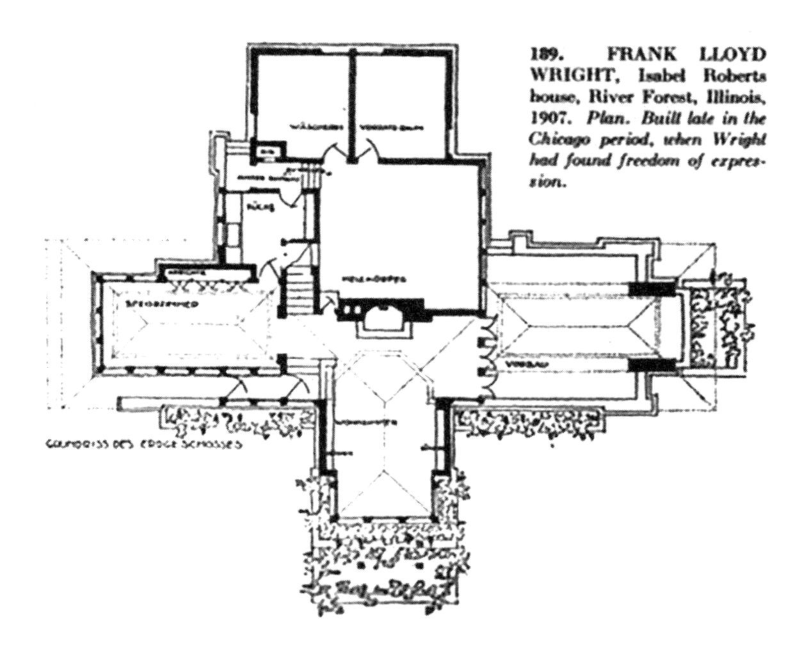

图 4-8 《空间、时间与建筑》插图——赖特的罗伯特住宅平面（Roberts House）

计方案中，密斯开始体现出“流动空间”的思想（图4-9），“流动空间”构思的首次实现是1929年的巴塞罗那博览会德国馆。它结束了建筑外部空间与室内空间分离的状态，空间从封闭的墙体中解放出来，创造出了室内空间之间以及室内空间与室外空间的自由流动、穿插和融合。在1930年的图根哈特住宅（Tugendhat House）中，密斯达到了空间相互流动的极致。吉迪翁甚至将密斯后期的建筑空间形式也视为“流动空间”的表现[1]。

[1] Sigfried Giedion. *Space, Time and Architecture: the growth of a new tradition* [M]. Oxford University Press, 1963: 543.: 555-561.

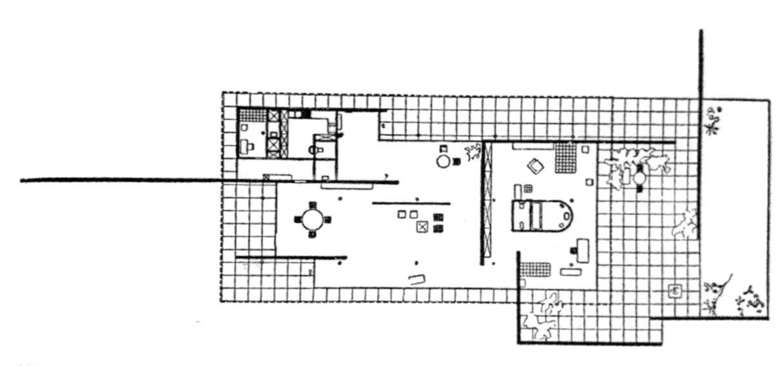

328. MIES VAN DER ROHE. Country house for a bachelor. Ground Plan. *The same trends are shown as in the brick country house, 1923. Planes protruding from within the house, as well as the flowing space of the interior, become reality.*

图4-9《空间、时间与建筑》插图——密斯的独身者田园住宅方案（Country House for a Bachelor）

通过“流动空间”，吉迪翁将现代建筑空间的渗透性、室内外空间相互穿插的特征表达得更加清楚、更加生动了。这种流动空间的手法打破了过去建筑孤立的、静止的、封闭的空间，使得室内与室外的界限变得模糊不清，室外景观成为室内空间的一部分，由此带来了与以往完全不同的动态的空间体验。

在中国，“流动空间”在某种程度上被看成西方现代建筑空间的典范与代名词，产生了非常深远的影响。然而，“流动空间”的公开传播却是从对其的批判开始的。在之前中国对现代建筑的传播中，密斯出现较少，在吉迪翁的《空间、时间与建筑》第三版中他成为了新的现代建筑的代言人。密斯的建筑在空间上的特征非常明显，可能正是因为如此，密斯与“流动空间”引起了中国建筑师较多的关注，使得“流动空间”被当成了批判西方现代建筑空间的靶子与焦点。在被批判之前，“流动空间”一词从未在建筑文章中出现，在1957年密斯的学生罗维东介绍密斯的文章中也未曾使用过这个术语。1958年，“流动空间”突然成为清华大学建筑系教学思想辩论中被严厉批判的对象。在《建筑教学中两条道路的斗争——记清华大学建筑系的教学思想大辩论》一文中，岳进以“剖示所谓资产阶级建筑理论的‘精髓之所在’”为标题对“流动空间”进行了批判，他写道：

资本主义国家的一些建筑平面（特别是资本家别墅住宅），室内外融会贯通，房间内减少隔断组织灵活，空间流动，在“有限的空间中创造出无限的空间”……我们从来没有贬低空间处理的必要性，这本是建筑师的职业技巧，毋庸置疑我们所理解的空间组织，当然首先是为了正常生活需要的满足。但是资本主义建筑的许多实例中……把空间处理提到不恰当的高度，把它变成了目的，他们在玩弄空间，玩弄形式，认为这才是建筑的“精髓之所在”，空间甚至于将墙的作用变成了只是“把空间分隔成不同区域，把室外空间引入室内，使空间继续和不停地流动，永无止境”的一种工具，于是一座建筑物变成了只是互不关联的几道孤立的墙，纵横排列，以组织所谓不同的空间变化的怪东西了。其结果各种声音到处弥漫互相干扰。无法在其中，同时进行多种多样生活和活动……资本主义建筑中这样热衷于宣传，并且滥用这种设计方式，只能是反映了他们既懒且娇，穷极无聊的资产阶级生活方式罢了。❶

❶ 岳进．建筑教学中两条道路的斗争——记清华大学建筑系的教学思想大辩论 [J]. 建筑学报，1958（7）: 37.

发表于《清华大学学报》的《彻底粉碎资产阶级建筑思想》一文也对“流动空间”进行了深入的批判：

由于新的结构可以使房屋不限于一种方盒的空间形式，因而资产阶级建筑师们认为建筑的平面设计和空间组合需要改变，提倡所谓“流动空间”。……这种设计手法本来也只是一种手段，适当地采用是可以为一定的目的服务的……但是资产阶级建筑大师们把流动空间的手法绝对化了，盲目地追求流动空间，室内是流动空间，甚至室内室外也要相互流通，据说是为了“使有限的空间创造出无限空间的感觉”（图 4-10）。

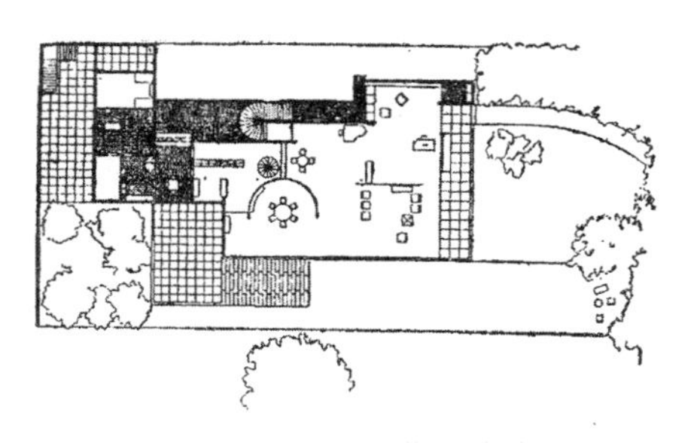

图 5　吐根打（图根哈特）住宅平面
“流动空间”式的住宅

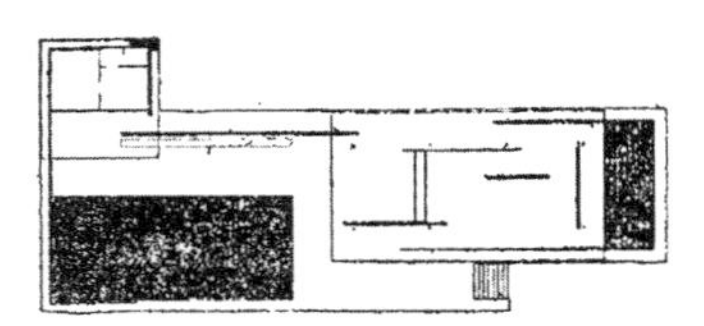

图 6　巴赛龙那（巴塞罗那）展览馆平面图
这个建筑物是没有实用内容的，纯粹作为“流动空间”以显示建筑设计的“新方向”，而实际上没有“实用”的建筑已经不是建筑了。

图 4-10 《彻底粉碎资产阶级建筑思想》插图

文章对图根哈特住宅（Tugendhat House）进行了分析，认为将一家人的活动置于流动空间中是不合适的，认为这种流动空间只对资产阶级腐朽的生活方式适用：

这种滥用流动空间的设计并没有以“有限”空间创造了“无限空间的感觉”，实质上是以“无限”的浪费面积取得了极“有限”的使用价值……[1]

[1] 汤纪敏．彻底粉碎资产阶级建筑思想[J]. 清华大学学报．4（3）: 356-359.

这些对“流动空间”的批判虽然带有阶级色彩，将其看成是资产阶级腐朽生活方式的表现，但同时也表明：当时中国的部分建筑师对“流动空间”是有了解的。中国建筑师对“流动空间”的批判也含有一定的合理性，“流动空间”的确存在某些缺点，并不适合运用在所有建筑类型中，忽略建筑功能、经济等其他因素而过分展现空间流动会将设计方式手法化，变成玩弄空间与玩弄形式。吉迪翁把“流动空间”完全理想化为现代建筑新空间观念的完美体现而忽视了“流动空间”在使用与功能上可能会出现的问题，然而仅以“流动空间”的概念来理解西方现代建筑的空间是不完整的，必然会造成对西方现代建筑的理解的偏差。

在由历史理论家所建构的西方现代建筑中，“空间”是重要因素与内容之一，但不是全部。在“空间”之外，西方现代建筑还有许多其他重要因素与内容，比如对时代精神的追求、对新技术与新材料的使用、对功能与经济性的强调等。不可否认，西方现代建筑确实存在一些问题，也有不少为“空间”而“空间”、与实际使用不相合的实例，但盲目地认为西方现代建筑只强调了“空间”而批判现代建筑则是对现代建筑的一种曲解。正如汪坦、吴良镛所言：“我们反对资产阶级建筑师把建筑当作空间组合的游戏，但我们并非否定建筑中空间变化的艺术……”[2]

[2] 汪坦，吴良镛．关于建筑的艺术问题的几点意见[J]. 建筑学报，1959（7）:8.

4.2 对建筑空间的认知与理解

可以说，1952年以前，在中国建筑话语中“空间”一词的使用以及关于建筑“空间”的讨论尚处于无意识、自发生成的阶段，涉及的内容包罗万象却未能形成系统的话语。艺术领域对“空间艺术”的探讨使得中国建筑师接受了“建筑是空间艺术”的说法，却未能引起中国建筑师对建筑空间的特别关注。西方现代建筑思想的传播使得“空间”概念开始深入中国建筑师的思想，苏联社会主义现实主义建筑所带来的“空间构图”理论进一步加深了中国建筑师对“空间”概念的认识，“空间”开始渗透到中国建筑学科之中。随着中国建筑师逐渐理解“空间”对建筑的意义，有意识地讨论建筑“空间”开始出现，中国现代建筑“空间”话语开始真正形成。

1954年6月，由中国建筑学会主办的建筑专业杂志《建筑学报》开始发行，为中国建筑师提供了一个交流建筑思想、建筑文化、建筑艺术、建筑创作的平台。1956年5月，“百家争鸣、百花齐放”方针的提出使得建筑的学术讨论前所未有地活跃。正是在这种活跃的学术思考与交流之下，中国建筑师对建筑“空间”有了新的认识，开始重视“空间”对于建筑意味着什么，并对这个问题展开了讨论。对建筑“空间”认知与理解的深化成为了有意识地、系统地使用“空间”术语进行建筑讨论的基础。

至1950年代中后期，“空间”概念对中国建筑学科的渗透使得“空间”逐渐开始与建筑的立面、外观等问题相提并论，“空间”的重要性逐渐体现出来。例如陈植、汪定曾认为建筑造型给人的印象来自于空间处理：“建筑物的造型在人们心理上、视觉上、情感上所产生的效果应该是通过建筑空间的处理而获得的。”[1] 人们对于建筑空间的反映有直接的有间接的，直接的反映来自于整个建筑环境、空间的尺度、形状，建筑材料及材料的表面结构，观察者的观点等，间接的反映来自于人们的直觉、过去的经验和建筑艺术修养等因素。邓焱在《清除建筑实践中的非科学态度》中提出了要以科学态度看待建筑的思想，他认为为了满足人们活动的各种要求，建筑需要用一定的物质手段构成空间，建筑的外观是以此为基础有意识地表达艺术思想：“建筑的外貌不过只是在以作为人们活动的各种要求为核心的基础上，用一定的物质手段构成的空间，并在创作过程中有意地表达了某种艺术思想的自然结果。”[2] 周卜颐在谈建筑创作时指出：“建筑创作必须‘简朴’，‘简朴’在建筑上……包括平面布置紧凑，空间组合严密，结构布置简单，施工方便，立面处理简洁等等。”[3] 袁镜身在《关于创作新的建筑风格的几个问题》中认为，好的建筑形式要符合适用的要求，在满足适用要求的条件下，体形、立面、空间、色彩应处理得更加美观：“评价一个建筑物的形式美观与否，应当从它的适用、体形比例、空间利用、色彩调和等多方面去评价，不能只从它的立面好坏去决定。”[4]

1959年5月底，建筑工程部和中国建筑学会在上海召开了“住宅建筑标准及建筑艺术问题座谈会”（以下简称“上海座谈会”），会上不少建筑师的发言有与“空间”相关的内容。例如梁思成指出：“我们对于建筑的认识，不应局限于个别建筑物的形体和细部上，而且应该在平面和空间处理上去寻求那些建立在生活习惯上的东西。”[5] 其中，最突出的当属哈雄文，他不仅看到了建筑空间与建筑功能、结构的关系，更将空间与建筑的艺术性相关联，将建筑看成主要是空间的艺术：

> 功能是空间的安排，而结构是空间之所由来……造型是空间的处理和艺术加工，是空间的形象化。
>
> 建筑的……实用性，要求它的语言，在点、线、面、体所造成的虚实空间，以及阴阳、色彩、质感所造成的表面变化，也同时为功能服务……建筑主要是空间的艺术，但也很难否定它的一定的时间性。

[1] 陈植，汪定曾．上海虹口公园改建记——鲁迅纪念墓和陈列馆的设计[J]．建筑学报，1956（9）：5.

[2] 邓焱．清除建筑实践中的非科学态度[J]．建筑学报，1956（6）：55.

[3] 周卜颐．从北京几座新建筑的分析谈我国的建筑创作[J]．建筑学报，1957（3）：46.

[4] 袁镜身．关于创作新的建筑风格的几个问题[J]．建筑学报，1959（1）：39.

[5] 梁思成．从“适用、经济、在可能条件下注意美观”谈到传统与革新[J]．建筑学报，1959（6）：3.

艺术更存在于建筑物与建筑物之间的空间里面，以它的巨大的场面来影响人。[1]

建筑与“空间”的关系不但得到了建筑师的认可，也得到了主管建筑工程的行政长官的认同。建筑工程部部长刘秀峰在“上海座谈会”上发表了题为“创造中国的社会主义的建筑新风格”的讲话，其中也多次提到“空间”：

我们要正确地强调功能作用，根据建筑物的不同要求，合理地处理功能问题，注意平面布置和空间安排的合理性……

构成建筑物形象的因素是建筑体型、平面布置、立面式样、内部和外部的空间组织、内部和外部的式样处理、装饰、色调，等等。

我们在处理建筑的体形、色彩、质感、阴阳、虚实、整体与局部、个体与群体、内部空间与外部空间、环境谐调与绿化布置等问题的时候，都应该注意和运用这些法则（指在适用、经济的条件下尽量做到美观）。[2]

1960 年建筑工程部副部长杨春茂在“全国建筑工程厅局长扩大会议”上的报告中也提出要不断地改进建筑平面和空间的布置，改进空间利用。[3]

1959 年前后，全国展开了关于建筑艺术问题的讨论，在这场极具社会影响和历史意义的研究建筑理论的活动中，“空间”与建筑艺术的关系被明确化，“空间”与建筑形式、建筑美建立了联系。以前，建筑的艺术性主要体现在外观形式上，现在“空间”也成为了建筑艺术性的体现之一。鲍鼎认为，建筑风格就是建筑创作中所表现出的一个建筑物或建筑群的艺术形象，其艺术性具体表现在总体布局、平面布置、立面造型、内部和外部空间组织、装饰和色调的处理等方面。[4] 吴庆华在《从建筑谈到照明风格问题》中引用苏联建筑科学院伊凡诺夫的话，将建筑的表现力与空间构图联系起来，建筑的表现力不在于堆砌大量无用的装饰，“在于建筑物内外空间构图壮丽，比例匀称，节奏明确，各种材料的表质和色彩的协调、精致，以及各种建筑物的正确权衡和雕刻、彩画的合理运用等。”[5]

对建筑“空间”的认知使得中国建筑师对建筑有了新的认识，不论建筑评论还是建筑设计实践都因为“空间”话语的渗透而开始发生转变。作为一种艺术，建筑艺术不仅在于形成空间的围合结构，更在于其中空的部分，这种内部空间正是其他艺术所有没有的，从空间角度来评论建筑可以抓住建筑自身的特性，从空间出发进行建筑设计构思则不仅可以使平面、立面结合得更加紧密，还可以更加直观地与建筑的使用功能相联系。只有

[1] 哈雄文．对建筑创作的几点看法 [J]. 建筑学报，1959（6）: 7-10.

[2] 刘秀峰．创造中国的社会主义的建筑新风格 [J]. 建筑学报，1959（9，10）: 3-12.

[3] 高举毛泽东思想的红旗，实现今年勘察设计工作更好更全面的继续跃进——建筑工程部杨春茂副部长一九六〇年二月十二日在全国建筑工程厅局长扩大会议上的报告 [J]. 建筑学报，1960（2）: 2-11.

[4] 鲍鼎．从建筑史的角度来谈建筑理论中的几个问题 [J]. 建筑学报，1961（12）: 2.

[5] 吴华庆．从建筑谈到照明风格问题 [J]. 建筑学报，1961（9）: 8.

在对建筑空间的作用有清楚、明确的认识的基础上才可以进一步思考与探索“空间”在建筑中的积极意义，发展出有实际价值的建筑“空间”话语。可以说，对建筑空间价值的认知为中国现代建筑“空间”话语的展开做好了准备。

4.3 中国传统建筑与园林“空间”初探

从中国建筑学科建立开始，中国建筑师、建筑史学家就开始了对中国传统建筑的历史研究。这些史学研究早期比较关注中国传统建筑在外形、结构、材料、色彩等方面的特征，采用的术语基本上是“布扎”体系建筑术语的移植和转译。随着中国建筑师对建筑“空间”认识的深入，对建筑“空间”的关注度增强，在这种情况下，从“空间”的角度来探索中国传统建筑和园林的特征与特色是自然而然的。尤其是在对过去的中国建筑史研究方式进行批判与反思以及对“古为今用”的提倡之下，对中国传统建筑和园林的研究发生了重要的转变，“空间”成为研究的一个重要视角。

4.3.1 对中国传统建筑空间特征的初步认识

其实早在1940年代中后期就已经有中国建筑师注意到中国传统建筑在空间上的特征，例如黄作燊就注意了到中国传统建筑在空间组织上的特色，打开了中国建筑师从“空间”的角度探讨中国传统建筑特色的大门。之前的这种讨论在这个时期得到了进一步发展，成为中国现代建筑“空间”话语的一个重要内容。

对中国传统建筑空间的认识是首先从认识建筑群体组织上的空间特色开始的。黄作燊对中国传统建筑的解读就来自对空间序列组织和空间感觉的解读，关注的是中国传统建筑群体所展现的空间气势。1952年前后，梁思成和林徽因两人也开始注意到中国传统建筑在群体组织上所具有空间特色。两人在《新观察》上发表的系列文章中多次提到中国传统建筑的空间特征。林徽因在描写太庙和故宫三大殿时赞赏了空间的处理：

（太庙的）平面布局是在祖国的建筑体系中，在处理空间的方法上最卓越的例子之一。不但是它的内部布局爽朗而紧凑，在虚实起伏之间，构成一个整体，并且它还是故宫体系总布局的一个组成部分，同天安门、端门和午门有一定的关系。……[1]

巍然崛起的三座大宫殿是整个故宫的重点，“紫禁城”内建筑的核心。以整个故宫来说，那样庄严宏伟的气魄；那样富于组织性，又富于图画美的体形风格；那样处理空间的艺术；那样的工程技术，外表轮廓，和平面布局之间的统一的整体……[2]

[1] 林徽因．北京市劳动人民文化宫[J].新观察，1952（2），参见：陈学勇．林徽因文存•散文 书信 评论 翻译．成都：四川文艺出版社，2005：44-45.

[2] 林徽因．故宫三大殿[J].新观察，1952（3），参见：陈学勇．林徽因文存•散文 书信 评论 翻译．成都：四川文艺出版社，2005：44-45.

梁思成和林徽因在合写的《祖国的建筑传统与当前的建设问题》中指出，中国传统建筑在平面布置上由若干座厅堂廊庑及其围合的庭院或若干庭院组合而成的，建筑物和庭院是作为一个整体而设计的，这是中国传统在处理空间的艺术上的成就。[1]两人还从“空间”的角度描绘了北京由传统建筑群所形成的城市空间：

北京独有的壮美秩序就由这条中轴的建立而产生。前后起伏、左右对称的体形或空间的分配都是以这中轴为依据的。气魄之雄伟就在这个南北引申，一贯到底的规模。……过了此点，从正阳门楼到中华门，由中华门到天安门，一起一伏，一伏而又起，这中间千步廊（民国初年已拆除）御路的长度，和天安门面前的宽度，是最大胆的空间的处理，衬托着建筑重点的安排。……那宏伟而庄严的布局，在处理空间和分配重点上创造出卓越的风格，同时也安排了合理而有秩序的街道系统，而不仅在它内部许多个别建筑物的丰富的历史意义与艺术的表现。[2]

尽管梁、林二人对中国传统建筑在群体空间组织上的特色进行了分析，但他们对中国传统建筑的研究受“布扎”体系的影响，始终围绕着寻找建筑的“文法”而展开。无论是在《祖国的建筑》一书还是《建筑学报》上的《中国建筑的特征》一文中，梁思成都在试图建构中国建筑的“惯例法式”，即“文法”，他所提出的中国建筑“词汇”并没有将“空间”纳入其中。他的“文法”实质上是对“布扎”体系“构图”原理的套用与重释，因此，梁思成尽管有明确的建筑空间概念，在教育中也强调了建筑的“空间”，却未能将“空间”看作中国传统建筑诠释的重要内容。

1958年，随着“大跃进”运动的开始和向科学进军，中国建筑历史研究领域展开了对过去研究的批判，认为过去的研究方式是“为古而古”，今后要强调“古为今用”。这种批判无意间通过对官式建筑的否定迫使中国建筑师重新寻找对于“中国建筑”以及民族形式的解释，使他们从更广阔的方向与角度来思考中国传统建筑。在这种情况之下，中国传统建筑在群体空间组织上的特色受到了越来越多的关注。1959年，在“上海座谈会”上就“传统与革新”、“民族形式”问题发表的看法中，不少建筑师提到了中国传统建筑空间。例如陈植指出：“我们祖先对平台、游廊、内院的采用，空间的组合，有意识地布置一木一石等等都是我们应该很好地继承的精华。”[3]在1961年的文章《试谈建筑艺术的若干问题》中，他更是将空间组合的变化、创造空间的扩大感、善于借景、有机地结合自然环境、群体多起伏等看成是中国建筑的优秀传统。[4]哈雄文不但对建筑空间的重要性有深刻认识，在对中国传统的认识中也指出向“古”学习不是学习形式而是形式之所由来，不是学习具体手法而是学习手法之所以运用，传统可

[1] 梁思成，林徽因．祖国的建筑传统与当前的建设问题[J]．新观察，1952(16)．参见：陈学勇．林徽因文存•建筑．成都：四川文艺出版社，2005：180.

[2] 梁思成，林徽因．北京——都市计划的无比杰作[J]．新观察，1951（7，8）．参见：陈学勇．林徽因文存•建筑．成都：四川文艺出版社，2005：142-155.

[3] 陈植．对建筑形式的一些看法[J]．建筑学报，1959（7）：3.

[4] 陈植．试谈建筑艺术的若干问题[J]．建筑学报，1961（9）：5.

以用来借鉴的东西包括“对称的内部空间与不对称的外围空间强烈的巧妙的对比”、“化小空间为大空间的曲折手法”。[1]

从1958年开始，中国建筑师真正开始了有意识的对中国传统建筑空间的思考与研究。单士元在写“样式雷”时，对中国建筑在群体上的空间特色作出了这样的描述：

中国建筑群的布局是由个体建筑组成一个庭院，多座庭院组成一座大建筑群，在空间组合上注意建筑物高矮的比例，或左右对称或左右均衡或错综变化，定出各式各样的建筑尺寸，在布局上做到匀称协调。[2]

虽然这种描述使用的是“布扎”体系中的重要概念——比例、对称、均衡，但抓住了中国建筑在群体空间组织上的特色。吴景祥在《建筑的历史发展和中国社会主义建筑新风格的成长》中更明确地指出：“我国在平面布局、庭园空间处理等方面有独到的功夫，使我国的建筑艺术具有浓厚的独特的东方风格，在世界建筑史上放出异彩。”[3]

从认识中国传统建筑在空间组合上的特征开始，中国建筑师对中国传统建筑空间的解读的视野越来越开阔。例如侯幼彬就十分关注中国传统建筑的空间，专门就传统建筑中的空间扩大感写了一篇文章。建筑空间扩大感指的是建筑的空间观感大于真实尺度，侯幼彬将它看成是创造建筑意境的一种手段，可以在有限的空间里取得观感上的高、大、宽、阔、深、远，创造宏伟、庄严、高崇、巍峨、清朗、深邃等建筑氛围。他认为中国传统建筑在扩大空间上积累的巧妙手法反映了建筑中扩大空间的一般原理和我们民族的独特传统，是一份值得重视的建筑遗产。在文章中，他将中国传统建筑空间扩大感的获得归结为“化整为零”、“尺度处理”、“以点带面”、“不尽尽之”等几种处理手法的运用，并结合实例对这些手法进行了深入的分析，认为：“这些处理，多数情况下也不是孤立地为了扩大空间的单一目的，而是紧紧结合着功能、技术和造型上其他构图效果的需要，统一考虑的。”[4]侯幼彬还以《李笠翁谈建筑》（建筑学报，1962年第10期）为题解读了李渔在《闲情偶寄·居室部》中所体现的建筑空间设计思想以及李渔对空间处理的一些见解。

1957年，刘敦桢出版了《中国住宅概况》一书。作为早期比较全面的关于中国各地传统民居的著作，这本书打破了中国古建筑研究偏重宫殿、坛庙、陵寝、寺庙等官式建筑而忽视与人民生活相关的民居建筑的传统，引起了中国建筑界对民居建筑研究的重视。1958年，对中国建筑史过去的研究方式的批判使得中国建筑师的注意力开始向地方民居转移。1960年代初，全国展开了大范围的民居调查研究，中国建筑师开始意识到各个地方的建筑具有不同的“空间”特色。林克明在谈“南方建筑风格”时就

[1] 哈雄文．对建筑创作的几点看法[J]．建筑学报，1959（6）：9.

[2] 单士元．宫廷建筑巧匠——“样式雷”[J]．建筑学报，1963（2）：22.

[3] 吴景祥．建筑的历史发展和中国社会主义建筑新风格的成长[J]．建筑学报，1961（8）：5.

[4] 侯幼彬．传统建筑的空间扩大感[J]．建筑学报，1963（12）：10-12.

指出，南方中小城镇、农村或更早期的广州民居在空间上的特色为：

平面布局开敞，临内庭院设敞口厅，室内外空间很好联系，室内采用活动屏风或通花间隔，利用花荏（挂落）作布局段落的分隔，加上花墙、漏窗的巧妙运用，使空间隔而不断，闭而不塞，身处有限空间而不感到拘束。[1]

林克明提出应该首先从功能上、从平面布局上、从空间组织上去体现南方建筑的风格。徐强生、谭志民在《探求我国住宅建筑新风格的途径》中指出，传统的四合院由于封建制度的限制和影响而多半是对称的，农村和南方地区的民居建筑在空间上的设计手法则更加灵活巧妙，“在室外空间处理中，能够用变化无穷的庭院布置手法，在面积不大的庭园中求得丰富的空间变化”。[2] 两人提出要研究与借鉴农村和南方民居从功能出发的精神及丰富的室内外空间处理手法。这一时期，在全国民居调查研究报告中，对“空间”特色的描写频繁出现，例如在《建筑学报》1963 年第 1 期上刊登的多篇民居调查报告中，《西北黄土建筑调查》、《广西僮族麻栏建筑简介》、《新疆维吾尔族传统建筑的特色》等均有对建筑空间特色的描述。

从“空间”的角度理解中国传统建筑特征使得中国建筑师开始意识到中国传统建筑的空间处理手法是值得学习的，一时间，向中国传统建筑学习空间处理手法的提议大量出现。周卜颐提出：

我们学习中国古建筑，应该学它平面布置简朴和主次分明的精神，出檐深远以当风雨阳光避免眩光的经验；保护木料使用油漆而能够成丰富多彩的图案，美化建筑的处理方法；空间组合连贯而富有变化（中国庭园）的技巧，以及结构层层交替，交代清楚，并真实地表露出来，使建筑生动活泼等手法。而不是搬用大屋顶、斗栱、大红柱等形式。[3]

董鉴泓在《庭院式居住区研究性规划设计方案的探讨》中分析了我国传统的庭院式居住区在空间处理上的特色，认为我国传统的庭院式住宅大多独门独户，因而可以共用辅助房间及院落，又能恰当地安排各种房间。在空间处理上，平面简单的单体与多样化的空间的有机结合使得住宅群在统一之中有丰富的变化：

这种效果主要是通过各种不同的庭院空间处理来达到。其次是运用绿化、围墙、建筑的立面造型、小建筑处理等使空间得到丰富的变化，既有分隔，又有联系，有开敞，也有封闭，有疏有密。而这些处理又是完全与室外空间在功能使用上的要求完全结合起来的。[4]

[1] 林克明．关于建筑风格的几个问题——在“南方建筑风格”座谈会上的综合发言 [J]. 建筑学报，1961（8）: 3.

[2] 徐强生，谭志民．探求我国住宅建筑新风格的途径 [J]. 建筑学报，1961（12）: 11.

[3] 周卜颐．从北京几座新建筑的分析谈我国的建筑创作 [J]. 建筑学报，1957（3）: 49.

[4] 董鉴泓．庭院式居住区研究性规划设计方案的探讨 [J]. 建筑学报，1963（3）: 28.

这篇文章是对同济大学城乡规划专业 1962 年毕业设计课题“庭院式居住区研究性规划设计”的探讨与总结，董鉴泓认为，学习中国传统庭院式住宅的空间处理手法可以使居住区空间富于变化，达到步移景异的效果。

从这些对中国传统建筑“空间”特征的初步探索来看，其基础首先在于“空间”概念的传播与深入人心，动力则在于对过去中国建筑历史研究的反思。在过去对中国传统建筑的研究中，无论是 1920 年代以前西方建筑师眼中的“中国化建筑”，还是 1920 ~ 1930 年代的“中国固有式”建筑，强调的始终是一些形式化的特征。尽管 1950 年代梁思成对中国传统建筑的认识从图像转向结构，但其“可译性”理论仍然是以形式元素为中心的。建筑形式始终是在不断地发展与变化的，不能用静止的观念来看待传统和民族形式，通过对具象的形式和装饰元素的模仿是无法继承和发扬中国传统建筑的优点和精神的。“古为今用”的提倡使得中国建筑师开始以新的视角研究中国传统建筑，“空间”便是其中之一。从“空间”的角度来探讨中国传统建筑为中国建筑传统的转化开启了一条新思路。

从讨论中所使用的空间术语来看，主要是关于“空间组合”的，“组合”还原到英文仍为“composition”，而论述中时不时出现的“构图”也表明了“组合”与“构图”的关联性。使用“空间组合”而非“空间构图”，一方面可能是因为翻译的问题，另一方面也可能是受到西方现代建筑空间观念的影响。“组合”与“构图”相比，“构图”更偏向于二维的、平面的构成，而“组合”则更适合于三维空间。正如“构成主义”用“construction”来对抗“composition”一样，“组合”在某种程度上是为了与“构图”对抗而出现的。无论如何，“空间组合”始终与“构图”有关，“空间组合”的讨论中对平面布局的强调更是显示了“构图”理论的影响。可以说，此时对中国传统建筑“空间”的分析受到“布扎”的“构图”原理和苏联“空间构图”理论的影响多于西方现代建筑思想的影响。

4.3.2 对中国传统园林空间特征的初步认识

中国传统园林作为与建筑平行的另一个体系，在建造中充分体现了文人雅士的闲情逸致，中国古代建筑设计师不存，但造园家存在，造园理论著作也有流传。可以说，中国传统园林是中国传统建筑艺术的最高成就。中国传统园林是建筑与山、水、花木的有机组织，是人工环境与自然环境的完美结合，体现出了与传统建筑完全不同的意境。

中国建筑师从 1920 年代末就开始发掘中国的园林文化，但一直没有与“空间”建立联系。在对中国传统建筑空间的关注中，中国建筑师注意到了中国传统园林在空间上的特色，认为中国古典园林之所以具有如此高的艺术成就，与空间处理是分不开的。1956 年 10 月，在南京工学院第一次科学报告会上，刘敦桢宣读了他对苏州古典园林研究的阶段性成果《苏州的园林》，他认为苏州园林中有一种基于主次关系、体量—空间平衡以及对比组合的布局，其中多次使用了“空间组合”一词：

山池房屋的位置与体量大小，皆能恰如其分，使空间组合几无懈可击。

建造一座园林……尤以山池房屋与花木的空间组合，不但应因地制宜，而且还需要相当的艺术修养与经验……

我国传统园林的设计，主要是山池木石与房屋的空间组合。[1]

1958 年刘敦桢在北京所作关于苏州园林的绿化问题的报告中也谈到了中国传统园林中的空间组合问题。[2] 在 1963 年的文章《漫谈苏州园林》中，刘敦桢更是将苏州园林的空间组合描写得极具“诗情画意”：

我国传统园林的布局，一方面由于所追求的具有自然风趣的园景，要求作不规则的组合，另方面又企图在有限的较小空间内，创造更多的优美意境。因此，在疏密相间与主次分明的原则下，采用了划分景区的方法。在苏州园林设计中，也往往在园门内用假山、树木阻隔游人视线；或布置景色不同的大小庭院，时而幽曲，时而开朗，形成园中有节奏的变化，使人们几经转折而目不暇接，然后才进入空间较大的主要景区，自然而然地产生“柳暗花明又一村”的感觉。在各景区之间，除插入过渡性的小景以外，还建有似隔非隔的走廊和漏窗、空窗；或配植若干似断似续的花木；或在山池之间开辟一二水口，使空间组合既有分有合，互相穿插渗透，又增加了风景的层次和深度。这些优美而巧妙的手法，无疑地是在“诗情画意”的启示下，通过无数实践以后才逐步形成的。[3]

1958 年开始的对中国建筑史研究的反思与批判不仅使得中国建筑史研究从官式建筑转向民居建筑，同时也使得中国建筑师对传统园林建筑更加关注了。陈丽芳在《中国园林的探讨》一文中指出了中国传统园林空间具有运动性的特色：

以空间结构作为设计构思的依据，并利用这些空间构图形成多层次性的结构形式，使空间多样变化，且具有含蓄不尽之意。这种运动空间的艺术是我国园林艺术传统的特征。[4]

陈丽芳认为，园林中的回廊曲院既是联系交通的平面建筑，又是划分空间、联系空间的构成要素。山水、地形、建筑、树木是我国园林空间的基本组成部分，通过因地制宜地经营布置被赋予生命。借景手法的使用使得空间

[1] 刘敦桢．苏州的园林 [J]. 南京工学院学报（单行本），1957（4）：8，9，11.

[2] 这次报告的地点及对象不详，全文参见：刘敦桢．刘敦桢文集（第四卷）．北京：中国建筑工业出版社，1992：137-149.

[3] 刘敦桢．漫谈苏州园林 [J]. 雨花，1963（11）．参见：杨永生．建筑百家杂识录 [M]. 北京：中国建筑工业出版社，2004：28-29.

[4] 陈丽芳．中国园林的探讨 [J]. 建筑学报，1958（12）：33.

得到了交流，扩大了空间，叠山理水，充分利用地形使空间“得景随形”。孙筱祥、胡绪渭认为中国古典园林：

在空间构图上，峰回路转，开合收放，层层叠叠，变化无穷。在空间组织上，不是一览无余，而是由许多大小开合不同的局部空间组合起来，每一个局部空间都可以独立成为一个静止的构图。但是这些空间，又依据游人的路线连贯起来，成为一个整体的流动连续构图。[1]

孙筱祥在1960年代初期还将中国传统园林与中国传统的绘画理论联系起来，认为中国园林的空间组织受到了来自中国画，尤其是自然山水画的影响，从空间构图的角度对山水画所表现的空间意识与园林空间进行比较、将观赏园林的经验与观赏长卷绘画的动态经验进行比较，认为中国传统园林空间具有一种“动态连续风景构图”。[2]

作为刘敦桢的助手，潘谷西也对中国传统园林的空间构图进行了研究，在《苏州园林的观赏点和观赏路线》中，他将园林布局表述为一个基于观赏点和观赏路线的系统化空间构图——“随着人们流动而展开的连续的空间构图”，从观赏的角度，结合实例配合路线图示（图4-11）对园林空间进行了分析。[3] 用于组织“风景的展开和观赏程序”的观赏路线，既体现了空间上的运动顺序，又体现了时间上的经验顺序，在其基础上园林景观的对比和序列变得可以被规划和设计。园林的规划与设计手法正是中国建筑师最感兴趣的东西，探索中国传统建筑的现代转译方式一直都是中国建筑师研究中国传统建筑的主要目的之一。

❶ 孙筱祥，胡绪渭．杭州花港观鱼公园规划设计[J]. 建筑学报，1959（5）：19-20.

❷ 孙筱祥．中国传统园林艺术创作方法的探讨[J]. 园艺学报，1962（1）：79-88；孙筱祥．中国山水画论中有关园林布局理论的探讨[J]. 园艺学报，1964（1）：63-74.

❸ 潘谷西．苏州园林的观赏点和观赏路线[J]. 建筑学报，1963（6）：14-18.

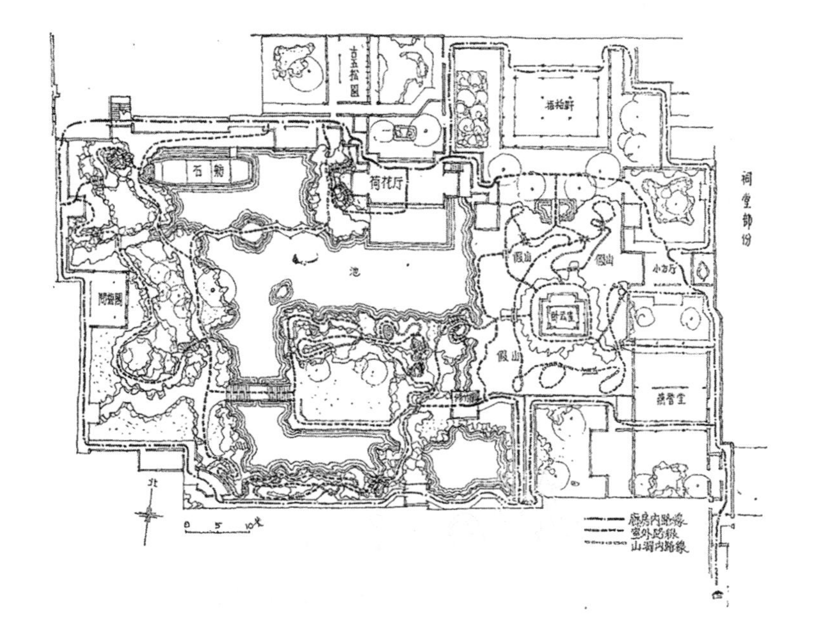

图4-11《苏州园林的观赏点和观赏路线》插图——“狮子林主要观赏路线示意图”

彭一刚在《庭园建筑艺术处理手法分析》一文中认为，中国造园艺术主要有三个特点：“寓情于景”、“寓大于小，小中求大”、“效法自然”，这三个特点都与空间处理有关。

在庭园中大至建筑物的布局、空间处理及体形组合，小至一山、一水、一石、一木的设置，都是在这种创造思想（即寓情于景）的指导下，务求其达到尽善尽美。

我国造园多在不大的范围和有限的空间内经营，但在处理上除力图通过空间的对比和渗透而获得小中见大，层叠错落和不可穷尽的幻觉外，还要在山、水、亭、台及建筑物的设置上竭尽迂回曲折之能事，以期造成隐约迷离和漫无边际的效果。

把自然美与建筑美结合起来，善于利用建筑物的组合而获得千变万化的空间效果。[1]

[1] 彭一刚．庭园建筑艺术处理手法分析[J]．建筑学报，1963（3）：15.

郭黛姮、张锦秋以《苏州留园的建筑空间》为题分析了留园的大门—古木交柯、古木交柯与绿荫、曲溪楼—五峰仙馆、揖峰轩几处景观在建筑空间处理上的特色，并绘制了大量示意图来分析空间。以对大门—古木交柯（图4-12）的分析为例，她们认为这段空间处理成功的妙处在于一个“变”字：“在两侧为墙限制的条件下，充分运用了空间大小、空间方向和空间虚实的变化等，一系列的对比手法”，将一条通道处理得意趣无穷。通过文字配合图示分析，她们认为留园：

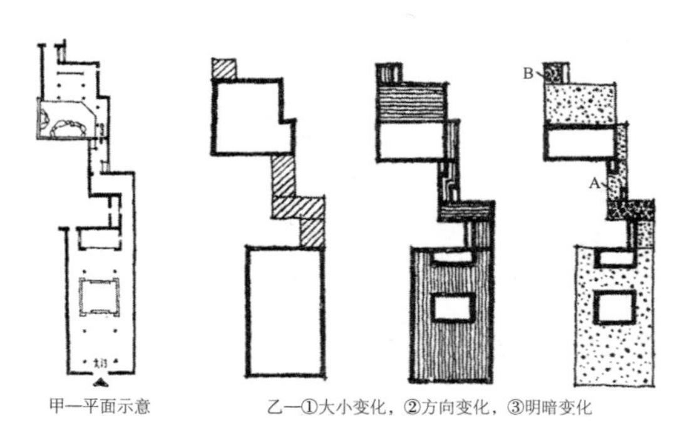

图4-12《苏州留园的建筑空间》插图——“大门—古木交柯”

整个建筑群组突出地反映了我国园林建筑的两个重要特点：尽变化之能事，重室内外之结合。在空间处理上，其成功之处在于以意境为线索，并把各种变化有机地组成有韵律的整体。[2]

[2] 郭黛姮，张锦秋．苏州留园的建筑空间[J]．建筑学报，1963（3）：19-23.

作为一篇完全从“空间”的角度分析中国园林实例的文章，《苏州留园的建筑空间》开启了中国传统园林研究的新视角与新方法。

从“空间”的角度研究与解读中国传统园林可以更好地理解园林中所隐含的中国传统文化与思想及其独特的“意境”。这一时期的文章对中国传统园林空间的分析抓住了空间的动态性、连续性，这正是中国传统园林的特征之一。中国传统园林在空间上充分地体现了时空连续的空间观，这种空间的体验需要的是动态的观赏。将空间理论作为中国园林的一个暗喻，其首要目标是解释园林经验如何通过造园的意匠和技巧进行规划和设计，这一目标在相当程度上符合当时强调“古为今用”的历史条件。此外，这一时期公园的大量建设也迫使建筑师向传统园林学习处理手法，而传统园林空间组织上的灵活多变、丰富多样使得它成为建筑师学习空间处理手法的宝库。正如戴念慈所言：“组织空间的艺术，在我们传统的庭园和建筑群布置艺术方面，是有很丰富的遗产的。应当继承这些遗产的精华，为我们的社会主义建设服务。”[1]

[1] 戴念慈．关于住宅标准和设计中几个问题的讨论[J]. 建筑学报，1961（3）:4.

从这一时期对中国传统园林空间讨论所使用的术语来看，“流动”、“连续”等词的使用显示了来自西方现代建筑空间观念的影响。中国传统园林在空间上的动态性与连续性与现代建筑的空间具有一定的相似性，有利于帮助中国传统适应“普适”的现代主义。也就是说，对中国传统园林空间的探讨帮助中国建筑师建立了一种既现代又有民族性的空间概念，并作为建筑实践的基础，为中国传统建筑的现代转译提供了一个可能的路径。总体来看，使用“空间构图”来定义园林空间的组织显示出中国建筑师的思维与思考未能脱离“布扎”体系的“构图”原理，对苏联的“空间构图”理论的接受与认知远超过对西方现代建筑空间观念与空间思想的理解。因此，可以说，此时对中国传统园林空间的分析也是受苏联“空间构图”理论的影响远甚于西方现代建筑空间观念的影响，“空间构图”才是这一时期中国传统园林空间话语的关键概念。

4.4 指向建筑设计的“空间”话语

建筑学科中所有的话语的最终目的都是为建筑设计实践服务，对建筑历史的研究和对建筑理论的总结，其目的在于建立一套建筑设计的方法体系，使建筑设计变得简单易操作，“布扎”体系的“构图”理论就是这种设计方法体系的代表。从西方直接引入的建筑体系与中国建筑传统之间存在不适应，使得中国建筑师无法完全以西方的方式来设计“中国建筑”。同时，现代建筑在中国的兴起打破了“布扎”的统治地位，建筑设计领域发生了分化，原来占统治地位的设计方法体系不再适用。这些促使中国建筑师开始探索新的适用的建筑设计方法体系。“空间”为中国探索新的建筑设计方法体系提供了一条新思路，指导建筑设计实践成为中国现代建筑“空间”话语的另外一个重要内容。

4.4.1 建筑理论文章中的“空间”话语

从中国建筑师认识到建筑空间的重要性开始，“空间”对建筑设计而言具有了重要的意义，成为了影响建筑设计好坏的标准之一。对中国传统建筑和园林空间的初步研究与认识，从表面上看是为了重新建构“民族形式”，完善中国建筑历史研究，但实质上其更重要的意义在于寻求一条合理有效地转化中国传统的道路。

这一时期有大量的文章针对建筑设计进行理论探讨，其中与“空间”相关的讨论主要集中于以下三个方面：

1. 构图原理

受苏联“社会主义现实主义”建筑中“空间构图”理论的影响，此时的中国建筑师在讨论建筑设计中的“空间”时常将其置于构图原理之下。“空间构图”不仅用于识别中国传统建筑和园林的空间特色，更可用于对建筑设计原理的探讨。空间组织成为“构图”中的重要问题，鲍鼎在讲解学院派的构图原则时就这样写道：

学院派严格遵循古典构图原则，在造型上讲求均衡对称，整体与细部比例精确，在构图上不论是总体布局，平面布置，和立面处理，以及内部外部空间组织等等，在每个具体问题上，都经过仔细探索，反复推敲，一丝不苟，一笔不苟。[1]

由此可见，此时对“布扎”的“构图”原理的理解已经不再是将其局限在平面、立面的二维表现中，而是与建筑空间发生了联系，内外空间组织也属于“构图”所关注的内容。

在《建筑学报》中属于“构图原理讲座”的两篇文章——《建筑形式的比例》和《建筑群的观赏》，其内容都与“空间”有关。在周维权写的《建筑形式的比例》中，建筑形式比例与空间处理有关：

在建筑理论研究中，诸如形象、布局、空间处理等方面有关比例的问题，若能借助某些数学推衍和几何关系，那么，分析工作也可能做得更深透具体一些。[2]

齐康和黄伟康共写的《建筑群的观赏》更是围绕着“空间构图”展开，这篇文章是以发表在《南工学报》上的《建筑群的构图与观赏》[3]（1963年3月）为基础改写而成的，其原标题更直观地表达出了文章讨论的是建筑群的“构图”原理。文章开篇就提出：

[1] 鲍鼎．从建筑史的角度来谈建筑理论中的几个问题[J]. 建筑学报，1961（12）: 2.

[2] 周维权．建筑形式的比例（构图原理讲座）[J]. 建筑学报，1963（2）: 25.

[3] 实际上，发表在《南工学报》上的文章内容更加完整，其中的“错觉与联想”一节在《建筑学报》上发表时完全被删除了。

人们的活动总是在一定的空间范围中进行的。这些空间范围是由各个建筑群所形成…… 在组织建筑群时，不仅要满足功能上的各项要求，还要考虑相互间的尺度、比例陪衬、统一、对比、均衡、节奏、空间程序等构图上的要求，使它们在群体空间中各得其所，相得益彰。……我们研究建筑群的空间构图，既要分析建筑空间构图上的一些特征，又要分析人们在观赏活动中对空间构图上的要求。

在两位作者看来，建筑群的空间是由空间中的单体（建筑物、树木、小品等）与建筑或建筑与周围环境所构成的，具有一定的形状、范围、高低、色彩、气氛等特征，给予人们一定的感受。他们从“空间与视觉上的空间”（图4-13）、“空间的基本类型及其特征”、“观赏的动与静”、“建筑群空间的透视消失与层次”、“视景的敞与聚”、“空间的程序”六个方面对城市建筑群的空间构图问题进行了论述，提出：

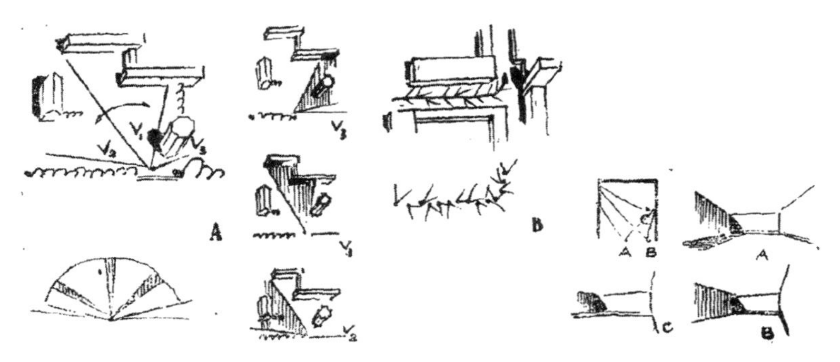

图 1　建筑群空间的观赏
A—点上静止的观赏　B—线上移动时的观赏

图 2　同一空间中，在不同的视点上，看到不同的景面。

图 4-13《建筑群的构图与观赏》插图

我们组织城市建筑群的空间必须考虑它的功能、经济及审美上的一系列要求，这是一个基本原则。……必须从分析人的实际观赏活动的各个特点着手，来研究空间的构图问题，使实际建成后的建筑空间能更好地适应人们的视觉特点，而获得令人满意的观赏效果。[1]

[1] 齐康，黄伟康．建筑群的观赏（构图原理讲座）[J]. 建筑学报，1963（6）: 19-23.

在《建筑构图中的对位》（建筑学报，1964 年第 6 期）中，建筑形式构图也是与“空间”有关的。

《建筑群的观赏》中的“空间构图”充分表明“空间构图”并不局限于单体建筑，对于建筑群体也适用。王华彬在《积极创作，努力提高住宅建筑设计水平》中认为，对住宅建筑艺术的评价要从建筑群体着眼：

要看整个建筑群的处理效果如何，能否满足功能要求和反映城市的精神面貌，布置是否与环境互相协调，构图是否完整和谐，以及空间组织的艺术水平如何，作为评价的标准。

由于住宅建筑本身的形式比较简单，因此，住宅建筑群中如何分隔空间、组织空间和美化空间成为群体是否美观的关键所在。[1] 汪定曾、徐荣春在《居住建筑规划设计中几个问题的探讨》中讨论了现代城市建筑群的设计倾向，认为：

> 现代城市建筑群设计倾向于采用开敞的自由式布局，强调与自然环境相结合，形成了所谓“房屋处于空间之中”的概念，否定了“空间处于房屋之中”的公式。

建筑是“一个三度空间的艺术”，住宅群设计的实质，就是建筑实体的空间布置问题，住宅群布置形式的风格并不取决于个别建筑的细部处理，而主要取决于建筑物的形体、比例和相互关系。“过大过宽的广场或街道，会有空旷之感；过小过窄的空间，也会使人感到压抑，建筑物与四周的空间关系是非常重要的。”[2] 吕俊华以“小区建筑群空间构图”为题分析了住宅建筑群空间构图和小区总体布局空间构图，认为：“小区建筑群的空间构图，对于决定小区总体建筑艺术面貌具有很重要的作用。”住宅建筑的各种布置方式形成的住宅群空间各具特色（图 4-14），绿化空间和公共建筑的布置对建筑群空间效果影响也很大，他提出：

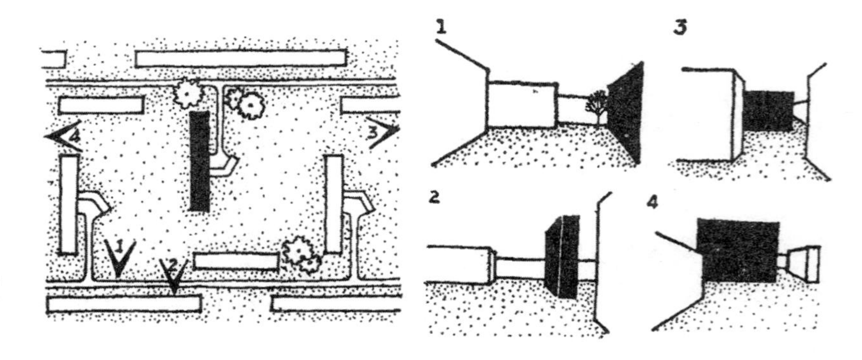

图 4-14 《小区建筑群空间构图》插图——“房屋相互垂直布置的透视角度分析”

> 在小区总体布局空间构图中，要使小区建筑群的完整性与各局部布置的灵活性相结合，也要使一个住宅团内部和团与团之间的统一与变化相结合。[3]

不仅是住宅建筑群，对其他任何建筑群而言，空间构图都是一个重要的问题，例如在《火力发电厂的建筑处理》（建筑学报，1963 年第 10 期）中，作者就分析了空间构图对火力发电厂建筑艺术的影响。这种对建筑群体空

[1] 王华彬．积极创作，努力提高住宅建筑设计水平 [J]．建筑学报，1962（2）：20-21.

[2] 汪定曾，徐荣春．居住建筑规划设计中几个问题的探讨 [J]．建筑学报，1962（2）：12-13.

[3] 吕俊华．小区建筑群空间构图 [J]．建筑学报，1962（11）：1-4.

间的关注在一定程度上反映出了建筑师对城市空间问题的关注，建筑空间已不再局限于单体建筑的内部，而是扩大到了整个城市空间，建筑是处于空间中的建筑。

从“空间构图”的角度来分析建筑空间、建筑群体空间显示了“构图”原理的深远影响。中国第一代建筑师大多数接受的是“布扎”体系的建筑教育，“布扎”对中国建筑学科发展的影响可以说是深入骨髓的。对“布扎”体系而言，尽管在谈论建筑时本质上是在讨论建筑中极其微妙的空间关系，但却没将“空间”概念纳入建筑术语之中，“空间”也不是其关注的重点内容。因此，除了少数直接接受西方现代建筑教育的中国建筑师外，大部分中国建筑师在接触西方现代建筑时，尽管对其空间形式、空间处理手法感兴趣，却无法将抽象的“空间”概念与具体的建筑设计活动结合起来，也无法深入地就建筑空间问题展开探索。苏联“空间构图”的传入打开了中国建筑师探索建筑空间问题的思路。“构图”对中国建筑师而言，是他们非常熟悉，甚至可以说是深入设计思维深处的一种方法与手段。从中国建筑师所熟悉的“构图”出发来探讨建筑空间，使得空间问题由复杂变简单、由抽象变具象。正是因为如此，才使得“空间构图”成为了开启中国建筑“空间”话语的一个关键词，使得中国现代建筑“空间”话语得到了实质性的展开。

2. 内部空间

建筑内部空间作为建筑主要被使用的部分，是最重要的建筑空间，虽然出现了“建筑处于空间中”的转变，但“空间处于建筑中”的传统观念仍然是具有重要意义的，因此，对建筑内部空间的关注并没有减少，不仅关注如何利用、使用空间，还关注空间尺度问题。可以说，建筑的内部空间是这一时期讨论得最多、最广泛的建筑空间问题。

（1）住宅建筑

这一时期，空间利用得好坏成为了评价住宅类建筑设计好坏的标准之一，“充分利用空间对于方便群众生活，改善居住条件起着重要的作用”。[1] 室内空间的设计对住宅的舒适性影响很大，在许多关于住宅设计的文章中都专门谈到了空间问题。例如曾坚、杨芸在《关于住宅内部的设计问题》一文中专门以“空间利用”讨论了住宅内部空间利用问题，认为：

> *住宅设计的另一个问题是如何在现有的使用面积内能储存更多的东西。……要在现有的使用面积中，储藏更多的物品，就要很好地利用空间。*[2]

他们提出以“吊柜和壁柜”、“阁板和阁楼”、“悬挂家具”三个途径来充分

[1] 徐州市建筑设计室．关于住宅设计问题的调查与探讨 [J]. 建筑学报，1973（2）：7-12.

[2] 曾坚，杨芸．关于住宅内部的设计问题 [J]. 建筑学报，1961（10）：13-14.

利用空间（图 4-15）。徐强生、谭志民在《探求我国住宅建筑新风格的途径》中的“室内空间的设计”一节提出，建筑的室内设计应该有空间概念，要从空间着手：

> 对一个户、一个室的设计，应该不单考虑平面关系，而是从空间处理加以考虑。如从房间的空间尺度、门窗的比例和位置、墙面的质地和色彩以及家具布置等方面综合考虑。

图 4-15 《关于住宅内部的设计问题》插图

不同用途的房间，其空间尺度要求和室内气氛显然是不同的，因而房间高度也不一定要完全一样，可以利用前室、厕所等的顶部空间搭阁楼作贮藏用。尤其在面积比较小的住宅设计中，从设计上创造舒适的室内环境、扩大空间感就更为重要了。[1] 在《谈城市住宅的室内设计》一文中也有“充分利用住宅面积和空间”的小标题，文中认为，充分利用住宅面积和空间“不仅是适用问题，而且也是经济和美观问题”，提出从“住宅居室平面布置”和“家具改进”两方面利用住宅空间。[2] 徐尚志、阮长善在《集体宿舍设计中如何贯彻“干打垒”精神》中专门分析了“平面布置与空间处理问题”，提出：“在宿舍设计中，还要结合地形恰当地确定体形、体量、层数、节约用地及室外工程费用，要合理布置平面，还要考虑室内空间的利用等问题。”作者还将空间利用的脑筋动到了床下空间的利用之上，提出以错叠床、高低楼板（图 4-16）两种方式来利用床下空间。[3]

❶ 徐强生，谭志民．探求我国住宅建筑新风格的途径 [J]．建筑学报，1961（12）：10.

❷ 北京工业建筑设计院五室．谈城市住宅的室内设计 [J]．建筑学报，1964（1）：12-14.

❸ 徐尚志，阮长善．集体宿舍设计中如何贯彻“干打垒”精神 [J]．建筑学报，1966（4，5）：69-71.

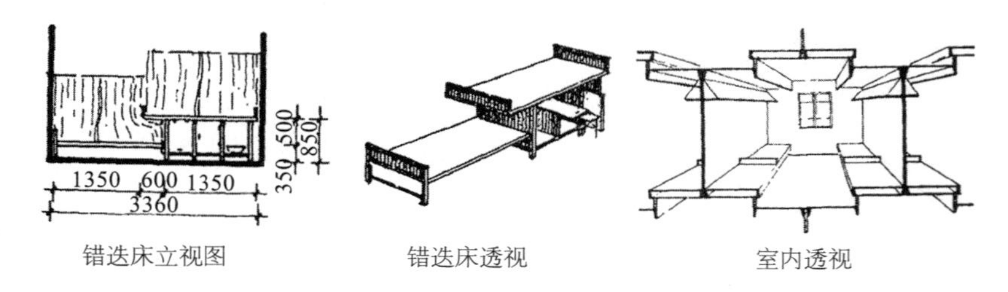

图 4-16 《集体宿舍设计中如何贯彻“干打垒”精神》插图

（2）公共建筑

在公共建筑中内部空间的处理与利用也是一个被关注的对象。周文正在《整日制幼儿园的设计》（建筑学报，1957 年第 7 期）中将功能与空间相联，以功能空间关系图来分析幼儿园各部分之间的关系（图 4-17）。张仲一在《北京几个公共建筑室内装饰的设计分析》（建筑学报，1963年第 12 期）中分析了和平宾馆、北京工人体育馆、北京车站高架候车室三个公共建筑的建筑室内装饰设计，完全是从空间体量组合、空间比例、空间感等角度来进行分析的。叶仲玑在《重庆几个大型民用建筑创作的分析》（建筑学报，1963 年第 6 期）一文中也将空间利用、空间处理作为评价重庆港客运站、山城宽银幕电影院的一个重要因素。

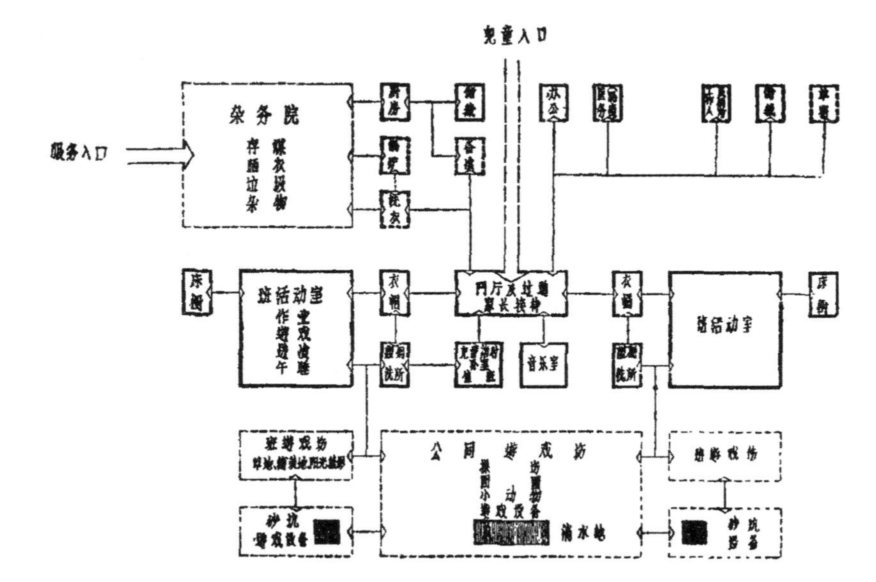

图 4-17 《整日制幼儿园的设计》插图——幼儿园功能空间关系图

在公共建筑设计中，另一个与“空间”有关的重要问题是空间流线组织的问题，尤其是在医院、客运站之类的人流量比较大的公共建筑中，不少文章针对这个问题进行了讨论。例如发表在《建筑学报》上的《综合性医院设计中的若干问题》（1963 年第 9 期）一文讨论了医院设计中的空间组织问题；在《大型铁路旅客站流线设计问题的探讨》（1960 年第 8 期）、《川黔地区中小型铁路旅客站建筑设计中的几个问题》（1961 年第 9 期）等关于客运站的文章中则有关于客运站空间流线问题的讨论。

对建筑内部空间的利用、组织与处理问题的关注反映了对建筑功能性、经济性的关注，体现了一定的现代建筑功能主义思想，是这一时期西方现代建筑对中国建筑“空间”话语的影响的主要体现。同时，在对内部空间利用的讨论中，根据建筑类型的不同，讨论的内容是有差异的，这与各种建筑类型本身的需求有关，反映出对内部空间问题的讨论具有不同的针对性。

3. 空间结构

结构与技术对建筑空间形式有着重要的影响，随着结构、技术的发展，空间结构成为了结构类型中常用的一种。空间结构虽然更多地是一个结构问题，但在一定程度上使得建筑空间形式甚至是建筑空间观念发生了改变，使结构与建筑空间的关系更加密切。

周卜颐指出：“在今天新的经济的结构形式，壳体、空间结构等不断地出现，建筑形式不断受结构的影响而在不断改变，建筑创作离开结构，犹如人没有骨干一样是站不起来的。”[1] 在《近代科学在建筑上的应用（二）》中，他介绍了结构技术的发展，其中包括了空间结构。结构从二度空间的平面结构发展到三度空间的“空间结构”，使结构更加整体，不会因为某一构件的破坏而影响到整个结构。在对空间结构进行总结时，周卜颐写道：

空间结构节省材料、便于施工、结构轻巧坚固，使建筑物的跨度加大，空间增高，便于通风采光。以往建筑平面受屋盖结构的限制很大，结构的笨重，导致建筑形式枯燥沉闷，采用空间结构后建筑师可以不必考虑这种限制，视功能的需要可将建筑平面布置得十分灵活自由……可以预料，空间结构必将引起建筑的变革而获得崭新的面貌。[2]

1958年布鲁塞尔国际博览会上各国展馆主要展现的是这一时期在结构、技术上的创新。此时正值中国在“大跃进”中展开建筑技术革新和技术革命的时期，布鲁塞尔国际博览会所展现的结构、技术的创新立刻引起了中国建筑师的关注。龚正洪将布鲁塞尔国际博览会外国区的建筑艺术特点归结为“创造性地运用现代建筑材料及先进结构技术”，他所介绍的结构独特的展馆采用的都是空间结构。[3] 勒内·萨尔惹（René Sarger，1917-1988）写的《1958年布鲁塞尔国际博览会法国馆介绍》也被翻译成中文发表在《建筑学报》上（1959年6月），文章详细介绍了法国馆所采用的张拉薄膜悬索结构这种新型的空间结构。

这一时期介绍新结构的文章开始增多，例如王铁梦在《建筑学报》上就发表了《国外建筑结构的某些发展近况》（1960年第2期）、《国外悬索结构发展近况》（1961年第5期）两篇文章介绍国外空间结构的发展情况，钟慕唐、邓树圣、梁楚冠、汪齐正、邓绪柏等人翻译了苏联的《薄壁空间结构的实验与理论研究论文集》（1959年）。在实践中，空间结构被广泛地运用到体育馆、剧院、特种厂房等需要大跨度、大空间的建筑物之中，空间结构为中国带来了以新结构为特色的新建筑。例如重庆山城宽银幕电影院，观众厅屋盖采用了三波11.78米×30米的筒形薄壳结构，休息厅屋盖为五波6米×8米的筒壳，结构外露，通过艺术处理体现出了空间结构所带来的新的结构艺术特色。采用空间结构的建筑由于功能类型（主要涉及体育、外事、交通等建筑类型）的原因，得天独厚地有明显的发展。[4]

“空间结构”甚至还被用于解说中国传统的木结构体系。应县佛宫寺

[1] 周卜颐．从北京几座新建筑的分析谈我国的建筑创作[J]. 建筑学报，1957（3）：47.

[2] 周卜颐．近代科学在建筑上的应用（二）[J]. 建筑学报，1956（7）：48-53.

[3] 龚正洪．1958年布鲁塞尔国际博览会[J]. 建筑学报，1959（6）：41-44.

[4] 例如北京首都体育馆（1966-1968）首次采用了百米大跨度的平板型双向空间钢网架屋盖结构，创造了国内体育建筑的多项第一，南京五台山体育馆（1975）八角形平面的大厅采用了三向空间网架结构的屋盖，建筑造型紧密地与空间网架结构相结合。

释迦塔作为我国古代木结构建筑的惊人成就，在对其进行分析研究时，其近千年不倒也被归因为创造性的双层套筒式的空间结构体系："不仅使结构更加安全和合理，而且也争取了更集中的空间来安置佛像，更好地满足了实用的要求。"[1]

空间结构一时间成为结构技术发展的新趋势之一，对建筑设计、建筑形式产生了巨大的影响。在《住宅建筑结构发展趋势》一文中甚至认为住宅"结构形式将是砖墙—砌块—大板，最后发展到框架结构及空间结构"。[2] 建筑工程部副部长杨春茂在《高举毛泽东思想的红旗，实现今年勘察设计工作更好更全面的继续跃进》的报告中也提出了"**积极研究并坚决推广既能减轻建筑物的自重，又能节省贵重材料的各种新结构，迅速掌握预应力及空间结构的计算理论和方法**"的要求。[3]

西方现代建筑中不少经典作品与结构工程师对结构和建筑造型之间关系的把握是分不开的，"空间结构"在某种程度上体现了现代建筑在结构、技术及空间思想上的发展。"空间结构"促进了"空间"与结构之间的关联，虽然是一个建筑结构技术问题，但是为后来从结构的角度出发进行建筑空间设计构思奠定了思想基础。

从这一时期建筑设计中对"空间"问题的讨论来看，既体现了"布扎"体系"构图"原理的深远影响，也吸收了西方现代建筑对功能与技术的重视。对西方现代建筑思想的吸收与现代建筑的空间思想本身关系并不大，这与现代建筑在中国的际遇有关。中国建筑师虽然没有完全拒绝现代建筑思想，但现代建筑在中国的传播始终不是系统化的，甚至都不是连续的，因此，中国建筑师对西方现代建筑的空间观念、空间思想的了解未能与时俱进，广度与深度都不够。无论如何，从"空间"的角度讨论建筑设计问题，意味着"空间"话语对中国建筑学科的影响正在逐步加深，"空间"正在从一个边缘话语成长为中国现代建筑的重要话语之一。

4.4.2 建筑评述中的"空间"话语

建筑学作为一门特殊的学科，建筑观念不仅表现在话语中，还体现在图纸和实际建成作品中。因此，与建筑设计相关的"空间"话语不仅体现在设计理论的讨论中，还体现在对实际建成的建筑作品的介绍与评论之中。随着"空间"传播与使用的愈加广泛，在建筑作品介绍、设计经验总结中也越来越多地使用到"空间"，甚至在一些建筑师对建筑作品的设计构思中，"空间"成为了构思的出发点之一。这些在建筑作品评述中出现的"空间"话语进一步促进了中国现代建筑"空间"话语的展开。

这一时期，在建筑作品评述中，"空间"话语主要表现为以下几个方面：

[1] 杨鸿勋，傅熹年．优秀的古典建筑之一——应县佛宫寺释迦塔 [J]. 建筑学报，1957（1）：50.

[2] 建筑科学研究院工业与民用建筑研究室．住宅建筑结构发展趋势 [J]. 建筑学报，1960（1）：11.

[3] 高举毛泽东思想的红旗，实现今年勘察设计工作更好更全面的继续跃进——建筑工程部杨春茂副部长一九六〇年二月十二日在全国建筑工程厅局长扩大会议上的报告 [J]. 建筑学报，1960（2）：7.

一是由公共建筑所体现的对空间处理的重视，二是由住宅区设计所体现的对群体空间组织的重视，三是由公园设计所体现的对传统园林空间的学习，四是由岭南建筑实践所展现的对传统庭园空间的转化，五是由同济大学教工俱乐部所体现的“流动空间”。

1. 公共建筑设计——空间处理

公共建筑作为建筑类型中的一个大类，通常来说，具有一定的规模，功能比较复杂，对整体体形要求也较高。根据不少公共建筑作品评述中对空间处理的说明可以看出，在公共建筑设计中，空间体形、空间利用等空间处理已经成为了一个必须考虑的问题。

为迎接中华人民共和国成立 10 周年建造的北京“十大建筑”，虽然大多是采用中国复古或折中样式，但在介绍“十大建筑”的文章中有一半提到了空间设计、空间处理问题。以对人民大会堂（1959 年）的介绍为例，发表在《人民日报》上的《人民大会堂的艺术风格》一文中提到：

面积这样大，空间这样高，如果处理不当，很容易使人感到不习惯、不舒适。在这里采用了三个主间宽、四个次间窄的方法，使高宽比形成一比一到一比一点三的习惯比例，同时在四周环以走马楼，将空间分割处理，使人感觉尺度适宜。

对这样大的空间，在处理手法上怎样使人不感觉渺小，不感觉沉闷，这是一个新的课题。

这些部署，使整个大厅的艺术成为一个完整的体系，大厅也因此取得了适当的空间比例。[1]

[1] 北京城市规划管理局设计院 人民大会堂设计组．人民大会堂的艺术风格 [N]．人民日报，1959[1959-9-25].

《建筑学报》中的《人民大会堂》一文更加地专业谈论了空间处理问题，还特别就会场和宴会厅（图 4-18）的空间问题的解决进行了说明：

会场空间造型和艺术处理……最主要的还是必须服从于如何使万人能够舒适而愉快地在此开会。……最后总结出“浑然一体，水天一色”的格调……现在吊顶中部呈穹隆形象……穹隆顶与四周墙面圆角相交，顺流而下，形成了浑然一体的感觉。实践证明这个中部高达 32m 的空间，并未产生压抑或空旷之感。

一般厅室高一、宽四，已觉比例扁狭，（宴会厅）偌大空间的高宽处理，又是一个新的课题。最后仍按原十字形方案处理，中部 54×48 的方井与四面的袋形端翼，最好不用立柱分隔，经过讨论、研究、比较，在四个边梁上从结构上予以特殊处理，就可以给予下部空间连成一体的完整性。……四个袋形按层次予以逐步降低，分出主次……希望使它能产生既明快又富丽，既轻松且活泼的效果。[2]

[2] 北京市规划管理局设计院人民大会堂设计组．人民大会堂 [J]. 建筑学报，1959（9，10）：28.

图 4-18 《人民大会堂》插图——“宴会厅俯视”

从对人民大会堂的介绍与论述来看，人民大会堂在空间处理上主要关注的是空间大小、空间尺度、空间比例等形式和艺术处理问题，这与人民大会堂的纪念性要求有关。

完全采用现代建筑风格的北京工人体育馆（1961 年）在设计中将内部空间处理（图 4-19）作为设计的重点之一。《北京工人体育馆的设计》一文特地以“建筑平面及内部空间的处理”为标题分析了北京工人体育馆内部空间处理问题：

北、东、西三个大厅可以走通，它们在空间处理上大致相同而色彩各异。……由门廊、门厅到大厅，再到休息厅，以及三个大厅之间，一方面空间相通，适合于大量观众集散和休息，另一方面，又因利用层高、色彩和灯光处理的变化，将空间加以分隔，使主题突出，层次分明。[1]

[1] 北京市建筑设计院北京工人体育馆设计组．北京工人体育馆的设计 [J]. 建筑学报，1961（4）: 4-5.

图 4-19 《北京工人体育馆的设计》插图

在张开济对北京工人体育馆建筑艺术的评论中，他将北京工人体育馆内部处理朴素大方的效果归因于设计人在空间处理上的努力，在分析北京工人体育馆的建筑艺术时，他指出，建筑的目的是创造空间、组织空间，如何更好地组织空间使其既能满足人们使用方面的要求又能满足人们视觉方面的享受是建筑艺术中很重要的一个问题。以往在处理建筑内部时，多偏于借助外加的装饰而较少利用空间本身的效果，“体育馆的设计却能运用处理空间的技巧，适应结构与设备的需要，创造了丰富活泼、变化多端的室内效果”。张开济对工人体育馆的空间处理进行了细致的分析：

三个大休息厅之间用几个交叉形的楼梯来分隔……这样就不但便于人流的往来，也有助于空间的连贯，尤其因为墙面是弧形的，所以就更增加了空间流动之感觉。休息厅与它们外围的休息廊在空间上也是既有分隔又是连贯的，人们停留在休息厅或休息廊里时，可以看到上下左右的空间……休息厅的顶部为了适应上层看台结构的形式，也做成弧线形，这不但充分利用了空间，而且还使休息厅内部看起来高敞而不失亲切……以上这些空间处理手法，可以说明设计者不是一味扩大空间，夸张空间……而是巧妙地安排了空间，使人能更好地享用这些空间。[1]

[1] 张开济．试论北京工人体育馆的建筑艺术 [J]. 建筑学报，1961（8）: 7-8.

从这段分析来看，张开济受西方现代建筑思想影响较多，对空间的分析不仅关注空间的形式，而且关注空间的合理利用。

从公共建筑作品评述中的“空间”话语来看，主要关注两方面内容，一个是建筑的艺术性，另一个则是建筑的功能性，也就是说，公共建筑的空间处理既与建筑的艺术性有关，也与建筑的功能性有关。

2. 住宅区设计——群体空间

建筑不是一个简单的单体，经常会以群体的形式出现。在建筑群设计中，不仅单体建筑空间的处理很重要，群体空间的组织也很重要。在住宅区的规划设计中，群体空间的组织尤其重要。

以上海沪东住宅区规划设计为例，设计者以“空间组合”作为进行规划设计的出发点。在《上海沪东住宅区规划设计的研讨》一文中，作者指出了三向度空间关系在住宅区设计中的重要性（图 4-20），认为在群体综合空间布置中要“使得每个物质要素相互之间取得内在的联系，将住宅区的建筑物、道路、河滨、绿化及工程管网等空间组成的构件组合为一个多样统一的有机的整体。”[2] 从三度空间出发，上海沪东住宅区采用灵活的方式将各种类型平面的住宅建筑组合在一起，形成了多样化的空间。

[2] 徐景猷，方润秋．上海沪东住宅区规划设计的研讨 [J]. 建筑学报，1958（1）: 6.

住宅区规划设计本身对建筑群在整体的统一性上有较高的要求，以实际的作品来讲解住宅区规划设计中的群体空间组合，可更加直观地呈现群体空间组织的重要性。

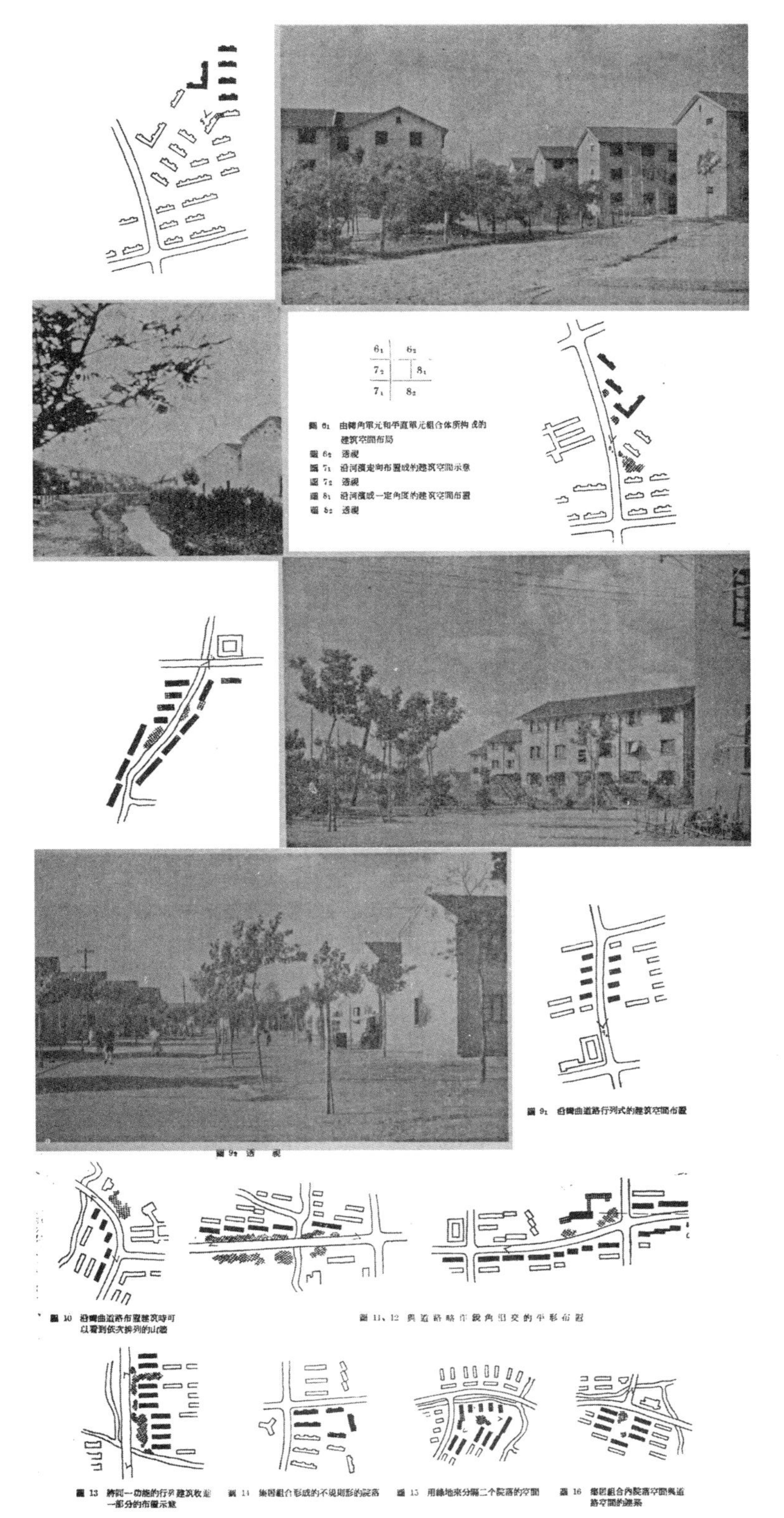

图 4-20 《上海沪东住宅区规划设计的研讨》插图

3. 公园设计——园林空间

对中国传统园林空间的关注既有对中国建筑历史研究的反思，也受到了公园的大量兴建的推动。在介绍公园设计的文章中也有对中国传统园林空间的解读，正是在这些解读的基础之上，才能学习传统园林的空间处理手法。

例如杭州花港观鱼公园规划不仅向中国古典园林学习了空间处理手法，更将“空间构图”作为设计构思的出发点。在孙筱祥、胡绪渭写的《杭州花港观鱼公园规划设计》一文中，“空间”不仅体现在总体布局和建筑布局中，还与绿化种植有关。在“建筑布局及空间构图”一节中，作者分析了中国古典园林在空间构图上的特征（参见 4.3.2），将这种空间构图原则运用到设计中：

花港观鱼公园文娱厅大草坪……在空间构图上以开朗景观为主。由于大草坪北面沿湖空旷线太长，为了打破过分的开朗性，将全园最大的建筑文娱厅（即翠雨厅）布置在临湖水边，作为这一空间的主景；同时利用长廊将一部分草坪与广阔的湖面分隔起来……为了打破大草坪空间的单调，在草坪中央，又布置了一个桂花树群环抱而成的闭合空间，中央又设茅亭。学习了中国园林虚中有实，实中有虚的手法，构成了空间的多重性。

金鱼园的部分……空间构图，以闭合空间为主……为了打破空间的过分闭塞性，又采取了一些措施。……设计时企图创造园中有园，层层深入的空间感。……这一闭合的建筑组群，分为三个建筑群，使其有断有续，并不全部连接。……一方面使游人不致郁闭太甚，另一方面，可以感到园林空间的玲珑透漏，并可产生空间扩大的错觉。[1]

[1] 孙筱祥，胡绪渭．杭州花港观鱼公园规划设计 [J]. 建筑学报，195（5）: 19-24.

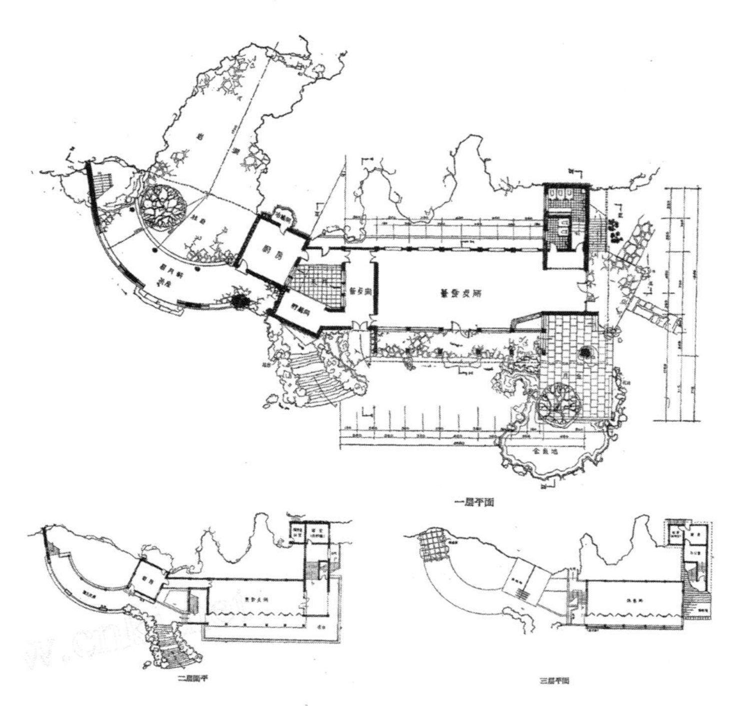

图 4-21　月牙楼平面图

公园设计对传统园林空间处理手法的学习不仅体现在整体规划中，还体现在公园内的景观建筑设计中，桂林七星岩公园月牙楼（1960 年）就是这样一幢建筑。在《月牙楼的设计：风景建筑创作笔记》中，月牙楼（图 4-21）的设计者自述：“首先借鉴的是优秀的传统的空间构图原理，赋予这组建筑以新的创作风格。”整组建筑在空间的艺术处理和建筑造型处理中追求的是园林的意境，而“建筑要具备园林风致，首先要考虑建筑空间以及附近环境的安排；考虑建筑的借景问题”。因此，在设计中，月牙楼主楼与从体“眉月轩”在空间组织上将功能与园林意境结合了起来：

在月牙楼建筑空间的处理中，是力图把可借的美景，甚至遥远的景色，都组织到建筑中去的。而对于近旁的自然环境，更利用以充实人工空间，也是本着充分利用自然条件的原则，而在建筑设计中予以结合处理的。

在处理手法上，“为了空间变幻和表现南方园林趣味，月牙楼较好地使用了‘漏窗’”，“用漏窗以增加空间层次，而在此路线中的重复出现，印象的重叠加强，则更可构成鲜明的玲珑清爽的空间趣味”。总之，月牙楼的设计遵循“我国传统造园手法贵在因地制宜，使建筑美和自然密切地结合在一起”[1]的原则而创造出了与自然有机结合的园林空间环境。

[1] 建筑科学研究院建筑理论及历史研究室园林组．月牙楼的设计：风景建筑创作笔记 [J]. 建筑学报，1960（6）：21-25.

公园及公园建筑设计能够较早地提出向中国传统园林学习空间处理，究其原因，主要在于公园可以看成是一种现代化的园林，而公园建筑就如同以前处于园林中的建筑一样，借鉴传统园林的设计手法是很容易想到的事情。公园建筑有意识地学习传统园林空间处理手法为后来其他建筑学习园林建筑的空间意境提供了实例与思路。

4. 岭南建筑实践——庭园空间

从新中国成立前后开始，岭南地区就以林克明、夏昌世、陈伯齐、龙庆忠等一批学贯中西的早期归国建筑师为核心开始了富有地方特色的现代建筑创作之路。至60年代中期，以莫伯治、佘畯南为首的建筑师弘扬了岭南建筑清新质朴的特点，开始有意识地将园林融合于建筑之中。“文革”期间，这种园林与建筑相结合的实践得到了进一步的发展，手法变得更加成熟。

以广州泮溪酒家（1960年）设计为例，泮溪酒家位于荔湾湖畔，环境幽雅，设计者利用原有传统宅第的建筑旧料重新设计建造了酒家（图4-22）。在《广州泮溪酒家》一文中，设计者列举了新建筑的设计

图4-22 广州泮溪酒家鸟瞰图

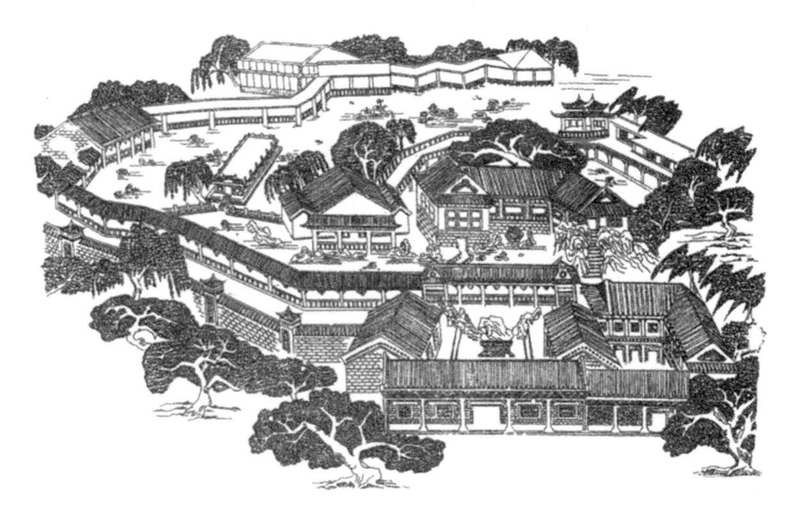

要求，其中就有要运用中国园林的优秀传统手法，富于地方风格。新建筑既要有开敞的宴会厅堂、合理的交通流线、赏心悦目的庭园景观，还要与荔湾湖结合，互相资借。因此，新建筑采用了内院分割式布局，分为厨房、厅堂、山池、别院等四个主要部分，各部分之间以游廊联系，又采用了墙垣、花木使建筑相间隔，使得空间分割自然而又富有层次感。“从一个院子过渡到另一个院子交织着池水与石山，院子和院子间的空间互相渗透。各院落虽然自成一格，但又有有机的联系，使人感觉整个布局富于变化，而又一气呵成。”[1]由于建筑物采用的是仿古的样式，因此空间开敞流通，可以更好地与庭院空间相互渗透与流通，在就餐过程中可以方便地欣赏到庭院中的花木池山等景致。

[1] 莫伯治，莫俊英，郑昭，张培煊．广州泮溪酒家[J]．建筑学报，1964（6）：25.

其实，在1958年的广州北园酒家设计中，设计者就已经开始尝试将园林空间与建筑空间相结合了，在北园酒家的设计体会中，设计者认为：“中国庭园特点是巧妙地运用自然景物——山、水、花卉与亭、廊、轩馆、厅堂等建筑物结合起来，内外空间密切渗透，使人停留在室内也有浸润在大自然气氛中的畅快感觉，可以运用在公共建筑设计上。”[2]泮溪酒家是在北园酒家基础上的又一次尝试。

[2] 莫伯治，莫俊英，郑旺．广州北园酒家[J]．建筑学报，1958（9）：46.

虽然在当时并没有岭南建筑这种说法，但岭南建筑实践却已经展开了。泮溪酒家作为传统建筑改造与重建，本身在处于园林之中，在将建筑与园林空间的结合上有着先天性的优势，这种实践的成功为后来有意识的、更加现代化的岭南庭园建筑实践打下了良好的基础。在以泮溪酒家为代表的建筑作品的评述中没有特别强调空间问题，其将园林与建筑结合的目的在于让室内外空间产生交流，后来对泮溪酒家的评论也是围绕着庭园空间与建筑空间的交流进行的。这一时期的岭南建筑实践虽然不如后来那样理论化，但却为现代建筑与庭园空间相结合的探索提供了参考实例。

5. 同济大学教工俱乐部（1957年）——“流动空间”

这一时期，有一个建筑作品值得特别注意——同济大学教工俱乐部。教工俱乐部可以说是1940年代黄作燊现代建筑空间思想的发展与延续。黄作燊从空间感觉与空间序列的角度解读了中国传统建筑空间，在中国传统建筑空间与现代建筑空间之间找到了某种相似性。教工俱乐部设计者李德华、王吉螽作为黄作燊最早的一批学生，不仅熟悉西方现代建筑，对现代建筑的空间思想也有相当的理解。他们在教工俱乐部设计中所展现的“空间流动”，既体现了西方现代建筑空间的思想，又将中国传统园林空间意境融入其中，在当时既被批判又受关注。

教工俱乐部在外观上看来并不“现代”，不仅采用了坡屋顶的形式，还使用传统材料作为建筑外墙，但在设计思想上却相当“现代”。李德华、王吉鑫在《建筑学报》上介绍这座建筑时写道（图 4-23）：

> 设计中采用了传统的院落布置；利用房屋及墙垣，分隔有几个经营各异、景色互殊的庭院，增加了景色的变换。庭园之间，空间延续而不闭塞，扩大了空间的感觉。建筑内部采用了延续的墙面、楼面，透空的楼梯，门穹，立屏等，开畅了空间，以期达到开朗，活泼的气氛。
>
> 走入俱乐部的进厅往右是大厅和活动室，以画屏为视点，左旁的楼梯引向楼上的大幅壁画，楼上楼下的空间贯通更为明显。[1]

[1] 王吉鑫，李德华．同济大学教工俱乐部 [J]. 建筑学报，1958（6）：18-19.

从这些介绍中可以看出，教工俱乐部利用院落式布局创造了室内外空间的交融互动，在内部通过透空楼梯、立屏等手法营造出了丰富有趣的开畅空间。在这篇介绍中提到了一些空间处理的手法，却并没有强调“空间”在设计中的重要性，也没有将设计者的构思完全表达出来。

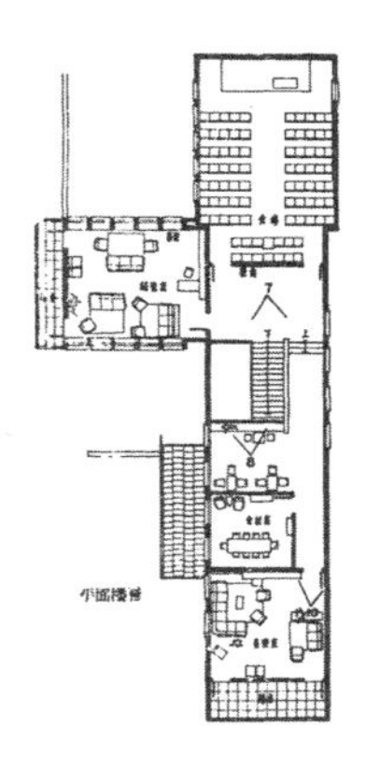

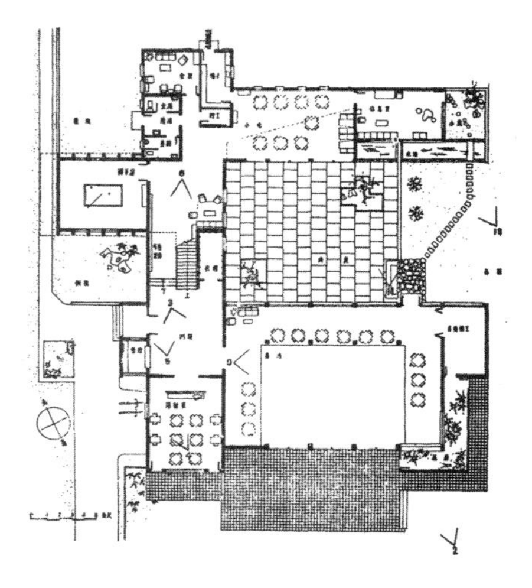

图 4-23 《建筑学报》中“同济大学教工俱乐部”插图

❶ 李德华，王吉鑫．同济大学教工俱乐部 [J]. 同济大学学报，1958（1）.

在《同济大学学报》上发表的《同济大学教工俱乐部》[1]一文更加清楚地表达了设计者以空间设计贯穿整体的设计意图（图 4-24）。“建筑空间是建筑物唯一以达到真正用途为目的的产物；它非但在使用上要达到功能合理的要求，而且是造成感觉上的趣味及心理与生活上的安适之重要因素。”采用院落式的布局，既有利于满足功能的需要，也有利于“达到设计者对空间组合的意图”。门厅与交通空间融为一体，起到了“沟通建筑空间并引伸建筑空间的作用，使建筑物的内容更为丰富更有趣味”。楼上楼下空间的贯通使得“视线所及，就会感到四面八方均有无尽的空间”，而内部空间的分隔上，“建筑物的空间并不停留限制在所谓‘房间’之内而达到贯通流畅的目的”。由于设计者认为建筑“需要的是由外向内，由内向外，随着人的流动，视界的转换，来创造美的条件”，因此，在庭院的处理上，设计者吸收了江南传统民居空间处理的手法，使庭院“各有它们隶属的室内空间，使这些房间的活动可以引伸到室外去”，并以一系列的手法使得“空间流动的倾向，可以更加强烈”。总之这座建筑“不论是平面的布置，或内部的处理都叙述了设计者对空间的认识和塑造”。

门厅、楼梯

门厅转小吃部

内庭

图 4-24 《同济大学学报》中的设计草图

教工俱乐部在空间设计上有意识地体现了西方现代建筑的空间思想，并融合了江南传统民居的空间处理手法，将现代与传统很好地结合在一起。教工俱乐部在空间设计上颇受好评[2]，在那个特殊年代却受到了质疑与批评。在《建筑学报》上，《同济大学教工俱乐部》一文之后就刊登有对这座建筑加以批评的“编者按”，编者批评道：“有不少地方，含有抽象美术的概念，有片面追求形式的倾向。”这些批评并不妨碍它吸引建筑师前来参观，建筑设计大师蔡镇钰曾说过：“那时我们在南京工学院高年级的建

❷ 对同济大学教工俱乐部“空间”的分析，参见：卢永毅．“现代”的另一种呈现再读同济教工俱乐部的空间设计 [J]. 时代建筑，2007（5）.

筑学生还特地跑到上海来看这里的‘空间流动’哩。”[1]

建筑作品介绍与评述中出现的“空间”话语由于是具体建筑设计作品所引发的，比建筑设计理论文章中的“空间”话语对建筑设计实践更有指导作用，它不仅提供了有关“空间”的讨论与论述，更以实例展示了“空间”。将“空间”作为建筑设计构思的出发点之一，在建筑设计中体现出“空间”的思想反映出了当时的建筑师对形式主义、风格主义的统治地位的不满，对建筑设计现状的一种反思。对建筑空间的强调，使得建筑设计不再局限于形式与构图，而是与功能、与使用更好地相结合。

[1] 钱锋．怀念黄作桑//同济大学建筑与城市规划学院．历史与精神（同济大学建筑与城市规划学院百年校庆纪念文集）[C]．北京：中国建筑工业出版社，2007：104-105.

4.5 建筑教育中的“空间”话语

在向前苏联学习高等教育体制的情况下，1952年开始，中国在高校间展开了院系大调整，使得中国的建筑院系原有的各具特色不再继续，现代建筑教育被削弱。其后的教育革命运动强调的是“教育为政治服务”，建筑教育更是发生了翻天覆地的变化。在这段时间中，建筑教育中与“空间”相关的内容少之又少。这种状况在1960年代初发生了改变。1961年1月，在“调整、巩固、充实、提高”八字方针下，国家批转颁发了《教育部直属高等学校暂行工作条例》（简称“高教60条”），提出：“以课堂教学为主，全面安排教学工作，使各院校的教学逐渐恢复正常。”较为宽松的政治氛围使得建筑教育工作有了进一步的发展，在这个短暂的强调教学时期中，某些高校的建筑教学，尤其是建筑设计教学出现了对“空间”的强调。

4.5.1 同济大学“空间原理”教学实践

“高教60条”颁发后，各建筑院系的教学得以恢复正常，“布扎”教育体系占据主导地位，一些学校开始尝试以现代建筑理念为指导探索新的教学体系，其中最为突出的是同济大学建筑系。同济大学建筑系主要由原圣约翰大学建筑系、之江大学建筑系和同济大学土木系合并而成，在教学上，从一开始现代建筑的教育思想及方法与“布扎”教育体系就处于共存与对抗的状态，现代建筑思想在同济的传播就一直没有中断过。作为现代建筑大师密斯·凡德罗的学生，青年教师罗维东的加入带来了密斯的建筑设计思想与方法。1953～1957年他主持建筑设计初步课程时将密斯对空间、对材料的重视介绍给学生，让学生形成一种“先结构、后形式，先空间、后功能”的全新设计思路与方法，影响了一代同济人。[2]

在对“空间”设计教学的探索上做出重要贡献的当属冯纪忠，他所主导的“空间原理”（全称为“建筑空间组合设计原理”）教学体系对同济产生了相当大的影响。冯纪忠作为中国现代建筑的奠基人之一，于1934

[2] 关于罗维东在同济的建筑设计教学，参见：卢永毅．同济早期现代建筑教育探索[J]．时代建筑，2012（3）：48-53.

年进入上海圣约翰大学学习土木工程，1936 年赴奥地利维也纳工业大学（Vienna Technische Hochschule，简称 VTH）学习建筑。1941 年，他作为当时最优等的两个毕业生之一毕业，同时获得了就读博士学位期间的德国洪堡基金会[1]（Alexander von Humboldt-stifurg）奖学金。1946 年，冯纪忠回国，从 1949 年起在同济大学任教。

1. “空间原理”产生的背景

1952 年院系调整后，建筑设计的类型从单纯的民用建筑拓展到包括工业建筑等更多的建筑类型。调整前，建筑设计原理主要针对的是民用建筑，讲授内容主要包括房屋的用途、设计定额、国内外实例等；调整后，建筑设计原理需要针对不同的建筑类型，结合课程设计的题目各讲一遍。由于建筑类型太多，学生无法在有限的几年时间内接触到所有类型的建筑。为了将各种类型的建筑设计原理都传授给学生，只能将理论课与设计课分离，各自展开。设计原理与设计课的分离造成了理论与实践之间的割裂，教师无法具体地讲深讲透，学生难于理解和吸收。

这种按建筑类型来讲授设计原理的教学方式是以“布扎”建筑教育体系的师徒制经验教学为基础的。教育环境发生转变后，采用师徒制经验式教学造成了“设计课仅有建筑经验而无设计经验，只有建筑成果经验，而无过程经验”。[2]针对这些弊端，冯纪忠认为：“建筑师的‘看家本领’是建筑设计，综合各项科学，既是工程技术又是艺术，于是有科学规律，有艺术法则，因此设计必然是科学。……从个别中抽象出一般，如何掌握一般规律是主要任务，光靠学生‘悟’是不够的，老师要研究一般规律。”[3]将这种一般规律教授给学生，才能让学生少走弯路。设计教学的目的是让学生不仅掌握建筑知识，还要掌握设计过程。

从 1956 年开始，冯纪忠在教学中进行了一系列的改革，提出教学计划应贯彻“以建筑的课程设计为培养的主干”的原则，在此原则基础上，他制定了“花瓶式”教学计划体系。所谓“花瓶式”是指设计课程具有“收—放—收—放”形如“花瓶”的结构模式，因势利导、循序渐进地培养学生的设计思维与创造力。“花瓶式”教育收到了良好的效果。

随着“大跃进”运动的展开，同济建筑系遭受了与全国其他建筑院系一样的命运，课堂教学几乎完全停顿，建筑设计任务也大量减少。在这种情况下，冯纪忠开始构思新的教学理论，经过一段时间的思考后，在原来“花瓶式”教学模式的基础上，发展出了“空间原理”。“空间原理”以“空间”作为不同功能类型建筑的共性来组织建筑设计教学，将不同规模、功能、类型的建筑设计归纳为几种空间组织的类型，使学生只要掌握了空间组织的方法就可以举一反三地应对各种建筑类型。“空间原理”是一套系统化的设计方法，将空间的组合安排看成是建筑设计的核心。

[1] 洪堡基金会是为纪念德国伟大的自然科学家和科学考察旅行家亚历山大·冯·洪堡（Alexander von Humboldt，1769-1859）于 1860 年在柏林建立的，基金会的主要任务是资助德国学者到国外去学术旅游，邀请外国有才华的青年科学家来德国的大学和科研机构从事科研工作，并为他们提供奖学金。

[2] 谈谈建筑设计原理课问题 // 同济大学建筑与城市规划学院．建筑弦柱：冯纪忠论稿 [M]．上海：上海科学技术出版社，2003：12.

[3] 同上：13

2.“空间原理”的内容及其实践

“空间原理”立足于改变过去建筑设计教学中的缺陷，以“空间”这种各个建筑类型的共同之处取代了建筑类型。建筑设计变成了“一个组织空间的问题，应有一定的层次、步骤、思考方法，同时也要考虑，综合运用各方面的知识”。组织空间是建筑设计最主要的阶段，是建筑师的“看家本领”。因此，冯纪忠认为，在教学上以组织空间为主线讲授建筑设计原理是比较合理的，这样可以与其他课程分工及配合。“完整的建筑设计培养工作不能缺少前前后后的课程，但建筑设计原理则着重在空间组织。”[1]

“空间原理”要教授学生建筑设计的理论知识，理论知识的传授要有一个循序渐进的过程。因此，冯纪忠将建筑设计理论的知识分为设计过程基本知识、次一等的一般规律（即组合类型问题）、建筑理论（归结成一般更高级的规律）三个部分：

第一部分“设计过程基本知识”讲授的是最基本的建筑知识，尤其是关于“空间”的基本知识，如：

> 空间有大小、尺度、形状，主要是根据人与人的工具（手和手的延长，现在有的工具已经脱离了人体的尺度），活动的范围，求出长、宽、高。各个空间之间有相互关系，如联系、分隔，要研究联系什么，分隔什么（视线、声音、活动等）。用物质构成起来，把使用效果的空间与广大的宇宙空间分隔开（保温、隔声、防水等）。……将所需空间用物质构成，物质有厚度（本身的厚度、分隔的需要），空间的形成是内轮廓，因而内外空间有时是不完全一致的，这就牵涉到体型问题，体型要从空间使用出发……[2]

第二部分主要讲空间的组合问题，将空间组合分为以下四类：

> 1. 一个大空间为主体空间，其余围绕为辅助空间——大空间。
> 2. 很多相同空间排列起来——空间排比。
> 3. 空间安排主要根据流动程序——空间程序。
> 4. 几组空间相互间有错综复杂的关系——多组空间组合。[3]

这四类空间组合既是建筑现象，又是设计过程的主题。将建筑设计中不同的工作全归到不同空间的组合上可以解决很多设计中的问题。

可惜的是“空间原理”未能被系统地整理成教材，讲义的原稿也在“文化大革命”中散失了，现在留存下来的只有发表于《同济大学学报》1978年第2期上的《空间原理（建筑空间组合设计原理）述要》。冯纪忠在“述

[1] 谈谈建筑设计原理课问题 // 同济大学建筑与城市规划学院．建筑弦柱：冯纪忠论稿 [M]. 上海：上海科学技术出版社，2003：13.

[2] 同上

[3] 同上：15.

要"中将"空间原理"分为七章内容：如何着手一个建筑的设计、群体中的单体、空间塑造（大空间）、空间排比、空间顺序、多组空间组织以及综论，并对前五章作了简要的陈述。

从内容上看，第一、二章属于"设计过程基本知识"。第一章主要讲的是建筑设计的思路和步骤问题，要求设计中要有"空间"的概念：

> 设计的整个过程要有空间观念，才能不致片面孤立地考虑和着手解决某个阶段的工作或局部问题，从而保证适用、经济、美观等的统筹解决。……从使用要求组织平面到立体空间……始终应有空间的概念。使用要求的空间和构成这种的物质手段，两者的统一才形成建筑空间。[1]

[1] 空间原理（建筑空间组合设计原理）述要 // 同济大学建筑与城市规划学院．建筑弦柱：冯纪忠论稿 [M]．上海：上海科学技术出版社，2003：21.

第二章主要讲的是建筑设计的全局观问题，即"建筑艺术主要体现在空间和空间组合本身"。第三到第六章属于"次一等的一般规律即组合类型问题"。第三章首先介绍了建筑空间组合的分类，然后从视线、音质、活动净空、通风采光、组合、结构、造型七个方面分析了大空间建筑的要求。第四、五、六章分别针对空间排比、空间顺序、多组空间组合三种空间组合类型进行了分析。第七章则属于"建筑理论"。

从"述要"来看，"空间原理"完全不同于以往的建筑设计教学。首先，"空间原理"要让学生学习的是"如何着手一个建筑的设计"，也就是传授学生建筑设计的步骤，让学生有一种全面的、整体的设计观。其次，从单体与群体的关系来讲解设计是一个反复深入的过程，让学生对设计过程有所理解。然后，在学生建立起步骤与过程概念的基础上，再深入传授建筑设计的一般规律即不同的空间组合类型。最后将之前所传授的内容进行总结与归纳，上升为设计原理。这种循序渐进、由浅入深的教学方式可以让学生更好地掌握建筑设计的知识与方法。

"空间原理"在教学实践中将建筑设计课的教学从二年级到五年级归为一个完整的体系。二年级的教学重点是如何着手做设计，单元空间的尺度与分析；三年级的教学重点是居住建筑和大空间建筑；四年级的教学重点是工业建筑和排比空间、序列空间的建筑；五年级的教学重点是比较复杂的多组空间建筑以及毕业设计。这一系列的空间类型的学习是逐步展开的：低年级的小型建筑设计训练让学生建立起空间的概念以及全面的设计观，为学生的设计思想打下了基础。在此基础上进入第二阶段的各类建筑设计练习，让学生进一步掌握建筑设计的一般规律。同时，其他相关课程如结构、物理等，都配合设计课的内容展开，整个建筑设计教学成为一个科学的、有机的整体。

在"文化大革命"期间批斗冯纪忠的小册子"革命手册"大事记中，空间原理教学的实践与推广过程被完整地记录下来：

62年9月起，建筑学2、3、4年级全按空间原理系统进行教学（包括课程设计）。

62年底，空间原理组织编写教材。

63年3月，傅信祈去南工介绍空间原理教学。

63年6-7月，教育部布置修改教学计划，精简学时。全国建筑学计划在上海召开修订会议。会议期间冯纪忠推荐按空间原理系统制定计划，并展出空间原理设计作业，遭到其他学校的反对。会后我系仍按空间原理系统单独制定教学计划。

64年5月，学术讨论会上，葛如亮作了大空间建筑设计原理问题介绍，会后讨论争论激烈（有校外设计单位等参加），当时冯讲看教学效果，要10年后见效……[1]

从这份记录可以看出，“空间原理”的教学改革只进行到1964年前后就被迫中断，未能得到完整的实施。教学实践证明，“空间原理”教学体系切实可行，并部分地显示出了它的效应，学生在课程设计中对建筑设计的理解更加深入，设计能力得到了提高。

“文化大革命”中断了“空间原理”在教学中的实践，还使得冯纪忠经受了一场又一场的批斗。后来冯纪忠由于种种原因不愿意再提“空间原理”，但“空间原理”始终存在于他的建筑思考之中。1974年，冯纪忠参与了同济大学内部出版的教材《建筑设计原理》的编写，尽管没有署名[2]，但在这本打上了意识形态印记的教材中仍然体现了他对“空间原理”的思考。从第一册被定名为《设计方法步骤》[3]就可以知道这本教材强调的是建筑设计的方法及过程。由于“空间原理”在“文化大革命”中被批判，这本试用教材对“空间”的提及并不多，“组合”成为一个重要概念：

就单体而言，组合是全局而各个房间是局部。组合设计是组合关系的具体化……必须先进行单个房间的研究。[4]

“组合”取代“空间”被看成是建筑设计中的某些共同规律，“空间”的概念被“房间”所取代，对建筑设计中“共同规律”的强调体现的正是“空间原理”的核心思想。从“文化大革命”结束后，冯纪忠所指导的研究生论文来看，他一直未放弃建立体系化的建筑设计方法的尝试。[5]从他在1980年代初期所提的“时空转换”与“意动空间”来看，他也从未放弃对“空间”的思索，还将空间设计思想提高到了更高的境界。

3.“空间原理”的“空间”

“空间原理”作为设计方法论，真正是以“空间”作为主线来考虑建

[1] 刘小虎．时空转换和意动空间——冯纪忠晚年学术思想研究[D]. 华中科技大学博士学位论文，2009：23.

[2]《建筑设计原理》由五七公社建筑学教研室编写，于1975年9月出版，这套建筑学专业试用教材分为两册：第一册为“设计方法步骤”，第二册为“建筑技术”。冯纪忠在回忆中提到过参与这本教材的编写，参见：冯纪忠．建筑人生——冯纪忠自述．北京：东方出版社，2010：166.

[3]《设计方法步骤》对设计过程的讲解与《空间原理（建筑空间组合设计原理）述要》一样也是以小学校设计为例展开的。总的说来，《设计方法步骤》受政治因素影响，更偏向于实践操作，针对的环节包括调查研究、方案设计、施工图设计，而“空间原理”针对教学，因此更偏向于方案设计。

[4] 五七公社建筑学教研室．建筑设计原理[M]. 上海：同济大学五七公社，1975：49.

[5] 冯纪忠指导的论文与建立设计方法有关的有：《建筑设计中的分析：综合、评价——现代化建筑设计方法叙述》（张遴伟，1978-1981）、《结构组合设计——一种系统化的设计决策过程》（王伯伟，1982-1985）、《城市设计理论模型结构》（朱隆斌，1987-1990）。

筑问题的，冯纪忠认为：“不管是建筑，还是城市、园林，以空间来考虑问题更接近实际。”[1]“空间原理”中的“空间”到底意味着什么呢？

冯纪忠将“空间”看成是建筑设计的实质，由此将“空间”作为建筑的共同点。在以建筑的共性来建构建筑设计理论这一点上，冯纪忠受到了恩斯特·诺伊费特（Ernst Neufert，1900-1986）撰写的《给设计人的手册》（*Bauentwurfslehre*）[2]的启发。诺伊费特通过将建筑设计中共通的元素抽取出来实现了建筑原理的建构和建筑类型的分解。冯纪忠选择从“空间”出发，因为“实际上我们设计的时候开始考虑的不是它的形式，先主要是怎么安排这个空间”[3]，建筑设计就在于空间组织。

冯纪忠的“空间”首先是建筑的基本单元。建筑师在设计中首先应根据使用要求和各方面条件将其“换算”为空间，“如把‘新鲜空气’的要求换算为空间；声的均匀是物理要求，也要通过空间如何组织来体现，变为看得见的空间要求。”[4]“空间”成为将建筑结构、造型、通风、采光、声效等所有因素综合在一起的“单元”，这种空间的概念更好地诠释了现代建筑的本质。

其次，“空间”作为建筑的基本单元是通过“组合”（composition）来构成建筑的。由此，建筑的分类不再是以功能为基准，而是根据空间组合方式的分类，分成大空间、空间排比、空间程序、多组空间组合四种类型。尽管还原到英语都是 composition，但冯纪忠的“组合”与“构图”是有本质区别的。“构图”是以形式上和功能上适当的元素遵循一定的艺术原则来组成一个整体；冯纪忠的“组合”不仅带有一定的艺术性，更重要的是科学规律。“空间组合”是将所有建筑因素综合在一起的空间组织，针对的是空间与空间之间的相互关系，既要达到空间与结构的一致，又要达到功能与技术的统一。从这点上讲，“空间原理”既是功能主义的，又是结构理性主义的。

将“空间”作为建筑设计的原始细胞，通过细胞的各种组合来形成建筑，这与冯纪忠在奥地利维也纳工业大学学习的经历有关。奥地利属于德语世界，“空间”的概念正是从德语世界影响到全球的。冯纪忠所讲的“空间”显然来自于德语的 Raum。Raum 本身有“一个房间”或者“房间的一个部分”之意，从 Raum 的概念出发很容易将“空间”看成是一个最基本的建筑单元。

维也纳是现代建筑的发源地之一，维也纳工业大学与艺术学院（Akademie der Bildenden Kunste）、工艺美专（Kunstgewerbeschule）不同，偏爱传统建筑形式，但强调建筑形式与结构功能之间的关系，倡导对过去的事物“全面而科学”的研究才是新建筑的基础。也就是说，维也纳工业大学的现代思想主要体现为强调建筑的技术性、科学性。这些思想在“空间原理”中也得到了体现。“空间原理”将对建筑结构、通风、采光、视线、声效等的考虑全都综合在建筑设计之中，以“空间”形状来满足各方

[1] 刘小虎．时空转换和意动空间——冯纪忠晚年学术思想研究 [D]. 华中科技大学博士论文，2009：19.

[2] 恩斯特·诺伊费特：德国建筑师，1919 ~ 1920 年在包豪斯学习，后成为格罗皮乌斯的助手，他从 1926 年开始写“Bauentwurfslehre”这本书，1936 年出版，几乎所有德国建筑师都有这本书，时至今日，这本书已被翻译成 17 种语言。中文版：（德）恩斯特·诺伊费特．建筑设计手册．北京：中国建筑工业出版社，2000.

[3] 同济大学建筑与城市规划学院．建筑人生：冯纪忠访谈录 [M]. 上海：上海科学技术出版社，2003：56.

[4] 谈谈建筑设计原理课问题 // 同济大学建筑与城市规划学院．建筑弦柱：冯纪忠论稿 [M]. 上海：上海科学技术出版社，2003：13.

面的要求，体现出一种全面的设计观："结构与空间完全吻合是最理论的（Theoretical）。"[1]

必须指出的是，同样是现代建筑的"空间"，冯纪忠的"空间"与吉迪翁所建构的现代建筑的"空间"是不一样的，尽管他们都将"空间"看成是建筑的本质。吉迪翁是从认识论的角度以新的"空间—时间"概念来建构现代建筑谱系，尽管将建筑历史、建筑思想理论化了，但这种理论更多地偏向于认识论，指向的是现代建筑的识别性、现代建筑的特征而非现代建筑应该如何设计，其主要目的是建构建筑历史而不是建立建筑设计的方法论。冯纪忠的"空间"是认识论与方法论的结合，指向的是建筑设计方法，一种高度理性的、可以传授的空间组合的方法，是一种工具性的方法建构。吉迪翁在讲新的空间观念时强调空间渗透、空间流动之类的空间处理手法与空间艺术，而在冯纪忠看来，空间流动、空间穿插是空间组织中的艺术问题，不是空间组织的全部。

4."空间原理"的影响

1962年，在全国建筑学专业会上冯纪忠展示了"空间原理"的理论和教学成果：每个年级"空间原理"讲什么内容、"设计"做什么以及学生的图纸。"空间原理"在会议上引起了辩论。在这个特殊的年代，大部分人受意识形态影响，在表面上无法接受这种新的教学方式，只有为数不多的人认为在教学中是切实可行的。虽然"空间原理"没有获得大范围的认同，但实际上却对其他院校产生了一定的影响。例如1963年10月冯纪忠就受邀到南京工学院作了题为"建筑大空间理论"的学术报告。[2]

"空间原理"将空间组合问题作为各个建筑类型都存在的共性，将不同规模、不同类型的建筑归纳为四种空间组织类型，这种新的分类法减少了建筑类型的数量，有利于建筑设计教学的组织。同时，这种设计方法以使学生掌握设计的普遍规律为出发点，传授给学生的是设计的方法与原理，使学生在设计中可以举一反三，有利于提高学生的设计能力。以"空间"为建筑的共性，将建筑所有的条件与需求全都"换算"为空间，将空间作为最基本的单元来思考，以空间组合来还原建筑设计，建立的是一种理性的设计原则与逻辑。

"空间原理"作为一套系统化的建筑设计方法与教学方法，与"布扎"的"构图"理论具有相同的作用。"布扎"建筑教育主要关注的是建筑的形式问题，带有形式主义的印记。"空间原理"在"布扎"主流之外推动了现代建筑教育在中国的发展，其对建筑科学性、对建筑功能的强调与形式主义是完全对立的。尽管，"布扎"的"构图"在此时也走向了"空间构图"，但"空间原理"与"空间构图"相比具有更多的创新性。"空间构图"作为一种设计方法，受现代建筑思想影响，加入了对功能、经济、技

[1] 谈谈建筑设计原理课问题//同济大学建筑与城市规划学院．建筑弦柱：冯纪忠论稿[M]．上海：上海科学技术出版社，2003：16

[2] 潘谷西．东南大学建筑系成立七十周年纪念专集[C]．北京：中国建筑工业出版社，1997：289．

术等因素的考虑，但强调的是建筑设计的结果、建筑的艺术性。“空间原理”强调的不是设计的结果而是设计的方法步骤，看重的是设计的过程，要求学生建立的是一种展开建筑设计的工作方法和逻辑化的思维方式，这种理性的思维方式保证了建筑设计的科学性。也就是说，“空间原理”是对建筑的科学性与艺术性的综合考虑，将功能、形式、结构以及其他所有建筑因素完全融为一体。

与包豪斯和呼捷玛斯的现代建筑教育相比，“空间原理”也具有相当的原创性与先进性。包豪斯和呼捷玛斯都推行现代建筑，却都未能形成系统化的建筑设计方法论。“空间原理”不仅将建筑设计体系化为一套行之有效的方法论，更是与教学紧密联系，成为了一套可以传授的建筑知识。“空间原理”当时在全世界都具有领先性，和 1950 年代美国“得州骑警”的探索有异曲同工之妙。[1]

[1] 顾大庆.《空间原理》的学术及历史意义 // 赵冰主编. 冯纪忠与方塔园 [M]. 北京：中国建筑工业出版社，2007：95.

“空间原理”将知识的类型与层次作了明确的划分，建筑教育的首要作用在于选择知识，并通过有计划的控制环节，在不同的阶段将特殊的建筑知识（类型知识）与一般的知识（空间原理）分配给学生，使知识的传递成为一种教学中的内在化纪律，这正是建筑学科制度最本质的东西。[2] 尽管“空间原理”在教学领域的实践未能完成，但其影响力却不容忽视，现在越来越多的建筑师与建筑学者关注冯纪忠和“空间原理”就是证明。

[2] 同济大学建筑与城市规划学院. 同济大学建筑与城市规划学院教学文集一·开拓与建构 [C]. 北京：中国建筑工业出版社，2007：32-33.

4.5.2 各类建筑教材中的“空间”

为了贯彻“高教 60 条”，努力提高教学质量，加强理性教学，各建筑院系开始编著各种建筑教材，以改变长期以来建筑教学中“只可意会，不可言传”的传统教学方式。1961 年前后，大量建筑教材编写完成，不少教材中出现了专门关于“空间”的讨论。

例如在长春冶金建筑专科学校建筑学教研组编著的《建筑学》（上、下册）中，将建筑学看成是“研究、设计和建造适用、经济、美观的建筑物和建筑群体的一门学科”。建筑设计是“建筑学的一个组成部分，它是专门研究如何以各种空间组合形式来满足人类生活、生产上的各种功能与美学要求的方法”。[3] 在“建筑艺术造型的基本要素（构图原理）”一节中，更是将“尺度”、“比例”与“空间”联系起来：

[3] 长春冶金建筑专科学校建筑学教研组. 建筑学（上册）[M]. 北京：中国工业出版社. 1961：239.

> 尺度是和人的适用要求密切相关的。如一个房间的空间大小（长、宽、高）便是根据人的活动、设备布置、采光、通风要求等所决定，任何建筑空间也都受着适用尺度要求的制约。
>
> 平面的比例与剖面高度又有不可分割的关系，因为这是空间给我们以

总的感觉。一幢房屋体量间的组合，墙面的划分，门窗及其他各部件的设置中都要争取良好的比例关系。[1]

这部教材还对民用建筑、工业建筑在空间利用和空间处理上的一些问题进行了论述。

再如民用建筑设计原理教材选编小组编写的《民用建筑设计原理》系列，在“绪论”中就指出：“一个建筑物设计的好坏，关系到很多的条件和因素，如建筑材料、技术条件；平面立面、室内室外的空间组织；建筑式样、装饰、色彩等等。”[2]这部教材针对不同类型民用建筑的设计中都有关于“空间”的论述，以“住宅建筑”部分为例：首先是将“空间”的利用与经济联系起来，认为充分利用居室的空间，合理地确定层高，有显著的经济意义。其次，将住宅建筑的美观与“空间”联系起来，提出使住宅的外貌和室内空间处理达到安静、明朗、朴实、简洁；而住宅周围的空间要富有变化，要将建筑物、绿化和建筑小品等组合为优美的空间，以获得既有变化又有中心的艺术效果。这种将“空间”与经济、美观相关联的说法也出现在其他类型民用建筑设计原理的论述之中。

在上面提及的例子中，关于“空间”的讨论还处于零星的、非系统的状态，而在下面两部教材中则比较系统地讨论了“空间组合”问题：

《房屋建筑学》（五册）

（房屋建筑学教材选编小组编，中国工业出版社，1961年）

这部教材是由同济大学、西安冶金学院、重庆建筑工程学院、哈尔滨建筑工程学院、南京工学院、华南工学院等院校合编的，内容主要为建筑设计基础知识、大量性民用建筑、大型性公共建筑、工业建筑四部分。这部教材主要针对的是建筑结构及施工专业，也可作为建筑工作者的参考用书。

在第一册《建筑设计基础知识》的“绪论”中，编者将建筑看成是由“功能要求”、“物质技术条件”和“建筑形象”三要素构成的，在对“建筑形象”的论述中，认为：“建筑物是一个物质产品，它以其内部和外部的空间组合、建筑体型、立面式样、细部处理和装饰、色彩等等，构成一定的建筑形象。”[3]将“空间组合”放在建筑形象的第一位表明了“空间”在建筑设计中的重要性。全套书除了第一册的第二章为“建筑物的空间组合”外，在第二册《大量性民用建筑设计原理》、第五册《工业建筑》中均有针对具体建筑类型“空间”的论述。

书中认为，建筑物空间组合的主要任务“在于决定空间的大小及其形式，决定空间之间的相互关系及相互位置，并在技术经济合理的情况下，进行造型上的处理”，提出空间组合的基础，是功能分析：

不能将空间组合的工作截然划分成平面设计及立面设计。因为在平面

[1] 长春冶金建筑专科学校建筑学教研组. 建筑学（上册）[M]. 北京：中国工业出版社. 1961：266.

[2] 民用建筑设计原理教材选编小组. 民用建筑设计原理（第一册）[M]. 北京：中国工业出版社，1962：5.

[3] 房屋建筑学教材选编小组. 房屋建筑学（第一册）• 建筑设计基础知识 [M]. 北京：中国工业出版社，1961：7.

布置时，绝对不可能置体型于不顾，而在立面设计时，也必须考虑平面布置的特点。因此，平面布置与立面设计，是既有区别又有联系的。由此可见，空间组合涉及的因素很多，它直接影响到建筑物的功能使用情况、结构方案选择、技术设备的布置、建筑造价以及建筑形象等各方面。欲使空间组合合理，必须深入地研究空间组合时应考虑的各项因素。[1]

[1] 房屋建筑学教材选编小组．房屋建筑学（第一册）·建筑设计基础知识[M].北京：中国工业出版社，1961：31.

这部教材还从功能要求、建筑结构对空间组合的影响、卫生技术设备的布置对空间组合的影响、建筑经济要求、建筑艺术要求五个方面论述了建筑物的“空间组合”。

这部教材中，对“空间”强调的是功能性、经济性，与现代建筑思想相一致。作为主编的傅信祁来自同济大学，曾经做过冯纪忠的助教，还曾替冯纪忠到南京工学院宣传过“空间原理”。傅信祁对“空间原理”非常了解，才会在编写教材时将“空间组合”纳入“建筑设计基础知识”。这部教材不是针对建筑学专业而编写的，从其中关于“空间组合”的讨论来看，“空间”话语已不再局限于建筑设计专业，而是对整个建筑学及相关专业都产生了普遍的影响。

《民用建筑设计原理》（初稿、初稿插图）

（清华大学土建系民用建筑设计教研组编著，清华大学内部刊行，1963 年）

《民用建筑设计原理》由“原理”和“插图”两本构成。原理分为两大部分，第一部分由四章组成：建筑设计的方法步骤、建筑设计的功能问题、建筑设计的结构问题和建筑设计的经济问题。第二部分由两章组成：建筑设计中的空间组合和建筑设计中的外形构图。在整部教材中，“空间”都是一个比较核心的内容。

在第一部分中，将民用建筑功能的主要构成要素归为“各种使用空间”和“进行必要的交通联系用的空间”，提出：

建筑功能的完善在于各种使用空间的设计有足够面积，适宜的形状和尺寸。内部布置合乎使用活动的要求。在建筑平面空间布局中各部分及各个使用空间的位置有恰当的安排与组织，符合一定的功能程序关系，具有方便的交通联系。[2]

[2] 清华大学土建系民用建筑设计教研组．民用建筑设计原理（初稿）[M]. 清华大学内部刊行，1963：16.

建筑设计方案阶段最重要、最关键的工作是建筑的“平面空间布局”，即“把各个使用空间与交通联系部分加以恰当的安排与组织，使其综合完善地解决建筑的功能、经济、艺术、结构技术等多方面的要求，构成建筑整体。”[3]建筑是由建筑构件与建筑空间构成的三度空间的物体，因而它的平面空间布局是一个三度空间的设计工作，必须同时用平面图及断面图进行设计工

[3] 同上：44.

作并表现出来，还必须考虑到它的外部体量及外形的处理，同时还要取得较好的经济性。

第二部分主要是建筑艺术技巧问题，提出“建筑艺术是以其实体和空间的艺术形象来反映现实生活”[1]，并将建筑的感染力与建筑空间的类型相联系。在这一部分，有对“空间组合”的详细论述。

“建筑设计中的空间组合”（第五章）

这一章由李道增[2]负责编写，李道增指出，建筑的艺术性不仅表现在实体造型上，同时也表现在空间形象上，空间是建造建筑的主要目的：

> 空间的形式有赖于实体的围合与分隔，因此建筑中的空间和实体实际上是孪生子，是对立矛盾的统一体。一定的建造建筑实体的工程技术水平只能形成一定的空间形式，工程技术的发展不断提供人们设想新的空间形式的可能性。而人们对空间的各种要求又在不同程度上促进这一发展过程……
>
> 空间即是建筑的最主要的要素，处理和组合空间的艺术就成为了建筑创作中的重点问题。[3]

李道增不仅回顾了建筑史上几个主要时期——古埃及与古希腊、古罗马、哥特、文艺复兴、巴洛克建筑以及我国古代建筑在空间处理上的特点，还特别分析了西方近代建筑在空间处理上的发展，将各种流派的近代建筑在空间处理上普遍具有的特点归为：

> （一）空间的形式更结合功能了。（二）室内的空间形式已不限于规整的几何体，出现了许多不规整的形式。（三）由于多数建筑中使用要求不断会有所变化，室内空间在形体上的灵活性、适应性、可变性增加了。（四）由于新技术的运用，打破了传统的一个房间为六个面所封闭的概念，出现了许多新奇的空间形象。（五）空间布局上打破了对称格局的局限，采用了各种不对称的布局。……（六）空间布局上不拘泥于个别形象的完整，而注重各个局部有机的组合所构成的整体形象的和谐。[4]

这种对历史的回顾，为的是展示建筑空间处理手法的丰富多彩。

“建筑设计中的空间组合”以七个小节联系古今中外的实例，对空间的艺术处理进行了分析，主要内容如下：

第一节　空间的平断面形状

分析建筑室内空间的形式，从空间的平面形状和断面形状两方面介绍了建筑空间的形式。

第二节　空间的尺度

从“人的尺寸与尺度”、“结构开间尺寸与尺度”、“构件的形象、尺寸

[1] 同上：105.

[2] 李道增：1952年毕业于清华大学建筑系，并留校任教，1983～1987年担任清华大学建筑系主任，1999年被评为中国工程院院士，著有《西方戏剧·剧场史》、《环境行为学概论》等。

[3] 清华大学土建系民用建筑设计教研组．民用建筑设计原理（初稿）[M]．清华大学内部刊行，1963：108.

[4] 清华大学土建系民用建筑设计教研组．民用建筑设计原理（初稿）[M]．清华大学内部刊行，1963：111.

与尺度”三方面分析了尺度与建筑空间形象的关系。

第三节　空间的“围”和“透”

借用我国古代“画论”的“围”和“透”分析空间之间隔绝与贯通的处理手法，介绍近代与我国古建筑中与“围”、“透”有关的处理手法，并就角部处理、建筑内部空间灵活分隔、过道处理进行了分析（图4-25）。

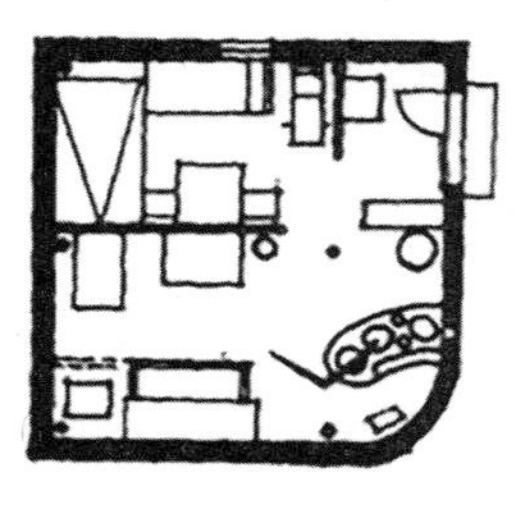

图4-25《民用建筑设计原理》原文插图

第四节　空间的大小感

分析空间在人们的视觉感受上的大小问题，从空间体量上的对比作用、相对封闭的与相对开敞的空间、空间层次与空间感、结构对空间的遮挡与空间感、建筑装修与空间感五个方面分析了和空间感有关的问题。

第五节　空间的导向作用与“轴线”

从中轴线、主轴线和次轴线的角度分析了轴线在空间组合中的引导作用，列举了建筑中常用的暗示空间方向感的其他手法。

第六节　空间的序列

建筑的总体印象来自于对建筑序列空间印象的汇集，节选了高潮、高潮前的准备、序列中的“多样统一”三个与空间序列有关的问题进行了仔细分析。

第七节　建筑断面上的空间利用与组合

分析了建筑断面组合上的空间利用问题，提出要创造性地组织建筑平面，合理地组织建筑断面。

从以上内容来看，“建筑设计中的空间组合”主要是结合实例来介绍各种空间处理手法。从其被安排在“建筑艺术技巧”部分与“外形构图”并列可以看出，偏向的是空间处理的艺术性。在编写上类似于迪朗的《简明建筑学教程》，是一种资料集成，通过将空间处理手法集合分类为学生提供选择，使学生在处理“空间”时可以根据希望达到的艺术效果来选择不同类型的处理手法，所列的实例与图集为空间效果提供了参照。

从这部教材所讲的“空间”来看，它既体现了西方现代建筑思想的影响，也延续了“布扎”构图原理的传统。西方现代建筑的思想体现为将功能与空间联系在一起，在空间处理手法上则偏向于“构图”原理。将“平面空间布局”看成是建筑设计方案阶段最重要、最关键的工作，用平面图、断面图进行设计，显然在讲“构图”原理的平面布局，而非真正的空间设计；对“空间组合”的论述偏向的也是艺术技巧。从使用的术语来看，已不再局限于“构图”，不仅有现代建筑的空间术语，还引入了中国传统术语来分析空间处理手法。从总体上来讲，这部教材对“空间”的讲解在“空间构图”理论的基础上有所发展，这种发展主要体现在空间处理手法列举的丰富性上。

这部教材的编写明显受苏联《建筑构图概论》（参见 4.1.1）影响，其中很多插图直接来源于《建筑构图概论》。清华大学的建筑教育源于“布扎”建筑教育体系，“构图”作为“布扎”的核心在清华大学影响一直很大。《民用建筑设计原理》中已有部分与“构图”相关的内容，但清华大学还是另外编写了一本《建筑构图原理》作为教材。

《建筑构图原理》更直接地体现出了苏联《建筑构图概论》的影响。教材将“空间”与“构图”紧密联系起来，认为建筑构图理论是有关建筑设计中组织空间布局、处理立面、细部装饰等用以取得完美的建筑形式的理论。将“构图”解释为：

> 构图：拉丁文 Compositio，英文 Composition，俄文 Комлозиция，原字是组合、联系之意，因此建筑构图在国外有些文献书籍中亦广义地理解为全面的建筑设计的布局、组合的意思。在本书中系指一般的按狭义的理解，即建筑设计中有关艺术形式方面的组合之意，这样也是为了避免把建筑设计与建筑构图混为一谈。

在对构图的认识上，教材认为“建筑构图的目的不是建筑设计图的本身，而是建筑实物”，在苏联《建筑构图概论》的总结的基础上将建筑构图归结为下列五方面的问题：统一与变化、均衡与稳定、比例与尺度、视觉中一些特殊规律的运用、比拟与联想，这五个方面采用的全是“布扎”建筑体系中所使用的传统建筑术语。《建筑构图原理》区分了建筑构图与建筑设计，使“构图”更明确地指向建筑设计与艺术处理相关的技法。也就是说，《建筑构图原理》在某种程度上将“布扎”的“构图”原理的适用范围缩小了，

“构图”原理在这本教材中不再是一种系统的建筑设计方法，而只是与建筑艺术形式组合有关。

总的说来，《民用建筑设计原理》还是非常重视“空间”的，列举了许多“空间组合”的手法，但在建筑设计方法的建构上仍然不是从“空间”出发。在设计方法体系上，尽管将“构图”与设计进行了区分，却仍然未能跳出“布扎”体系。与同济大学的“空间原理”相比，《民用建筑设计原理》仍然属于按建筑类型来传授建筑设计的知识。这本教材由于随之而来的“文化大革命”的影响而没有正式出版，但曾作为清华大学建筑设计专业教材试用。图文并茂的方式改变了“只可意会,不可言传”的教学方式，为学生提供了参考，对后来清华大学建筑设计教学产生了一定的影响。

在以上提到的教材之外，还有不少的教材中有关于“空间”的讨论，例如1962年南京工学院也在内部刊行了三本教材，其中《公共建筑设计原理》中有关于“空间”的讨论，1980年代初期由全国建筑院校教材编辑委员会主持的新教材编写中由天津大学主编的《公共建筑设计原理》就是在此书的基础上编写的，此书经过修改、整理后在1986年改名《公共建筑设计基础》，由南京工学院出版社正式出版。《公共建筑设计基础》第三章为“公共建筑空间构成及组合”，其中包括“公共建筑空间构成及其相互关系”、“公共建筑空间组合的功能要求”、“公共建筑空间组合方式”、“结合地形的建筑布局”、“高层建筑的布局”五个小节，主要讲的是建筑空间的布局问题：“*着重分析了功能要求及对建筑布局的影响，也就是在建筑空间组合时如何考虑各种功能要求，以及根据功能要求进行空间组合的基本原则与方法。*”[1] 在建筑历史教材中也出现了对建筑空间的描述，例如在1962年由陈志华编著，中国工业出版社出版的《外国建筑史（19世纪末叶以前）》中对各个时期的建筑进行描述时均有提到“空间”。

这些教材中出现的“空间”说明在当时的建筑教育中“空间”已经成为一个比较重要的内容，对建筑设计产生了相当的影响。虽然这一时期教材中的“空间”话语不可避免地受到了“布扎”体系中的“构图”理论的影响，但是现代建筑的思想也有所展现。这在当时的学生设计作业中也有所体现，学生的设计作业开始注重内部空间的组织、室内外空间的交流，现代建筑“空间”思想得到了一定的展现。[2]

4.6 小结

1920年代到1952年这段时期，尽管“空间”开始在建筑类文章中广

[1] 鲍家声，杜顺宝．公共建筑设计基础[M]．南京：南京工学院出版社，1986：54.

[2] 钱锋．现代建筑教育在中国（1920-1980）．同济大学工学博士学位论文，2005：149-150.

泛使用并参与到一些讨论之中，但是在建筑话语中占统治地位的仍然是来自“布扎”体系的建筑术语。作为一种建筑的术语，在1952年以前，“空间”只是拉开了自己的序幕，为“空间”话语在中国建筑学科中的展开做好了前期的准备。

新中国成立后对国家意识形态的强调使得建筑学的发展为政治因素所主导。在政治化设计观念的指导下，中国建筑学科受到了来自前苏联“社会主义现实主义”建筑的强烈影响，此时苏联已经从1920-1930年代的前卫的构成主义退回到古典复兴，现代建筑、构成主义对“空间”的强调已深入前苏联建筑学科内部，因此，苏联在“布扎”体系构图原理的基础上发展出了“空间构图”理论。“空间构图”理论对中国建筑学科产生了相当大的影响，既被用于解说中国传统建筑与园林的空间，又被用于指导建筑设计实践。另一方面，“社会主义现实主义”使得西方现代建筑思想被打上了资本主义的印记，影响了西方现代建筑在中国的传播。尽管中国的建筑学界从未完全拒绝现代建筑思想，但在严酷的政治环境下现代建筑思想的传播时断时续，间断性的、非系统的传播以及与国际建筑界几乎完全隔离使得中国建筑师对西方现代建筑的理解并不全面。西方现代建筑空间话语在中国的传播也一样，具有非系统性、片面性的特点，这使得中国建筑师只是抓住了“流动空间”之类的关键词或者一些空间形式而未能正确全面地理解西方现代建筑的空间形式及其背后所隐藏的空间思想。

由于意识形态的原因，“空间”话语在一定程度上受到了批判，但“空间”对中国建筑学科的影响已经形成，“空间”对建筑的重要性得到了中国建筑师的广泛认同。尤其是“布扎”的构图理论与“空间”发生关系后更是为“空间”话语在中国建筑学科中展开提供了支持。在苏联“空间构图”理论与西方现代建筑空间观念的共同作用之下，中国建筑学界开始有意识地就建筑空间问题展开讨论。外来影响是中国建筑“空间”话语发生的外在原因，真正推动“空间”话语发展的原因还在于中国建筑学科内部。一方面，对中国建筑历史研究的反思以及对“古为今用”的提倡在一定程度上促使中国建筑师从“空间”的角度探索中国传统建筑和园林的价值；另一方面，从西方移植的“布扎”体系并不完全适应中国的国情，中国建筑师需要一套新的适应当前的建筑设计方法，“空间”为此提供了一条发展思路。正是在建构中国建筑传统和建立建筑设计方法论的推动下，“空间”话语才在这一时期得到了实质性的展开。从讨论中使用的术语来看，以“布扎”的建筑术语为主体，融入了西方现代建筑的空间术语。也就是说，这一时期中国建筑“空间”话语在某种程度上体现出了“布扎”与现代建筑的综合。

总的说来，此时的“空间”话语已经不再只是停留在零星的文字上，不少文章中都出现了关于“空间”的内容，“空间”已经成为一个众多建筑师有意识参与讨论的话题。同时，关于“空间”的讨论已经不再只关注于建筑认知，而且也与建筑设计实践密切相关。可以说，这一时期的中国现代建筑“空间”话语不仅使得中国建筑师重新认识了自己的建筑传统，还发展出了以“空间原理”为代表的可以指导建筑设计的系统的空间理论；不仅在理论文章中讨论，还由建筑作品评述展开，形成了理论与实践的互动。总之，作为一个建筑话语，“空间”虽然仍然不能与风格、形式、功能等话语相比，但其影响力已经无法忽视，它已经在中国建筑学科中站稳了自己的脚跟。

五

中国现代建筑空间话语的多样化：1977年至1980年代

随着"文化大革命"的结束，1970年代末中国以和平主动的心态再次打开久闭的国门，迎来一个改革开放的新时期。中国建筑界结束了长期与国际建筑界相隔绝的局面。建筑政治化的淡去使得中国建筑文化呈现出开放而多样化的氛围，建筑创作摆脱了意识形态的羁绊，变得开放而自由。在这种氛围之中，中国建筑学界开始了新一轮引入国外建筑理论的浪潮，在这次国外建筑理论的引进中表现出了主动性、积极性的特点。一方面，前一时期受到压制的现代建筑思想开始强势反弹，另一方面，新兴的后现代思潮接踵而至，对中国刚刚复兴的现代建筑思想产生了剧烈的冲击，建筑思想开始向多样化发展。思想的开放以及国外建筑理论的刺激促进了新的建筑"空间"话语的产生，"空间"话语也朝着多样化方向发展。

5.1 从国外涌入的建筑"空间"

由于与国际建筑界隔绝了近30年的时间，国际建筑界已经发生了巨大的变化。随着国门的打开，中国建筑师迫切地希望了解当今世界建筑发展的新形势、新思潮，开始了自1950年代全面引进前苏联社会主义现实主义建筑理论之后又一轮大规模地引进国外建筑理论的历程。与前一次从前苏联引进建筑理论相比，这次对国外建筑理论的引入更加积极与主动，目的也更加明确。值得一提的是，1979年创刊的《建筑师》杂志为新的建筑"空间"话语的引入做出了重要贡献，从第2期开始，《建筑师》杂志上就开始连载一些国外理论译著与译文，其中不少内容都与"空间"有关，这些译著与译文的刊登在很大程度上促进了"空间"话语在中国的发展与讨论。

5.1.1 对西方现代建筑"空间"的补课

之前，现代建筑在中国的传播一直处于断断续续、或明或暗的状态，因此，中国建筑界在结束了与国际建筑界相隔绝的局面后，发现现代建筑已被宣布"死亡"，国际上流行的已经是后现代主义建筑了。出于对现代建筑的长期渴望，中国建筑师仍然对现代建筑、现代建筑大师进行了补课，希望更加系统与完整地了解现代建筑。

1. 由中国建筑师引介的现代建筑"空间"

此时，中国建筑师对现代建筑的理解已经将其在理论上的进步与其空间创造联系在一起："西方现代建筑理论和创作中有其进步和合理的方面。他们重视功能，强调为'人'，甚至认为实用就是美。在形式上提倡简洁自然，把设计的注意力放在对空间布局上，追求创造一个使人生活舒适和精神愉快的空间——一个内外互相渗透、有机结合并与周围环境融为一体的空间。"[1] 刘先觉在总结现代建筑的基本观点时认为，现代建筑强调功

[1] 艾定增．建筑创作中的几种错误倾向[J]．建筑学报，1980(1): 21.

能，注意应用新技术的成就，体现新的建筑审美观，注意空间组合与结合周围环境，并认为流动空间论（Flowing Space）、有机建筑论（Organic Architecture）和开敞布局（Open Plan）是注意空间组合与结合周围环境的具体体现。[1] 吴焕加也认为，现代建筑思想的主要观点中包括自由地、灵活地组织建筑空间与体形。[2] 有人甚至说现代建筑设计就是一种制造空间（Space Making）的设计。[3]

戴念慈在《现代建筑还是时髦建筑》中总结了现代建筑大师创作活动的几个方面，其中之一为“创造新的空间效果，也就是建筑物内部整体的、互相关联、互相渗透、互相衬托的空间效果”。[4] 戴念慈认为将这种空间效果翻译为“流动空间”不确切，应按原意翻译为空间的整体性或连续性为妥。他还分析了文艺复兴时期以来空间概念的变化，认为到了20世纪才真正把创造房屋内部的空间效果作为建筑艺术的一个重要方面来对待。

罗小未在《建筑师》杂志“国外建筑师介绍”栏目中对四位现代建筑大师挨个进行了介绍，这一系列文章成为了《外国近现代建筑史》教材中关于这四位建筑大师的内容的基础:《格罗披乌斯与“包豪斯”》（第2期）一文介绍了“包豪斯”教学和格罗皮乌斯“全面建筑观”（Total Scope of Architecture）中对“空间”的重视。格罗皮乌斯认为“新的建筑外貌形成于新的建造方法和新的空间概念”，在空间设计中提倡的是按功能自由布局空间，按人体尺度和精确的结构断面计算来节约空间。[5]《勒·柯布西埃》（第3期）介绍了柯布西耶以几何形立体空间为主的建筑形式，由框架结构发展出的“自由平面”带来的内部空间的变革。《密斯·凡·德·罗》（第4期）介绍了密斯对结构逻辑和自由分隔空间的强调，特别介绍了密斯建筑中所体现的吉迪翁所谓的“流动空间”和“建筑的时空感”（Space and Time in Architecture）以及密斯后期建筑中所体现的“通用空间”（Universal Space）思想。《赖特》（第5期）特别以“关于空间设计”为小标题介绍了赖特对建筑空间设计的重视，赖特强调空间的造型效果和开放布局（Open Planning），追求的是“诗意的环境”与艺术效果。[6]

关于四位大师及其建筑作品的文章有很多，其中与他们的建筑空间相关的内容也不少。例如紫蓼在《协和建筑师事务所与华脱·格罗庇斯》中将包豪斯校舍看成是新空间概念的完美结晶。[7] 张似赞在《建筑师》的第一期上发表了两篇关于密斯的译文，在《米斯·凡·德·罗的建筑思想（言论摘录）》中摘录了“建筑是以其空间形式来反映时代精神的”，“建筑以空间形式体现出时代的精神，这种体现是生动、多变而新颖的”。[8] 在《与米斯·凡·德·罗的谈话》中则提到了“灵活平面布局”（the Free Plan），和密斯对“形式跟随功能”口号的颠倒，即建造一个实用而经济的空间，再使功能去适应它。关于赖特的文章更多，例如陈少明的文章，从其题名《老子、莱特与“有机建筑”》（建筑师，第6期）就可以看出

[1] 刘先觉．西方建筑正在向何处去？——当代国外建筑思潮初探[J]. 建筑师，(7): 136.

[2] 吴焕加．西方建筑艺术潮流的转变与后现代主义[J]. 文艺研究，1982(01): 125.

[3] 陈少明，文周孺．老子、赖特与“有机建筑”[J]. 建筑师，(6): 228.

[4] 戴念慈．现代建筑还是时髦建筑[J]. 建筑学报，1981(1): 29.

[5] 罗小未．格罗披乌斯与“包豪斯”[J]. 建筑师，(2): 184.

[6] 罗小未．赖特[J]. 建筑师，(5): 220-221.

[7] 紫蓼．协和建筑师事务所与华脱·格罗庇斯[J]. 世界建筑，1982(2): 68.

[8] 张似赞．米斯·凡·德·罗的建筑思想(言论摘录). 建筑师，(1): 169、170.

其内容不仅与“空间”有关，还与老子的哲学思想有关。赖特深受老子哲学，尤其是空间观念的影响，对老子强调真正有用的是空的部分的观点推崇备至。赖特认为：“一个建筑的内部空间便是那个建筑的灵魂，这是一种最重要的概念。外部空间则应由室内居住空间的原状中生长出来。”[1]建筑设计就是建筑空间的设计。对赖特而言，建筑中最重要的是空间，小到建筑的室内空间，大到由街区、城市建筑所围起来的空间，全是建筑空间：“建筑本身只是一层外壳，它既服务于它所围起的室内空间，又服务于修建建筑群而形成的外部空间。室内室外空间还必须互相结合、互相沟通、互相渗透。”[2]作者还分析了赖特的建筑空间观念所产生的影响，特别谈到了赖特对波特曼的“分享空间”（Shared Space，即共享空间）的影响。项秉仁在《赖特建筑哲学中的辩证思维浅析》（建筑师，第 14 期）中分析了赖特在建筑空间认识上的辩证思维，认为赖特反对孤立静止的体量组合，追求连续的、运动的空间。对赖特的建筑作品的介绍中也包含了对空间的分析，田学哲、胡绍学以《莱特有机建筑的代表作》（世界建筑，1982 年第 1 期）为题分析了赖特的名作——流水别墅的空间处理，王天锡以《Taliesin West 印象》（建筑学报，1982 年第 5 期）为题分析了西塔里埃森的建筑空间。

[1] 陈少明，文周孺．老子、莱特与“有机建筑”[J]．建筑师，（6）：210.

[2] 同上：213.

除了这四位现代建筑大师之外，以前关注得比较少的其他现代建筑师也引起了中国建筑师的兴趣。在这种情况下，带来了“流动空间”之外的现代建筑空间的其他表现，使得现代建筑空间观念变得更加丰富与丰满。例如刘先觉在介绍阿尔瓦·阿尔托的玛利亚别墅（Villa Mairea，1938-1939）时，认为阿尔托采用了“流动空间”的手法，处理上更加自由灵活，空间的连续性富有舒适感，使人感到空间不是在简单地流动，而是在不断地延伸、增长和变化。刘先觉将阿尔托的这种空间处理手法称为“连续空间”，看成是“流动空间”的进一步发展：

> 空间的划分往往只有象征，没有隔断，用地面不同的标高，或在同一地坪用不同的材料，或用透空的长条楼梯栏杆区分各部分的不同性质。……有时也把内部空间做得极其复杂而且含混不清，使人感到空间像在变化与增长，表达了四度空间（三度空间加时间）的新概念。[3]

[3] 刘先觉．阿尔瓦·阿尔托 [J]．建筑师，（8）.

岩生在《奈维与现代建筑》（建筑师，第 6 期）中介绍了奈尔维（Pier Luigi Nervi，1891 ~ 1979）在建筑结构上的创新所带来的建筑空间效果与结构形式的完全融合，将现代建筑空间与结构联系在了一起。

在中国建筑师对西方现代建筑的引介中，有两种现代建筑空间理论引起了中国建筑师的关注，一是密斯的“通用空间”，一是路易斯·康的服务空间与被服务空间。

通用空间（全面空间）

“通用空间”（Universal Space），或者说“全面空间”（Total Space），是密斯在1940年代以后发展出的空间概念。与吉迪翁提出的“流动空间”不一样，“通用空间”是密斯自己所推崇的空间概念。

密斯在巴塞罗那国际博览会德国馆设计和图根哈特住宅设计中已经表现出对自由分隔空间的偏爱，强调空间的流动感。战后，密斯将这种空间观进一步发展，主张建筑功能服从于空间：“建筑物服务的目的是经常会改变的，但是我们并不能去把建筑物拆掉。因此我们要把沙利文（L. Sullivan）的口号‘形式服从功能’倒转过来，去建造一个实用和经济的空间，以适应各种功能的需要。”[1] 在这种思想下，“通用空间”应运而生。通常建筑空间的功能是由“房间”（Room）这样的单位来分隔、分割的，以“房间”组合成建筑整体。密斯不使用“房间”这种空间单位，而是用“单间”（One-Room）的形式，一个没有支柱，只用片段的矮墙或家具来分隔的，隔而不断的、开放的、非限定的大空间。没有预设的房间，在实际使用时，这片大空间可以随意布置、分隔，将其改造成需要的形式，“以不变应万变”。“通用空间”可以应对不同的用途，实现了建筑空间的可变性，与现代社会对建筑空间的多功能性需要相合。

[1] 刘先觉．西方建筑正在向何处去？——当代国外建筑思潮初探[J]．建筑师，（7）：140.

伊利诺伊工学院的克朗楼（Crown Hall，1955年）正是这种追求“通用空间”的产物。克朗楼作为建筑系教学楼，教室被放在地下，地面上是一个没有柱子、四面为玻璃的120英尺 ×220英尺 ×20英尺的可供400人同时使用的大空间，包括绘图室、图书室、展览室和办公室等空间，不同的部分仅用一人多高的木隔板来分隔。为了获得这个空间的一体性，密斯甚至将顶棚上的横梁也改为屋顶上面架4根大梁来悬吊屋面。密斯自己非常欣赏这幢建筑：“这是我第一次在整幢房屋中获得一个真正的一体大空间……校园中其他房屋内部总是有些支柱的，因而不是完全自由的。”[2] 这种能适应功能变化的空间对某些需要空间具有灵活性、可变性的建筑类型来说是适用的，却不适于那些功能不是那么千变万化，有隔声、隔视线等干扰的建筑。克朗楼在使用上的不便使得学生情愿躲到地下室去，而密斯却以阳光和空气比隔绝视线与音响更重要来为自己辩护。

[2] 罗小未．密斯•凡•德•罗[J]．建筑师，（4）：243.

克朗楼在实用性上是失败的，“通用空间”的思想却成为了20世纪后期对建筑界影响最大的空间思想之一，“它同时标志着现代建筑设计中起主要决定作用的功能主义理论的终结”[3]。密斯的“通用空间”实际上就是现在我们通常所说的灵活的大空间，在一个尺度很大的空间中，除了结构、交通、服务等少量固定部件和空间外几乎全部敞通，平时按需要再作各种灵活的分隔。这种空间的特点是：空间形式简单而具有整体性，在功能和使用上则具有机动性和灵活性。“通用空间”适合现代功能发展的需要，与技术的发展趋势也具有一致性，因此，它在各类建筑中仍然有一定的

[3] 刘先觉．密斯•凡德罗[M]．北京：中国建筑工业出版社，1992：73.

发挥余地。“通用空间”理论被提到的次数远不如“流动空间”多，其造成的影响却不逊于“流动空间”，尤其是和“纯净形式”、“模数构图”手法的结合成为了 1950~1960 年代极为流行的“密斯风格”（Miesian Style）而影响巨大。

服务空间与被服务空间

“服务空间”（Servant Space）与“被服务空间（Served Space）”是世界知名的建筑大师路易斯·康的理论。服务空间与被服务空间在“文革”前就已传至中国，但在当时是被批判的对象（参见 4.1.2），真正形成影响是在 1970 年代末 1980 年代初期。

路易斯·康在当了 20 多年建筑师后才逐渐形成了特有的建筑风格和自成一格的建筑理论。他认为：“建筑没有什么流派可言，只是精神而已”，“空间就是精神”，“空间是有思想的”。[1] 因此，在他的设计中并没有把适用放在第一位，因为仅仅满足适用的不是建筑，而是房屋，建筑更重要的是满足适用以外的东西——感情。“康明确认为建筑的主要目标是创造空间美学，创造激动人心的空间是他的愿望。”[2] 为此，路易斯·康在空间处理中醉心于利用光的效果，没有光就没有空间，所谓暗的空间，也需要有微弱的光才能体会到它的暗。在建筑空间处理上，路易斯·康的贡献在于提出了“服务空间”和“被服务空间”理论。

❶ 刘沪生．路易斯·康的建筑精神 [J]．建筑学报，1981（2）：70.

❷ 温新建．美国著名建筑师路易斯·康 [J]．华中建筑，1983（1）：113.

路易斯·康在建筑创作的过程中发现，随着技术设备的发展，建筑不可避免地有各种管道、设备等设施，这些设施的布置给建筑设计带来了许多麻烦。一般的建筑师在处理这些管道、设备时，只是用设备层或井道把它们隐藏在建筑物之中。路易斯·康经过细致的分析研究以后，将这些管道和设备放置在独立的形体中，放在建筑中十分显要的位置，形成了所谓的“服务空间”，其余部分就成了“被服务空间”。“服务空间”实际上就是建筑中附属的服务性设备空间，“被服务空间”则是建筑的主要使用空间。“被服务空间”为主，“服务空间”为辅，两者之间存在“等级”之分，每一个“被服务空间”都有“服务空间”在外侧围绕着。

在理查德医学研究楼（Richard Medical Research Building）一期工程（图 5-1）设计中，“服务空间”是由管道、井筒、楼梯、电梯、卫生间等组成的位于中心的服务塔楼；“被服务空间”是位于中心周围的包括实验室和研究室等主要使用空间的三幢主塔楼。在结构上，服务塔楼为独立的墙体构造，采用预应力现浇混凝土；主塔楼，以框架承重，空腹横梁，采用预制装配结构。空腹横梁将实验室所需的众多管线容

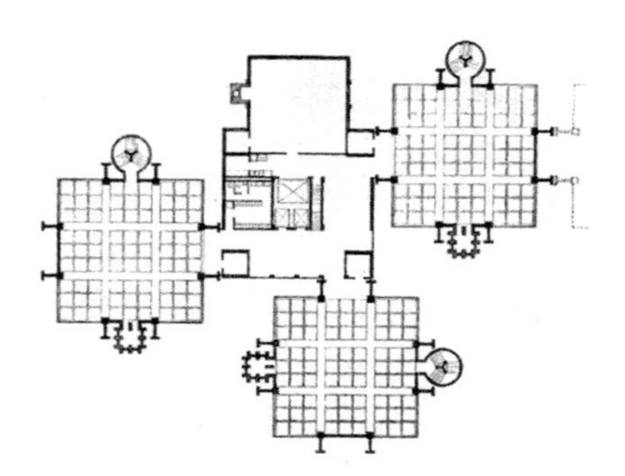

图 5-1　理查德医学研究楼一期平面图

入其中而不需要进行另外的吊顶装修，也可以看成是属于“服务空间”的。路易斯·康认为这座建筑的成功之处在于：“它的结构要素和形状，是那样逻辑地关联着建筑上的需要，以致‘建筑’和‘结构’不能分开。”[1]

“服务空间”和“被服务空间”可以看成是一种功能分区，与建筑史上已有的功能分区思想相比，路易斯·康的进步之处在于将功能区分与结构形式紧密结合起来。空间功能的细分对创造更自由的建筑空间来说是一个可行且实用的方法，特别是将空间功能与建筑结构结合在一起后，在空间形式的创造上带来了意想不到的效果。由于路易斯·康还从事建筑教育工作，所以他的理论影响相当深远，“就连那种大胆突出五颜六色管道设备之重技派理论，亦与他的暴露‘候人’（服务）空间的理论相关。”[2]

2. 经典现代建筑理论原著、译著带来的“空间”

改革开放使得中国建筑学界与国外的各种学术交流与往来变得密切，不但大量经典的国外现代建筑理论的原著涌入中国，对现代建筑理论著作的翻译也开始增多，积累了一段时间的研究成果也陆续发表。这些经典的现代建筑理论出版物（包括原文与译文的）为中国建筑师全方位了解西方现代建筑提供了素材，还带来了新的现代建筑空间理论。

（1）《空间、时间与建筑：一种新传统的成长》

这里不得不再次提到吉迪翁的《空间、时间与建筑》，1982 年印刷的第五版是中国图书馆普遍收藏的版本。这本书在 1967 年发行第五版时，吉迪翁对内容进行了最后一次补充，因此，中国所引入的 1982 年的版本才是最完整的版本。

吉迪翁在第四版中增加了绪论“1960 年代的建筑：希望与恐惧”（Architecture of the 1960s：Hopes and Fears），并在第五版中对“绪论”进行了增补改写。在“绪论”中，吉迪翁将“空间—时间”概念表达得更加明确了，他认为建筑中存在一种共通的空间观念，这种空间观念既是其情感态度的一部分，又是其精神态度的一部分。建筑的目标不是完全独立的不相关的形式，而是在空间中组织形式：空间观念。“现在的空间 - 时间观念——体量（volume）在空间的安排以及体量彼此之间相联系的方式，内部空间与外部空间之间相分离或者相互贯穿渗透的方式——是一种普遍的态度，它是现代（contemporary）所有建筑的基础。”[3] 借助现代的空间观念和现代的表现方式可以发展出多样化的建筑来。

吉迪翁还指出，不应当用“风格”（Style）来描述现代建筑，将建筑局限于“风格”的概念之中时就打开了形式主义方法的大门。现代运动（Contemporary Movement）已不再是 19 世纪形式特征化所意味的“风格”了，它是一种生活的方式，我们每个人都身处其中。显然，吉迪翁经过二十多年的思考后将空间观念当作了对抗“风格”观念的一种手段，当作了新传统发展的基础。吉迪翁在第五版中对“风格”的反抗引起了中国建

[1] 薛求理．路易斯·康的实验室设计及其建筑观点[J]. 世界建筑，1981（2）：73.

[2] 梁应添．西方现代建筑师分代问题小议[J]. 建筑师，（15）：196.

[3] Sigfried Giedion. *Space, Time and Architecture: the Growth of a New Tradition* [M]. Oxford University Press, 1967: xxxvi.

筑师的关注，使得中国建筑师建立起了现代建筑就是以“空间”来反抗“风格”的认识。

从历史出发，吉迪翁还对两种错误的空间观念进行了批判：一种是将建筑空间等同于内部空间；另一种是认为内部空间不重要。在吉迪翁看来，空间不仅在于建筑内部空间，更重要的是城市空间，或者更确切地说是社会空间。为了使西方建筑史的整个进程在空间概念下具有历史的连续性，吉迪翁在“绪论”的最后一节将建筑发展分为三个历史时期：第一阶段包括埃及、苏美尔（Sumer）和希腊，以建筑体量之间的相互组合形成空间而忽视建筑内部空间；第二阶段从古罗马中叶开始到18世纪末，建筑的内部空间以及穹隆顶成为建筑的最高目标；第三阶段始于20世纪初，建筑致力于将第一个历史时期的体量和第二个历史时期的内部空间的概念综合到一起，达成了建筑内外空间的相互渗透、相互贯穿，从根本上获得了空间—时间的概念。19世纪是中间的一个环节，被大家所忽视。[1]通过历史的整合，吉迪翁进一步明确了“空间—时间”概念对现代建筑的意义，使自己的现代建筑历史谱系更加完整了。

《空间、时间与建筑》一书对中国的影响非常大。这本书不仅将建筑与都市计划完全联系起来，还将技术、艺术的发展与建筑的发展融合在一起，以“空间—时间”的概念表达了现代建筑的共通之处。在吉迪翁的影响之下，现代建筑的“空间”被抬到了一个核心的地位，这成为了中国建筑师理解现代建筑的基础，甚至在历史教材《外国近现代建筑史》中，在叙述西方现代建筑的“共同的特点”时出现了“**认为建筑空间是建筑的主角，建筑空间比平面、立面更重要**”的说法[2]。《建筑师》杂志上也出现了现代建筑运动，“**把第四量度——时间引入建筑，不但解释了历史上的建筑空间序列连续性的特点，而且为创造具有动势的新型建筑空间开辟了新的途径**”。[3]

（2）《建筑空间论——如何品评建筑》[4]

《建筑空间论——如何品评建筑》（*Architecture as Space: How to Look at Architecture*）是意大利建筑理论家布鲁诺·赛维于1957年出版的著作，是作者在多年研究成果及心得的基础上总结撰写而成的。《建筑空间论》一共分为六章，采用环环相扣的形式，对“空间是建筑的主角”这个问题进行了全面的、层层深入的分析与论述，并对一些建筑问题进行了新的诠释与定位。

赛维首先抨击了采用绘画和雕塑等造型艺术的评价方法来品评建筑的方式，认为这些评价方式没有抓住建筑的本质：“**建筑的特性——使它与所有其他艺术区别开来的特征——就在于它所使用的是一种将人包围在内的三度空间‘语汇’。**”建筑像一座巨大的空心雕刻品，人可以进入其中并在行进中感受它的效果：

[1] Sigfried Giedion. Space, Time and Architecture: the Growth of a New Tradition [M]. Oxford University Press, 1967: lv-lvi.

[2] 罗小未. 外国近现代建筑史（第二版）[M]. 北京：中国建筑工业出版社，2004: 63.

[3]《建筑量度论》译者在简介中的说法，见：查尔斯·穆尔，杰拉德·阿伦. 建筑量度论——建筑中的空间、形状和尺度（一）[J]. 邹德侬，陈少明节译，沈玉麟校. 建筑师，(14): 246.

[4]（意）布鲁诺·赛维著，张似赞译，《建筑师》第2～9期连载。编者按:《建筑空间论》(Architecture as Space）为意大利有机建筑学派理论家赛维（Bruno Zevi）的建筑理论名著，初版于1957年。作者在书中抨击了用绘画和雕塑等造型艺术的评介方法来品评建筑的现象，强调了空间是建筑的主角，论述了空间的表现方法和各时代的空间形式。

> 建筑艺术却并不在于形成空间的结构部分的长、宽、高的总和，而在于那空的部分本身，在于被围起来供人们生活和活动的空间。[1]

通过与绘画、雕刻的对比，赛维阐明了“空间”对于建筑的重要性，他提出：“领会空间，弄懂如何能感到它，这就是认识建筑的关键问题。”[2]因此，赛维认为，惟一使建筑有别于所有其他艺术的特征就是空间，对建筑空间方面的解释才是一种根本的解释，建筑的社会内容、心理的作用和形式的效果都体现为空间形式。[3]他还特别指出，强调空间是建筑的精髓，并非将建筑的评价完全建立在空间之上，而是仍然要考虑多方面的因素。

赛维对“空间”概念的进一步解释与分析是从“空间”的向度（维度）这个具体问题入手的。他看到了时间因素在建筑中与在绘画、雕刻中的差异，认为建筑空间不能完全以四维空间的概念来思维。人是在建筑物内行动的，是从连续的各个视点察看建筑物的，是人在形成第四维空间，是人赋予第四维空间以完全的实在性。在这一点上，赛维与吉迪翁的看法完全不同，吉迪翁强调时间作为空间的第四维度而存在，赛维则将人的因素引入空间概念之中，认为人才是空间的第四维度，时间的变化完全是因为人的运动造成的。通过对建筑空间向度的说明，赛维指出空间现象只有在建筑中才能成为现实具体的东西，这就构成了建筑的特点。对建筑的最确切的定义必须将“内部空间”考虑在内：

> 美观的建筑就必须是其内部空间吸引人、令人振奋，在精神方面使我们感到高尚的建筑，而难看的建筑必定是那些其内部空间令人厌恶和使人退避的建筑……必须明确，凡没有内部空间的，都不能算作建筑。[4]

从赛维对建筑空间的解释可以看出，其建筑空间是可以供人使用、观察、体验的具体的内部空间。他并没有将“内部空间”局限于建筑内部，提出“空间感”的概念使得“内部空间”与“城市空间”发生关联：“空间感，我们称为建筑的特征……凡是经过人去围定或限定的一个空的部分，即成为一个包围起来的空间。”[5]于是，建筑物可以构成两种类型的空间：内部空间，由建筑物本身所形成；外部空间（即城市空间），由建筑物和它周围的东西所构成。

对赛维而言，内部空间是一种任何形式的表现方法都不可能完满地表达的空间形式，因为这些表现方式都“缺乏一种对建立任何空间概念都关键的因素——即人体参数(human parameter)——室内和室外的人体尺度”。因此，建筑空间只有通过直接的体验才能领会和感受。

总之，赛维的“空间”概念“不仅仅是一种洞穴、一种中空的东西，

[1]（意）布鲁诺·赛维．建筑空间论（一）——如何品评建筑．张似赞译．建筑师，(2)：193.

[2] 同上：194.

[3] 赛维在书中第五章“对建筑的解释”中批判了三种盛行的对建筑的解释范畴：内容方面的解释（包括政治、哲学和宗教、科学、社会和经济、唯物论、技术六个方面）、生理—心理方面的解释、形式方面的解释，通过与空间方面的解释进行比较分析，认为“空间方面的解释与其他几种解释并非对立的，因为它所作用的级别是不同的”。

[4] 同1：196.

[5] 同1：197.

或是‘实体的反面’；空间总是一种活跃而积极的东西。空间不仅仅是一种观赏对象；它不管怎么说，而特别是就人类的、整体性的观念来说，总是我们生活在其间的一种现实存在。”赛维以“空间”表明一种现代意义的建筑历史是当前的需要：“现代建筑积极地探究空间问题，给历史学家和评论家指明了揭示建筑的奥秘与实质的道路。”[1]

赛维以其富于洞察力的眼光、严密的逻辑、激情的语言，论证了空间是建筑独有的本质特性，建筑就是为人所造的空间，对建筑的评价主要在于其内部空间。《建筑空间论——如何品评建筑》将“空间”看成是建筑的主角，大大提升了“空间”在建筑评论中的重要性，在全世界范围内产生了广泛的影响，使得“空间”占据了建筑认识的核心位置。

（3）《现代建筑语言》[2]

《现代建筑语言》（*The Modern Language of Architecture*）是布鲁诺·赛维的又一著作，赛维在书中试图建立一套新的现代建筑的语言体系。在这套现代建筑的语言体系中，空间占有重要的位置。

赛维认为，风格派（De stijl）将方盒子般的房间分解成壁板的方法使构成盒子的板面不再是有限空间的组成部分，而是构成了连续的、动感的空间（图 5-2）。随着时间因素的加入，动态空间取代了静态空间。风格派这种由平面构成的空间对后来空间的发展产生了相当大的影响，尤其是对密斯的流动空间。建筑技术的发展使得悬挑、薄壳和薄膜结构这些新型结构带来的新式建筑空间：“空间形成了结构，结构也构成了空间，两者互为因果，相得益彰[3]。”

通过对历史的回顾，赛维在重温建筑空间发展的过程后，提出“时空连续”是现代建筑语言的第六个原则：“人们在这个空间中生活，受其影响，反过来，也对空间有所作用。加上了时空连续，前面 5 个原则就获得了新生命。”[4]赛维以路易斯·康把空间分成供穿行的空间和“抵达尽端”的空间作为一个例证表明了时间是如何加入空间之中的。柯布西耶的“散步建筑”（Promenade Architecturale）提供了另一种表现时间中的空间或空间中的时间的途径。赛维认为：

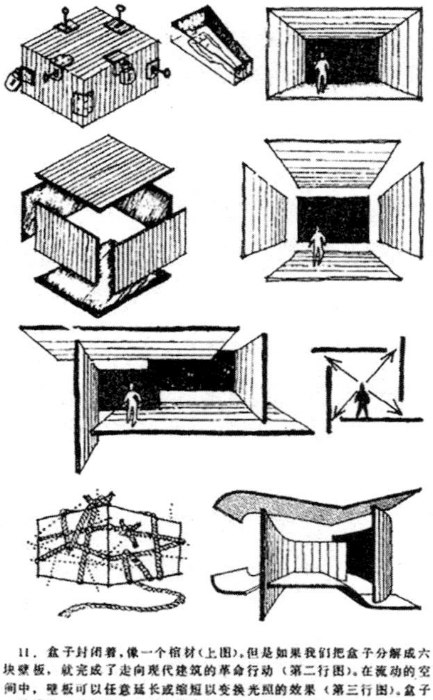

11．盒子封闭着，像一个棺材（上图）。但是如果我们把盒子分解成六块壁板，就完成了走向现代建筑的革命行动（第二行图）。在流动的空间中，壁板可以任意延长或缩短以变换光照的效果（第三行图）。盒子一旦消失，空间就可以完全自由地执行它们的功能了（下图）。

图 5-2《现代建筑语言》插图——风格派消解空间的方式

[1]（意）布鲁诺·赛维．建筑空间论（八）——如何品评建筑．张似赞译．建筑师，（9）：206.

[2]（意）布鲁诺·赛维著，席云平，王虹译．《建筑师》第 11~12 期连载了《现代建筑语言》的第一部分“反古典学说的准则”。编者按：在第一部分中，作者在归纳现代建筑大师创造的现代建筑语言的基础上，提出了一套新的语言体系，用来代替被学院派公式化了的古典主义建筑语言。……第二部分通过对建筑历史的论述，证明了现代建筑语言是一个同所有具有创造性的建筑进行交流的真正的方法。

[3]（意）布鲁诺·赛维．现代建筑语言（下）．席云平，王虹译．建筑师，（12）：215.

[4] 同上：218.

一个事件的发生不仅决定于时间，而且决定于空间。这一新概念已为建筑学所吸收，它意味着下列设计原则：在整个设计过程中，运用时间观念，持续不断地进行自由设计，永无止境。[1]

[1] 同上：219.

“时空连续”的概念强调了时间因素的作用，与赛维在《建筑空间论》中的看法仍然是一致的。“时空连续”的时间效应来自于人在空间中的活动，也就是说，“时空连续”是由于人的活动而形成的空间感受上的连续。

赛维还提到了之前较少受建筑历史学家关注的阿道夫·路斯的“空间组合设计”（Raumplan）（图 5-3），认为路斯对空间的垂直组合原理进行了探索，充分利用建筑的高度增加了活动面积，从而降低了经济成本，提高了艺术价值。对于空间处理，赛维认为：

21 “空间组合设计”与组合原则。 交错的层次打破了机械的楼层重叠，毫无浪费地为每个房间的功能需要提供了合适的高度。

图 5-3《现代建筑语言》原文插图——“空间组合设计”与组合原则

我们的目的是同时进行水平和垂直的组合，有着通向任何方向的通道，通道的转角是弯曲和倾斜的，而不是直角。这个原理并不局限在一座建筑物的范围内，它使得建筑物同城市紧密地相联系。[2]

[2] 同上：220.

城市和建筑物的融合打破了内部空间和外部空间的界限，使建筑空间和城市空间相联系。

在《现代建筑语言》中，赛维关注了现代建筑大师在建筑空间设计上的创新，并以此为基础，试图编写现代建筑的语言，在这个过程中，他论述了现代建筑在空间上的发展，将“时空连续”作为现代建筑的原则，认为“时空连续”使得其他原则具有了生命力。“时空连续”是对吉迪翁的“空间—时间”概念的进一步发展，通过将时间因素与人的活动相联系而将空间的连续性强调出来。可以说，《建筑空间论》是为澄清建筑的本质，以此来表明现代建筑的发展应该积极探究空间，《现代建筑语言》则是以建构现代建筑谱系的形式表明了现代建筑在空间上的发展。

（4）《建筑设计方法论》[3]

[3] [德]Jürgen Joedicke. 建筑设计方法论 [M]. 冯纪忠，杨公侠译 . 武汉：华中工学院出版社，1983.

约迪克（Jürgen Joedicke，1925- ）在《建筑设计方法论》中论述的是系统化的规划和建筑设计方法。书中有一章为“空间和空间注记”，除了介绍传统的示图和照相等方法外，还引入了注记空间的新方法。

约迪克认为，在建筑中“形”有三个任务和意义：一是官能感觉到的建筑物的表象，二是限界空间的因素，三是通过空间组合的方式使某种功能成为可能。他将建筑定义为“构成的、可用的、经过塑造的空间”。[1] 建筑的内涵不只是功能、工程技术、工程经济等要素，更重要的是这些要素的摆法以及由此得出的空间表象。这是设计的先决条件之一，约迪克提出，设计就是塑造适合于一定用途的空间。

为了更好地理解空间这一现象，约迪克在概念上区分了两个因素——空间和空间界面，空间本身和墙、地板、顶棚等限界因素是不同的，空间是指存在于这些限界因素之中的东西。他提出了一系列的观点来解释空间：

——空间是可以从它的界面上感受到的；

——在处于空间中的人和空间限界因素之间存在着可以感受和可以测量的关系；

——空间是不可能从一个视点把握的，我们所说的空间感受总是指随着人在空间中移动的诸局部感受的总和。[2]

❶ 同上：1.

❷ 同上：46.

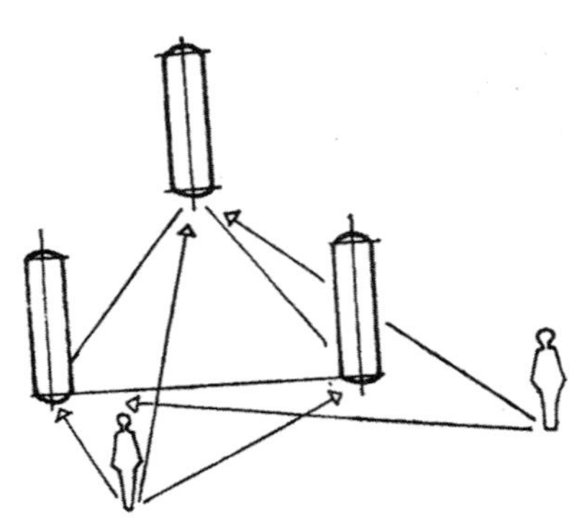

图 57 在感受到的和能够感受的之间形成的关系

图 5-4 《建筑设计方法论》插图——“在感受到的和能够感受的之间形成的关系”

在以上这些前提下，约迪克将空间感受理解为：“从若干视点依次经受到的诸关系的总和（图 5-4）。空间感受不仅通过视觉，同样地联系着听觉和触觉，不过以视觉为主导。”空间感受要经过主观因素的过滤和评价，空间的体验包含着空间感受和主观理解（图 5-5）。作者认为，适合于表达空间性关系的是空间性模型和空间注记技术。

作者还仔细讲解了空间注记技术（图 5-6）：“一种把握空间感受的办法。”“所谓注记，意指事物和诸事物之间的联系的记录，即对感官可以感受的物件有系统地把握；所谓空间注记，意指关于空间诸特点的表述有系

图 5-5 《建筑设计方法论》插图——“体量空间 - 感受空间”（下左）

图 5-6 《建筑设计方法论》插图——“利用空间注记作为设计手段的图解”（下右）

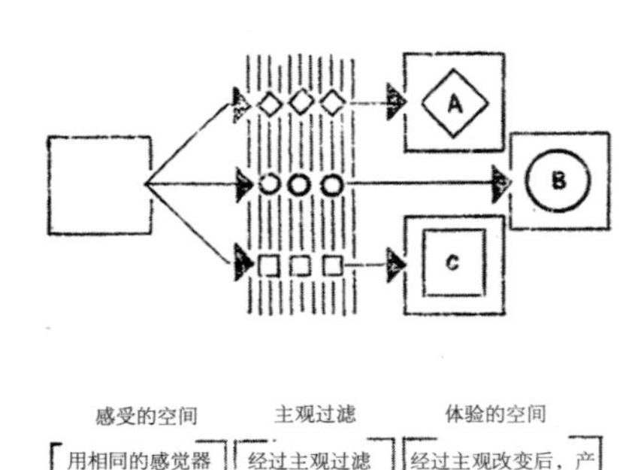

图 60 体验的空间——感受的空间
空间的体验包含着空间的感受和主观理解（5）

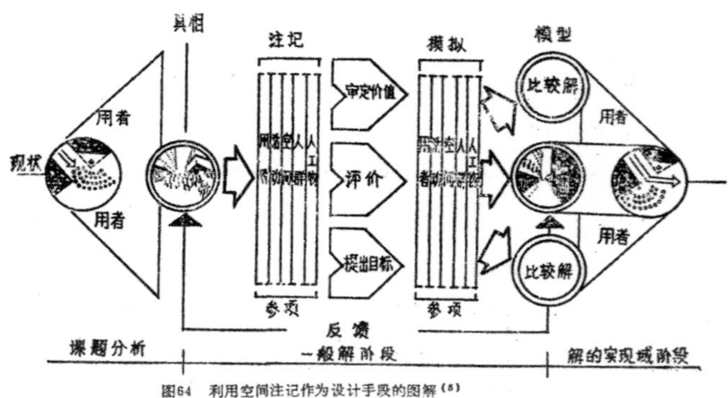

图64 利用空间注记作为设计手段的图解（5）
通过空间注记把握现实状况，发展比较解，选择最佳解。

统地集合。”[1]

《建筑设计方法论》是介绍系统的设计方法论的，却强调了空间在建筑设计中的作用，并根据空间感受的特点在空间的表达上引入了注记空间的新方法。

[1] [德]Jürgen Joedicke. 建筑设计方法论[M]. 冯纪忠，杨公侠译. 武汉：华中工学院出版社，1983：47.

尽管“布扎”建筑体系一直在中国占据着主导地位，但它并不能完全适应中国建筑发展的需要，因此，中国建筑师一直渴望能够摆脱“布扎”，向现代建筑发展。这一时期对西方现代建筑的补课正好满足了中国建筑师在闭关锁国期间对西方现代建筑的渴望，使中国建筑师对西方现代建筑有了更全面、深入的了解，在“流动空间”之外，接触了更多的现代建筑空间理论或者空间思想。西方现代建筑空间理论的再引入有助于中国建筑学科脱离“布扎”的“构图”原理并由此产生了“空间构图”的理论影响，加速了中国建筑“空间”术语与话语的现代化，促进了中国现代建筑空间话语的多样化展开。

5.1.2 西方后现代建筑“空间”的涌入

在中国闭关锁国期间，国际建筑界发生了很大的变化，从1960年代开始国外对现代建筑进行了反思，建筑的空间观念也与现代建筑早期不一样了。可以说，国际上已经是“后现代主义”的天下了。从国际性的建筑纲领文件来看，国际现代建筑协会（CIAM）于1933年提出的《雅典宪章》是在勒·柯布西耶的影响下产生的，强调的是空间的三向度与体积感。1977年，国际建筑师协会（UIA）提出了《马丘比丘宪章》，虽然承认“空间的连续性”是建筑语言的常数，将“空间的连续性”看成是赖特的重大贡献，却指出“在我们的时代，现代建筑的主要问题已不再是纯体积的视觉表演，而是创造人们能在其中生活的空间。要强调的已不再是外壳而是内容，不再是孤立的建筑（不管它有多美、多讲究），而是城市组织结构的连续性。”[2] 由此可见，后现代建筑的空间观念已经完全不同于现代建筑，在现代建筑空间观念的基础上进行了发展与完善。后现代建筑多样化的理论对中国建筑界造成了强烈的冲击，大大地开拓了中国建筑师的视野，促进了中国建筑“空间”的多样化展开。

[2] 马丘比丘宪章. 陈占祥译. 建筑师，（4）：256.

1. 由中国建筑师引介的后现代建筑“空间”

在国外，后现代建筑作为对现代建筑的反思与批判，包含了多种流派与思想，可以说，后现代建筑是多元化的、多样化的，其对建筑空间的探索也是多元化的、多样化的。刘先觉在《西方建筑正在向何处去？——当代国外建筑思潮初探》中谈到了国外建筑发展的多元化，指出国际上存在一种新的探求共享空间与新颖空间的倾向。[3] 这些新的空间探求引起了中国建筑师的关注，其中最引人注意的是三种空间理论：共享空间、灰空间、

[3] 刘先觉. 西方建筑正在向何处去？——当代国外建筑思潮初探[J]. 建筑师，（7）：152.

可防御空间，它们在建筑文章中经常被提及，同时还被转化运用到建筑设计实践当中。这三种后现代建筑空间理论，尤其是共享空间在中国建筑界影响巨大。

（1）共享空间

由美国著名建筑师约翰·波特曼（John Portman，1924-）创造的特殊中庭空间形式——"共享空间"（Shared Space）无疑是这个时期对中国建筑影响最大的空间理论。[1]波特曼不仅是建筑师，而且是房地产开发公司的负责人，双重身份使得他在旅馆、商场建筑方面大胆创新、别具一格。

波特曼能创造出"共享空间"与他的设计思想分不开，他将自己的设计思想概括为一句话：

> 作为一个建筑师，我需要做的是创造出真正是为人的建筑和环境，不是为特殊阶层的人，而是为所有的人。[2]

建筑是一种社会艺术，建筑是为人而不是为物，建筑师要以建筑的空间给予人们一个生活和进行各种社会活动的理想环境。对波特曼而言，空间是建筑的主体，结构、材料、光线和色彩等都是从属于空间的副体：结构与材料形成空间，光线表现空间，给空间以生命。"在空间环境中充当一个角色的每件东西，都必须谱成管弦乐，以表现出它的特征，唤起个人惬意之感。"[3]

"共享空间"的整个概念来自于人们希望从禁锢中解放出来的愿望。波特曼认为："假如在一个空间中多于一种事物出现，假如从一个区域往外看的时候能觉察到其他活动在进行，它将给人们一种精神上的自由感。"[4]他指出，设计一个空间时，空间本身不是最终目的，必须很好地将人包括进去。建筑是为人而建的，因此，建筑师必须学会如何去了解人性，特别是人性的多样化。"一些人喜欢看别人胜过别人看他自己，另外一些人喜欢登上舞台，充当游行队伍的一员。"[5]将空间同"人的活动"联系起来后，人既是空间的感受者，也成为了动态空间的构成要素。波特曼认为，建筑师不仅要掌握静态的空间，更重要的是掌握空间的动态。赖特设计的古根海姆博物馆（The Guggenheim Museum，New York）的空间处理对波特曼启发很大，他认为这座博物馆之所以别开生面，就在于采用了"共享空间"的原则：

> 我很生动地回想起我第一次去纽约参观古根海姆美术馆的情形。在下至走道一半时，我开始分析为什么感受是这样的好，效果是这样强烈。我看了几幅画后转到围栏的另一边，环顾四周，看看别人，观察一下空间，然后回过头来再欣赏几幅画。我也注意到别人也干着我同样的事情，使得

[1] 这一时期介绍波特曼与共享空间的文章有：李耀培的《波特曼的"共享空间"》（建筑学报，1980年第6期）、奋京的《约翰·波特曼在广州——略谈波特曼氏的设计哲理》（建筑学报，1981年第9期）、邹鸿良的《建筑思潮与旅馆——从波特曼的旅馆谈起》（建筑师，第3期）、李勤范的《约翰·波特曼的设计理论和建筑实践》（建筑师，第11期）、栗德祥的《内院大厅》（世界建筑，1981年第2期）等；专著则有：波特曼等著．赵玲，龚德顺译．波特曼的建筑理论及事业[M]．北京：中国建筑工业出版社，1982.

[2] 转引自：李耀培．波特曼的"共享空间"[J]．建筑学报，1980（6）：61.

[3] 同上：62.

[4] 转引自：李耀培．波特曼的"共享空间"[J]．建筑学报，1980（6）：62.

[5] 同上

古根海姆美术馆效果这样好的设计原则就是分享空间。[1]

[1] 转引自：陈少明 著．文周孺绘图．老子、赖特与"有机建筑"[J]. 建筑师，(6)：227-228.

"共享空间"以一个大型的建筑内部空间为核心，将多种功能综合在其中。在这个空间中，不仅引入自然，着意创造环境，而且将人的活动也融入其中，让所有人都可以在这个空间中共同享受、各得其所。"共享空间"首先是在 1967 年落成的亚特兰大海特摄政旅馆（Hyatt Regency Hotel，Atlanta）中实现的（图 5-7）。该建筑平面呈回字形，中央天井加盖玻璃顶棚，形成了一个边长 120 英尺（36.6 米），高达 22 层的大型室内空间，阳光从玻璃顶棚倾泻下来，充满生机。过去的旅馆入口比较小，电梯间在阴暗的门厅的一角，电梯轿厢、旅馆走廊都是封闭的。波特曼把封闭的空间改成了开敞明亮的大空间，把电梯轿厢改为透明的，将其暴露在墙外，直接对着中庭、街道或花园，使乘客不仅可以观赏电梯外优美的环境，还能在运动的电梯中互相对视，形成"动观动"的景象，满足了好奇刺激的心理要求。大型空间连同玻璃电梯、空中旋转餐厅成为了波特曼组织旅馆建筑"共享空间"的三个基本组成部分。为了缓和大空间引起的恐惧心理，他常在大空间的周围设置一系列连贯的小空间，这样既有大空间的自由感，又有一个相对独立的以看人为目的的场所。波特曼的大型空间、玻璃电梯等并不能看作是功能的需要，却是创造空间环境的一种手法。

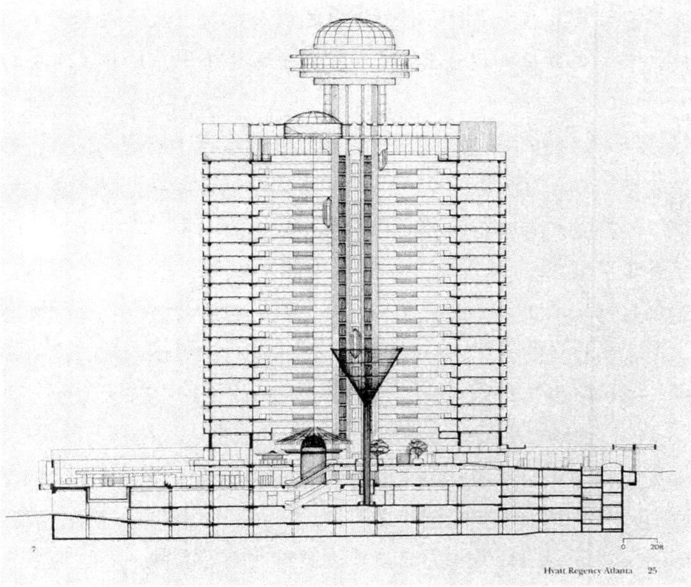

图 5-7　亚特兰大海特摄政旅馆剖面

在空间形式上，"共享空间"实际上是一种综合多种空间形式的巨大的复合空间。首先，"共享空间"是大空间和小空间的复合体：大空间处于多个小空间的包围之中，小空间又包含在大空间之内，既有大空间的自由感，又有小空间的安定感，大小空间的穿插以及自然元素的引入使得“共享空间”既有室内感，又有室外感。其次，“共享空间”也是水平空间与垂直空间的复合体：层层的走道和房间属于水平空间系列，自动扶梯、透明电梯、楼梯等交通设施则属于垂直空间序列，两者的结合使得空间更加富有层次感。

波特曼“共享空间”的出现与旅馆业的激烈竞争有关，在商业竞争中博得了广大顾客的认同与欢迎。究其原因，就在于“共享空间”为人们带来了新的空间体验：从使用上来讲，它为人们提供了一个集休息、活动、交往为一体的多功能空间，“不是纯粹的交通导向与联系、休息、等候的场所，不是建筑的前奏，而是在建筑中创造环境和气氛，制造一个激动人心的地方，供人们游玩，满足游客丰富多彩活动的需求，它是建筑的高潮。”[1] 在转换作用上，它是城市空间向建筑内部的延续，是城市与建筑之间的纽带。它对自然环境的引入，使人们可以在建筑内部与阳光、植物、水等自然元素来个亲密接触，放松心情。从环境心理上讲，它带来的参与性可以使人自由选择自己的行为方式，既可以欣赏其他人的活动，还可以将这里当作一个人生的舞台，参与到各种活动之中，增加了人与人接触与交流的机会，促进了社交生活。此外，“共享空间”由于功能不固定，使得它在布局上有很大的灵活性，可以通过各种手法塑造出不同的空间形式，带来不同的空间体验。“共享空间”的出现使建筑室内空间更加生气勃勃，为顾客带来了精神上的愉悦。“空间里既有大自然，又有人类社会；既有动人的艺术，又有现代化技术；既有人们需要的物质，又有满足人的精神需求。”[2]

“共享空间”之所以在这段时期对中国产生了无比的影响，有多方面的原因：一是因为中国刚刚打开国门，要想发展国际旅游业就需要大量的旅馆建筑。波特曼式的旅馆作为成功的商业旅馆的代表，为中国旅馆的兴建提供了参考。“共享空间”理论和设计手法可以创造出丰富多彩的、令人新奇的公共空间形式。二是“共享空间”对人的强调使得它被理解为一种具有人道主义立场的空间，是与极左时代的政治黑暗相对抗的自由和民主的象征。“共享空间”通过将人们从低矮天花的压抑中解放出来，使空间开放、自由、通畅，引起处于其间的人的共鸣，使人在精神上得到了解放。三是因为它与中国传统文化并不抵触，可以通过改良和再创造而本土化。“共享空间”将自然引入室内空间之中，与中国的“天人合一”观念非常吻合，与中国传统建筑和园林空间的某些手法有异曲同工之妙，吸收与借鉴其手法对中国传统的转化也是有益的。在这种情况下，“共享空间”成为了这个时期最受中国建筑界欢迎的空间理论。受“共享空间”影响，艾定增在《建筑观念必须革新》一文中认为，人与空间的关系经历了三个时代：①恐怖空间时代——对空间的恐惧与寻找庇护所；②和谐空间时代——人与自然

[1] 李耀培．波特曼的“共享空间”[J]．建筑学报，1980（6）：63.

[2] 蔡冠丽，齐康．建筑室内空间环境[J]．建筑师，（12）：41.

相对平衡安定；③共享空间时代——人性复归导致对空间的更高完美化。[1]

（2）灰空间

“灰空间”的概念是由日本著名建筑师黑川纪章（1934-2007）提出来的，是他在寻找日本空间的特性和本质时从日本茶道中的“利休灰”（Rikyu Gray）中领悟、发展出来的。“利休灰”是由日本茶道的创始人千利休（1521-1591）提出的，由红、蓝、黄、绿和白等主色混合成的一种色彩，根据不同的混合比，它可能偏红、黄或绿等色，是一种色谱范围极广的混合色。利休灰在日本很受群众欢迎，“因为它表现出‘粹’（潇洒）这种美学思想，外表暗淡柔和，但洋溢着色彩的奥妙和激情”。[2]

早在1960年代，黑川纪章就对日本城市与西欧城市的空间进行了分析对比，认为：“在西欧没有道，而东洋没有广场。”[3] 西欧城市以广场为中心，道路只是通向广场的途径；日本的城市空间是沿着道路分散设置神社、寺院。道路是私有空间与公共空间之间的一个空间，不仅有交通功能，还兼有交往、生活的功能，是一个不明确的空间领域，他将其称为“街道空间”（Road Space）。后来，他将“街道空间”发展为“媒介空间”（Media Space），明确在功能的公共空间和私人空间之间还有一个第三空间的存在，是一个介乎于室内和室外的插入空间。在进一步深入研究后，在“利休灰”的启发下，他最终提出了“灰空间”的概念。

黑川纪章在《日本的灰调子文化》中认为：“以‘灰调子的文化’来解释日本书化的特殊性格，是最恰当不过的了。”[4] 黑川纪章用“缘侧”这种日本从中古时代开始的建筑传统特征作为例子来解释建筑中的灰调子文化。“缘侧”本是充分利用建筑大挑檐下面的空间而把地板延伸到墙外形成的，形式上如外廊，日本人的很多起居活动都在此处进行。黑川纪章的老师丹下健三早就已经注意到了“缘侧”的过渡作用，将“缘侧”看成是过渡空间，在外部的社会空间到内部的私空间之间设置一个过渡空间成为他常用的手法。[5] 黑川纪章将丹下健三的“过渡空间”与日本的灰调子文化相联系，把空间比作色彩，认为“缘侧”就是一种典型的“灰空间”。“缘侧”指的是檐下的廊子，是从日本中古时代就出现了的建筑特征。围绕着建筑物而修建的“缘侧”具有多种用途：连接各房间的连廊，遮蔽风雨烈日的棚子，迎接宾客的地方，到花园去的通道以及其他用场。“缘侧”的主要作用是作为室内与室外之间的一个插入空间，因为有顶，故可以算是内部空间，但又没有围护，向外开敞，故可以算是外部空间的一部分。“缘侧”是典型的“灰空间”，既不割裂内外，又不独立于内外，而是内和外的一个媒介结合区域。

黑川纪章还认为“空”字、“间”字是灰调子文化中的关键词：

“空”的哲学，指出存在与非存在之间的区别，又认为存在和非存在

[1] 艾定增．建筑观念必须革新[J]．建筑师，（26）：55-56.

[2] 黑川纪章．日本的灰调子文化[J]．梁鸿文译．世界建筑，1981（1）：58.

[3] 转引自：马国馨．“走自己的路”——记黑川纪章[J]．世界建筑，1984（6）：121.

[4] 黑川纪章．日本的灰调子文化[J]．梁鸿文译．世界建筑，1981（1）：57.

[5] 参见：张明宇．探索与创造——试谈丹下健三的作品风格[J]．建筑师，（13）：191.

共存于一个“空”的状态中。……“空”（kū）的另一读音是sora，指“太空”，含有宇宙和无限的意思，它体现着包罗世上一切矛盾是非的宇宙景象。

“间”是在两个不同现象之间或两个矛盾因素之间，或是各种各样自然界的量度之间的暂时的歇息过渡。

从空间来说，可以把“间”看作缓冲区，“间”在建筑设计中不是功能要求的产物，而是心理需求的反应。黑川纪章认为现代日本建筑的一个主要趋向就是通过“间”，使日本书化的独特气质融入到现代建筑中。通过创造一个既非室内又非室外的，含糊、穿插的空间去发展“间”，使人可以得到一种公共空间和私人空间之间有着特殊联系的体验。“间”区域或灰区域开拓了象征主义和多元论的新领域。

黑川纪章认为：“不应把建筑学看作本身就是目的的一种领域。应把它看作人在其中进行表演的戏剧舞台，戏剧性地导演人和空间的对话。”[1] 现代建筑的空间概念是建立在二元论基础上的，空间仅由物质功能来决定，是单调的、定型化的。“人们在追求合理的、明确的功能空间的时候往往忽视了那些自然地存在于各分区之间的功能不明确的空间的作用，这种多义的空间在功能建筑中消失了。”[2]“灰空间”是灵活的、复杂多变的、包含矛盾的，可以说是多极的，是黑川纪章的共生哲学的一种体现。他将“灰空间”转化为设计手法，利用互相矛盾的元素以共存的方式来发展建筑空间的新关系。“灰空间”将三度的、实体的、意义单一的空间转化为二度的、非知觉性的、多义的、暧昧的空间。在福冈银行（图5-8）设计中，黑川纪章没有设计一个比周围建筑更高的建筑物，而是设计了一个巨大屋盖下的开敞空间，在这个巨大空间内有树木、雕刻、座椅等，是室内与室外空间的重叠，成为了人们活动的一个城市空间。

❶ 转引自：蔡德道．建筑设计10议[J]．建筑学报，1984（9）：48.

❷ 黑川纪章．灰的建筑[J]．梁洪文译．世界建筑，1984（6）：102.

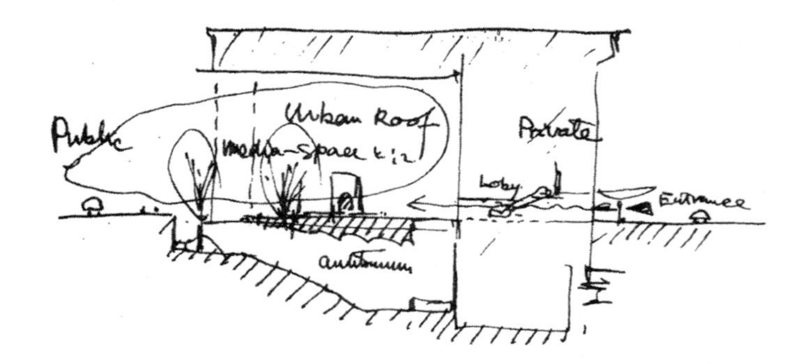

图5-8 福冈银行设计草图

黑川纪章从日本传统文化中发展出的“灰空间”，以共存的方式将对立的元素结合在一起，形成了一种多元的、介乎内与外之间的缓冲空间，强调了自然与建筑、空间与空间之间的连续性。他的理论和思想影响了一大批日本建筑师，使他们致力于现代文化与传统文化之间的有机结合，创造出了丰富多样的建筑空间。

（3）可防御的空间

“可防御的空间”（Defensible Space）理论是由以美国建筑师奥斯卡·纽曼（Oscar Newman）为首的一组学者所提出的，并于1972年出版了《可防御的空间》（*Defensible Space*）一书。

可防卫空间的理论基础是以环境设计防止犯罪的思想，这一思想相信通过有效的环境设计可以预防或阻止犯罪的发生。“可防御的空间”从建筑设计的角度把居住环境——从住宅到小区——与犯罪行为和心理联系起来作了系统的研究。研究小组以低收入者作为重点对象，收集了纽约的5个行政区，169个公寓，15万户，528000人的各方面资料，还调查了全美国的许多住宅。这些资料中包括犯罪情况记录、住宅环境特征、住户特征以及居住环境变量等。通过统计与分析，纽曼小组得出的结论是：“地区环境的新体型形式可能是给社会带来危害的犯罪现象最有力的同盟军。”[1] 这里的新体型形式是指新建的越来越高的高层住宅以及室内外无人照管的空间（例如公共门厅、电梯、长走道等），他们的研究表明，住宅的层数越高，犯罪率越高，电梯间内犯罪率最高。纽曼小组指出，大多数的住宅设计加强了居民的“自我否定感”（Feelings of Self-Deprecation），使居民感觉孤独无援。为此，他们提出“可防御的空间”这个新概念，要求把现在处于居民控制之外的公共空间（Public Area）归还给居民：

> 可防卫（可防御）的空间是居住环境的一种模式……在此环境中，居民中潜在的领域性和社区感可转化成为保证一个安全的、有效的和管理良好的居住空间的责任心，使潜在的罪犯们觉察到这个空间是被它的居民们所控制着的。[2]

纽曼小组列出了四个有助于产生安全环境的设计因素：

1）领域性（Territoriality）：出门就是公共性质的场所容易使居民缺乏责任感。通过将居住环境划分成各种具有领域感觉的地段，使邻近的居民便于采取主人的态度，避免造成谁都能管而谁都不管控的地段。领域从街道到住宅应该具有层次：公共—半公共—半私密—私密，从大到小逐级进行空间组织，使之具有相应的领域性（图5-9）。

2）自然监视（Natural Surveillances）：在居住环境的设计上，要使环境可以被方便而有效地监视和控

[1] 转引自：张守仪．六七十年代西方的城市多户住宅[J]．世界建筑，1983（2）：12.

[2] 同上：13.

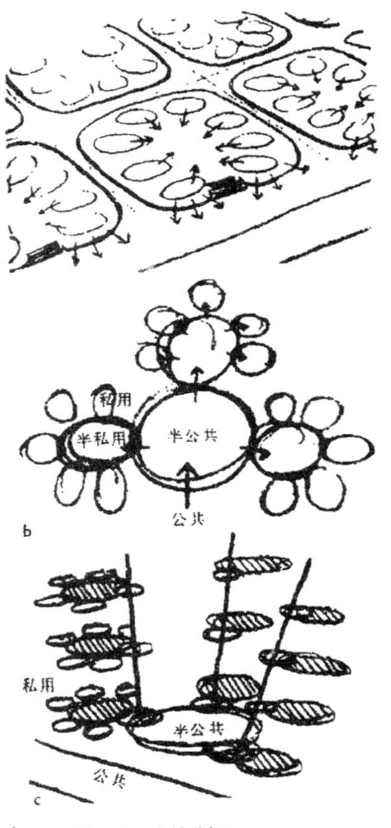

图5-9 可防御的空间与领域性

a-领域性与自然监视
b-领域的层次：公共——半公共——半私用——私用
c-多层公寓的领域层次

制，使居民能自然地观察到外部和内部生活环境的公共领域，使外来的人进入居住环境时就处于连续的被注视之中。

3）形象（Image）：避免使建筑的形式产生造成犯罪的不良特征（如建筑高度、组团规模、材料及舒适度上的异样性），勿使外人察觉到房主的孤立无援。

4）周围环境（Milieu）：居住环境能否产生良好的效果不仅与其自身状况有关，还与所处环境有关。要将居住新区设置在安全的城市区域内（例如警察局附近、繁华的商业区中），以此来提高安全度。

以上这些因素，尤其是前两个因素，可以通过建筑设计而相互配合，通过空间的安排使居民参与其中，有利于对公共空间进行社会控制，从而降低犯罪率。

纽曼小组的研究从建筑环境设计的角度为解决城市住宅安全问题提供了思路。虽然造成犯罪的社会因素很复杂，不能简单地归因于建筑环境，但是“可防御的空间”与领域层次概念为城市住宅理论和实践做出了贡献，有助于住宅私密性、邻里感的产生。

除了上述后现代建筑空间理论外，还有其他一些建筑师的空间理论也被引入国内，只是影响力逊于上述三种。例如王章以《空间与形式的再探索——关于理查德·迈耶的建筑艺术》为题介绍了美国建筑师理查德·迈耶（Richard Meier，1934-）的建筑空间与形式。文章开篇引用了迈耶对自己的建筑创作思想的概括：

> 我的思索超脱于理论和历史先例之外，在于空间、体形、光线以及如何构成它们，我的目标是实物而非幻象，为此我一直努力不懈。[1]

[1] 王章．空间与形式的再探索——关于理查德·迈耶的建筑艺术 [J]. 建筑师，(5)：231.

王章认为，迈耶的建筑在功能分区上突出地表现为对“公用空间”（Public Spaces）和“私用空间”（Private Spaces）的严格区分。迈耶在强调两种空间差异的同时把它们连为一体，结果创造了具有全新视觉效果的复合空间。在组织空间序列时，迈耶以循环流通作为建筑的动脉，将公用空间、过渡空间及私用空间循序依附于流通路线上（图 5-10）。“人的流

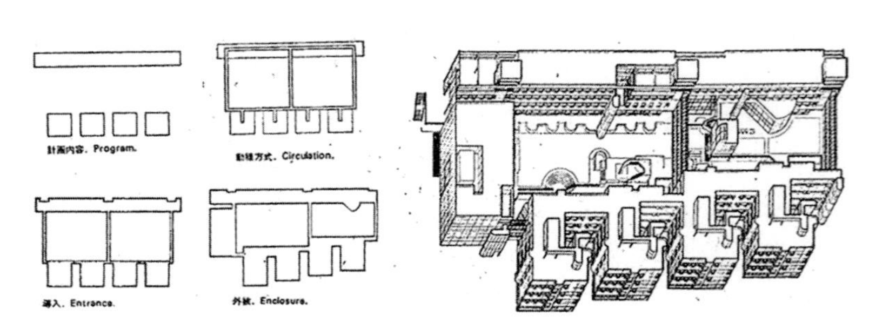

图 5-10　布朗克斯发展中心建筑构成

动和视觉的流通在立体上展开，相互交叉纠缠，产生丰富多彩的空间印象。"[1] 在这两点之外，王章还从基地与建筑的结合、结构系统、围蔽三方面讨论了迈耶建立空间艺术视觉秩序的手法。

[1] 王章．空间与形式的再探索——关于理查德•迈耶的建筑艺术 [J]．建筑师，(5)：244.

中国建筑师对这些后现代建筑空间理论的引介，不仅引入了建筑理论，更重要的是，这些建筑理论要么是对建筑实践的经验总结，要么通过建筑作品体现出来。也就是说，这些后现代的空间理论与建筑实践密切相联，是可以用于指导建筑设计的"空间"。

2. 经典后现代建筑理论译著带来的"空间"

与经典现代建筑理论著作一同进入中国的是大量的后现代建筑理论著作，尤其是一些译著、译文的发表与出版为中国建筑师了解后现代建筑空间理论提供了素材。

论及"空间"的比较重要的后现代建筑理论译著主要有：

（1）《外部空间的设计》[2]

[2] 芦原义信．外部空间的设计 [J]．尹培桐译．建筑师，(3-7)．《建筑师》中对本书的简介：作者在书中通过对比，分析意大利和日本的外部空间，提出了积极空间、消极空间、加法空间、减法空间等一系列饶有兴味的概念，并结合建筑实例，对庭园、广场等外部空间的设计提出了一些独到的见解。

《外部空间的设计》是日本著名建筑师芦原义信的著作。芦原义信从1960年起开始研究外部空间问题，为此曾两度到意大利考察。《外部空间的设计》分为四章，分别讲：外部空间的基本概念、要素、设计手法以及空间秩序的建立。

芦原义信认为空间是由一个物体同感觉它的人之间产生的相互关系所形成的，这种相互关系主要来自视觉，建筑的空间与嗅觉、听觉、触觉也都有关。

也就是说，芦原义信的"空间"是在人同物体间的相互关系中形成的。外部空间是在自然当中由框框所划定的空间，是由人创造的有目的的外部环境，是比自然更有意义的空间。芦原义信明确区分了建筑师与造园家的外部空间，指出建筑师的外部空间是"没有屋顶的"建筑空间。他提出了"积极空间"（P-Space）与"消极空间"（N-Space）的概念（图5-11）。积极空间意味着空间满足人的意图，或者说有计划性，是具有收敛性的空间；消极空间是自然发生的，是无计划性的，是具有扩散性的空间。外部空间设计就是要创造积极空间。

在明确了概念之后，芦原义信对外部空间的设计要素——尺度和质感进行了探讨，并分析了外部空间营造的五种主要手法，提出了加法与减法两种创造空

外部空间首先是从限定自然开始的。在自然当中由边框框起一颗树，就在该处创造出外部空间

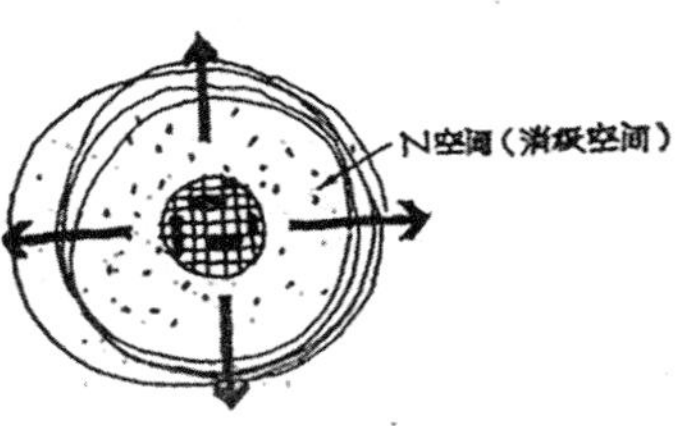

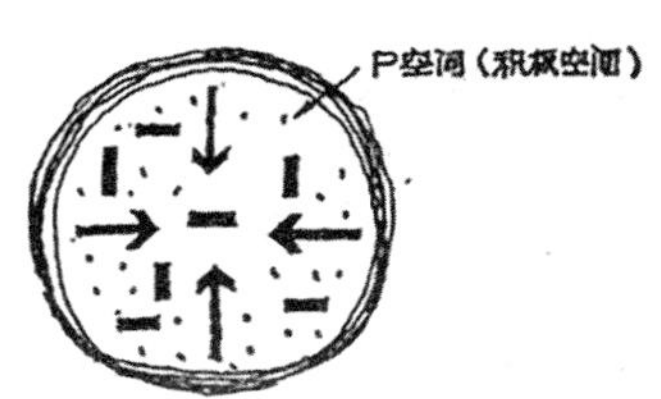

自然是无限延伸的离心空间，相对地，外部空间是从边框向内建立起向心秩序的空间

图5-11《外部空间的设计》插图

间的手段。加法创造的空间是把重点放在内部建立秩序离心式的修建，减法创造的空间是把重点放在从外部建立秩序向心式的修建。通过对秩序的探讨，芦原义信提出要在内部秩序和外部秩序之间找到平衡点，巧妙地把两者并用，从而创造生动而有效率的城市。

从《外部空间的设计》的标题就可以看出，芦原义信关注的是建筑与建筑之间的空间、与人们的生活密切相关的城市空间。他将外部空间看成是没有屋顶的建筑空间，外部空间设计可以创造良好的城市环境，使城市空间变得更加生动而有效率。在建筑设计中，建筑师往往更关注建筑内部空间设计，而忽视建筑对城市的回应。《外部空间的设计》强调了城市空间物质围合与视觉感觉的关系，提升了外部空间设计的重要性，并提供了一些关于外部空间设计的独到见解，提醒建筑师关注建筑之外的城市空间，将建筑空间扩大为人为创造的外部环境。

（2）《建筑的复杂性和矛盾性》[1]

《建筑的复杂性和矛盾性》（*Complexity and Contradiction in Architecture*）是西方后现代建筑理论经典代表作之一，文丘里在书中反对现代建筑公认的准则，认为出色的建筑作品必然是复杂的和矛盾的，这种复杂性和矛盾性也体现在建筑的空间中。

文丘里指出：“一座好的建筑具有多层涵义和重点组合：它的空间及建筑要素能同时有多方面的用途并容易识别。”[2]他认为，建筑的复杂和矛盾在于空间与技术的可能性以及视觉要求的多样性，他批判“流动空间”把室内当作室外，室外当作室内，而不是两者同时兼备，并引用路易斯·康的“建筑必须有好空间以及坏空间”作为例证。文丘里反对现代建筑将室内外空间打成一片，他认为，室内的基本目的是封闭而不是将空间开敞，室内要与室外隔开。室内与室外的矛盾还在于外墙内有一层脱开的里层，内外墙之间多出了一层空间，将这种空间称为“空腔”，路易斯·康的“服务空间”就是这样一种空间。“空腔”是建筑中的中间过渡地带，连接两边不同的空间，而现代建筑忽视了这种复杂的空间观念：“建筑就产生于功能与空间要求的室内与室外交接之处。”[3]

《建筑的复杂性和矛盾性》对全世界范围内的年轻建筑师产生了很大的影响。文丘里在书中驳斥了现代建筑空间的功能区分过于分明、“非此即彼”，提出要关注空间使用的传统以及空间所具有的多种可能性，为建筑空间的发展指明了一个方向。

（3）《后现代建筑语言》[4]

《后现代建筑语言》（*The Language of Post-Modern Architecture*）是英国著名建筑评论家查尔斯·詹克斯（Charles Jencks，1939-）的著作，初版成于1977年。詹克斯在书中除对“现代建筑”大肆批判外，还系统地阐述了后现代建筑的理论和手法，其中有一小节内容专门介绍了后现代建

[1] 文丘里．建筑的复杂性和矛盾性[J]. 周卜颐摘译．建筑师，(8)．

[2] 同上：193.

[3] 同上

[4] 查尔斯·詹克斯．后现代建筑语言．李大夏摘译．建筑师，(13-15)．

筑的空间。

詹克斯认为后现代建筑正朝着隐喻式、乡土式以及新的模棱两可空间等方向迈进。“模棱两可空间”是与现代建筑的理性化空间相对的。詹克斯认为，现代建筑将空间看成是建筑艺术的本质，追求透明度和“时空”感知。空间被当成各向同性，是有边界的、有理性的，逻辑上可对空间从局部到整体或从整体到局部进行推理。他认为后现代的空间是与现代建筑空间相反的：

后现代空间有历史特定性，植根于习俗；无限的，或者说在界域上是模糊不清的；“非理性的”，或者说是由局部到整体是一种过渡关系。边界不清，空间延伸出去，没有明显的边缘。[1]

[1] 查尔斯·詹克斯．后现代建筑语言（下）．李大夏摘译．建筑师，(15): 223.

詹克斯通过对彼得·埃森曼（Peter Eisenman，1932-）和格雷夫斯（Michael Graves，1934-）等人的建筑实例的分析证明了后现代建筑空间的模棱两可性。更重要的是，詹克斯将后现代空间与中国园林空间（图5-12）作比较，认为两者之间具有相似性：

图 5-12 《后现代建筑语言》插图——中国园林空间

后现代就像中国园林的空间，把清晰的最终结果悬在半空，以求一种曲径通幽的，永远达不到某种确定目标的“路线”。中国园林把成对的矛盾联结在一起，是一种介于两者之间（in-between）的，在永恒的乐园与尘世之间的空间。在这种空间中，正常的时空范畴，日常建筑艺术和日常行为中的社会性范畴、理性范畴，均为一种“非理性”的或十分难于表诸文词的方式所代替。[2]

[2] 同上：224.

詹克斯认为，后现代空间与中国园林空间的不同点在于中国园林有宗教上和哲学上的玄学背景，有隐喻式建筑的惯用体系，所以中国园林空间才会那么精确，那么深邃，融会一体。

作为一本对“现代建筑”的宣战书，《后现代建筑语言》的引入不仅带来了新的建筑思潮，同时还带来了建筑空间发展的新方向。詹克斯对中国传统园林空间的后现代解读也为中国建筑师解读中国传统园林提供了新的思路。

（4）《建筑量度论——建筑中的空间、形状和尺度》[1]

《建筑量度论——建筑中的空间、形状和尺度》（*DIMENSIONS——Space, Shape and Scale in Architecture*）是美国著名后现代主义建筑师查尔斯·穆尔与美国《建筑实录》（Architectural Record）杂志副编辑、建筑师杰拉德·阿伦（Gerald Allen）合写的著作，一共有16个章节，从内容上可以分成两大部分：理论（包括前4章，分别就量度、空间、形状、尺度等概念作出了定义）与实例分析（后12章）。

作者将量度定义为一些独立的变量、因素，它们本身的增减不会影响其他的变量。而对于空间的量度，作者认为不应该单从几何学上来考虑，建筑学是具有三个以上量度的，由此提出了“知觉空间”的概念。“知觉空间”可以有一个量度，或者许多个量度，“建筑的量度就是知觉空间的量度”。[2]作者认为，建筑空间是一类特殊的自由空间，当建筑师给予自由空间的一部分以一定的形状和尺度时，便出现了建筑空间。建筑空间的头两个量度——宽度和广度主要与功能要求有关。第三个量度——高度则给了使用者发展其他量度的特殊机会。建筑师对空间起的实际作用被概括为两种：拢住空间（围合）和破开空间（敞开）。作者分析了过去几十年中建筑师们对空间的态度，提及了卡米洛·西特、吉迪翁、希腊现代设计师多希亚迪斯[3]（Constantinos A. Doxiadis，1914-1975）等人的空间论点，指出：“不管组织空间的动机是什么，我们只对建筑空间的两点感兴趣，那就是将空间有秩序地包拢，或生动地脱开。”[4]形状（shape）会使人有所反应，形状与形式（form）之间是有区别的，形式限定了物体形状的范围。尺度包括按某种规定来安排各种各样的尺寸，在尺度处理上应与整体相对应、与其他部件相对应、与常规尺寸相对应、与人的尺寸相对应。通过建筑实例分析了这些概念的运用，作者提出：

> 建筑以曲折迂回的方式朝着它的目标前进。这个目标是，要富于敏感地对人类心理的感觉空间造就一个场所，一个多量度的创作。[5]

《建筑量度论》将建筑空间的量度从原有的四个（长、宽、高、时间）引申到无数个向度，空间的量度不再局限于物质功能和单纯的美感方面，而是广义的社会要求和精神要求，特别是精神方面的要求。将功能的、社会的、心理的要求加入空间量度之中使建筑变得更具复杂性，与人类的基本需要和社会目标的关系更密切，体现了建筑日益发展的对精神因素的关注。

（5）《存在·空间·建筑》[6]

《存在·空间·建筑》（*Existence, Space and Architecture*）是挪威著名建筑理论家诺伯格·舒尔茨（Christian Norber-Schulz，1926-2000）在1971年出版的著作。作者在原序中指出，过去关于建筑空间的讨论受单

[1] 查尔斯·穆尔、杰拉德·阿伦著，邹德侬、陈少明节译，沈玉麟校，《建筑师》第14～17期连载。

[2] 查尔斯·穆尔，杰拉德·阿伦．建筑量度论——建筑中的空间、形状和尺度(一)．邹德侬，陈少明节译，沈玉麟校．建筑师，(14): 249.

[3] 多希亚迪斯：希腊建筑规划学家、人类聚居学（Ekistics）理论的创立者。在1937年的著作《古代希腊的建筑空间》（Architectural Space in Ancient Greece）中，多希亚迪斯以向心型图解的方式研究了希腊的古迹场所，认为古希腊建筑的布局方式使得人们可以从某个点完整地看到建筑的两个面，建筑与场地形成了一种具有景观意义的场所。

[4] 查尔斯·穆尔，杰拉德·阿伦．建筑量度论——建筑中的空间、形状和尺度(一)．邹德侬，陈少明节译．沈玉麟校．建筑师，(14): 252.

[5] 查尔斯·穆尔，杰拉德·阿伦．建筑量度论——建筑中的空间、形状和尺度（四）．邹德侬，陈少明节译．沈玉麟校．建筑师，(17): 221-222.

[6] 诺伯格·舒尔茨．存在·空间·建筑．尹培桐译．建筑师，(23-26)．

纯现实主义支配，是关于“建筑知觉”的研究，是立体几何学的，忽视了建筑空间是以人的存在为限的空间。从这种观念出发，舒尔茨以“存在空间”理论为基础，把建筑空间作为有关环境图式或形象的具体化来理解，并由此展开了研究。全书分为空间的概念、存在空间、建筑空间三章。

舒尔茨首先论述了各种对空间的解释体系和空间的层次、空间在建筑中的概念及建筑空间与存在空间的关系。他指出：“人之对空间感兴趣，其根源在于存在（Existence）。”[1] 人对空间的兴趣在于空间让人抓住了环境与生活的关系，为充满事件和行为的世界提出了意义或秩序。舒尔茨分析了空间概念在物理、数学中的发展过程，提出空间概念“必须用包括行动的感悟方面的其他概念加以补充”。[2] 他将心理学对“人的”空间的研究加入到空间概念之中，将空间概念分为肉体行为的实用空间（Pragmatic Space）、直接定位的知觉空间（Perceptual Space）、环境方面为人形成稳定形象的存在空间（Existential Space）、物理世界的认识空间（Cognitive Space）、纯理论的抽象空间（Abstract Space）五种：

> 实用空间把人统一在自然、“有机”的环境中。知觉空间对于人的同一性来说是必不可少的。存在空间把人类归属于整个社会文化。认识空间意味着人对于空间可进行思考。最后理论空间则是提供描述其他各种空间的工具。[3]

舒尔茨将创造空间称为“表现空间或艺术空间”（Expressive or Artistic Space），从而明确了他所讨论的是表现空间，也就是建筑空间（Architectural Space），以及作为建筑空间理论的美学空间（Aesthetic Space）。他还分析介绍了吉迪翁等人的空间论以及“二战”以后建筑空间理论的发展，目的在于明确他的关键概念——“存在空间”。

舒尔茨将“存在空间”的概念看成是一个心理学概念，是人与环境相互作用，为满足生活而发展的比较稳定的知觉图式体系，亦即环境的“形象”（image）。存在空间是从大量现象的类似性中抽象出来的，具有“作为对象的性质”。从中心与场所、方向与路线、区域与领域、各要素的相互作用四个方面，他分析了存在空间的要素，提出存在与存在空间不可分割，一切行为都意味着“在某个场所”。建筑空间就是存在空间的具体化：“建筑常常体现出要改善人的各种条件的愿望。也就是说，人的存在空间是由环境的具体结构所决定的，但这里人的要求和愿望却引起了反馈。”[4] 通过对建筑空间要素及阶段的分析，舒尔茨阐明了他的观点：

> 建筑师的任务就是采取把人持有的形象或理想具体化的方式，帮助找到一个人存在的基地。[5]

[1] 诺伯格·舒尔茨．存在·空间·建筑(一)．尹培桐译．建筑师，(23)：220.

[2] 同上：221.

[3] 同上：222.

[4] 诺伯格·舒尔茨．存在·空间·建筑(一)．尹培桐译．建筑师，(23)：203-204.

[5] 诺伯格·舒尔茨．存在·空间·建筑(四)．尹培桐，译．建筑师，(26)：293-294.

舒尔茨的“存在空间”的概念，以心理学为基础，将建筑空间看成是存在空间的聚合，即建筑空间具体化了人的意象。这种空间打破了过去从立体几何学角度去认识建筑知觉和人的一次元空间存在的限制。以人文主义观点、现象学观点，对建筑进行反思，将象征主义理论具体发展成新的空间理论。舒尔茨的“存在空间”理论在世界范围内被广大的建筑师所接受，促使建筑师对建筑和空间进行更深刻的思考。

此外，还有《建筑师》连载的凯文·林奇（Kevin Lynch，1918-1984）的著作《城市意象》（*The Image of the City*）（项秉仁译，刘光华校，第 19 ～ 22 期）也对空间有所论及，在这本书里，林奇讨论了城市形象对于城市结构和特性的重要性，提出了影响城市形象的五个基本元素，书中在讨论城市形象时也有关于城市空间的论述。这些属于后现代建筑的理论著作关注了建筑空间的不同方面，对中国建筑师有很大的启发。

在这些译著之外还有一些比较重要的论及“空间”的后现代建筑理论译文，尤其是日本建筑师的文章，主要有：

（1）《日本的城市空间和“奥”》[1]

槙文彦在《日本的城市空间和“奥”》中讨论了日本城市丰富的空间层次，并将这种空间层次与日本特有的空间概念“奥”（最中心的空间）（图 5-13）联系在一起。“奥”表现了一种空间的位置概念，即位置感，对日本人来说是很独特的。与“奥”相关的词“奥行”是深度的意思，是相对的距离或某个空间的距离感。槙文彦认为，日本自古以来居住密度就很高，在有限的空间中，作出相对不同的距离上的安排，取得微妙的空间感觉，在日本人的意识中是很早就存在的。只有理解了“奥”才能理解日本空间特点以及丰富的空间层次。他分析了日本住宅形制中的“奥”，指出“奥”最初是圣洁的象征，具有空间指向的意义。作为中心空间，“奥”与欧洲古城的中心空间是不一样的：“‘奥’强调的则是水平感，而且在一种不可见的深度中寻求它的象征作用。”[2]“奥”代表的就是内部空间的一个特殊位置。日本城市空间采用的是“内层空间——围合”和“奥——遮蔽”的原则：

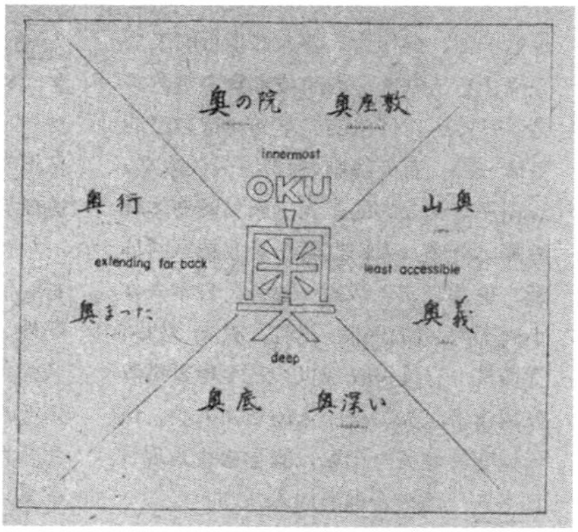

图 5-13 《日本的城市空间和“奥”》原文插图——奥的概念

> 这里没有中心，人们寻求某些还不肯定的东西作为用地范围的基础，形成用地范围的原则就是把这“某些东西”围合起来。这种围合的过程，

[1] 槙文彦．日本的城市空间和“奥”[J]．葛水粼译．世界建筑，1981（1）．

[2] 槙文彦．日本的城市空间和“奥”[J]．葛水粼译．世界建筑，1981（1）：64．

同划定边界的过程相比，是一种更被动而不是更主动的原则，但它也更灵活，因为它是依据被围合对象的特点决定的。

通过“奥”的概念，槙文彦提出，城市发展“不仅可以在高大的空间中，而且可以依靠创造空间深度的办法，取得优美的空间效果”。[1]

[1] 同上：65.

（2）《空间的限定》[2]

[2] 岩木芳雄，堀越洋，桐原武志，大竹精一，佐佐木宏．空间的限定．赵秀恒译．建筑师，(12)．

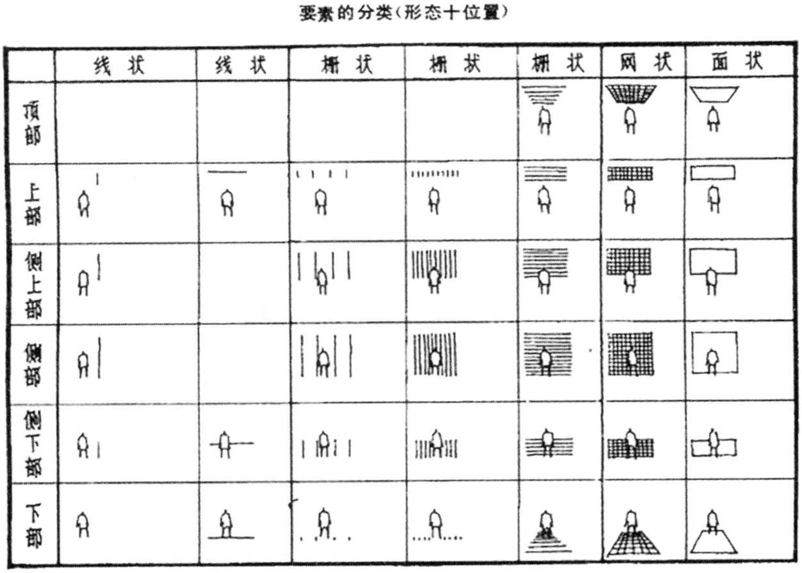

《空间的限定》是发表在日本《建筑文化》杂志上的一篇文章，主要针对的是如何限定空间的问题。文章将我们生活的空间定义为“原空间”，空间构成是从限定这个原空间开始的。“空间限定”（图 5-14）是为了达到一定的目的通过某些手段在原始空间的一部分中进行的领域设置。作者认为在探讨建筑空间的创造方法时，首先要研究限定的意义和方法。文章从“限定的要素”、“限定度”、“空间限定相位的类型”、“限定要素所构成空间的性质”四方面具体分析了空间限定的问题。从“空间限定”的角度分析了建筑空间的构成的手段，在空间话语中属于一个比较专题的研究。这篇文章的引入表明了当时中国建筑师对建筑空间的关注越来越广泛与深入，“空间”已成为建筑的一个核心话题。

要素的分类（形态十位置）

	线状	线状	栅状	栅状	栅状	网状	面状
顶部							
上部							
侧上部							
侧部							
侧下部							
下部							

图 5-14 《空间的限定》原文插图——空间限定要素的分类

（3）《空间概念——消灭冲突》[3]

[3] 长岛孝一．空间概念——消灭冲突 [J]. 吴国力译．世界建筑，1984（3）.

长岛孝一在《空间概念——消灭冲突》中关注的是传统建筑形式与现代建筑形式之间的冲突的解决。他提出：“为复兴文化和城市寻找答案时，应当研究体现在传统形式内的空间概念。”[4] 日本的建筑空间不是无限空间中的一个确定部分，边界是不明确的，建筑物的内外空间相互影响，相

[4] 同上：70.

互渗透，混合而又重叠。长岛孝一认为，取得高质量建筑的理想同样适用于城市的开放空间、街道、标志和其他因素。日本传统空间为城市设计提供了参考。日本传统空间非常注重建筑与街道之间的中间空间，中间空间可以是公共的或半公共的（把私人空间向公共开放），构成了主要的社会空间，从而丰富了城市生活。他认为坚持空间概念和作为其表现的建筑形式，而不是用传统的设计语汇去表述和复制建筑，才能深入到文化的核心和本质中去：“创造一种空间，它与历史和文化深深铭刻于人们心中的无意识、潜在心理和集体潜意识是一致的。”[1]

[1] 长岛孝一. 空间概念——消灭冲突 [J]. 吴国力译. 世界建筑，1984（3）: 72.

日本建筑师对空间的理解深受日本传统空间的影响，他们正是在充分理解日本传统空间意识的基础上来建构日本现代建筑的。日本建筑师对建筑的理论论述及建筑实践为中国建筑师提供了很好的借鉴，要建构“中国建筑”必须以理解中国自己的传统为基础。

从这一时期引入的国外后现代建筑理论来看，或多或少都对建筑空间有所论及。从这些建筑理论中的“空间”概念来看，每个建筑师、理论家对“空间”的定义与思考角度都是不一样的，空间观念一直在随着时代发展而变化。对当时国外知名建筑师及建筑作品的引介，尤其是当一些国外建筑师参与到中国的建设之中时，中国建筑师看到了国际上建筑的发展，看到了新的建筑空间形式，进一步开拓了中国建筑师的建筑空间思想。

与之前外来建筑与建筑理论的传播不同，这一次是中国建筑师在积极、主动地引进国外的建筑与建筑理论。《建筑师》杂志上刊登的国外建筑理论译著与译文，几乎都提到了建筑“空间”问题，这表明在引入国外建筑理论时，中国建筑师有意识地关注了空间理论。这些被引入的空间理论对建筑空间的关注点各不相同，有一点是比较明确的，就是越来越强调人的因素对空间形成的作用，可以说，这是建筑空间理论发展的一个趋向。无论如何，这些从国外引入中国的建筑理论开拓了中国建筑师的眼界，活跃了中国建筑师的创作思维。在外来因素的刺激与激励之下，中国建筑师掀起了一轮讨论“空间”的热潮。

5.2 中国建筑界对建筑空间认知的扩展

前一时期，在政治因素的影响下，现代建筑在中国受到了批判，这种批判使得中国建筑师对现代建筑的理解具有片面性，在某种程度上错误地把“空间”与现代建筑捆绑在一起而使得“空间”也受到了批判，阻碍了建筑“空间”话语的全面发展。尽管如此，“空间”仍然产生了相当的影响，中国建筑师已经完全建立起“空间”的概念和空间观念。改革开放以来，大量国外的建筑理论涌入中国，中国建筑师对建筑空间又有了新的认识。

"建筑是一种物质化、空间化的形象思维。它是由空间组织形式来表达它的内容与社会涵义的。空间就是建筑的灵魂。"[1] 类似的观点开始为中国建筑师普遍接受，空间正式上升为建筑的核心内容之一。在《室内设计中环境与气氛之创造》中，张良君将空间看成是建筑最根本的内容：

> 结构和材料构成了空间。采光和照明展示空间。装饰为空间增色。空间——空的部分——是建筑的主体、目的、内容、重点；而实的部分——结构、材料、照明、装饰，是从体、手段、形式和轻点。"实"的部分仅仅是为了实现"空"的部分才得以存在。以空间容纳人、组织人，以空间的力量影响人、感染人，这是作为既要满足人的物质要求，又要满足人的精神要求的建筑的本质特性所在。[2]

这种对"空间"的论述显然受到了新近涌入的国外观点的影响，尤其是波特曼的"共享空间"理论，不仅将空间与各种建筑因素全都联系在一起，更是强调了空间与人之间的关系。孙承彬和沈娟珍在《建筑方针杂议》中将"空间"（包括内部空间和外部空间环境）看成是一种能展示建筑不同于其他物质生产的独有特点，任何建筑物都需要创造出一个或一组"空间"来满足人们生产或生活的需要：

> 建筑之所以……被称之为建筑艺术，就在于它能够通过"空间"的体量、尺度、比例、开敞或者封闭、分隔或者联系；"空间"之间的均衡、协调、排比、序列、延伸、流动等等处理手段，创造出一种气氛（或称之为意境）来感染人、打动人。而建筑艺术与其他艺术门类在表现方法上的不同也就在于建筑美是通过"空间"来体现的。正如其他艺术门类都有其特有的语言一样，建筑艺术的语言就是"空间"。[3]

他们指出，"空间"是对一切建筑物的抽象和概括，是建筑不同于其他物质产品的根本特点，应该将"空间"作为建筑方针的主要内容，要求将"空间"上升到建筑方针的高度，表达了中国建筑师对建筑自主性的诉求，要求建筑方针超越政治化、教条化，回归到建筑本体的范畴。

这种对建筑本体的回归，使得"空间"成为了反抗形式主义的利器。1978 年，杨鸿勋在批判姚文元的形式主义建筑艺术[4] 时，指出："建筑艺术最本质的东西即其自身——体形和空间的艺术性，并非雕塑、绘画等手段的装潢。"[5] 杨鸿勋将建筑空间、体形看成是建筑的全部存在方式："在空间和体形这一对建筑实体的矛盾中，具备实用功能的空间（包括结构空间）是第一性的，它规定着建筑的基本体形，然而空间又依赖于体形（材料和结构的对立统一）而存在。"[6]

[1] 郑乃圭，胡惠源．我们对高层建筑的看法 [J]. 建筑学报，1981（3）: 40.

[2] 张良君．室内设计中环境与气氛之创造 [J]. 世界建筑，1984（2）: 24.

[3] 孙承彬，沈娟珍．建筑方针杂议 [J]. 建筑师，（16）: 34.

[4] 1962 年，姚文元在《新建设》杂志第三期上发表了文章《论建筑和建筑艺术的美学特征》，强调建筑的形式美。

[5] 杨鸿勋．关于建筑理论的几个问题——批判姚文元关于"建筑艺术"的谬论 [J]. 建筑学报，1978（2）: 30.

[6] 同上 : 31

侯幼彬在《建筑学报》上发表了《建筑——空间与实体的对立统一——建筑矛盾初探》（1979 年第 3 期）、《建筑内容散论》（1981 年第 4 期）、《建筑的模糊性》（1983 年第 3 期）等一系列文章，继续了他之前对“空间”的讨论。在《建筑——空间与实体的对立统一》中，他认为建筑的两重性（既是物质产品，又是艺术创作）和坚固、实用、美观这三要素都没有抓住建筑的内在矛盾，引用马克思的话“空间是一切生产和一切人类活动所需要的要素”来指出空间才是建筑的内在矛盾。他将建筑空间的获得方法总结为“减法”和“加法”两种（图 5-15）：“减法”是通过削减实体以取得建筑空间。“加法”是通过增筑实体来取得建筑空间。“加法”与“减法”的处理方式的归类显然是受到了芦原义信《外部空间的设计》的影响。侯幼彬将建筑的空间状况归为三类：一是在形成建筑内部空间的同时形成了外部空间；二是只形成建筑的内部空间而没有形成外部空间；三是只形成建筑的外部空间而没有形成内部空间。从这种分类出发，他提出建筑都是由空间和实体的结合而形成的：

> 建筑物的建造过程，就是运用建筑构件组成建筑实体以取得建筑空间的过程。建筑物的使用过程，就是建筑空间发挥使用效能和建筑实体逐渐折旧破损的过程。建筑空间和建筑实体的这种对立统一，就是建筑的内在矛盾。这个矛盾贯穿于建筑发展的始终，存在于一切建筑之中，决定着建筑的共同本质。整部建筑发展史，就是建筑空间和建筑实体矛盾运动的历史。[1]

[1] 侯幼彬．建筑——空间与实体的对立统一——建筑矛盾初探 [J]. 建筑学报，1979（3）：16

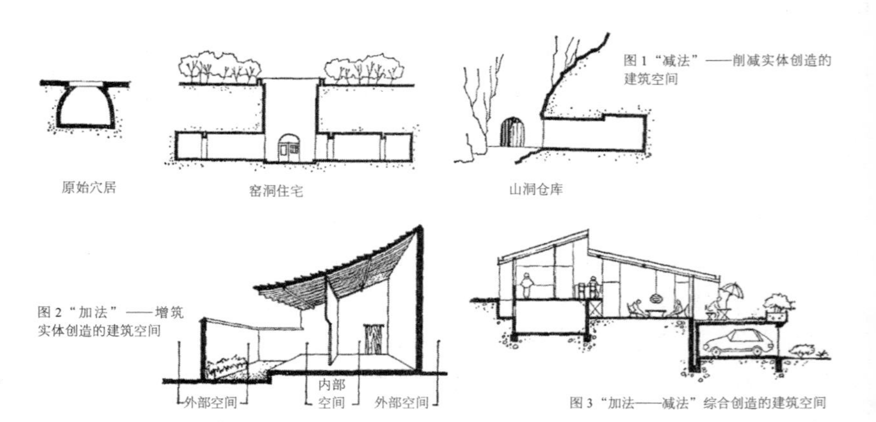

图 5-15 《建筑——空间与实体的对立统一》原文插图

所有的建筑都是满足一定的物质功能、精神功能要求的建筑内部、外部空间和构成这种空间的、由建筑构件所组成的建筑实体的矛盾统一体，他提出，运用自然辩证法来探索和解决建筑矛盾问题。在《建筑内容散论》中，侯幼彬进一步以建筑空间与实体的矛盾统一来理解建筑内容，以澄清“材料结构究竟是建筑的内容，还是表现建筑内容的手段”这个争议未决的理论问题，他将建筑的物质功能和精神功能与空间紧密联系在一起，认为建筑的物质功能，主要反映在：①对建筑空间数量、大小的要求；②对建筑空间一系列性能的要求；③对建筑空间组合联系的要求。建筑的精神功能反映在：①对建筑空间体量、尺度的要求；②对建筑空间界面造型的要求；③对建筑空间调度的要求。[1] 在建筑创作中，应该根据建筑的物质功能、精神功能这两个要素要求程度的主次采用不同的空间形式。

在《建筑师》上，沈福煦发表了以“建筑艺术刍论”为总题的系列文章，其中《实体·空间·建筑艺术》（第12期）、《空间·时间·建筑艺术》（第14期）两篇文章专门讨论“空间”问题。在《实体·空间·建筑艺术》中，沈福煦与侯幼彬一样，也将实体与空间看成是相互依存的矛盾统一体。不同的是，沈福煦是从建筑艺术表现的角度来分析“空间”与“实体”的，提出“从实体和空间的统一中来求得建筑造型的完美性，才真正称得上建筑艺术，才有可能与建筑的应用功能相协调。”[2] 在文章中，他还讨论了空间的限定、空间与实体的相互转化、空间的感知、空间与实体的组合等问题。在《空间·时间·建筑艺术》中，沈福煦认为，认识建筑时必须加入时间因素：“建筑的功劳就是把人类文明的痕迹‘压’进了三维空间之中，但它的绝对图景却只能是瞬时的。只有建立在这样的时空框架的基础上来认识建筑，才符合唯物辩证法。”[3] 四维时空在建筑领域有着自己的逻辑结构，他从四个方面论述了时间对建筑的意义：一是建筑的存在问题，二是对建筑的认知问题，三是建筑的功能问题，最后是建筑造型问题。沈福煦的这种说法显然与吉迪翁的空间—时间观念有关，时间因素加入到空间之中，建筑的三维空间随着时间量的作用而变化。

彭一刚在《螺旋发展与风格渐近——兼论继承与变革的辩证关系》中也分析了建筑内容与空间的辩证关系，甚至将这种辩证关系用于建筑发展过程中，认为建筑的空间形式的发展与变化呈现出螺旋形发展的规律：

> 古代的建筑，与简单的功能要求相适应，其空间形式也极其简单……随着功能要求的日益复杂和多样化，也相应地逐渐复杂起来……这样就导致了对传统空间形式的否定，从而出现了像近代建筑那样高度复杂多变的空间形式。有趣的是，继近现代建筑出现之后，半个多世纪的发展，功能要求愈来愈复杂，其变化无常……针对这种情况有些建筑师曾提出所谓多功能性大厅或灵活反应等新的空间概念。这种空间实质上就是一个不加分隔的大空间……回复到古代单一空间形式的概念中去。[4]

尽管彭一刚所总结的螺旋形上升的规律受到了质疑[5]，但是在对历史上的

[1] 侯幼彬．建筑内容散论[J]．建筑学报，1981（4）：29-30.

[2] 沈福煦．实体·空间·建筑艺术[J]．建筑师，（12）：19.

[3] 沈福煦．空间·时间·建筑艺术[J]．建筑师，（14）：125.

[4] 彭一刚．螺旋发展与风格渐近——兼论继承与变革的辩证关系[J]．建筑学报，1982（6）：62.

[5] 陈志华在对彭一刚的《建筑空间组合论》提出质疑时，其中一个关键的批判点就在于彭一刚所提的建筑空间形式的发展呈螺旋形上升的规律，详细内容参见：窦武．《建筑空间组合论》献疑．建筑师，（21）.

建筑空间形式的分析还是抓住了空间形式与功能要求之间的关联性。

在普遍强调“空间”的重要性的同时，也有人反对这种过分强调“空间”的说法，李行在《建筑的本质和特征》中就反对将“空间”看成是建筑的本质和特征：

> 近几年来似乎开始流行一种强调“空间”的说法……并有把空间看作建筑的主角，是建筑的特征和建筑的本质，强调建筑物必须有“内部空间”，否则就不算建筑物。……这样的说法不对。当然，我们这样说并非要否定空间在建筑中的重要性，而只是要说明空间本身——即使内部空间也罢既非建筑物的本质，亦非建筑物的特征，甚至一般地说也不是建筑物的内容。归根到底，只有建筑物的用途和目的性才是建筑物的实质性内容，空间和实体，都不过是建筑物的物质要素和存在形式的两个方面，两个仅仅属于共性的方面。抽象地研究空间，其实和抽象地研究实体，抽象地研究它们二者一样，并未脱出建筑形式研究的范畴。[1]

❶ 李行．建筑的本质和特征 [J]. 建筑学报，1982（12）: 43.

从李行的论述来看，他对建筑空间的理解有些狭隘，只将内部空间作为建筑空间，忽视了建筑空间实际上还包括建筑外部空间等其他内容。同时，他也没有注意到建筑的用途和目的正是通过建筑空间实现的。值得注意的是，李行注意到采取研究形式的方法来研究空间会使得空间变得抽象化、形式化，这种反思有利于正确地对待建筑空间问题，可以避免建筑“空间”话语偏离正确的轨迹。

这一时期中国建筑师还对建筑空间与人的关系有了新的认识。在“建筑是为人”的思想产生后，对空间的研究与行为学、心理学建立了密切的联系，波特曼的“共享空间”、纽曼的“可防御空间”、芦原义信的外部空间设计都与心理学、行为学有关。国外对“空间”认识的发展极大地影响了中国建筑师对建筑空间的认知。

熊明在《关于建筑创作的若干问题》中将“空间”与社会生活联系起来，认为不论各种建筑有多少区别，其共同之处就在于小至一个房间大至整个城市都是人们的物质与精神生活的空间。人们对生活的态度及理想在建筑空间中得到一定的表现，而且不仅作为生活方式体现在生活空间上，还作为社会意识形态范畴的审美观念通过艺术形象表现出来。他将建筑总结为生活空间与艺术形象两个对立面的统一体。[2]的确，建筑空间是为了解决人与空间的关系问题，建筑师设计的不是一个孤立而静止的空间，而是要考虑人的活动的空间，建筑空间是“人”的空间。

❷ 熊明．关于建筑创作的若干问题 [J]. 建筑师，（2）: 73.

在李道增的指导下，清华大学研究生胡正凡从空间的使用方式入手对空间与人的行为之间的关系进行了研究。空间的使用方式研究的是人使用空间时所共有的心理需要，即日本学者所谓的“心理的空间”。胡正凡在《空间的使用方式初探》中从“领域与领域性”、“个人空间与人际距离”、“私密性与公共性”（Privacy and Community）、“密度与拥挤感”（Density & Crowding）四方面进行了具体的分析，他认为：

作为人使用空间时的心理需要，领域性反映了人具有控制其周围空间及空间中所有物的需要；个人空间则是个人随身携带的最小领域；人际距离说明在相互交往时，人需要根据不同的背景相互保持不同的距离；私密性是人与人之间交换信息时的控制机制；拥挤感则是个人空间与私密性受到损害时消极的心理状态。[1]

理解空间的使用方式有助于通过设计加强使用者对环境的控制，使设计更好地满足使用者的需要。

何其林在《动态空间的创造》中，从空间行为学的角度认为动态空间是把人囊括其中的空间：

动态空间，是建筑空间在时间秩序上的变化形成的知觉形象。动态空间，是在建筑空间完善其功能、结构、一般造型优美特征后的，又一需完善的特征。它把握着人的变化、运动、知觉和心理，从而给人以连续、完整、和谐的审美感受。[2]

何其林指出：在哲学范畴中，空间的运动是绝对的，静止是相对的；在建筑范畴中，静态空间是绝对的，动态空间是相对的。对动态空间的研究是从人与空间的关系出发的，目的在于创造人在其中活动的空间，也就是波特曼所言的“设计一个空间不只是一个静止的空间的问题，而是把空间同人的活动联系起来”。[3]

从这一时期对建筑“空间”的论述来看，“空间”对建筑的重要性得到了中国建筑师的普遍认同，“空间”已经上升到建筑本体认识的程度。与前一时期相比，中国建筑师对建筑“空间”的认知发生了变化，主要体现在两个方面：一方面，马克思辩证唯物主义思想的影响加强，以辩证的思维来看待建筑空间成为主流。这种以辩证唯物主义为理论基础的思考，反映出中国建筑师希望从建筑本体认识的角度来讨论建筑与建筑空间的愿望，“空间”在一定程度上满足了中国建筑师的这种愿望。另一方面，外来影响的多样化使得中国建筑师的空间思维变得活跃，在思考建筑空间时考虑的因素更加广泛了，将结构、材料、照明、装饰等因素都纳入其中。同时，人文主义思想的抬头使得建筑师越来越关注人与空间之间的关联与互动，在行为学、心理学研究的影响下建筑空间不再是“死”的空间而是

[1] 胡正凡．空间的使用方式初探（下）[J]. 建筑师，（25）：43.

[2] 何其林．动态空间的创造[J]. 建筑学报，1983（10）：70.

[3] 同上：74.

为人使用的“活”的空间。

5.3 中国传统建筑与园林“空间”再探

在“文化大革命”之前，对中国传统建筑与园林“空间”的探索与讨论就已经展开了，“文化大革命”的到来阻碍了这些探索与讨论的深入。随着“文化大革命”的过去，中国建筑界重拾了对中国传统建筑与园林“空间”的研究。在前一时期打下的良好基础上，中国建筑师对中国传统建筑与园林的“空间”的探索有了较大的进展，将原来分开的对中国传统建筑与园林的研究整合为一个整体，这种整体研究的目的在于更好地实现中国建筑传统的现代转译。同时，研究中使用的术语变得更加现代，研究内容变得更加深入与细致。

5.3.1 中国传统建筑和园林空间研究的现代化转变

前一时期对中国传统建筑与园林“空间”的研究基本上是将建筑与园林分开的，在“空间”话语上更多地受到“空间构图”理论的影响。随着意识形态与政治因素干扰的消失，前一时期受到压制的现代建筑思想开始强烈反弹，中国建筑师开始对西方现代建筑进行补课，发现有不少西方现代建筑大师曾受中国传统哲学的启发，尤其是老子朴素的空间观念对西方现代建筑空间有一定的启迪作用。中国传统建筑空间与现代建筑空间之间存在的相似性促使中国建筑师有意识地以现代建筑思想来研究中国传统建筑与园林的空间。后现代建筑空间理论的传入，开拓了中国建筑师的研究思路。在这种思想认识的转变下，对中国传统建筑与园林的空间研究变得更加整体、更加现代化。

1978年10月22日中国建筑学会设计委员会（原为建筑创作委员会）在广西南宁召开了恢复活动大会（简称“南宁会议”），“创造中国的社会主义的建筑新风格”主题的回归意味着对“民族形式”问题的探究再次兴起，而从艺术界借用的“形似—神似”说更是颇具学术影响。“神似”的提倡也在某种程度上促进了对中国传统建筑与园林空间的研究。

“我国传统建筑的特征是多方面的，建筑及其局部的外形仅是一个方面。那建筑群体的多种多样的组合方式，建筑空间的转换与流动效果，建筑与自然环境的结合方式，以及著名的庭园艺术，都是我国传统建筑的另一些重要方面。”[1] 从这段对中国传统建筑特征的描述来看，使用的词汇脱离了“布扎”传统，既有来自现代建筑空间的流动，又有来自后现代建筑的对建筑与环境的关注。《建筑师》杂志第一期第一篇文章《古为今用，推陈出新》将这种转变体现得非常清楚。这篇文章是王华彬在中国建筑学会第四届第二次常务理事扩大会议上发言的后两部分。王华

[1] 邹鸿良．外界环境与旅游旅馆建筑设计的构思 [J]. 建筑学报，1982（8）: 53.

彬不仅注意到中国传统建筑十分重视居室空间和自然空间的结合，在群体空间组合上变化多端、重点突出、鲜明得势、多样统一，他还将“流动空间、时间观点”看成是中国传统建筑中值得进一步发扬光大的五个本质特征之一：

我国前代匠师们，早就把空间当作建筑的最主要的要素，千方百计把利用空间作为人们建造房屋的主要目的。两千多年前，我国哲学家老子……为建筑空间理论奠定了基础。特别值得提出的是：古代匠师们早就注意到，随着人们在空间中移动观赏，建筑艺术形象所表达的内容，是在时间的过程中，从片断逐渐汇合成整体。因此，他们处理三度空间组合时，总是把时间当作与空间不可分割的要素，因借时间，层层引导，渐渐展开，处处更新，步步深入，步移景异，引人入胜。……古代匠师们都很了解，空间艺术的成败关键在于如何掌握空间的流动性、连续性和多样性；在于如何精心地考虑观赏路线的位置，把风景联系起来，使人们在欣赏过程中有个“琢磨劲”。

王华彬还看到了现代建筑大师对我国传统建筑空间处理惯用手法的吸收与发展，提出要继承传统建筑在空间处理上的优秀遗产，结合实际，发扬光大。王华彬的讲话表明，此时中国建筑师已经将中国传统建筑空间与现代建筑空间联系起来，这种联系的建立为中国传统建筑的现代转译指明了一个可能的发展方向。

在对中国传统建筑和园林空间的研究中，赵立瀛的《谈中国古代建筑的空间艺术》一文很有代表性。这篇文章以古代建筑为研究目标，分析了古代建筑空间艺术的特点与规律。在对“空间”的认识上，赵立瀛指出：

人们的活动是置身于建筑空间之中的，它包括建筑覆盖的室内空间和建筑围成的室外空间（庭院、环境）以及两者之间的过渡（如外廊）。空间所给予人的影响和感受，是最经常的、最重要的因素。当然空间的问题，首先是实用的要求，但同时具有艺术的效果。

从这段对空间的认识可以看出，此时中国建筑师对空间的理解变得更加全面了，不仅包括了室内外空间和过渡空间，还将空间感受纳入其中，要求空间既实用又艺术。过去谈中国古代建筑的空间时提得比较多的是院落空间，赵立瀛却指出“四合院”不过是一种比较典型的形式，中国古代建筑的空间特点更在于：

建筑的室内空间，在中国古代建筑中，又与特有的装修艺术相联系。由于木构架结构的特点，以梁柱作为承重的构件，墙壁不过是一种填充物，可有可无，可装可卸，这就为创造灵活的室内空间提供了优越的技术条件，产生了许多实用与艺术相结合的杰作。而中国古代的园林建筑，可以说，是这两者（灵活的室内空间和庭院式的室外空间）的结合、变化及其在特殊条件下的发展和最高表现。[1]

[1] 赵立瀛．谈中国古代建筑的空间艺术 [J]. 建筑师，1983（1）: 85.

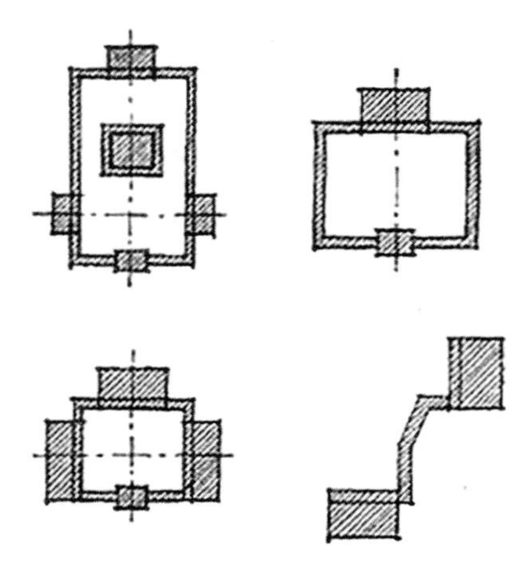

图 5-16 《谈中国古代建筑的空间艺术》原文插图——“空间布局的几种构成形式”

之前对中国传统建筑空间特色的关注主要集中于群体空间的组合，现在将空间形式与用途、自然条件、结构方式等联系起来，对室内外空间的理解变得一体化了。赵立瀛通过对中国古代建筑空间艺术的剖析，总结出中国古代建筑空间有四种基本的构成形式（图 5-16）:

（1）由三面或四面建筑及围墙连成的庭院，它的特点是庭院处于建筑的包围之中，以庭院为中心，造成封闭的空间；

（2）建筑的四周由围墙或回廊环绕，它的特点是建筑处于庭院的包围之中，庭院又处于廊墙（以及建筑）的包围之中，而以建筑为中心；

（3）以廊子为主，与建筑相连围成庭院，使庭院空间开朗渗透；

（4）建筑间以廊子相连，但并不围成封闭的庭院，造成空间的流动变化。

除了形式之外，“中轴线的布置，以纵向序列为主，横向为辅，自前而后组合伸延，也是中国古代建筑布局的一般规律，从而形成空间的‘主次’、‘陪衬’、‘前导’和‘收束’，这是使用性质和艺术效果相统一的体现。”[2] 在对中国古代建筑空间艺术的借鉴上，赵立瀛也提出了看法，认为中国古代建筑的空间主要是在平面上展开的，以若干单层或个别低层建筑组成，在分散中求得紧凑的联系，取得建筑与庭院的有机结合。这个传统在现代条件下不再适用，但庭院与建筑的结合使得自然景物被引入建筑内部，这是中国古代建筑空间艺术的精华部分，在一定条件下仍是值得吸收与运用的：

[2] 同上：89.

空间的艺术将成为建筑艺术的一种经济而有效的手段……它主要是由建筑的组合构成的，它本来是不需要附加什么东西的。因此，我们提出空间艺术的问题，希望不要又走到形式的模仿的道路上去……它的创作规律和原则，应该是去寻求那种实用空间与空间艺术的统一和结合，它的创作上的成功之处也就在于此。[1]

[1] 赵立瀛．谈中国古代建筑的空间艺术 [J]. 建筑师，1983（1）: 91.

这段总结充分表达了赵立瀛提出“空间艺术”的目的：希望以空间艺术来反对形式主义的泛滥，从“空间”的角度为中国古代建筑艺术价值的发挥开辟一条道路。

黄树业的《古建园林谈空间》的认识也很深刻，开篇即提出从品评一栋建筑到品评一个建筑体系不能只看它们的实体、造型或外表，更重要的是着眼于它的内外空间：“中国传统建筑的伟大成就，不仅表现在优美动人的外形上，更多的是表现在空间之蕴藉和耐人寻味之处。”[2]“空间之蕴藉和耐人寻味之处”表明对中国建筑和园林“空间”的关注已经从形式开始走向“神”与“蕴”，开始关注形式背后所隐藏的传统文化与哲学思想。这种对空间“精、气、神”的强调既与对形式主义的反抗有关，也与“神似”说在建筑学领域的传播有关。黄树业在文章中对中国传统建筑和园林建筑空间组织进行了探讨与总结，他将与空间设计有关的手法总结为三点：①运用人体与人的活动相关的物件去度量空间；②运用模型辅助图样，以推敲三度空间的组合；③“剪裁式”的设计。“剪裁式”设计的提法很形象化，因为中国传统建筑是由若干单栋建筑组合而成的独特的庭院空间形式，以建筑群的空间组合为特色，“它像在一块布料上裁衣那样，整块土地都被一组建筑占满，哪怕是边角碎料也派得上用场。……由这种‘剪裁式’设计，可以派生出一系列巧妙的空间处理手法。”[3]黄树业指出，中国传统建筑与园林是四度空间的组合，因此，单从平面、立面、剖面甚至透视图上是无法全面地感觉空间特色的。

[2] 黄树业．古建园林谈空间 [J]. 武汉城建学院学报，1983（1）: 9.

[3] 黄树业．古建园林谈空间 [J]. 武汉城建学院学报，1983（1）: 17.

从这些研究来看，不再像之前的研究那样将中国传统建筑与园林分开来讲，而是将中国传统建筑和园林作为一个整体来研究中国建筑的空间传统。“空间”话语在中国传统建筑与园林研究中的发展影响了中国建筑师对民族形式的反思，陈植指出：

我们必须从广义上来论述民族形式，它应该包括外部空间的有机结合；内外空间的贯通呼应；分割空间以扩大空间感；空间的流动延伸；空间的收与放，为放而收，放而再收，建筑与大自然之间的配合，有衬景，有借景，有对景；建筑群有主次，有起伏，有层次，有韵律，建筑物与园林的融会谐调；建筑物的形式因地区的不同而各具特色等等。[4]

[4] 陈植．为刘秀峰同志《创造中国的社会主义的建筑新风格》一文辩诬 [J]. 建筑学报，1980（5）: 2.

从更广义的角度来论述民族形式，目的仍然是希望能够更全面地将中国建筑传统现代化为一种新的中国建筑形式。而将中国传统建筑和园林空间与现代建筑空间有意识地联系起来，不仅因为两者具有一定的相似性，更是因为西方现代建筑大师受中国传统空间意识启发，使中国建筑师看到了中国建筑传统中所隐含的现代性。在这种情况之下，对中国传统建筑与园林空间的研究不仅重视物质性、实用性，同时也开始关注空间背后所隐藏的文化传统、哲学思想。

5.3.2 中国传统建筑和园林空间认识的深化与细化

在中国传统建筑与园林空间研究向整体化、现代化转变的同时，针对传统建筑、针对园林分别进行的研究也在继续。这种具有针对性的研究与整体性研究相比则更加细致深入，关注的内容更丰富，使得中国传统建筑与园林空间研究立体化、多层次化。

1. 建筑空间与木结构体系的关系

之前对中国传统建筑所采用的木构架体系的关注侧重于结构理性，这一时期的研究开始关注这种构架体系所带来的空间灵活性，针对结构与空间的配合进行了深入的研究。

早在 1940 年代童寯就已经注意到，在木结构体系下中国建筑整个室内被有意识地考虑成了一个完整空间。[1]1960 年代，单士元在《中国旧式隔扇》中也曾提到“由于我国老式建筑的屋顶重量完全由木骨架承担，在室内没有厚重的荷重墙，几间房子内部的面积，就是一座宽阔的大厅，若要将大厅划分成几个部分，完全可以由居住的主人根据生活的需要与个人爱好，用‘内檐装修’——隔扇进行安排。”[2]但这篇文章主要是针对隔扇进行研究，虽然提到了中国传统建筑室内空间的灵活性，却并未深入剖析。对中国传统建筑室内空间的灵活性问题的研究在这一时期得到展开与深入。

赵立瀛在《谈中国古代建筑的空间艺术》中分析了中国传统建筑室内空间的灵活分隔，认为：“中国古代建筑的室内空间概念，不是那种源于承重墙结构的空间分隔的概念，而是一种流动的空间概念，这是在木构架的条件下形成的空间关系”[3]，这种以框架结构为基础的室内空间艺术放到现在也是具有生命力的。王世仁在对中国传统建筑的研究中将“在简单定型的构架空间内部，进行多种分隔处理”看成是中国传统建筑的重要成就之一。在《民族形式再认识》一文中，他对中国建筑室内空间的发展进行回顾，认为室内处理无非是空间的分隔和构件的艺术加工两部分。在秦汉以前，构件的艺术加工重于室内处理，室内分隔只有用墙壁隔开的堂、厅、厢等简单的形式。宋以后，逐渐颠倒过来，构件的艺术加工向程式化、简单化方面发展，而空间的分隔形式则越来越丰富多样。清代在将构件的装饰简化到最低限度的同时，在简单、定型的平面柱网里把空间分隔的艺术

[1] 童寯 . *The Timber Frame Tradition*（童寯文集第一卷）[C]. 北京：中国建筑工业出版社，2000：104-105.

[2] 单士元 . 中国旧式隔扇 [J]. 装饰，1961（6）：56.

[3] 赵立瀛 . 谈中国古代建筑的空间艺术 [J]. 建筑师 . 1983（1）：90.

推向了空前的高峰（图 5-17）：

一个三开间带廊子的房屋，次间砌墙，明间开门，就是大门，次间隔成房间，明间设隔扇屏门，就是门殿，全部开敞或设落地罩，就是厅榭。在定型的柱网内，平面上可以纵向设隔断，也可以横向设隔断；空间上可以是简单的一层，也可以各个空间高度不同……[1]

[1] 王世仁．民族形式再认识 [J]．建筑学报，1980（3）：31.

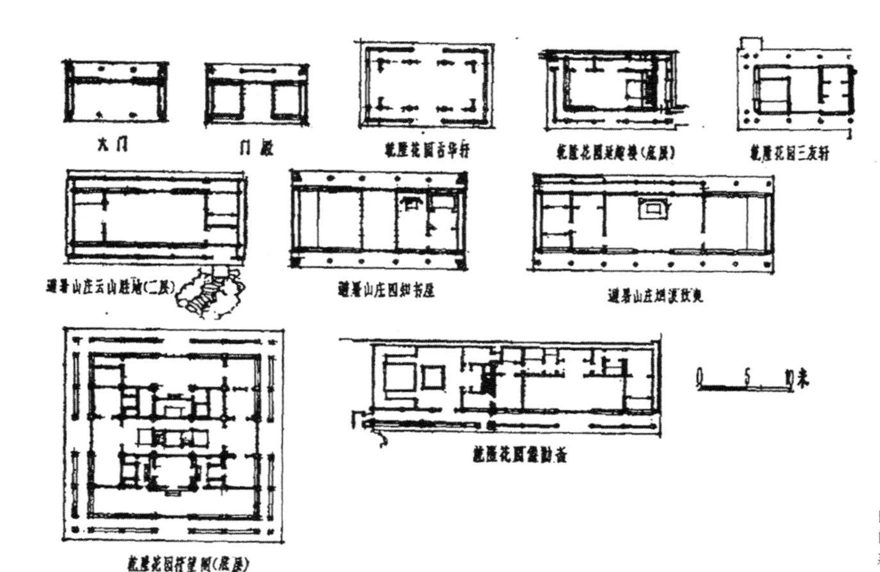

图 5-17 《谈中国古代建筑的空间艺术》原文插图中对清代宫廷建筑室内分隔的举例

在对中国木结构体系与建筑空间关系的研究中，最突出的是黄树业。他在《古建园林谈空间》中从“空间”发展的角度对中国传统建筑始终依托于木结构体系进行了研究，认为木构架能够长期保持下来除了材料与结构本身的优越性之外，最重要的原因在于木结构体系为创造我们民族长期形成的生活习惯、文化思想等物质与精神功能所需要的空间环境提供了理想的条件：

首先，木构架建筑在适应灵活的空间布局上，有很大的优越性。除不能组织大跨度的空间外，它可满足各种平面形式的需要。特别是在一栋建筑和一个建筑群中，宽窄长短曲直高低，尽可自由发挥，这是我国古代漫长的封建社会中所形成的整套繁杂的生活方式所需要的。……其次，木构架的结构构件所占面积与体积是最经济的。它那由柱梁组成的骨架，如同现代的框架结构，外围与内隔，不依赖于笨重的墙体，减少了整个建筑实体自重与基础工程，赢得了更多的内部有效面积与空间。同时，由于木构建筑门窗开启自由，隔断自如，可充分利用和发挥外部空间的辅助作用，使得内外空间相互补充，提高了空间的实用价值和质量。

黄树业认为，我们的祖先在长期的实践中认识到了材料结构为创造空间所用这个真理。尽管木材本身存在难以克服的缺点，但古代人权衡利弊后充分发挥木材的优点，克服其缺点，或将缺点转化为了优点。“一切为了创造‘为人所用’的空间，决定选择和长期坚持运用这一适合于自己民族需要的，具有强烈个性的木构架结构体系。”[1]黄树业对木结构体系所形成的建筑空间特色也进行了深入的分析，认为传统木结构首先是由四根柱子围成方形或长方形的基本空间单元——“间”，再由若干“间”形成柱网，柱网变化自由灵活，“这就赋予建筑空间，以极大的灵活性与适应性。在有限的范围内，可大可小，有实有虚，能收能放，或藏或露；以适应不同使用目的、不同气候条件，和创造各种不同艺术形象。总之，使人对建筑掌握了主动权，这一点是西方古典建筑所不及的。”[2]

黄树业从“空间”的角度为中国为什么采用木结构体系作出了新的解释，为理解这个问题提供了一种新的思路。

2. 民居的建筑空间

前一时期已经有人注意到各地民居具有不同的特色，在空间处理上也各有特点。这一时期，在对各地民居的研究中，更关注“空间”问题，尤其是关注各种民居中具有特别意义的空间。

黄诚朴对藏族民居的研究基本上是围绕着“空间”问题展开的，他将拉萨的藏族民居看成是“以方室单位灵活自由组合发展而成的独具特色的居住空间，是一种高度定型化而在平面及空间组合上又具有多样化特点的民居建筑体系”。[3]特别关注藏族民居中的方室，认为方室“是一种小尺度、十分经济的居住建筑空间形式”[4]，并对方室以中柱为核心的空间在空间划分和利用上的灵活多变性进行了分析。邵俊仪在《别具一格的四川藏旅民居》（重庆建筑工程学院学报，1980年2月）中从组织居住空间、生产空间、宗教空间的角度对四川藏族民居空间进行了研究，研究中也注意到了主室（即方室）在空间上的特性。

这类以“空间”分析为主对民居的研究还有很多，例如成诚和何干新的《四川“天井”民居》（建筑学报，1983年第1期）、邵俊仪的《重庆“吊脚楼”民居》（建筑师，第9期）等。直接以空间为标题的文章也不少，例如余卓群在《山地民居空间环境剖析》（建筑学报，1983年第11期）中分析了山地民居是如何利用地形组织功能，开拓场地，充分利用有限空间来创造居住的空间环境的。汪国瑜在《从传统建筑中学习空间处理手法》（建筑学报，1981年第6期）中分析了四川的山地建筑在空间处理上的特别手法，并直接在标题中提出“从传统建筑中学习空间处理手法”的号召。

[1] 黄树业．古建园林谈空间[J]．武汉城建学院学报．1983（1）：16.

[2] 同上。

[3] 黄诚朴．藏居方室初探[J]．建筑学报，1981（3）：64.

[4] 同上：65.

3. 园林空间

专门针对园林空间的研究也有进展，不仅在对空间组织的分析上更深入，而且将“空间”上升为一种“意境”。

程世抚在《苏州古典园林艺术古为今用的探讨》中对苏州古典园林的空间划分与构成进行了分析，认为：

> 苏州古典园林的构成，大都分为主要、次要和局部空间，主次分明，主题突出，各个空间留有出入口，运用视线变换的游览路线把各个空间联系起来，空间的布局不受轴线或几何图形限制，是随着地形或环境变化，灵活地创造出各种丰富多彩的自然景色，这是我国造园的特有手法，别具一格，是应该继承与发展的。[1]

[1] 程世抚．苏州古典园林艺术古为今用的探讨 [J]. 建筑学报，1980（3）: 6.

苏州古典园林的用地外形，几乎都是方形或长方形的园界，在这个规则范围内如何形成活泼生动的空间，程世抚总结出下列手法：

（1）园墙用“之”字形走廊，以冲破直线感，有时也随地形的起伏做成有高低变化的墙廊。

（2）利用曲折池岸组成外形自然的空间。

（3）弧形的路线、假山和自由种植组成活泼的内花园空间。

（4）用凸出或凹进的建筑分隔地面，形成有变化的空间。

（5）以不规整的大片水面占据主要空间。

（6）以曲桥分隔水面。

程世抚还对造园技艺、尺度比例与空间范围、造园组成部分进行了分析，空间始终占据这些分析的中心。

宛素春以《中国园林空间的意境》为题，针对中国传统园林空间“意境”进行了深入的分析。宛素春指出，中国园林有一套独特的布局及空间构图手法，西方现代建筑理论所提出的“多维空间”、“流动空间”等理论在我国园林空间中早有运用。中西方在探讨建筑空间时所经历的途径是不同的，西方是以现代科学为依据，沿着三维空间、四维空间、多维空间这样一个过程发展的，而我国古代匠师则凭借人和大自然的感情交流和感受而直接着眼于意境的创造。“中国园林是重意境创造的，这和西方最新建筑理论——强调空间的多维性，确有异曲同工之妙。”[2] 在“何谓‘意境’”一节中，宛素春解释了“意境”的概念，指出中国园林的创作方法与中国绘画相似，都注重“写意方能传神”：“中国园林常用含蓄的比拟、象征的手法来借物抒情，使每个空间都赋予情感的色彩，所以说中国的园林也如中国的音乐与绘画一样是‘情的艺术’。”[3] 她还详细地分析了各种因素在感觉空间中的作用，将声、色彩、光、气味、季节与气候、诗词匾联等因素包括其中。将中国传统园林空间提升到“意境”的层次，使中国传统园

[2] 宛素春．中国园林空间的意境 [J]. 建筑师，1982（12）: 198.

[3] 同上：199.

林与中国传统文化、哲学思想之间的关系更加明显地体现出来，抓住了中国传统园林空间在形式之外更深层次的内容。这种对中国传统园林"意境"的讨论将园林与中国传统的绘画、音乐等艺术联系起来，更有利于整体理解中国传统艺术，同时也反映出了当时艺术界对"形似"、"神似"的讨论对中国建筑学界的影响。

前一时期针对古代建筑和园林实例进行空间分析的只有郭黛姮、张锦秋的《苏州留园的建筑空间》一文，这一时期这类针对具体建筑或具体园林进行空间分析的文章逐渐增多。

对中国传统建筑进行空间分析的以为张家骥代表。在《太和殿的空间艺术》中，他对北京故宫太和殿的空间进行了分析，认为太和殿巨大的空间体量是由政治上的要求决定的，要创造出壮丽的建筑形象必须以相当的空间体量为前提。大空间的宫殿建筑要满足帝王对宫殿的要求："要所有的人在这特定的空间里，都感到自己是卑微和渺小的，唯独对他这'天之骄子'的皇帝，感觉是伟大的。"[1]这一点出发，张家骥认为，太和殿的特殊性就是要解决建筑（殿堂）空间尺度之大与人体（帝王）尺度之小的矛盾，使建筑形象产生为王者重威的实际效果。他具体地分析了太和殿是如何通过平面布局、局部处理、陈设与细部装饰等处理达到这种空间效果的，并通过与沈阳故宫的崇政殿进行比较来突出太和殿在空间处理上的成功。在《独乐寺观音阁的空间艺术》中，张家骥指出："在佛教建筑中却存在着尺度巨大的塑像与建筑空间相对之小的矛盾。"[2]他以独乐寺观音阁为例分析了中国古代寺庙建筑是如何成功解决塑像与建筑空间尺度之间的矛盾的，认为观音阁"建筑形式与结构设计同空间的功能要求，可以说是个有机的统一体"[3]，在空间艺术上达到了很高的境界。

张家骥在《太和殿的空间艺术》中认为，崇政殿从整体到局部，失败处比比皆是，这种说法引起了争论。刘宝仲以《崇政殿的建筑艺术》一文，通过对崇政殿与沈阳故宫建筑群的关系分析、对崇政殿本身的空间分析，提出："崇政殿建筑在与周围环境的融合上，空间处理和艺术造型上，内部空间的精微处理上以及建筑细部装饰等方面都有很多独到之处。"[4]张家骥对刘宝仲的说法表示了不认同，在《对"崇政殿的建筑艺术"的几点质疑》中认为刘宝仲没有抓住崇政殿在"空间"这一建筑本质上的矛盾来进行分析，与他在《太和殿的空间艺术》中的讨论是不一样的，不能由此来说明崇政殿与太和殿在空间艺术上有异曲同工之妙。两人之间的争论实际上与两人所采用的"空间"视角的差异有关，体现了此时"空间"话语的多样性与开放性。

除了对建筑实例进行空间分析外，还有对园林、庭院实例的空间分析。

[1] 张家骥．太和殿的空间艺术 [J]. 建筑师，1980（2）：151.

[2] 张家骥．独乐寺观音阁的空间艺术 [J]. 建筑师，（21）：42.

[3] 同上：45.

[4] 刘宝仲．崇政殿的建筑艺术 [J]. 建筑师，1981（6）：162.

例如汪国瑜对北海古柯庭的庭院空间（图 5-18）进行了仔细的分析，将古柯庭空间处理特点归结为位置选择、建筑布局、体形效果、空间分隔、入口处理、回廊安排、内庭经营、因借关系、墙面设计、小品点缀十个方面，指出这类小院落、小庭院的空间“其基本特点之一即化整为零，变单一空间为多向空间，变静止空间为流动空间，变封闭空间为开敞空间，要而言之，不外一‘隔’字也。一隔即意味不尽。”[1]

[1] 汪国瑜．北海古柯庭庭院空间试析 [J]. 建筑师，1980（4）: 183.

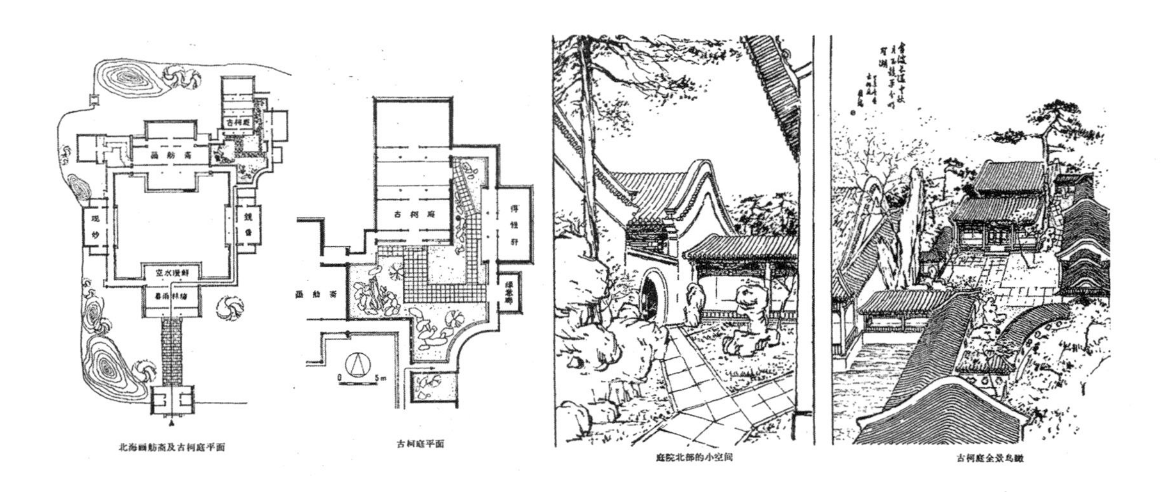

图 5-18 《北海古柯庭庭院空间分析》原文插图

同济大学学生傅国华在《上海豫园鱼乐榭庭院空间试析》中从空间的可比性、含蓄性、流动性、因借性、多样性、诗画性六个角度对豫园鱼乐榭庭院（图 5-19）进行了空间分析：“可比性使得矛盾着的双方的地位愈为悬殊，简言之，大小之对比，大则更大，小则更小，流动性、因借性则是自觉或不自觉地认为空间之间并不是静止的和一成不变的；其中因借性

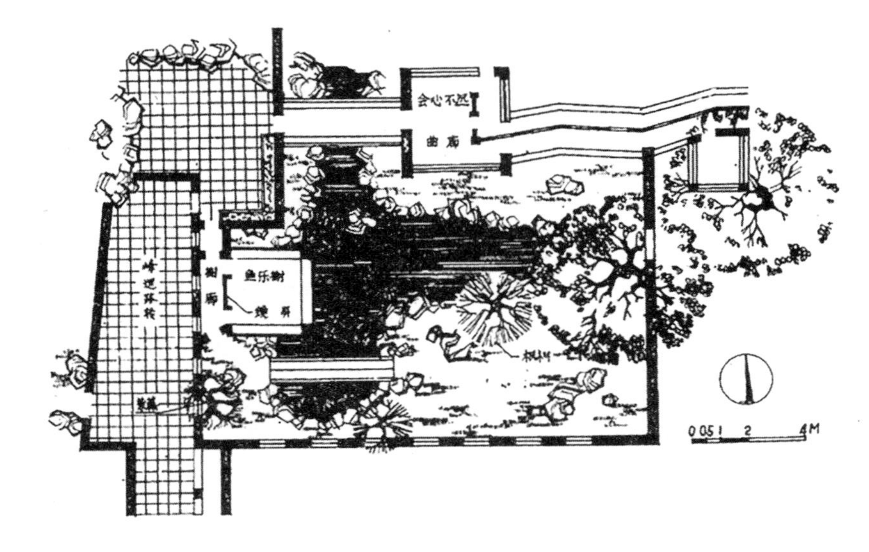

图 5-19 上海豫园鱼乐榭庭院平面

使得他之空间为我用，而流动性则是他我空间之合一，即产生了共用空间；而诗画性则更是体现了空间的运动、变化、发展的思想。”[1]

在中国人研究中国古建筑空间的同时，外国学生也对中国古建筑空间进行了分析，1982 年《建筑学报》第 12 期上刊登了到天津大学进行交流的美国研究生对中国古建筑的分析（图 5-20）。他们分析中国古建筑的基本步骤与方法为我们研究中国古建筑空间提供了借鉴，他们对中国古建筑空间的分析表明，虽然东西方在文化、历史、风俗、传统上存在很大的差异，但分析和研究建筑空间构成的方法是可以交流与借鉴的。

[1] 傅国华．上海豫园鱼乐榭庭院空间试析 [J]. 建筑师，1984（18）: 198.

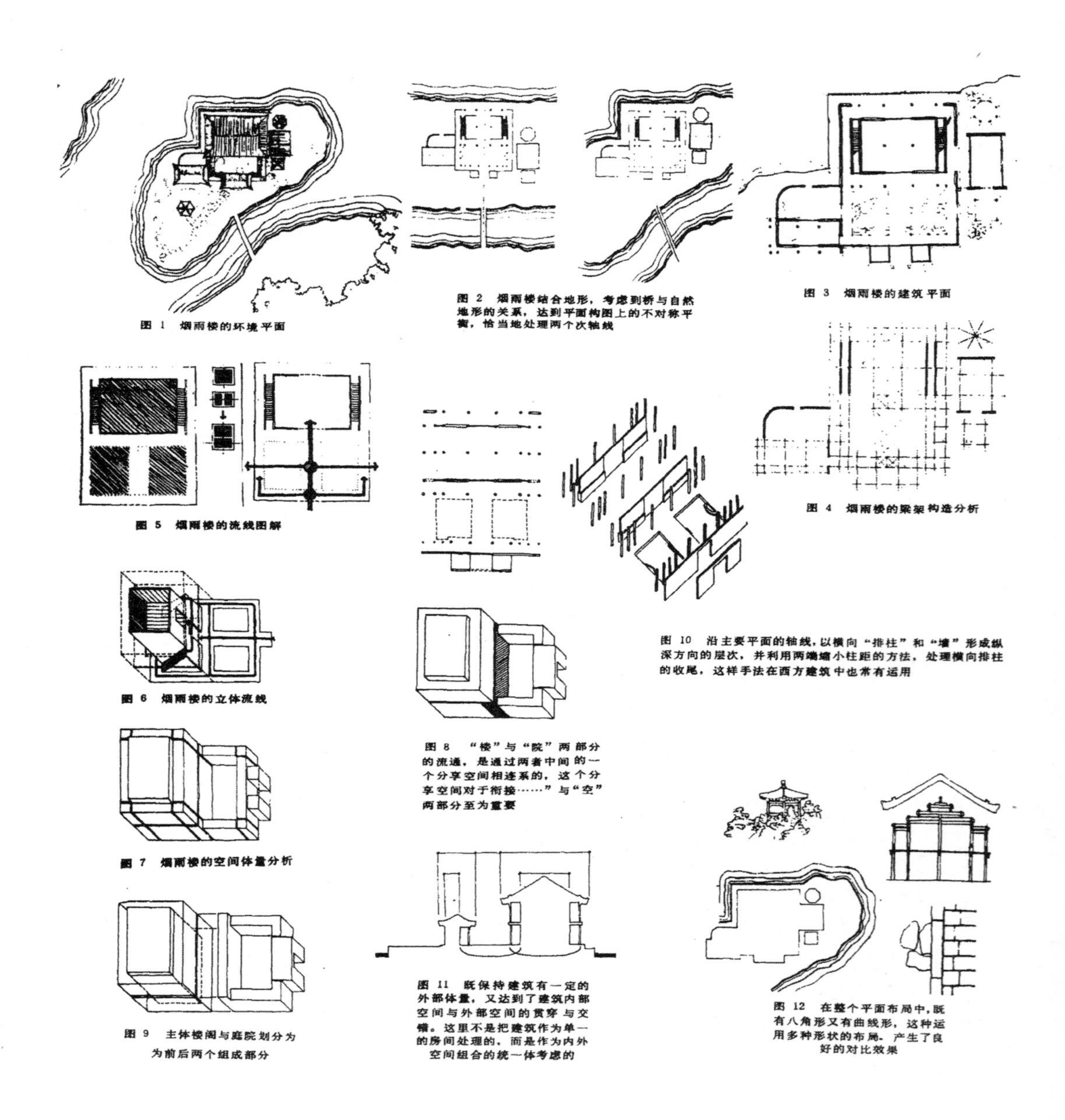

图 5-20 美国研究生对“烟雨楼”的空间分析

对中国传统建筑与园林空间的有针对性的研究体现了这一时期中国建筑师对“空间”认知的深化，多样化的空间观念与空间意识使得对中国建筑传统“空间”的讨论内容变得更加广泛，研究视角明显增多，向深入、细致、开放、多样化发展。这种细致研究不但展示了中国传统建筑与园林空间的多样性与丰富性，更为中国传统建筑的现代化转译提供了更广泛的思路和细节上的参考。之所以在这一时期对中国传统建筑与园林“空间”的研究与探讨能够得到如此广泛的展开，是因为中国建筑师认识到了中国传统建筑与园林空间是具有现代性的，是一种现代的空间形式。一方面，这种现代性有利于改变国际建筑界对中国传统建筑的认识，提升中国传统建筑在世界建筑体系中的地位。另一方面，这是一个契机，能为中国建筑传统的现代化转译提供一些有意义、有价值的线索。

5.4 指向建筑设计的“空间”话语

在前一时期与建筑设计相关的“空间”讨论常常是夹杂在对其他建筑问题的讨论中的，有针对性的研究比较少。赵立瀛对此种研究状况进行了反思：

> 在建筑艺术问题上，过去人们较多地注意了触目所及的外表形式和装饰艺术，而对于空间的艺术，因为它较之形式来说，似乎显得抽象，难以捉摸，所以注意得较少。这种状况，同样地反映在古代建筑的研究和现代建筑的创作上。[1]

[1] 赵立瀛．谈中国古代建筑的空间艺术 [J]. 建筑师，1983（1）：85.

这种反思表明，中国建筑师对建筑艺术的关注从形式转向了更加本质的建筑问题——“空间”。这一时期以“空间”为主题、为标题的探讨建筑的文章明显增多，看待“空间”的视角更加广阔，中国建筑“空间”话语开始逐渐走向成熟化。

5.4.1 建筑理论文章中“空间”话语的发展

在中国传统建筑与园林空间研究如火如荼地展开的同时，建筑设计创作领域也在外来影响的激励之下开始了新的探讨“空间”的浪潮。中国建筑师希望超越政治化、教条化的“建筑方针”，让建筑学回归建筑本体的愿望使得建筑空间设计变得越来越重要，“空间”甚至成为新的“建筑方针”中的内容。在这种背景之下，与建筑创作相关的“空间”话语不但继承与发扬了前一时期已有的话题，还发展出了一些新的话题。“空间”话语关注的主要问题有以下几个方面：

1. 空间构图（构成）

前一时期对“空间”话语影响很大的构图原理在这一时期已经完全渗透到建筑设计、建筑创作之中，得到了更加系统化的发展。

天津大学研究生张萍在毕业论文中研究了建筑形态构成，其中很大一部分内容与建筑空间构成有关。张萍在论文中指出，建筑空间是有结构、有系统、有层次的：城市空间—区域空间—建筑群空间—建筑单体空间—室内空间—家具划分空间。这种结构、系统、层次在于说明建筑空间构成的规律性关系，说明建筑空间的产生构成与自然形态的产生之间的共同之处。张萍认为：“建筑空间的产生也在于运动，这种运动表现为形态要素的分割和积聚。”[1] 分割指的是对建筑形态进行形和色的分解，从而得到点、线、面、体等构成要素，还包括对线、面、体的分割、划分、开洞等；积聚是通过这些基本构成要素及相互之间或与地面之间关系的运动变化而构成建筑形态。她从“线的构成与建筑空间”、“面的构成与建筑空间”、“体的构成与建筑空间”三种构成建筑空间的形态要素的运动变化出发，具体地分析与讨论了建筑空间的构成手法。

对于“构图”原理而言，建筑的语言是一种图式语言，因此，需要对各种几何形体进行探索与研究。蔡希熊和王锦海在《建筑的方形平面和方形空间构图》中研究了建筑空间构图中的“方”形，认为：“方形构图严谨、敦厚、整齐、平稳，具有不可更动性；同时方形还具有双重对称性，它除了向心和离心之外，没有其他任何倾向，是一种静态的平衡，显得庄重而具纪念性。”[2] 古代建筑使用方形体现了对精神功能的追求，现代建筑使用方形平面和空间则出于功能、结构、节能等原因（图 5-21）。为了使方形构图既发挥结构、功能上的有利因素，又克服视觉上的缺陷，作者认为，可以改变方形建筑的空间体形，使单调的几何形体获得视觉上复杂的效果；以方形为母题进行组合，使之产生丰富而多变的体形；以方作为基本形，进行发展和变化。曾在贝聿铭事务所工作过的青年建筑师王天锡受美国国家美术馆东馆优美的三角形体和杰出的空间设计的启发，将三角形构图视为一种超前的现代建筑设计手法。他在《略谈锐角几何图形的建筑构图》（建筑学报，1981 年第 8 期）中通过大量的实例分析了锐角几何图形对建筑空间构图的影响，认为中国传统园林中有锐角构图，借助中

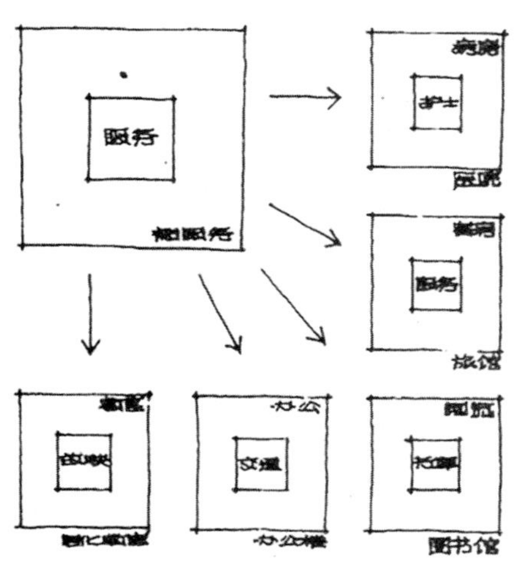

图 5-21 《建筑的方形平面和方形空间构图》插图——方形平面的不同内容

[1] 张萍．建筑空间的构成手法 [J]. 建筑师，(26): 170.

[2] 蔡希熊，王锦海．建筑的方形平面和方形空间构图 [J]. 建筑师，(22): 63.

国园林的布局手法可以在设计中运用这种锐角空间构图。殷仁民也注意到了国外建筑设计中的三角形空间构图："三角形平面的设计手法是一种强化手段，它使建筑平面、空间和朝向发生剧烈的变化。"[1] 他将三角形构图的空间造型方式归为六种：以单一三角形作为设计的主体、两个以上三角形组合、正方形分割成四个三角形、矩形或者方形同一个三角形组合、截方形或矩形的一角、不同三角形的组合（图 5-22），认为在适用、经济的前提下，可以因地制宜、审时度势地采用这类三角形构图手法。

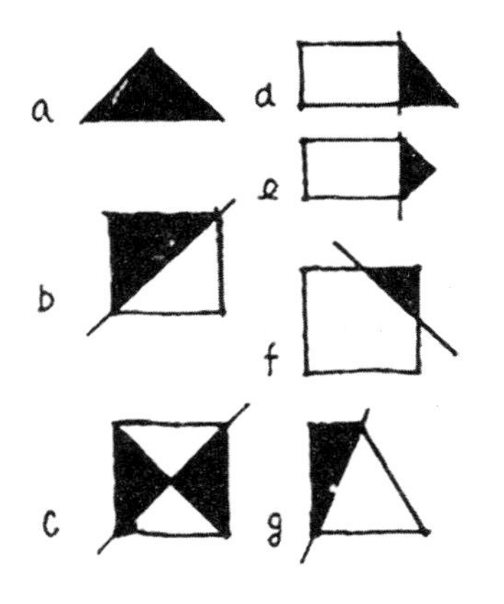

图 5-22　三角形构图方式

[1] 殷仁民．国外建筑设计中的三角形构图 [J]. 建筑师，(12)：108.

随着时间因素对空间的影响的加强，对"空间构图"的讨论从三度空间发展为四度空间。史春珊在《现代形式构图原理》中将形态表现形式分为三大类：二维空间形式（平面的）、三维空间形式（立体的）和四维空间形式（立体 + 时间的），认为前两种空间形态侧重于静态，四维空间则需要从动的观点来看："一个立体造型，随着观赏者位置的移动就会产生丰富多变的形象来。我们把它称之为时间空间美。"[2] 在文章主体"形态诸要素和表情"中，史春珊从点、线、面、体、空间、肌理、方向这七个方面具体分析了形态要素在空间中的表现形式。

[2] 史春珊．现代形式构图原理 [J]. 建筑师，(17)：151.

对"空间构图"的分析不仅针对具体的图形处理，还有直接从视觉分析的角度进行的。白佐民在《视觉分析在建筑创作中的应用》中以圣彼得教堂及其广场、威尼斯圣马可广场等为例分析了视觉在空间构图中的重要作用，论证了垂直视角、水平视角、视线图解在建筑创造中的客观价值。"运用视觉分析方法，可帮助我们在处理那些建筑艺术要求比较高的建筑和建筑群的空间、位置、体量等时作为一个有效的手段。"[3]

[3] 白佐民．视觉分析在建筑创作中的应用 [J]. 建筑学报，1979（3）：10.

前一时期对空间构图的讨论，主要目的在于将"空间构图"运用到建筑单体和群体设计之中，这一时期的讨论则更加关注构图原理本身，探讨的是更加具体的问题。从各种几何图形构图到视觉分析，从静态空间到动态空间，为建筑设计创作提供了多样的构图手法。

2. 城市空间

早在 1940 年代初，卡米洛·西特的城市理论引入中国后，中国建筑师就开始了对城市空间的关注。城市规划从建筑学中独立出来使得相当长一段时间内建筑学对城市空间的关注不够，但中国建筑师很快就再次意识到了城市空间对建筑设计的重要性，再次关注了城市空间问题。

1977 年的《马丘比丘宪章》提出"建筑与规划的再统一"的口号，认为城市规划和建筑设计要满足"人类活动要求流动的、连续的空间"，意思就是每一座建筑物不再是孤立的，而是一个连续的统一体中的一个单元，需要同其他建筑进行对话，从而形成完整的形象：“城市是一个时间和空间的大系统，它是人类历史文明的产物，又具有强烈的时代特征，是一个有机的内部多相空间系统。”[1]城市空间是由建筑物与环境组合形成的：“一个城市，不但要有足够的各种建筑用房，还要有经过合理组织的必要户外建筑空间。”[2]“城市空间是人工建设与自然景物有机组合、相互统一协调的立体轮廓。在日益发展的城市建设中，空间组织在为人们创造美好的空间环境中愈来愈显示了它的重要性。”[3]

在城市中处理好建筑个体、群体与城市之间的空间关系成为城市设计的重点内容。汪定曾指出：

> 建筑师必须懂得，建筑艺术是在历史长河中酿成的，城市空间是逐步形成的，而空间的整体构思又是延续的……设计建筑物，不能不与街道广场等空间联系起来考虑。建筑与环境如何联系这是城市设计的主要课题。建筑物也有等级序列、韵律组成、视域美学和流动联系等四方面的要求，建筑物是通过这四方面形成千变万化、各有特征的城市空间。[4]

佘晓白在针对上海城市空间构图的研究中认为，城市的各种空间——街道、广场、建筑群体等使人们产生了对城市的印象。城市由一系列城市空间组成，由于建筑物占据了城市绝大部分空间，在城市空间中起最大作用的是建筑物，建筑物与地形、绿化、水面、桥梁和各种工程构筑物一起组成了城市空间的轮廓线。“对于一个城市来说，城市空间的处理是非常重要的，它具有强烈的精神功能和艺术性，反映出城市的精神面貌。”[5]沈亚迪在《论城市街道的美化》（建筑学报，1983年第11期）中讨论了城市空间组织上有重要意义的街道空间问题，他从街道的建筑空间布局、道路功能对建筑空间布局的影响、街道绿化与装饰三方面分析了街道整体空间布局问题。

国际建筑新趋势、新思潮中对建筑外部空间的强调，使得中国建筑师在关注城市空间的同时开始重视建筑群体空间的设计。建筑群体空间作为城市空间的一部分，既包括建筑的外部空间，也包括建筑与建筑间的空间关系。前一时期对建筑群体空间的关注多置于构图原理之下，这一时期对建筑群体空间的讨论不仅与构图原理有关，还与其他因素有关。

以群体形式出现最多的当数住宅建筑。1982年4月中国建筑学会建筑设计学术委员会在安徽省合肥市召开了全国居住建设多样化和居住小区规划、环境关系学术交流会，认为过去对住宅单体建筑比较重视，忽视了群体的设计。会议提出，居住建设和住宅小区规划是不可分割的整体，建筑物总体布置、群体组合一定要主次分明、高低错落，使空间富有变化。

[1] 王德汉．关于我国城市效率的探讨[J]. 建筑学报，1983（5）: 8.

[2] 吴良镛．新的起点——在《总体规划方案》和《批复》指导下做好首都的规划设计工作[J]. 建筑学报，1983（11）: 7.

[3] 黄力．创造丰富、多样、优美的居住环境——记居住建设多样化学术交流会[J]. 建筑学报，1982（7）: 25.

[4] 汪定曾．街道、广场与建筑——上海市宝山居住区中心设计札记[J]. 建筑学报，1982（12）: 3.

[5] 佘晓白．上海城市空间设计探索（上）[J]. 建筑师，（23）: 24.

湖南省建筑研究设计院陈福谦指出：

> 住宅建筑设计的多样化，首先在居住区总体布局设计上下功夫，注意室外环境空间的设计，注意层数、层高、房屋长短、间距、各种布局及建筑类型。建筑类型可考虑有条状；层数有低层、多层、高层；外部活动空间有疏有密；结合地形环境有高有低；防止噪音和污染，考虑日照和绿化要求，达到居住区三度空间活泼多样化。[1]

曹希曾在《城市居住小区规划设计的几个问题》中举例介绍了尽端式小区、低层高密度小区、高低层混合布置小区三种建筑空间布置方式，并分析了住宅单元组合与住宅布置、利用自然地形对丰富住宅建筑群体空间的积极作用。

《现代城市居住组群》一文甚至将城市居住组群（Housing Groups）设计看成是一门涉及社会生活、城市经济、工程技术、文化艺术及环境科学等领域的新兴综合学科，从人们对生活环境质量的要求出发，认为城市居住组群设计是一项基于长、宽、高三度空间的综合设计创作。每一个建筑单体作为连续流动空间中的一个单元，在空间组合上需要与其他单元相互呼应，彼此对话，构成统一整体。文章从空间组合、单体形状及构成要素等方面将城市居住组群分成点状组群、条形组群、点条带混合组群、整体组群及住宅公建综合组群五种不同类型。文章还直接将居住组群空间设计与城市设计联系了起来：

> 对城市居住组群中的建筑、道路、河浜、绿化、公用设施、工程管网等实体，通过功能、技术、经济三者在空间上加上综合，以适应生活多样化的需求和提高居住环境质量。但无论是功能、技术、经济三者最终都将归结为空间艺术，从城市空间结构上，生动地反映出广大居民美好的生活理想和愿望。……城市设计工作者要善于观察、体验、联系当地社会的生活实际，进行创造性劳动，将城市社会生活和空间环境完美地组合起来，既创设炽热的活动空间，又创设安静的休止环境。[2]

对公共建筑群体空间的关注也很多。例如《首都公共民用建筑创作探讨》一文中，作者从建筑群体和单体的角度讨论了公共民用建筑创作问题，将建筑群体创作的主要任务看成是“有机地、完善地组织人们生产、生活的环境和空间”。[3] 针对建筑群体创作提出：①建筑群体布局应重视不同性质、多种功能建筑空间的综合考虑，配套建设，在主要功能外要辅以其他次要功能。②建筑群体布局要充分考虑空间的利用，最大限度地节约土地，有效地解决使用上的多种要求。③建筑群体布局要注意创造良好的室外环

[1] 黄力．创造丰富、多样、优美的居住环境——记居住建设多样化学术交流会 [J]. 建筑学报，1982（7）: 25.

[2] 徐景猷，殷铭，黎新．现代城市居住组群 [J]. 建筑师，（11）: 41.

[3] 吴观张，徐镇，翁如璧，刘力，刘开济．首都公共民用建筑创作探讨 [J]. 建筑学报，1981（5）: 23.

境，并应充分注意与自然环境的联系和统一。张文忠在《关于公共建筑创作的一些问题》中也指出，优秀的公共建筑设计是不能脱离一定的总体关系而单独进行的，应该把它放在一定的环境之中，去考虑、去推敲单体建筑的空间与体形。也就是说，公共建筑设计必须与周围的建筑、道路、绿化小品等有机地联系与配合，才有可能形成一个完整的统一体，才能组合好公共建筑的室内外空间。[1]

逐渐兴起的对历史建筑、古城风貌的关注，也使得不少建筑师开始关注新老建筑之间的空间关系处理问题。仲德崑在《建筑环境中新老建筑关系处理》中讨论了对城市中新建筑与老建筑所形成的群体空间的处理手法，指出：“建筑环境中新老建筑关系处理的首要问题是形成一个能够适应人们使用要求、并能给人以美好感受的良好的空间关系。”[2] 他以“空间体”（Space-Body）即“露天房间”（Open Room）的概念来形容新老建筑围绕而成的空间，提出了一些新老建筑群体空间处理常用的手法（图 5-23）。

[1] 张文忠．关于公共建筑创作的一些问题 [J]. 建筑学报，1981（1）: 56.

[2] 仲德崑．建筑环境中新老建筑关系处理 [J]. 建筑学报，1982（5）: 28.

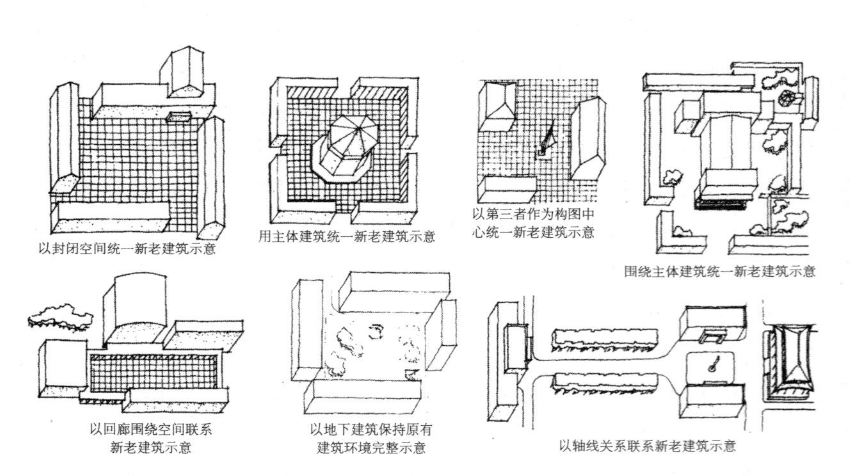

图 5-23 《建筑环境中新老建筑关系处理》中列举的新老建筑空间处理常用手法

在国际建筑界的影响之下，中国建筑师对空间的关注更丰富了。从对城市空间（包括建筑群体空间）的讨论来看，中国建筑师的空间观念更加宏观了，不仅关注建筑本身的空间，更关注建筑与建筑之间的空间，关注建筑群体的空间关系，对城市空间的形成有了更准确的认知。

3. 单体建筑空间

作为建筑空间系统的一个组成部分，单体建筑空间既包括建筑内部空间也包括建筑的外部空间，与建筑类型、功能要求是紧密相联系的。

（1）居住建筑

作为与人民生活关系最密切的建筑，居住建筑设计一直都备受建筑师关注。这一时期，居住建筑设计对“空间”的关注除了重视室内空间利用之外，还考虑到了户外的公共空间、半公共空间的设计。

1984 年在全国砖混住宅新设想设计经验交流会上建筑师从自己设计

的住宅出发对住宅空间发表了自己的看法。胡德君提出："人们共居于一个统一的居住环境中，公共性的室外空间和私密性的室内、半室内（庭院、阳台、屋顶平台）空间的交织配合，构成统一、有机的居住环境。"[1]俞文怡提出，住宅空间要有整体性、层次性、序列性、可变性：整体性指把住宅群作为一个整体来考虑；层次性指将空间逐级分隔，确定归属，提高空间使用率；序列性形成空间趣味性和可识别性；可变性指住宅空间不但要满足居住功能，还要满足居住功能的变化。[2]

[1] 胡德君．创作新设想方案的己见 [J]. 建筑学报，1984（12）：17-18.

[2] 俞文怡．新住宅空间的探索 [J]. 建筑学报，1984（12）：18.

这一时期住宅设计一个重要的趋向就是对邻里之间和睦关系的关注，半公共空间成为住宅设计的一个新课题。吴英凡以《工业化高层住宅的"半公共空间"》（建筑师，第 10 期）为题翻译介绍了 1972 年日本大阪湾芦屋浜海滨地区高层住宅设计竞赛第一名中选方案的"半公共空间"设计。"半公共空间"的设置为公众聚集提供了机会，增加了人与人之间的接触和交往的机会。天津大学学生张军在《交往空间——被遗忘的居住构成》中对住宅设计中的"交往空间"提出了自己的看法。"交往空间"指的是便于人们交往的半公共与半私有空间，通过对古已有之的"交往空间"的实例分析，张军提出"交往空间"应具有三要素：

1）使用的户（人）数有限而明确（干扰源的限制）；

2）交往点的存在（干扰线的集中要求）；

3）合乎人体尺度。[3]

[3] 张军．交往空间——被遗忘的居住构成 [J]. 建筑师，（18）：168.

里弄住宅作为中国住宅发展史上的一个特殊阶段，在空间利用上积累了一些有益的经验。杨秉德在《里弄住宅设计手法探讨》中对里弄住宅设计手法进行了分析，认为里弄住宅采用的一楼一底双层户型的突出优点是空间的功能分区明确合理：将室内空间划分为居住空间与辅助空间，以前院作为居住空间生活环境的延伸，以后院作为辅助空间室内部分的补充，形成"前门—前院—居住空间"、"后门—后院—辅助空间"两组不同功能的空间。同时，将居住空间上下分区，合理地组织了辅助空间、活动空间、睡眠空间，既满足了不同的功能要求，也避免了它们之间的相互干扰。杨秉德还联系"媒介空间"、"可防御的空间"理论，指出里弄住宅的弄内空间是一个为弄内居民所共享的，不受外界干扰的相对独立的空间，是城市公共空间与户内私有空间之间的过渡空间（图 5-24），创造了一种里弄住宅特有的安宁而富于生活气息的居住环境。前后院的设置，又形成了弄内公

图 5-24 《里弄住宅设计手法探讨》原文插图——"里弄住宅居住环境的构成"

共空间与户内居住空间之间的隔离带，减少了弄内活动对户内的干扰。[1] 王绍周和殷传福在 1960 年代调研上海里弄住宅的基础上，发表了《上海里弄住宅的空间组织和利用》一文，认为上海里弄住宅“结合生活实际需要和居住条件特点，精心巧妙地安排和提高每一块面积、每一个可能利用的空间，创造了不少增加使用面积和扩大使用空间的办法，达到一室分划多用、小处大用、无用变有用的目的。”[2] 他们针对里弄住宅居室、扶梯间、屋顶空间、天井与院落四处空间的利用问题进行了具体分析，希望为现代住宅设计提供一些处理手法。

室内空间一直是建筑最重要的空间，也是建筑师们关注的主要空间。这一时期，发表了不少关于住宅室内空间设计的文章。例如《住宅室内空间布局的研究》（建筑学报，1983 年第 7 期）就针对住宅室内空间布局处理手法进行了探讨，介绍了四种处理住宅室内空间的手法：①空间分割及活动线安排；②应用四维空间原理，组织多功能的共用空间；③扩大使用面积；④运用视觉规律，组织心理空间。汪统成在《关于住宅户内空间的分隔》中就住宅室内空间的分隔给出了意见，根据户内交通，他将户型分为以下四种：走道式、小方厅式、穿套式、起居室式，针对这四种不同的户型空间进行了分析与探讨。通过对家庭成员的活动情况（图 5-25）进行分析，提出“在可能的条件下，应合并交通面积，适当压缩卧室面积，尽可能采用起居室式的户内空间分隔。”[3] 聂兰生从住宅中的“厅”出发对住宅居住空间组织进行了研讨，分析了民居中的厅、住宅中的小方厅、大方厅式住宅三种厅，提出把“厅”设计成“二室户的第三空间，一室户的第二空间，以更好地组织人们的生活”。[4]

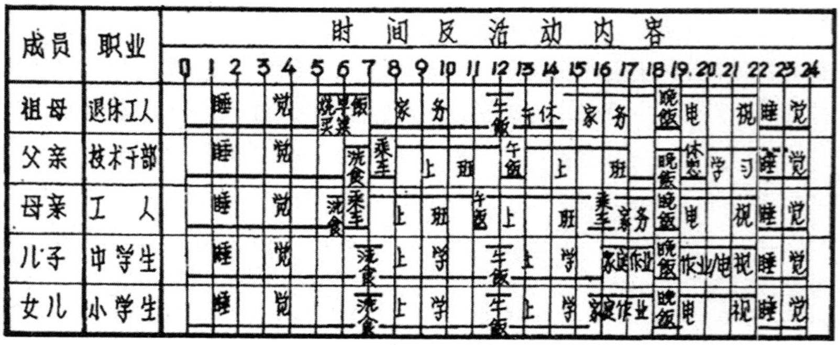

成员	职业	时间及活动内容（0–24）
祖母	退休工人	睡觉 — 烧早饭 买菜 — 家务 — 午饭 — 午休 — 家务 — 晚饭 — 电视 — 睡觉
父亲	技术干部	睡觉 — 洗食 — 乘车 — 上班 — 午饭 — 上班 — 晚饭 — 休息 — 学习 — 睡觉
母亲	工人	睡觉 — 洗食 — 乘车 — 上班 — 午饭 — 上班 — 乘车 — 家务 — 晚饭 — 电视 — 睡觉
儿子	中学生	睡觉 — 洗食 — 上学 — 午饭 — 上学 — 家庭作业 — 晚饭 — 作业/电视 — 睡觉
女儿	小学生	睡觉 — 洗食 — 上学 — 午饭 — 上学 — 家庭作业 — 晚饭 — 电视 — 睡觉

图 5-25 《关于住宅户内空间的分隔》插图——家庭成员活动情况表

此时，对住宅室内空间的关注发展到了通过改变层高来节约和利用空间。业祖润以“变层高式住宅设计探讨——兼论节约住宅建筑空间体量”为题探索了在有限的总体积内增加建筑面积，争取更多的使用空间，节约空间体量的住宅设计新途径。业祖润认为建筑空间是三度空间，其经济性应以组成空间的地面、墙体、顶棚三要素的多方面经济指标来衡量。她指

[1] 杨秉德．里弄住宅设计手法探讨 [J]. 建筑学报，1983（2）: 18.

[2] 王绍周，殷传福．上海里弄住宅的空间组织和利用 [J]. 建筑师，（6）: 115.

[3] 汪统成．关于住宅户内空间的分隔 [J]. 建筑师，（5）: 83.

[4] 聂兰生．探讨住宅设计中的厅 [J]. 建筑学报，1982（8）: 38.

出，重视住宅设计中的断面组合是改进住宅设计的有效措施之一："一个对于空间富有想象力的建筑设计者，不仅能创造性地组织建筑平面布局，且应善于合理地组织建筑剖面，在空间组合和利用上下功夫，合理地利用每一平方米与每一立方米，取得有意义的使用和经济效果。"[1] 在这种思想指导下，变层高式住宅方案构思的着力点为按住宅各房间不同的功能要求分主次取不同的层高，巧妙地组织各层高差，在有限的建筑总体积内有效地争取更多的可使用空间，增加建筑面积，或者降低平均层高，节约空间体量用以扩大建筑面积。变层高式住宅方案（图 5-26）虽然在结构、施工上存在不利影响，但具有如下优点：按不同功能要求分主次定房间层高；巧妙组织层高差，变化剖面设计；节约建筑材料和投资，增加建筑面积；节约用地，多建住宅；空间紧凑，节约能源；创造良好的居住条件，增加居住情趣。变层高式住宅设计与阿道夫·路斯的 Raumplan 具有一定的相似性，都充分利用了空间三向度中的高度，与单纯地利用平面空间相比具有显著的进步性，真正地抓住了三度空间的特性，不仅具有适用的意义，更具有经济性的潜力。

❶ 业祖润．变层高式住宅设计探讨——兼论节约住宅建筑空间体量 [J]. 建筑师，(11): 83.

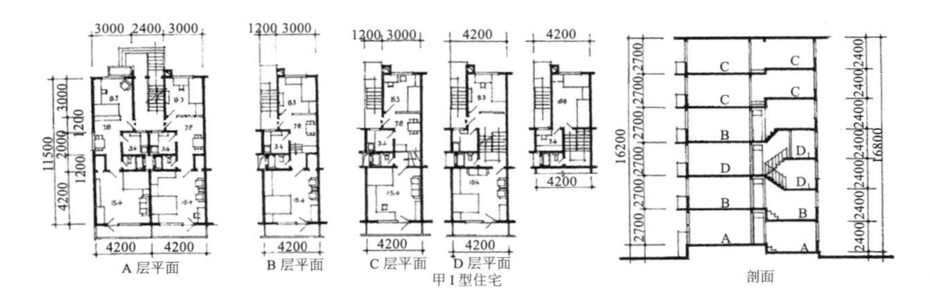

图 5-26 《变层高式住宅设计探讨》中展示的变层高式住宅

关于住宅空间的讨论还有很多。赵冠谦在《工业化住宅建筑的标准化与多样化》（建筑师，第 6 期）中讨论了住宅标准化设计中的空间布置，特别讨论了大空间定型单元中室内空间分隔的灵活性。鲍家声在《住宅建设的新哲学和新方法——SAR"支撑体"的理论和实践》（建筑师，第 21 期）中介绍了 SAR 住宅体系中的空间规则，SAR 根据三种类型空间：一般性的生活空间、特定的生活空间（卧室、工作室、厨房）以及实用的空间（贮藏室、卫生间）（图 5-27）各自的要求来指定某种空间的区域，再决定一个个特定空间的大小和位置。

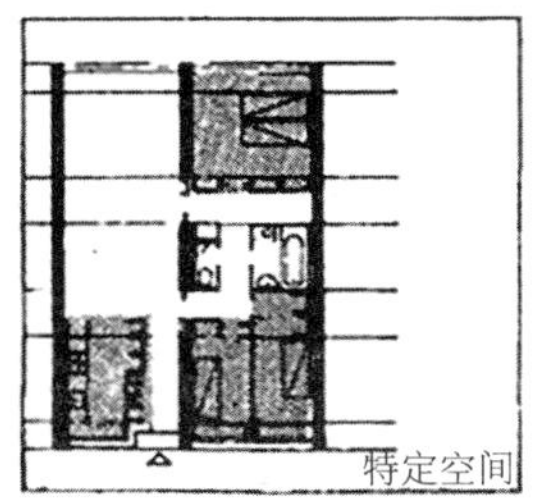

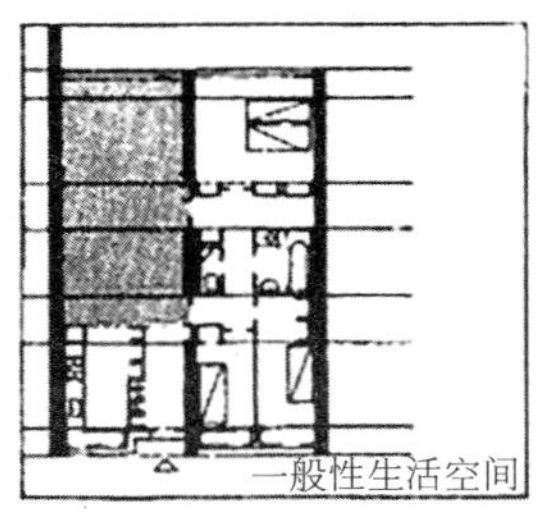

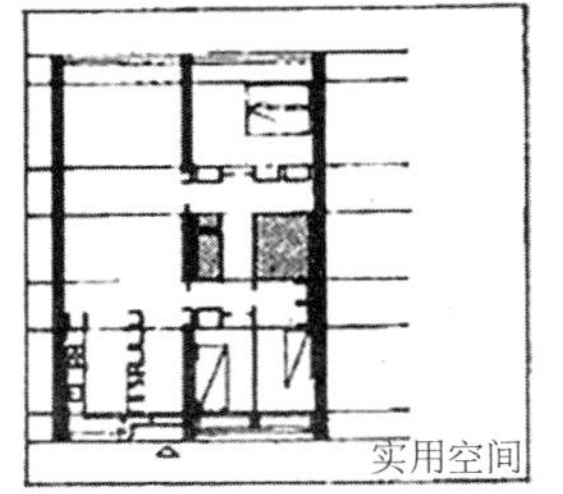

图 5-27 《住宅建设的新哲学和新方法》插图——"住宅中三种类型的空间"

（2）公共建筑

在公共建筑创作中，“空间”成为了一个核心问题。“公共建筑创作所涉及的问题是多方面的，如总体布局、功能关系、艺术构思、结构形式、设备标准……但是运用熟练的空间组合技巧处理好功能、艺术与技术三者之间的关系，则是一个核心的问题。”[1]

[1] 张文忠．关于公共建筑创作的一些问题 [J]. 建筑学报，1981（1）: 56.

在《首都公共民用建筑创作探讨》中，作者认为空间组织追求的重点不是局部空间的完整和绝对尺寸的巨大，而是整个空间的完整和谐，各种空间互相穿插、流通、借用，使空间具有可变性、灵活性和适应性，提出公共民用建筑创作中的空间布局应更重视功能、经济以及艺术上的和谐统一：

首先，不在于片面追求空间上的大尺度、庄严、宏伟，而应追求空间的适用、亲切。其次，不追求轴线的严整对称、直线贯通，而应按建筑功能要求和人的活动规律使轴线曲折变化的手法去组织空间。第三，不能满足于每个空间的完整，而应注意人们在行进中所获得的空间层次感，汇集叠加，在空间处理中引进时间的因素。第四，不追求采用高贵豪华的材料去装饰空间，而应注意选择地方材料；不单纯依赖工艺美术品（如壁画等）的堆砌，为室内作不适当的涂脂抹粉，而应更加注意从空间尺度、比例的统一、和谐上取得美感。[2]

[2] 吴观张，徐镇，翁如璧，刘力，刘开济．首都公共民用建筑创作探讨 [J]. 建筑学报，1981（5）: 25-26.

在《关于公共建筑创作的一些问题》中，张文忠指出，建筑形象是内部空间合乎逻辑的反映，建筑创作必须十分重视室内空间处理。作者认为室内空间处理涉及的问题是多方面的，熟练地运用构图技巧，围合出不同的空间形式，为一定的环境、意境服务是主要的问题。作者还注意到，现在比以往更加注重建筑空间与人的活动的关系：“室内空间环境、意境的取得，固然涉及功能、艺术、技术以及创作风格等问题，但人在运动中观赏各个空间的综合效果，则是处理室内空间的关键。”[3]

[3] 张文忠．关于公共建筑创作的一些问题 [J]. 建筑学报，1981（1）: 60.

公共建筑包括的类型比较多，这一时期，在对各种类型公共建筑创作进行讨论时都有提到空间问题，以博览建筑最为突出。《国外展览馆、博物馆的建筑设计》中，作者认为博物馆建筑不仅要提供一个参观展览的使用空间，而且本身就应该是一个可供欣赏的空间。不论博物馆是何种性质，首先应该从功能需要出发布置平面和组织空间，并运用各种处理手法，求得空间的对比和变化，创造某种特定的气氛和建筑性格，以增加展出的感染力。文章介绍了轴线对称式的平面空间布局、围绕中心大厅布局的平面空间、与庭园结合的平面空间、单元拼接的平面空间和灵活的大空间五种平面和空间布局方式，尤其对与庭园结合的平面空间布局方式进行了重点介绍，指出：

现代的博物馆建筑被认为是可供鉴赏的空间组合体，因此在平面空间布局中非常重视结合和利用周围自然景色，把室外自然空间引入室内，而建筑又与自然环境有机结合，成为景中之景。人们在室内室外均有优美的视觉，而且随着行进运动而不断发展变化、在感觉上留下系统的、富有变化而又完整的空间发展过程的印象。❶

❶ 清华大学建工系博览建筑研究小组（梁鸿文、朱纯华执笔）. 国外展览馆、博物馆的建筑设计 [J]. 建筑学报 . 1979（2）: 40.

在《国外展览馆、博物馆的内部设计》（建筑学报，1979 年第 4 期）中，作者进一步就博览馆内主要的使用空间——陈列室的设计进行了介绍。陈岳以“博览建筑的空间处理”为题分析了博览建筑的空间处理问题，他在文章开篇就提到了建筑界对空间理论的重视，认为：“创造一个满足社会文明高度发展需要的新建筑空间及其环境已成为当代建筑师所示的目标之一。”❷文中将构成建筑空间的手段归结为分割和控制两种，将建筑空间的组织形式概括为以“交通线”、“交通面”组织空间两种（图 5-28），并具体分析了“陈列空间的组织与参观路线”、“陈列空间室内外的结合”、“陈列空间的序列和层次”三个问题。

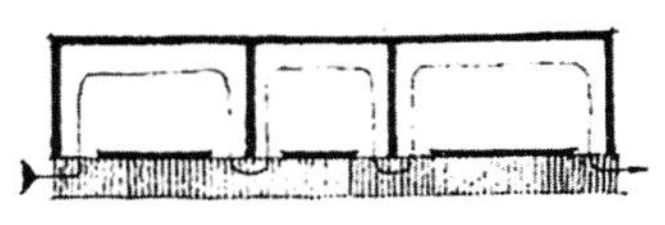

图 3 以“线”来组织陈列空间

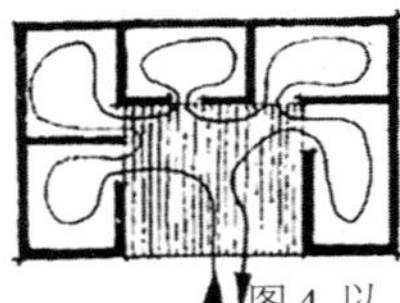

图 4 以“面”来组织陈列空间

❷ 陈岳 . 博览建筑的空间处理 [J]. 建筑师，（16）: 104.

图 5-28 《博览建筑的空间处理》插图

对其他公共建筑类型空间的讨论也有不少，例如梅季魁、郭恩章、张耀曾三人以“多功能体育馆观众厅平面空间布局”（建筑学报，1981 年第 4 期）为题讨论了体育馆观众厅在多功能设计中的空间布局问题，林立岩在《影剧院建筑设计的几个问题》（建筑学报，1979 年第 3 期）中讨论了影剧院的空间设计问题，鲍家声在《试谈现代化图书馆设计的若干问题》（建筑师，第 6 期）中探讨了图书馆空间设计问题，王章更以“关于图书馆藏阅空间布局的革新”（建筑学报，1983 年第 7 期）为题讨论了图书馆中藏书和阅览空间的布局问题。

（3）室内设计

按照传统观念，建筑设计包括建筑物的外部和内部，而对建筑内部空间的日益重视使得建筑内部空间的设计越来越专业化，室内设计在国外发展成了一个独立的专业，在学术上成为了建筑学的新分支。日本建筑师池泽宽所著的《从店铺设计看国外室内设计的新倾向》（世界建筑，1984 年第 2 期）一文被翻译成中文，文章介绍了室内设计多样化的发展。国际上的这种变化也影响了国内，建筑内部空间的设计发展为专业的室内设计，对建筑内部空间的讨论的部分内容转入到对室内设计的讨论之中。

蔡冠丽、齐康以“建筑室内空间环境”为题对建筑室内空间进行了分析与探讨，认为建筑室内空间与人之间的关系更直接、更密切，外部空间往往作为内部空间的延续和补充而存在，因此，室内空间是建筑活动的基本要素和首要目的。他们从“室内空间与空间感”、“复合空间与次空间（空间外的空间与空间里的空间）”、“环境、气氛”三方面，分析了室内空间环境的创造问题，认为“室内空间设计已经从美化装潢的装饰设计发展到全面程序的安排”，甚至认为室内空间设计已经发展到环境的创造。[1]

[1] 蔡冠丽，齐康．建筑室内空间环境[J]．建筑师，（12）：41.

“室内设计的任务，是创造理想的生活、活动、工作的室内环境，组织空间，满足使用要求，形成气氛格调。”蔡德道在《略论室内设计》中指出，室内设计是建筑设计的延续，建筑设计中已有室内空间的构思，并为室内设计创造了前提。室内设计要了解建筑设计的意图，运用室内设计的手段加以发展和丰富。他认为，室内设计的首要工作是空间分割与活动线安排，同时室内设计形成的空间与建筑结构所构成的空间是不一样的：

> 按照传统观念，室内空间是由墙、屋面及地面构成的六面体或多面体。按照空间感觉及与室外关系，分为封闭空间与开敞空间，也有人称为有限空间及无限空间，这都是由建筑部件构成。在一个建筑空间内，运用室内设计手段，再形成几个虚拟空间（或称为“空间里的空间”、“心理隔断”），它有别于用建筑部件的实体所构成的空间。

他将人对建筑空间的要求归纳为“隐蔽而有良好的室内环境条件（指适合的温度、湿度、照度，低噪声等），而新鲜空气、阳光和接近自然景物是人的普遍愿望”。[2]蔡德道指出，室内设计要注意动静的结合，合理安排活动线和视线，空间的格调、色彩要注意统一，空间尺度应以人体尺寸及活动范围为基础，结合视觉、感觉及心理学上的要求而定，室内空间应有共性与个性。他还分析了室内设计中造园手段的运用、家具配套设计、色彩色调、天然采光与人工照明、艺术品与工艺品的选择与运用等对室内空间的影响。

[2] 蔡德道．略论室内设计[J]．建筑学报，1982（11）：23.

宋融和吴观张在《住宅室内设计浅谈》（世界建筑，1984年第2期）中认为室内设计包括室内空间处理和室内装修两部分，并针对住宅特点对住宅室内设计进行了探讨，认为住宅室内设计大有可为。邹鸿良在《提高旅游旅馆室内环境质量的几个问题》（建筑师，第13期）中针对旅馆室内设计问题进行了探讨，其中一部分内容是从“空间感”的角度讨论旅馆各部分的空间处理问题，作者认为，现代建筑的空间渗透、流动和引申对旅馆建筑的公共空间有利，提出以“第三环境”（一切室内的摆设、家具、日用品以至人们的服饰）来组织和表现空间。

从室内设计的角度讨论室内空间的文章还有不少。例如李婉贞在《人类工程学与现代室内设计》（建筑学报，1983 年第 1 期）中专门讨论了人体动作与室内空间的关系，将人体工学引入室内设计之中，唐令方在《船舶舱室空间设计》（建筑学报，1983 年第 1 期）中将船舶看成是动态的建筑，针对船舶舱室内部空间设计的特殊性进行了探讨。

这一时期对单体建筑空间设计的讨论，不再局限于室内空间，而是将建筑的外部空间也包含其中，既有整体性的讨论，又有深入的专题讨论。同时，在对空间的考虑中，不仅考虑了空间的功能性、经济性，还关注空间的艺术性，更重要的是吸收了心理学、行为学研究的成果，加强了对人的因素的思考，充分体现出国际上建筑的新趋势、新思潮的影响。

4. 空间与结构

建筑空间受到结构的制约。随着建筑科技的发展，建筑的结构形式越来越多，影响了建筑的空间形式。这一时期，结构对建筑空间的影响已经不再限于空间结构了，在建筑技术与艺术结合的发展趋势下，结构对建筑空间的影响扩大了，结构构思与建筑空间创造完全联系了起来。

唐璞和江道元在《住宅建筑新体系的初探——工业化蜂窝元件的组合体》（建筑学报，1980 年第 6 期）中提出要打破住宅建筑以矩形或方形平面及其空间为主的建筑体系，打破旧的建筑空间概念。由此出发，他们设想出了采用空间整体结构的蜂窝体式住宅（图 5-29），虽然在实用性上有所欠缺，但多边形不失为丰富建筑空间造型的一种形式。

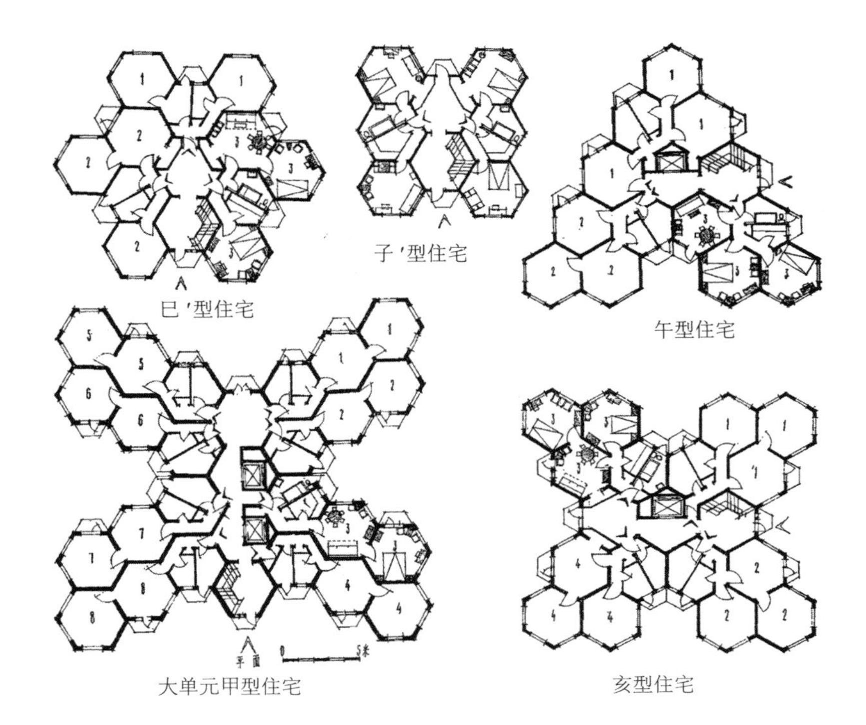

图 5-29 《住宅建筑新体系的初探》插图——"蜂窝体式住宅平面"

同济大学研究生吴海遥在毕业论文《外国建筑技术史》第四章中研究了大空间结构，他引用建筑历史评论家约迪克的话：“在‘现代建筑’中最有造诣的伟大变化就产生于大空间厅堂的形状和结构之中”来说明大空间结构对现代建筑的促动，将大空间结构看成是人类扩大室内空间的成果。他认为：“人们不但在实践中探索大空间结构，力求以它的经济效益来清除传统势力的影响，而且力求创造一种‘力’和‘形’相符、表里一致的、又是推陈出新的建筑艺术造型，使建筑技术和建筑艺术揉合起来，推动了大空间结构的发展。”[1]以“形状获得强度的结构——壳体”、“悬索桥梁的建筑化”、“婀娜多姿的现代帐篷”、“具有‘机械美’的空间网架结构”、“最年轻的空间结构——充气结构”为标题，吴海遥对五种空间结构形式进行了分析，并对空间结构的安全问题进行了探讨。在结论中指出：

[1] 吴海遥．人类扩大室内空间的成果——大空间结构（上）[J]. 建筑师，(23)：149.

“现代建筑”派从来认为：“建筑的精华在于空间”，而空间是要通过结构来表现的。实践证明：大空间结构是一种适应性很强、很富有表现力、很成功的结构形式，这是它所以兴旺发展的根本原因。在建筑艺术方面，它那新颖的形象富于动态，令人心驰神往，它那宏大的尺度鬼斧神工，令人望而振奋。[2]

[2] 吴海遥．人类扩大室内空间的成果——大空间结构（下）[J]. 建筑师，(25)：179.

吴海遥认为每一种类型的大空间结构都有其独特的表现形式，能按照不同的设计意图和要求产生出不同的网格、不同的形象，充分表现了人类征服自然的创造精神。李镇强和欧阳植在《折板建筑的结构与艺术》(建筑学报，1982 年第 1 期）中也将利用结构来创造建筑空间看成是有待探索的课题，他们结合折板建筑实例分析了折板建筑的结构构思与艺术创新，在“结构构思和空间组合的灵活性”一节分析了折板结构新颖的空间组合使得结构空间和功能空间有机结合在一起。

布正伟与结构构思

1980 年 10 月，布正伟[3]在中国建筑学会第五代表大会上宣读了论文《结构构思与现代建筑艺术的表现技巧》，博得了与会代表们的好评。在论文中，布正伟强调了结构构思在建筑空间创造上的主观能动作用，把结构工程师的结构造型与建筑师的空间布局熔于一炉。实际上，早在 1960 年代初布正伟就在天津大学徐中教授的指导下完成了“在建筑设计中正确对待与运用结构”的专题研究，在此基础上他发展出了结构构思的思想。

[3] 布正伟：1962 年毕业于天津大学建筑系，同年考入该系研究生。研究生毕业后一直从事民用与公共建筑设计、室内外环境艺术设计及其理论研究，著有《现代建筑的结构构思与设计技巧》、《自在生成论》等。

他在《日本现代建筑的结构运用与艺术创新》一文中分析了日本现代建筑以结构来创造灵活多变的建筑空间的现象，提出以结构作为建筑的骨骼是创造建筑空间、达到建筑之目的的主要物质手段：

越来越多的眼光敏锐的建筑师注意到，不仅不同的结构系统会给建筑空间与体形的创造带来不同的面貌特征，而且，即使是在同一类型的结构系统中，由于力学方面的考虑，其结构形式的变化，以及由此而衍生出来的建筑空间与体形的差异也是层出不穷的。[1]

布正伟还将以尽可能合理简化的结构系统去赢得尽可能灵活多变的建筑空间看成是现代建筑艺术创新的一条卓见成效的重要途径。从以结构构思来创造空间的角度出发，他在《建筑师》上连载了《结构构思与合用空间的创造》（第7、8期）、《结构构思与视觉空间的创造》（第12、14、15、17、21期）两篇文章。

在《结构构思与合用空间的创造》中，布正伟认为现代结构技术的有效运用绝非是结构选型能够概括的，他将结构构思的实质看成是“创造合用的活动空间，创造经济的物质产品，创造美的视觉形象”。[2] 他将结构在建筑中的地位与作用以图5-30所示。

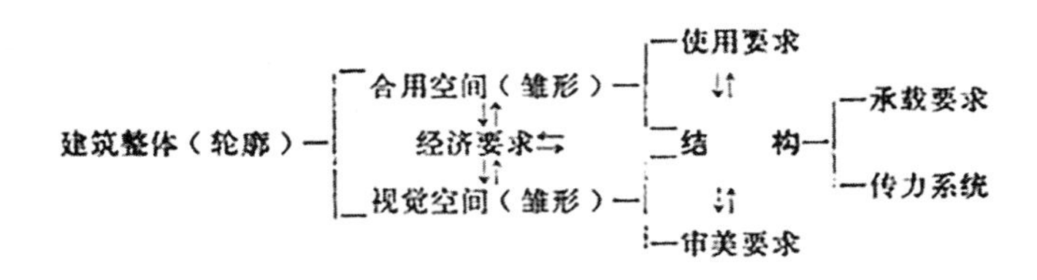

图5-30 结构在建筑中的地位与作用

布正伟认为，结构构思是根据自然空间和建筑空间的双重空间概念展开的：“结构处于自然空间之中，故要考虑‘力场’对结构的作用；结构又构成建筑空间，因而又深受功能、经济与艺术等诸方面要求的制约或影响。”[3] 结构构思就是要以处于自然空间中的结构去创造由结构所构成的建筑空间。

在《结构构思与视觉空间的创造》中，布正伟指出，具有形式美或者艺术美的建筑形象是在视觉感受的空间中展开的，因此，建筑形象的创造就是视觉空间的创造。视觉空间与合用空间具有不同的内涵，但都是从建筑结构中孕育出来的。布正伟认为，在结构构思的全过程中，视觉空间的创造可以按图5-31所示基本思路展开。结构构思与视觉空间创造有三个基本问题：如何围合空间范围；如何支配空间关系；如何修饰空间实体。布正伟指出：“只有有效地掌握了结构技术，才能对建筑艺术有一番真功夫的创造，而也只有本质地认识了建筑艺术，才能对结构技术有一手高超的运用！”[4]

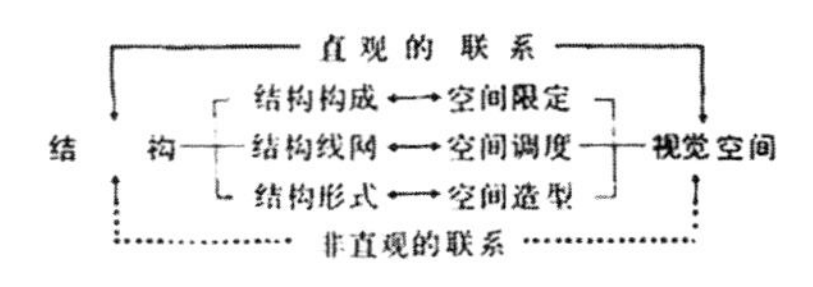

图5-31 视觉空间创造的基本思路

布正伟在《建筑师》上发表的这两篇文章成为了1986年出版的著作《现代建筑的结构构思与设计技巧》中的第二章和第三章。在这本书的

[1] 布正伟．日本现代建筑的结构运用与艺术创新[J]. 建筑学报，1981（1）：76.

[2] 布正伟．结构构思与合用空间的创造（上）[J]. 建筑师，（7）：102.

[3] 布正伟．结构构思与合用空间的创造（上）[J]. 建筑师：102-103.

[4] 布正伟．结构构思与视觉空间的创造（五）[J]. 建筑师，（21）：28.

第一章“结构构思——结合创造力的体现”中，布正伟更加系统地讨论了结构构思与建筑空间设计之间的关系。除了在《结构构思与合用空间的创造》一文中已提到的“双重空间中的结构——结构在建筑中的作用”外，他还从“对建筑骨骼的摹想——结构构思的特殊意义”、“综合地处理各种信息——结构构思的中心问题”、“对传力系统的推理判断——结构构思的力学意识”、“由把握总体到调整局部——结构构思的发展层次”、“来自思维序列的灵活性——结构构思的辩证思维”、“思路与手法的统一——结构构思的敏感力”六个方面对结构构思与建筑空间创造之间的关系进行了补充说明。布正伟提出：“作为一门新的边缘学科，结构构思也是建筑空间理论的引申与发展。”[1]

从结构的角度来探讨建筑空间造型问题明显是受到了意大利建筑工程大师奈尔维和德国建筑师柯特·西格尔（Curt Siegel，1911-2004）的影响。奈尔维在《建筑的艺术与技术》中认为：“所谓建筑，就是利用固体材料来造出一个空间，以适用于特定的功能要求和遮蔽外界风雨。”[2]“一个有功能意义的结构物及其经济效率取决于合适的尺寸比例及其空间关系，还有与建筑物的使用目的相关的装饰的繁简，材料的高下。”[3]奈尔维将建筑看成是技术与艺术的综合体，他设计的建筑将结构与建筑造型完美地结合在一起，创造出了许多新颖动人的建筑空间。西格尔在《现代建筑的结构与造型》[4]中从建筑师的观点出发，在现代技术知识的指导下，重新考虑、分析和解释了现代建筑中的结构造型问题。

在中国的建筑教育中，学生虽然学习了材料力学、结构力学、建筑结构选型等一系列的课程，却不善于根据建筑功能、艺术以及经济等要求结合结构原理的知识去综合地考虑建筑设计中的结构问题，使得建筑结构依赖于结构工程师的配合。将结构构思与建筑空间创造联系起来，不仅可以使建筑结构更好地配合建筑创作，还可以利用结构本身来创造更具特色的建筑空间与体形。从结构构思的角度来进行建筑设计可以看成是中国建筑设计方法体系中的一种新尝试，为建筑设计创作提供了一种新思路。

5. 庭院空间

在中国传统建筑与园林空间、波特曼的“共享空间”的共同激励之下，作为一种特殊的建筑空间——庭院空间受到了关注，尤其是庭院空间与建筑空间的结合成为了“空间”话语讨论中的一个重要内容，这种庭院空间与建筑空间的结合不仅与中国建筑的传统转化有关，还与现代建筑空间有关。

王乃弓在《建筑庭院空间的民族特征》中分析了中国建筑庭院空间的发展历程，在对其与欧洲同时期的建筑院落进行了比较研究后，将我国建筑庭院的主要特征归纳为：“展开序列空间变化的庭院布局；形成意境空间的对比处理手法和情景交融的构思寓意。”[5]王乃弓从“功能与展开序列

[1] 布正伟．结构构思与合用空间的创造（上）[J]. 建筑师，7：103.

[2] [意]奈尔维．建筑的艺术与技术．黄运升译．周卜颐校．北京：中国建筑工业出版社，1981：1.

[3] 同上：2.

[4] [德]柯特·西格尔．现代建筑的结构与造型．成莹犀译．冯纪忠校．北京：中国建筑工业出版社，1981.

[5] 王乃弓．建筑庭院空间的民族特征 [J]. 建筑师，（8）：124.

空间的布局”、“自然空间与意境空间的处理”（图 5-32）、“情景交融的构思”三方面结合具体实例分析了中国建筑庭院空间的处理手法及其在现代建筑实例中的运用（图 5-33）。

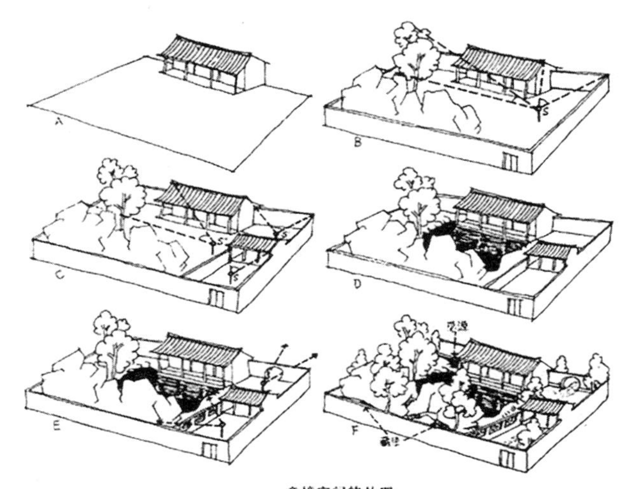

意境空间的处理

A—长度与宽度确定外部空间的范围；*B*—空间高度是某一视点上随景物诱发的不定因素；*C*—分隔空间形成空间大小的对比；*D*—组织水面形成空间虚实的对比；*E*—布置景洞形成空间深浅的对比；*F*—藏径隐源形成空间藏露的对比

图 5-32 《建筑庭院空间的民族特征》插图——“庭院意境空间的处理”

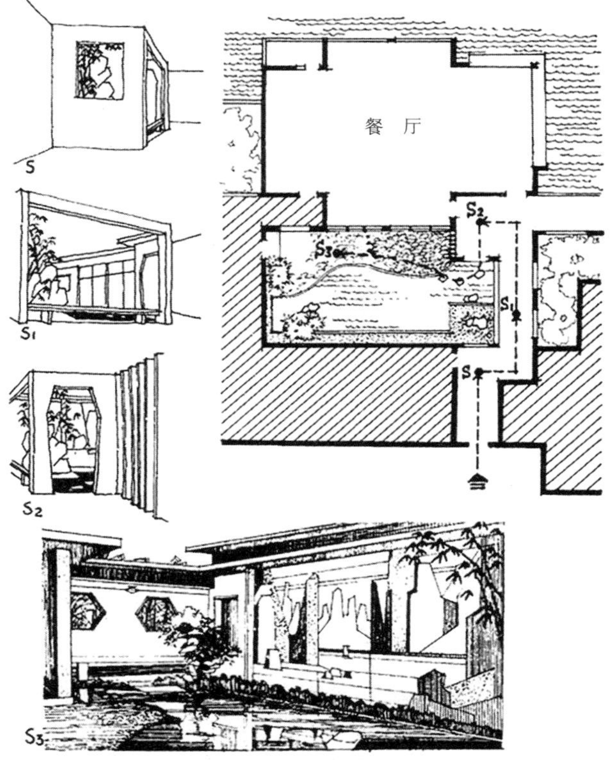

S 点—设置景洞，欲扬先抑；S_1 点—侧面暴露院景，避直求曲；S_2 点—寻路入院，藏径卧石；S_3 点—入院展开主景，由隐至显

图 5-33 《建筑庭院空间的民族特征》插图——“桂林榕湖饭店餐厅庭院空间的对比处理”

南京工学院建筑系学生齐婉在毕业论文中以现代建筑的庭院空间作为主要对象，对庭院空间布局及设计手法进行了研究。她在论文“前言”中指出：

庭院作为调和人和自然关系的一种空间形式，已在现代建筑潮流的推动下变得更为成熟，在环境科学的研究中它又显示出特别重要的意义。[1]

[1] 齐婉．现代建筑庭院（上）[J]．建筑师，（17）：127.

齐婉认为庭院空间是介乎于自然和室内空间之间的中性空间，它既是室内空间的延续又是自然空间的渗透，是建筑空间序列的变奏点。现代庭院空间本身具有向内性，是“积极空间”；同时现代庭院形式复杂，具有多元性的特点。她从露天庭院、内院大厅、屋顶花园三种空间形式方面具体地分析了庭院布局，从庭院的底界面、侧界面、顶界面方面分析了庭院空间的限定手法，还就庭院空间的设计问题进行了深入的探讨，指出：

庭院空间是既包括平面布局又包括立面构图的三维量。然而，人们对于庭院的空间感受则来自人对组成庭院空间的建筑面、地形、山石、水体、道路、花草等的亲身感受以及人本身的经验阅历。因此它是一个加入时间因素（观察的时间和感受的时间）的四维量。[2]

[2] 齐婉．现代建筑庭院（下）[J]．建筑师，（19）：134.

齐婉将空间本身、观察和思维环节作为庭院空间设计的准绳，从静态构图的角度分析了庭院的视觉空间特征，认为庭院的视觉空间由静点周围扩散的静态观赏空间和动观赏线周围扩散的动态视觉空间构成，这两种视觉空间在庭院空间内有各自的作用。

对建筑庭院空间的探讨不仅有上面这类从总体上分析庭院空间处理的，还有具体分析庭院空间中的水景、绿化运用的。例如王乃弓以《水景与建筑庭院空间》（建筑学报，1982年第8期）为题专门分析了庭院空间的水景的艺术形态与处理手法问题。他将水景的艺术形态分为三种：①形成整体环境——面与线的形式②形成建筑外部空间的中心——点的形式；③形成建筑庭院空间中的水景——点、线、面形式的结合。将水景的手法归为衬托、对比、借声、点色、光影、贯通、藏引七种。吴泽椿在《对广州旅馆建筑庭园绿化设计的探讨》（园艺学报，1980年4月）中就庭院绿化设计中的“过渡空间”问题展开了讨论。过渡空间是从主体建筑延伸到庭院的空间，即主体建筑与庭院互相渗透的部分。他认为过渡空间设计的基本手法有四种，即渗透、穿插、融合、亲和，并通过意境联想，透视对景，把园林绿化空间与建筑空间组合为整体。

庭院空间是建筑内部空间的自然延伸与补充，对庭院空间的探讨在某种程度上与岭南庭园建筑实践中的探索有一定的相似性，都是在探讨中国传统与现代建筑的结合问题，只是岭南建筑实践针对的是庭园（庭院与园林）。

6. 灵活多变的空间

随着多种多样的建筑空间理论的引入，建筑空间形式也愈加多样化。因此，中国建筑师开始关注建筑空间的灵活多变，对空间的无限性、灵活性、可变性、不定性等进行了探讨。

余卓群在《建筑空间环境的开拓》（建筑学报，1983 年第 8 期）中探讨了建筑空间在无限性、灵活性、可变性、渗透性、综合性等方面发生的变革，结合一些例证进行了分析：科学技术的发展、建筑材料结构的变化以及人们思想意识的改变促使建筑空间从有限发展到无限，扩大空间、利用水面、地下发展、结构集约等手法为空间的无限性提供了可能；为了克服工业化生产所带来的程式化设计的缺陷，要求建筑空间具有灵活性，统一格网、单元构件、竖向组合、灵活单元等手法给建筑空间带来了灵活性；社会供求的新变动要求建筑空间具有可变性，框架轻板、居室调整、厅堂变换、联合办公体现了建筑空间的可变性；人对阳光、绿化、水面的追求导致建筑追求室内外空间的渗透，产生了庭院设施、环境共融、因借自然、屋顶绿化等手法；时代的发展要求建筑向综合性方面发展，建筑组群、建筑统建、综合大楼的建设表明了建筑功能的综合性。

刘云在《灵活空间的探索》（建筑学报，1982 年第 8 期）中认为建筑空间在使用上的灵活性是某些现代建筑的功能要求，建筑功能的多样化和科学技术的发展也导致了对灵活空间的需要，并介绍了悬挂板、推拉折板幕墙、活动隔断、通透隔断、矮墙或透空墙、家具、花木、帷幕等灵活分隔空间的技术。汪正章也对建筑空间的灵活性和可变性进行了分析，在《论现代建筑空间的灵活性和可变性》中认为："一切在空间的形成、格局、组织、划分、感观、使用及发展上表现出某种灵活性和变化性的建筑空间，可以统统称之为灵活可变空间。"[1] 他将空间形态分为固定不变空间和灵活可变空间两种。"流动空间"（Flowing Space）和"灵活空间"（Flexible Space）都是最普通的灵活可变空间，灵活可变空间的特点是串通、联系、穿插、引申及渗透，无论在功能使用上还是视觉效果上，都具有多样灵活性和相对可变性，可以称为"动态"空间，反映了建筑上的某种"时空观念"（Space and Time in Architecture）。在"灵活可变空间的表现形式及其特点"一节中，汪正章具体地分析了流动空间、"幕隔"式空间、大空间灵活分隔、多功能厅堂、共享空间、辅助空间独立出去的主体空间、空间灵活单元以及其他各种具有灵活性的建筑空间及空间布局手法，提出灵活可变空间的表现形式多种多样，但其显著特点是"大"、"通"、"多"。汪正章认为，现代建筑师与后现代建筑师的建筑观点和所创造的空间形式虽有区别，但在主张空间的灵活性、变化性和适应性上是一脉相承的。对灵活可变空间的需求取决于下列四个方面的因素：①宇宙间的"新陈代谢"规律；②现代人的社会需求及建筑的经济效益；③现代先进的物质技术条件；④现代

[1] 汪正章．论现代建筑空间的灵活性和可变性（上）[J]．建筑师，（16）：63.

建筑的精神功能。“灵活可变空间在理论上是科学的，在使用上是灵便的，在经济上是合算的，在技术上是可行的，在空间艺术造型上是丰富多样的。大量发展灵活可变空间乃势所必然。”[1] 汪正章的这篇文章基本上总结了当时流行的各种空间形式与理论，将“流动空间”、“共享空间”、“服务与被服务空间”等空间理论都归入到灵活可变空间之中，把灵活可变空间看成是建筑发展的趋势与方向。

[1] 汪正章．论现代建筑空间的灵活性和可变性（下）[J]. 建筑师，(17): 39.

徐萍在《传统的启发性、环境的整体性和空间的不定性》中认为，现在空间的多重意义为空间带来了耐人寻味的艺术质量，在“建筑要为人”的思想指导下，空间的不定性（Ambiguity）成为建筑理论发展的方向。对于空间的不定性，作者的理解是：

> 以现实生活为基础的建筑空间充满了复杂与矛盾。一个空间常常有多种功能与含意。建筑空间存在于有无之间，围透之间，自然与人工之间，室内与室外之间，公共活动与个人活动之间，各种几何形状的交错叠盖、变幻之间，存在于有限的尺寸与无限的意境之间……它常常有多层的，丰富的，不易有确切解释的含义。[2]

[2] 徐萍．传统的启发性、环境的整体性和空间的不定性（下）[J]. 建筑师，(12): 165.

作者将文丘里强调建筑的不定性、詹克斯对后现代空间的理解、路易斯·康的“服务与被服务”空间、查尔斯·穆尔的多维空间、黑川纪章的“灰空间”等全看成是对空间的不定性的探索，认为中国园林空间也充满了不定性。空间不定性主要表现在：空间的围与透之间；室内与室外之间；个人与公共活动之间；空间形状互相叠盖、交错；空间的弹性与生长；边缘与过渡的空间；有限的尺寸与无限的意境之间；步移景异、散点透视的空间等。作者对“围透之间”、“以不尽而尽之”、“形状叠盖、不定的空间”、“空间的生长和弹性”、“过渡、边缘的空间”、“动态的导向”等几个问题进行了深入分析。与汪正章将灵活可变空间看成是建筑的发展趋势相似，徐萍将空间的不定性看成是建筑发展的客观存在，想通过对空间不定性的研究找到建筑空间发展的规律。

这类对空间灵活性、多样性、不定性的研究针对的是灵活多变的空间，目的在于在多样化的空间形式与多样化的空间理论中寻找普遍的规律，为建筑空间的发展确定一个比较明确的方向，同时为建筑空间设计提供更多的可能性与可供选择的设计手法。

7. 其他

受建筑发展的影响，对空间的研究与讨论呈现出多样化与多元化，上面提及的是空间探讨的主要方面，除此以外，还有许多其他对空间的分析与讨论，涉及范围非常广泛而内容也很丰富。

例如天津大学学生孙刚的《虚空间纵横探》（建筑师，第 18 期）一文从“虚”的角度对空间进行了讨论。将“虚空间”看成是为辅助主体空间而额外派生出的一个虚有的辅助空间（图 5-34），能产生“虚空间”的物体有镜子、玻璃、磨光金属、石料和塑料、水面等，“虚空间”具有空间扩大、空间流动与渗透、空间融合、空间变形、空间转移、空间不定、空间选择的特性。作者认为，“虚空间”创造了第二空间，使第一空间的环境被改造，利用“虚空间”进行空间设计对建筑师很有意义。再如为了合理而有效地安排城市用地，建筑不仅向空中发展，也向地下发展，地下空间也成为了一个关注点。闵连太在《地下空间的综合利用》（城市规划，1979 年 10 月）中介绍了莫斯科的地下建筑经验。重庆建筑工程学院学生郭黎阳利用芦原义信的“积极与消极空间”理论以“地下空间心理与设计”（建筑师，第 18 期）为题，从地下空间的特点出发对地下空间的创造，尤其是地下“外部”空间的创造问题进行了讨论。同济大学研究生孔少凯在冯纪忠教授的指导下对山水游赏空间的组织和设计进行了探索，发表了《山水游赏空间设计初探》一文（建筑师，第 19、20 期）。哈尔滨建筑工程学院学生于健生以《竖向交通与建筑空间》（建筑师，第 20 期）为题讨论了竖向交通在建筑空间设计中的重要性。这一时期甚至还出现了以植物空间来讨论园林植物配置艺术的文章（《园林植物配置艺术的探讨》，建筑学报，1984 年第 1 期）。

图 5-34 《虚空间纵横探》插图——“镜面创造的虚空间代替实空间”

从上面这些建筑理论文章中对“空间”的探讨来看，这一时期的“空间”话语不仅继承与发展了前一时期关于空间构图、建筑室内空间、空间结构的讨论，还针对建筑空间进行了多层次的研究，并发展了一些之前没有讨论的话题，如对庭院空间的专门研究、对灵活多变空间的探讨等。由于这些“空间”讨论更加深入与系统化，使得“空间”话语与建筑设计实践的关系变得更加密切，理论化程度明显高于前一时期。同时，这些“空间”讨论也充分体现出了这一时期新引入的西方建筑空间理论的影响，不仅现代建筑的影响加强，后现代建筑也展现出了自己的影响力。可以说，这一时期“空间”已经完全成为建筑学科内部非常重要的话语，开始走向多样化。

5.4.2 建筑实践中的“空间”话语

不论是从国外引入的建筑空间理论，还是对中国传统建筑和园林空间的再探，或者是中国建筑界对空间的多方位探讨，最终目的都在于指导建筑设计的进行。在这些多元化的“空间”话语的影响之下，建筑设计创作越来越重视“空间”的作用：“建筑的科学性和艺术性，从本质上讲，是表现在空间和形式之间关系的处理上。空间布局不但是解决功能的基础，同时也是创造一定建筑形式的前提。”[1]“现代建筑的创作任务已不能仅仅局限于平面布置与立面处理，而需要按照一个完整的空间来设计。”[2]“建筑空间这个问题，是建筑创作中的一个十分重要的问题。建筑师的职责，就是要根据建筑物的功能要求去合理地组织空间，力求用最少的材料去获得最大的使用空间，并运用完美的构图和尽可能简单的装饰以求得理想的空间艺术性等等。”[3]前一时期的建筑作品中以空间作为构思出发点的并不多，建筑作品评述中关于“空间”的讨论也不够系统。这一时期，更多的建筑以空间作为构思的主要出发点，整个设计围绕着空间而进行，一些建成的建筑作品甚至引起了激烈的讨论。建筑实践与“空间”探讨之间形成的互动促进了中国建筑“空间”话语的成熟。

❶ 王天锡．建筑形式及其在建筑创作中的地位[J]. 建筑学报，1983（5）: 52.

❷ 陈世民．试谈公共建筑创作中的几个问题[J]. 建筑学报，1979（1）: 25.

❸ 杜白操．评广州友谊剧院的建筑空间[J]. 建筑师，1979（1）: 55.

1. 贝聿铭与香山饭店

位于北京西山风景区香山公园中的香山饭店，由现代建筑大师——美籍华人贝聿铭设计。作为改革开放以后海外建筑师在中国的第一个建筑作品，香山饭店从设计到落成一直是众所瞩目的对象，建成以后更是在中国建筑界引起了强烈的震动，并引发了关于如何在现代建筑中继承传统形式的激烈讨论，在这些争论中有不少与“空间”有关。

贝聿铭认为:“建筑设计说起来也简单，我认为有三个要点最值得重视。第一是建筑和环境的结合（context），其次是体形和空间（form and space），第三是注意建筑为人所用，为使用者着想。”[4]这种设计思想在香山饭店的设计中得到了充分的体现。香山饭店总占地建筑面积约1.6万平方米，总建筑面积3.6万平方米。为了跟周围的环境达到和谐统一，15万立方米的巨大体量随着香山的地形地貌辗转起伏、依山就势、化整为零，以3～4层的低层建筑来达到不与香山争高低的目的。根据人在其中活动的各种需要，贝聿铭按功能将建筑分为5个区，以11座大小不同的庭园相分隔，造成开敞、封闭程度不同，动、静态有别的各种空间（图5-35）。建筑外观上采用中国江南民居的细部，加上现代风格的形体和中国气质的内部空间，香山饭店满足了北京市委提出的“有中国民族传统风格，又拥有现代化设备的高级饭店”的要求。

❹ 贝聿铭．谈谈建筑创作（1978年12月23日在清华大学建工系的讲演）[J]. 建筑师，1979（1）: 194.

香山饭店的重要意义在于贝聿铭想要利用这个机会表达他个人对现代中国建筑可行之路的一些观点。带着这种思想，他放弃了驾轻就熟的几何形体的组合，从自己对中国传统建筑特征的理解出发，采用了院落式布置的平面方案。贝聿铭认为，对于中国传统建筑而言更值得继承的是“虚”的院落空间：

当人们从高处俯瞰一个中国传统建筑群体时，屋顶固然是其特色，但更引人注意的则是其中‘虚’的部分——院落。从宫殿建筑到私家园林，

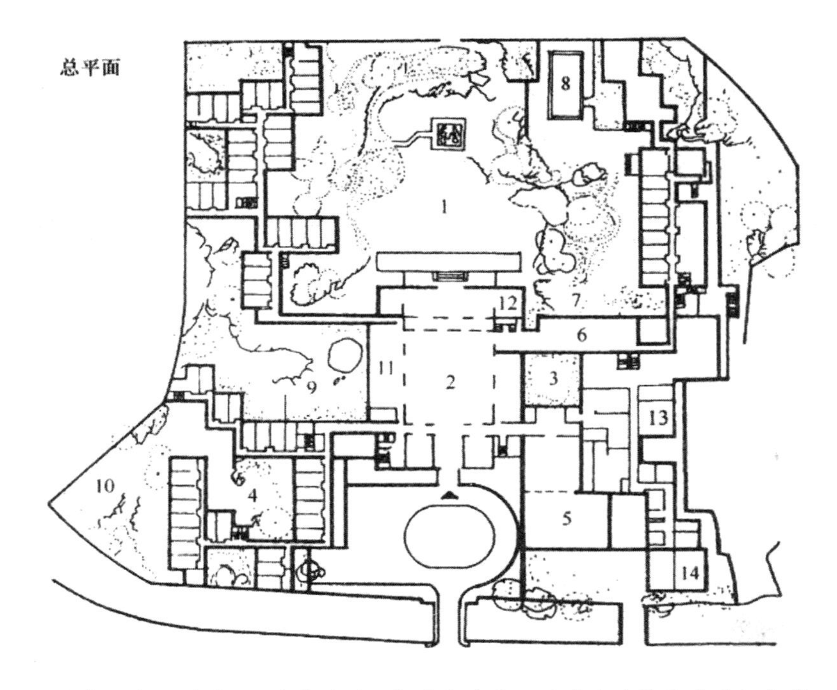

图 5-35 香山饭店平面图

从北京四合院到“一颗印”住宅，都是由建筑以及其他建筑要素（如走廊、隔墙等）围成院落，建筑和院落共同构成一个整体。琉璃瓦大屋顶在一些建筑群体特别是民居中可能并不出现，院落则普遍存在，几乎是一种必然的格式。对中国现代建筑来说，新的形式，新的创作道路正是从中国自己的传统建筑格局里产生。[1]

❶ 王天锡．香山饭店设计对中国建筑创作民族化的探讨 [J]．建筑学报，1981（6）：14.

因此，院落的组合成为了香山饭店的基本特征：

中国的庭园与建筑融合在一起是东方的东西，庭园与诗词有联系，与书画有关，是千年的传统结晶，所以庭园一定要保持。西方建筑的所谓内外空间关系是学日本的，而日本却是从中国学去的。所以我在香山不盖高楼，搞成低层的，与庭园结合在一起。在香山搞庭园有把握……我就想通过建筑与庭园结合、使用传统材料的道路来保持历史与文化的特色。[2]

❷ 市明记录整理．贝聿铭谈建筑创作侧记 [J]．建筑学报，1980（4）：20.

建成后的香山饭店以“中西合璧”的面貌引起了国内外的广泛兴趣与争议。中国人从未见过这样一座既非中国人所熟悉的传统建筑风格，亦非西方现代建筑形式的建筑。中国建筑师开始在各种各样的场合，从各个角度对这栋建筑展开讨论。大多数建筑师对香山饭店都表现出一种有保留的肯定态度，对贝聿铭在香山饭店的空间和细节上的处理、对传统形式的借鉴和转化以及建筑与园林景观和自然环境之间关系的处理比较赞赏，而对香山饭店的选址、建筑体量、造价、规模等问题提出了异议。

1982 年 12 月 29 日，《建筑学报》专门组织了对香山饭店进行评论的研讨会，会上对香山饭店设计不符合“国情”进行了激烈的批评，批评中不少人还是肯定了香山饭店的庭院和建筑空间设计。例如李道增、关肇邺认为，贝聿铭在现代建筑与中国民族传统的结合方面作了有益的探索和努力：“在建筑室内外空间的穿插组合，建筑与园林中水池树林的结合，四季厅的布局，以及许多装饰母题的使用上都有明显的表现。”香山饭店以简朴的空间、亲人的尺度、素淡的色彩以及一些简单的装饰母题将整个设计统一在一个共同的艺术构思之中。朱恒谱认为，香山饭店“从平面布置到空间处理、内庭外院的流通，从用料到包料，从建筑小品到装修细部以至家具陈设，看得出都是经建筑师仔细推敲过的”。许屺生认为，贝聿铭的设计“注意与公园的空间环境协调，采用低层，尽可能保留珍贵的古树，以灵活多变的中国园林式布局，形成大小不一的 11 个庭院空间。在探索运用中国传统建筑形式与现代化旅馆相结合方面，做了不少工作。”马明益认为，香山饭店“建筑设计力求创造一个舒适的空间，创造一个使建筑、庭院和外部的自然景色互相融合、互相渗透的空间”。也有人批评香山饭店封闭的园林空间与开放的香山景区空间隔绝：“身在香山大自然的环抱中，本可心旷神怡，却偏要去经营那些豆腐干大的院子，甚至还要造出庭院的‘八景’（要和香山争高下？）。这不是‘小中见大’，倒成了‘大中见小’。”[1]

这次座谈会之后发表了大量的评论文章。王天锡在《香山饭店设计对中国建筑创作民族化的探讨》一文中以“院落组合是香山饭店的基本特征，空间处理则借鉴于中国古典园林”为小标题表明了香山饭店的特色（图 5-36）。王天锡认为，香山饭店院落的设置“和园林的布局一样，它们主次分明，力求变化；设置目的不同，给人感觉各异”。院落的空间处理“有的开敞，有的较为封闭，手法不同，风趣各异”。[2] 常大伟在《“合、借、透、境”及其他——小议香山饭店的室内设计》中认为空间贯通是香山饭店建筑艺术突出的特色：

> 人们行走其中感到悠然自得、了无障碍，停留在某个地方可以感觉到其他不能分身前去的空间的存在，有很强烈的“同时感”和“透明感”。……几层空间串成一个流通的、富于变化的序列。公共部分没有完全封闭的环境，几乎都有窗景或门景可看，但又用适当的屏障、隔墙或家具围

[1] 顾孟潮．北京香山饭店建筑设计座谈会 [J]. 建筑学报，1983（3）.

[2] 王天锡．香山饭店设计对中国建筑创作民族化的探讨 [J]. 建筑学报，1981（6）: 14-15.

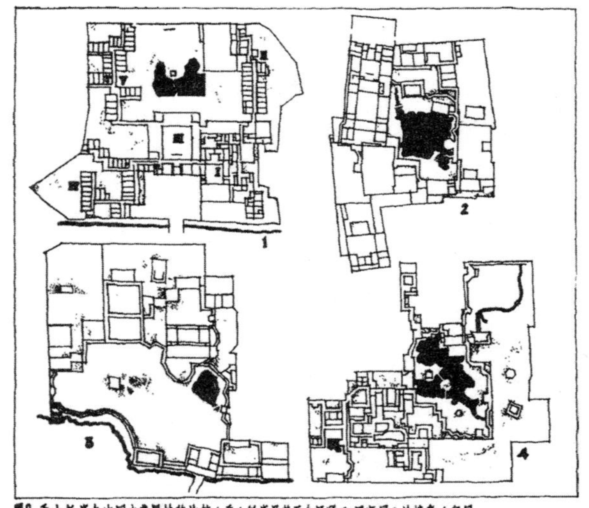

图 5-36　王天锡对香山饭店与中国著名古典园林的比较

合成相对私密的角落。“围”、“透”交织的建筑空间端庄而又活泼。[1]

[1] 常大伟．“合、借、透、境”及其他——小议香山饭店的室内设计 [J]. 建筑学报，1983（3）: 77.

顾孟潮在《从香山饭店探讨贝聿铭的设计思想》中认为，具体讲，贝聿铭的香山饭店建筑设计思想主要有五点值得借鉴：①“归根”；②环境第一；③一切服从人；④刻意传神；⑤重视空间和体形。[2] 周卜颐在《从香山饭店谈我国建筑创作的现代化与民族化》中认为，香山饭店的庭园“以建筑为主的设计思想，就使建筑与园林主次分明地结成一体。造园手法简练，尺度亲切宜人，没有私人园林那种小桥流水矫揉造作之弊。大小十一个庭园都能结合各自的空间和地形而各具特色，给人留下难忘的印象。”[3]

[2] 顾孟潮．从香山饭店探讨贝聿铭的设计思想 [J]. 建筑学报，1983（4）.

[3] 周卜颐．从香山饭店谈我国建筑创作的现代化与民族化 [J]. 新建筑，1983（1）: 21.

香山饭店的中心——四季厅（溢香厅）作为饭店中的主要公共活动部分，空间类似传统的四合院，在 3 层楼左右的高度上加了一个长 30 米、宽 25 米的玻璃采光顶棚（图 5-37）。不少中国建筑师将“四季厅”的空间处理看成是香山饭店建筑空间的高潮。“简单立方体的四季厅，一反现在国外时髦的波特曼式的多层大厅格局，是服从于整个建筑的艺术气氛的。空间的处理和装饰构件的应用，初看上去或有生硬不成熟之感，但它们带来了一股清新鲜明的气氛。”[4] 彭培根在《从贝聿铭的北京“香山饭店”设计谈现代中国建筑之路》中将四季厅看成是香山饭店的一个值得重点评价的“可评点”，认为：“贝聿铭将四合院上加上一个建筑顶棚，是一个将现代建筑材料和传统中国建筑空间结合起来的一个创造。一方面补救了四合院的气候上的短处，一方面给四合院带来了信心和心血。在这个以园林建筑为主的建筑群中，为固有的中国园林艺术增添了‘古为今用’的

[4] 顾孟潮．北京香山饭店建筑设计座谈会 [J]. 建筑学报，1983（3）: 59.

图 5-37　香山饭店四季厅

意义。"[1] 周卜颐在《从香山饭店谈我国建筑创作的现代化与民族化》中对四季厅的空间进行了深入的分析，认为四季厅"显明而强烈的中轴线，是古典主义手法，也是我国古老传统。这条中轴线……把建筑精华串联在一起。"四季厅不仅体现了作为现代建筑一大贡献的流动空间，还很像密斯经常使用的通用空间，同时还是一个共享空间，一个后现代派提倡的不定空间：

> 四季厅以四合院的面貌出现，其四周墙面与室外墙面完全一样……这个既是室外又是室内，既可单用又可通用，内外并存的空间……这种亦内亦外，内外交融，对立统一的空间，使人感到新鲜奇妙而引人入胜。[2]

从四季厅过渡到主庭园的不到 100 平方米的一小段空间还可以看成是黑川纪章所谓的灰空间，这段空间为从四季厅过渡到整片玻璃门外动人心弦的自然山水做好了情绪上的准备。

香山饭店所引起的争议和它的影响力在 1980 年代初期没有任何其他建筑能比得上。虽然对香山饭店的设计有褒有贬，但正如赖德霖在《20 世纪中国建筑》中介绍香山饭店时所言，贝聿铭在香山饭店的设计中展示了自己对中国传统的理解以及这些传统与现代建筑的最佳结合点：

> 首先，他将建筑的组群与庭园结合，抓住了中国传统园林变化空间与现代建筑流动空间的共同点。第二，在造型上他用简洁的斜坡檐与平屋顶的结合，抓住了中国民居马头墙的轮廓与现代建筑的几何造型的共同点。第三，在细部上他提炼出中国传统建筑装饰中最有现代感的方圆母题。……香山饭店对民族特色的表现突破了当时中国建筑师普遍采用大屋顶或建筑构件、装饰纹样的手法，是一个富有现代感的新尝试。[3]

无论香山饭店是否是"中国建筑创作民族化"的方向，贝聿铭在香山饭店中将中国传统庭院与建筑相结合创造出了格调高雅、清新的建筑空间形式，他以自己的方式告诉我们中国传统建筑除了大屋顶之外还有其他值得注意的内容——院落空间。

2. 岭南现代庭园建筑

在贝聿铭设计香山饭店之前，中国建筑师就已经开始了将中国传统庭园空间引入建筑空间的实践。岭南地区的建筑实践从 1950 年代末就开始了这方面的探索，经过长时期在不同历史条件和环境条件下的不同规模的建筑设计，积累了丰富的经验，1970 年代末岭南庭园建筑设计开始走向成熟，同时开始总结设计经验。岭南庭园与现代建筑的结合经历了三个阶段：

[1] 彭培根. 从贝聿铭的北京"香山饭店"设计谈现代中国建筑之路 [J]. 建筑学报，1980（4）: 16.

[2] 周卜颐. 从香山饭店谈我国建筑创作的现代化与民族化 [J]. 新建筑，1983（1）: 17-19.

[3] 杨永生，顾孟潮. 20 世纪中国建筑 [M]. 天津：天津科学技术出版社，1999: 310.

第一阶段：1950 年代末至 1960 年代初，代表作品为北园酒家、泮溪酒家（参见本书 4.4.2）、南园酒家，主要是对岭南庭园的模仿与学习，为与现代建筑的结合打下了基础。

第二阶段：1960 年代中至 1977 年，代表作品为白云山庄、双溪别墅、友谊剧院、矿泉客舍、白云宾馆等，开始将岭南庭园与现代建筑相结合，岭南现代建筑风格开始成形。

友谊剧院（1965 年）

由佘畯南设计的广州友谊剧院是一个供会议、电影和演出的多功能厅堂，是为每年春秋两季广州出口商品交易会和国际文化交流服务的。建筑形式朴素、明朗，平面紧凑，根据南方的气候条件，缩小了室内观众休息大厅的面积，将休息移到露天庭园中，大厅室内开敞，楼梯之下设置池水将室外自然景致引入室内。

佘畯南在《低造价能否做出高质量的设计？——谈广州友谊剧院设计》（建筑学报，1980 年第 3 期）中从节约的角度讲解了友谊剧院如何合理布局、充分利用空间，其中一条就是“利用南方有利条件，组织岭南庭园空间”。开敞式平面将建筑室内空间同室外绿化结合起来，互相渗透，融为一体，为观众创造了良好的环境（图 5-38），使观众在休息时可从一个封闭的观众厅空间转移到室外的庭园绿化空间，有助于释放观众的情绪。杜白操在《评广州友谊剧院的建筑空间》（建筑师，第 1 期）一文中从空间的角度对友谊剧院进行了分析评论，认为友谊剧院建筑空间创作的成功之处值得借鉴。友谊剧院的空间处理有四个特点：一是合理组织空间；二是充分利用

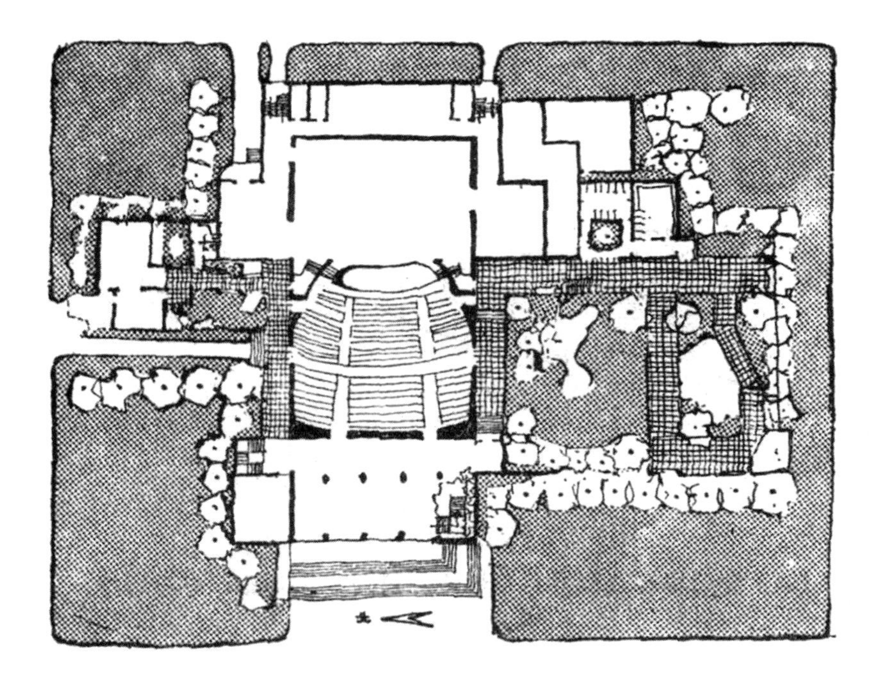

图 5-38 《低造价能否做出高质量的设计》插图——“室内建筑空间与室外绿化空间的结合”

空间（图 5-39）；三是中国园林与现代建筑相结合，室内外空间相结合；四是运用色彩和材料来烘托空间，以获得不同气氛的空间效果。杜白操认为所有手法都配合空间处理的意图，形成了有特色的空间风格。

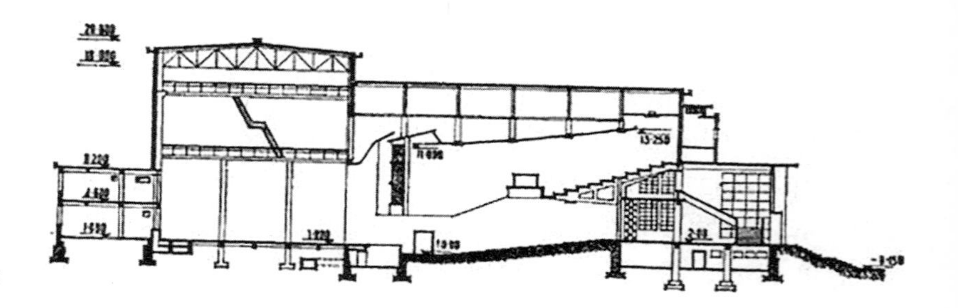

图 5-39　友谊剧院剖面图

同是庭院与建筑的结合，友谊剧院与泮溪酒家的仿古建筑形式不同，它采用现代建筑的形式，将现代建筑与中式园林结合，尝试对园林空间进行现代化运用。同时，剧院建筑本身的功能对内部空间形式的要求比酒家更高，在室内外空间统一、现代空间与传统园林空间融合上要求更高。设计者通过鲜明的主题与构思创作了一个简朴、大方的，室内外空间高度统一的建筑。

广州白云宾馆（1975 年）

广州白云宾馆采用高低层相结合的空间处理方式，在低层部分采用大跨度结构将门厅、餐厅等公共活动部分与内部庭园结合在一起，这些庭园既有消防、消除噪声等方面的考虑，又保留了原有的大榕树，庭园中"浮廊"的设置更是使得空间隔而不断（图 5-40）。

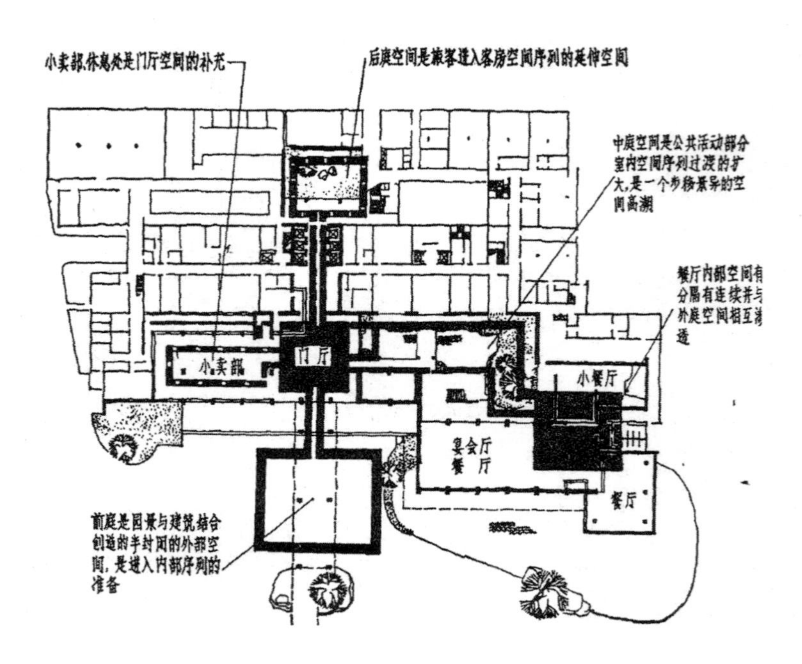

图 5-40　广州白云宾馆底层平面空间序列分析

陈世民在《试谈公共建筑创作中的几个问题》中对白云宾馆的空间处理进行了描绘：

图 5-41 白云宾馆内庭透视图

当你从城市干道绕过一组山石进到白云宾馆的前庭时……这个空间处理使人感到虽在干道旁边却已离开了城市的喧嚷……长门廊，既能增加停车量，又可扩大前庭空间的纵深尺度感。进馆的门厅空间……空间尺寸稍为嫌大。但是，净高较低的小卖部、休息处，从左边延伸这个空间，右边落地大窗将内庭景色借入厅内，增添了大厅的流动气氛（图 5-41）。……从前庭经门厅上电梯观后庭，由前庭穿门厅经中庭至餐厅两组空间序列，恰恰是室内与室外空间通过借景与渗透的手法，交替演进，相互延续，形成流动的空间序列。[1]

[1] 陈世民．试谈公共建筑创作中的几个问题 [J]. 建筑学报，1979（1）：23-24.

陈世民认为，室内室外流动地组织空间序列，根据人的视觉活动的变化而进行的借景、组景的尝试，提供了三度空间的概念。

如果说友谊剧院代表的是大空间建筑与岭南庭园空间结合的实践，那么白云宾馆就是将岭南庭园融入高层建筑设计的尝试，为岭南庭园建筑在下一阶段的实践打下了坚实的基础。

第三阶段：1978 年以后，代表作品有广州白天鹅宾馆、广州文化公园“园中院”等，这一阶段不仅有建筑实践探索，更开始了对设计经验的总结。

广州白天鹅宾馆（1983 年）

广州白天鹅宾馆地处广州沙面岛南侧，南临珠江白鹅潭，是国际五星级标准的宾馆。1983 年 5 月该宾馆获得了广州市优秀建筑设计一等奖：“该宾馆特点是气势宏伟，馆内的中庭，富有岭南庭园风味，加上借入得天独厚的临江景色，以及空间的组织、变化，将动与静有机结合，色彩和谐雅淡。”[2]

[2] 广州市设计院白天鹅宾馆设计组．广州白天鹅宾馆 [J]. 建筑学报，1983（9）：31.

白天鹅宾馆采用高低层结合的体形，高层为客房主楼，低层为公共部分，作主楼台座处理。公共活动部分临江布置，便于旅客欣赏江景，设置有前后两个中庭，所有活动空间均围绕着中庭布置，构成多层的园林空间

（图 5-42）。主楼平面采用“腰鼓”形，南北两个方向的阳台均由斜板构成，既可遮阳，同时也可产生雅致轻巧的光影效果。

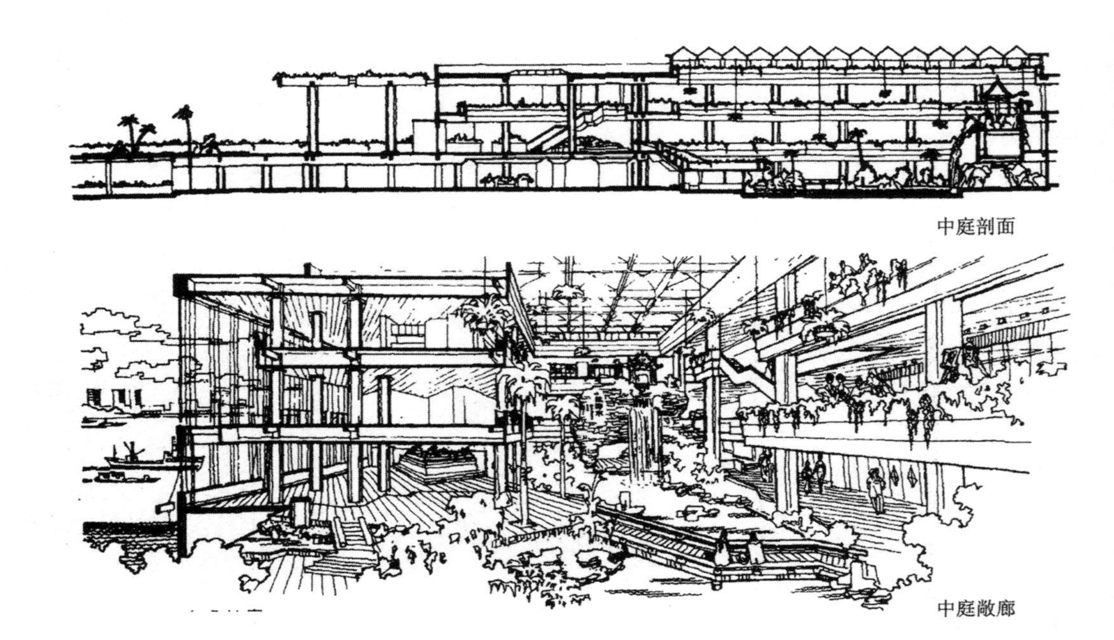

图 5-42　广州白天鹅宾馆中庭

广州市设计院白天鹅宾馆设计组写的《广州白天鹅宾馆》（建筑学报，1983 年第 9 期）中，强调在设计时要将功能、环境与空间视为白天鹅宾馆内部布局的要素，将公共活动部分尽量布置在临江一带，使旅客便于欣赏江景。同时，将公共活动部分作为一个整体的多层园林设计，其中设前后两段中庭，所有流通空间，餐厅、休息厅等围绕中庭布置，构成上下盘旋、高旷深邃的立体园林空间。

佘畯南在《从建筑的整体性谈广州白天鹅宾馆的设计构思》（建筑学报，1983 年第 9 期）中指出：“建筑创作的一个重要任务是根据功能的需要，巧妙地创造功能性和艺术性的空间，为人提供良好的环境。”佘畯南从以下五个方面对白天鹅宾馆设计构思进行了介绍：①妥善处理建筑与环境的关系（图 5-43）；②室内外空间要成为统一的艺术创作；

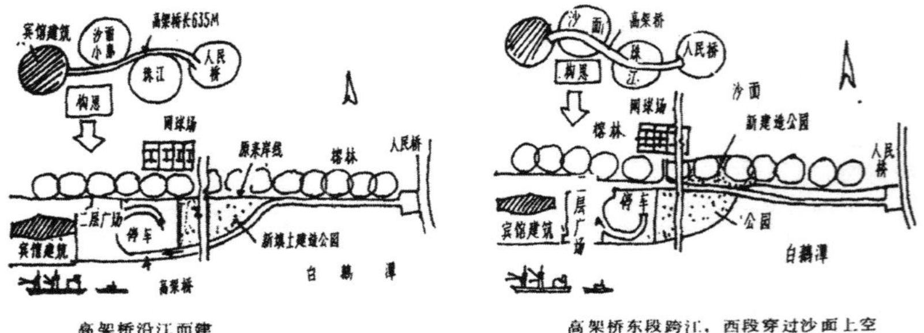

图 5-43　白天鹅宾馆高架桥走向分析

③空间的划分与统一；④导向性的布局（图 5-44）；⑤客房室内设计的统一性。

莫伯治在《环境、空间与格调》（建筑学报，1983 年第 9 期）中也从环境设计、内外延续、变化与协调、格调的糅合、品题与意境五个角度对白天鹅宾馆的设计进行了介绍。由东面大门入口开始，为了更好地诱致人们走向江边赏景，在室内设计中就产生了一个导向性的问题，进入大门一段，即向着江边作 45° 角的转折，以此为契机，反映到室内空间和装修构成的各个部分。围绕中庭在不同位置的标高上，结合组景布设一组多边斜角的亭榭，也是反映环境特征所派生的导向性的进一步发展。内外的延续，以室外景色直接作幻景的延续，由室内设计的园林化体现出来。白天鹅的室外空间是一片自然风景与园林结合的开放空间，雄浑简练的庭园格调，一直延至室内，成为各厅堂室内设计的基调（图 5-45）。

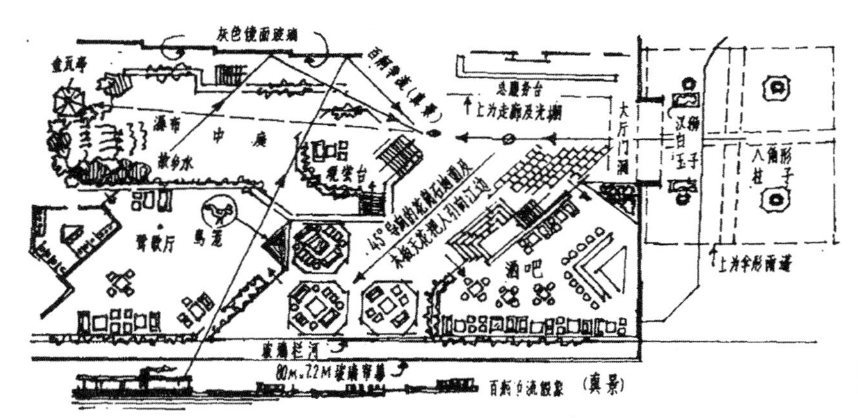

图 5-44 白天鹅宾馆二层大厅 45° 导向性空间构思

图 5-45 多角度看白天鹅宾馆中庭

白天鹅宾馆在之前的岭南庭园建筑实践的基础之上，将岭南山水庭园布局运用到中庭空间之中，将山水庭园立体化、多层化，围绕着“故乡水”的主题使建筑空间意境深远，产生深刻的文化内涵，尽显岭南地区的文化特色。

广州文化公园“园中院”（1981年）

“园中院”位于广州文化公园内一座4层展览馆的底层，内设二台九厅十八院，供游客休息茗茶之用。“园中院”和前面所提到的庭园建筑有很大的不同，它建在展览馆底层支柱层中，层高5米多，基本算得上是一个完全室内的庭园。

郑祖良、刘管平在《广州文化公园“园中院”》（建筑学报，1981年第9期）一文中，以“题与意”、“陈与新”、“收与放”、“内与外”为小标题对“园中院”进行了分析。“题与意”分析的是“园中院”的意境及“文”字的主题。“陈与新”分析了“园中院”如何继承传统与创新。“园中院”在平面布局上采用了传统的具有中轴线的多院落庭式，为满足使用功能的需要，在东、西两面均设置了出入口，以规则形的廊、桥、台、道组成迂回式流线，把东、西两面的出入口有机地连通一气，“形成一个使用功能分区明确，交通路线流畅，室内外空间变化多趣的既新颖又处处闻到传统气息的庭园布局”（图5-46）。在景观布置上探索了国外常用的雕塑技艺在中式庭园中的运用。“收与放”和“内与外”分析的都是空间处理。“收”、“放”之法促成空间层次的铺设，构成多种空间的过渡和舒展。为了满足使用要求和更好地将室外空间引入室内，用大跨度的透光网架、小开间的玻璃顶、间断式的波形塑料罩和竹架薄膜棚等方法构出了各式室内小园，使室内外空间融为一体。

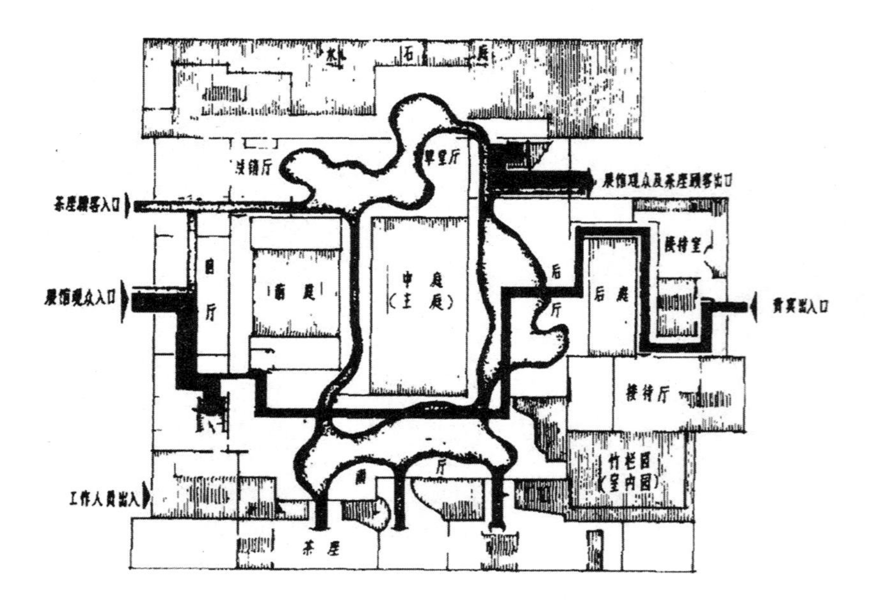

图5-46《广州文化公园“园中院”》插图——“流线分析图”

吴泽椿和孟杏元在《“园中院”的园林设计》（广东园林，1981年第10期）中也分析了“园中院”的庭园空间处理手法。在园林空间组织上，“园中院”的建筑是独院式建筑，各个开间紧密相连，彼此之间缺乏缓冲性的过渡空间，因此，在两个相连接的开间之处划出一定的范围作为过渡空间来使用。吴泽椿在《“园中院”的园林艺术评价》中认为“园中院”比矿泉客舍、东方宾馆等建筑被山、池、树、石所包围的结构形式又进了一步。“现在的园中院基本上是建在大楼底下的园林，虽然并不完全被大楼所覆盖，也已开创了建筑庭园在竖向景观的处理上，较成功地使用重叠空间或三度空间的构成形式，上、下、前、后、左、右都作了处理，特别是在平面规划上，内外各部分的多元空间大多已融化为一体，里外难分难离。所以，这个有效地建在大楼底层的园林，庭园本身就是一种创新，其布局的完整性是前所未有过的。”[1]

“园中院”虽然没有露天开敞的庭院，整个建筑也没有充足的阳光照射，但在室内把园林、建筑、绿化、小品融合在一起，是岭南庭园建筑和园林室内化的一次全新尝试。

岭南庭园建筑经验总结[2]

“文化大革命”结束后，岭南建筑师对庭园建筑的研究成果立即得以发表。由座谈纪要整理而成的《广州建筑与庭园》一文分析了庭园与建筑的空间关系以及一些相关问题。文中认为，庭园建筑是建筑空间和自然空间的有机结合，从功能上讲，庭园具有很强的实用意义：首先，利用庭园绿化起分隔作用，还可以减少噪声，减弱视线干扰等；其次，庭园作休息或集会场所，可以减少休息建筑面积；再次，庭园绿化可结合消防考虑；最后，庭园与室内空间互相渗透，室内外打成一片，可以使室内空间活泼自然，减少装修处理，又能取得良好的效果。

庭园空间与园林空间不同：“庭园空间是以建筑空间为主，自然景物从属于建筑，互相渗透，运用水石景物的片断，透过间接联想的手法，将建筑的环境特征、山林气氛衬托出来。”[3]庭园的建筑空间是由建筑本身的体形和建筑群体布局组合而成的，因地制宜地利用空间的渗透、过渡、约束等手法将室内外空间相整合。

在《广州新建筑的地方风格》（建筑学报，1979年第4期）中，莫伯治和林兆璋指出：

> 广州气候温和，四季如春，植物生长茂盛，这对于建筑结合庭园处理极为有利。……实践证明这种结合不仅可以美化环境，改善卫生条件，节约投资，有一定的使用功能，提高服务质量，而且，在革新的基础上，运用庭园空间的变化韵律，体现出一定程度的民族传统风格。[4]

[1] 吴泽椿．“园中院”的园林艺术评价 [J]. 广东园林，1981（4）: 27-28.

[2] 1970年代末1980年代初《建筑学报》、《建筑师》上刊登了大量对广州新建筑进行评论的文章。《建筑学报》中有：莫伯治、吴威亮、蔡德道整理的《广州建筑与庭园》，邓其生的《重视建筑形式的探索——对广州几个新建筑的一点看法》（1979年第1期），冯钟平的《环境、空间与建筑风格的新探求》（1979年第4期），莫伯治、林兆璋的《广州新建筑的地方风格》（1979年第4期）、《庭园旅游旅馆建筑设计浅说》（1981年第9期）等。《建筑师》上有：刘管平的《广州庭园》（电视剧本）（第5期），刘振亚、雷茅宇的《建筑创作小议——广州新建筑的启示》（第8期），峪光的《有益的探索——参观广州新建筑札记》（第8期），张至刚的《曲径通幽处，禅房花木深——建筑设计与园林绿化结合小议》（第12期），史庆堂的《南方地区公共建筑内庭空间处理》（第13期）等。

[3] 莫伯治，吴威亮，蔡德道（文字整理）．广州建筑与庭园 [J]. 建筑学报，1977（3）: 40.

[4] 莫伯治，林兆璋．广州新建筑的地方风格 [J]. 建筑学报，1979（4）: 25.

庭园建筑的特点在于：一是以不同功能的空间分成独立的建筑体量，结合自然环境，突出功能，构成统一而又有变化的丰富多彩的群体轮廓。二是内外空间的渗透使室内外空间有敞口厅的传统特征。三是运用传统的一放一收的序列组合，构成多层次的庭园空间。四是对体量组合的探索。在《庭园旅游旅馆建筑设计浅说》（1981 年第 9 期）中，两人就庭园与旅馆建筑空间的结合问题进行了分析，并引用波特曼所说的"建筑是役于人而不是役于物"来说明将庭园引入旅馆建筑是赋予人的感情，使建筑空间带有一定的人的意境。两人从功能、秩序和体形三方面总结了 20 年来庭园与现代旅馆设计相结合的设计经验。

对岭南庭园建筑设计经验的总结还有很多，例如史庆堂在《南方地区公共建筑内庭空间处理》（建筑师，第 13 期）中以具体的实例阐明了庭园建筑中内庭空间设计的一些手法。1982 年建筑专业学生罗自超以"论新庭园空间的形成和发展"作为毕业论文题目对园林空间与多、高层建筑的组合进行了新的探索，提出将庭园空间转化为垂直向的庭园空间插入建筑之中。[1] 这些经验总结与新探索表明，岭南庭园建筑已不再仅是一种建筑实践，而是开始向理论化发展。岭南庭园建筑作为一种具有地方特色的"新风格"而被广泛地传播与研究，将庭园空间与现代建筑空间结合的实践更是跨越了地域限制在全国范围内广泛展开。例如上海的龙柏饭店（1982 年）就将室内庭院与室外庭院相结合，使外部绿化自然延伸到内院园景，在庭院与建筑空间结合的尝试中取得了一定的成效，形成了英国园林和中国园林相融合的上海地方风格。北京长城饭店（1983 年）在中庭设计中引入了波特曼的"共享空间"，同时融入了中国传统庭园的情趣，这种带有中国传统庭园意味的"共享空间"也可以算是现代庭园建筑的一种尝试。

从庭园建筑实践可以看出，现代庭园建筑设计中，外部造型固然非常重要，但关键还要看内部空间处理是否做到实用、美观、舒适，是否符合园林的性质要求。"现代庭园的质量要求，在很大程度上要看它是否很好地联系自然，也就是要看内外空间布局的灵活合理，和绿化对建筑空间的渗透程度多因为绿化能使建筑空间具有轻快自然和生气蓬勃的效果，增加人们对大自然的享受。"[2]

3. 冯纪忠与松江方塔园[3]

由冯纪忠主持设计的方塔园（1981 年）位于上海松江老城区东部，是以宋代方塔为主体，包括明代照壁、宋代小石桥和移迁来的清代天后宫大殿的历史文物园林（图 5-47）。

方塔园从规划布置、环境设计到单体设计都充分体现了冯纪忠的"空间"思想。以方塔这一组文物作为中心与主题，在这片中心地段，冯纪忠"因地制宜地自由布局，灵活组织空间"，放弃将宋塔、明壁、清殿安排在

[1] 罗自超 . 论新庭园空间的形成和发展——关于多、高层建筑庭园空间的创作问题 [J]. 南方建筑，1982（2）: 67-80.

[2] 罗自超 . 论新庭园空间的形成和发展——关于多、高层建筑庭园空间的创作问题 [J]. 南方建筑，1982（2）: 27.

[3] 关于冯纪忠与方塔园的研究，参见：赵冰 . 冯纪忠与方塔园 [M]. 北京：中国建筑工业出版社，2007；罗致 . 要素关系与场景经营——基于建筑层面的方塔园解读 [D]. 同济大学硕士学位论文，2008；刘小虎 . 时空转换和意动空间——冯纪忠晚年学术思想研究 [D]. 华中科技大学博士学位论文，2009；孟旭彦 . 现代诗意空间的理性构建——冯纪忠建筑思想探究 [D]. 中国艺术研究院硕士学位论文，2009；刘东洋 . 到方塔园去 [J]. 时代建筑，2011（1）.

统一的轴线上，顺应照壁与方塔间原有的偏斜轴线移入天后宫，而不拘泥于传统寺庙的格局，从而突出了方塔的存在（图5-48）。由于方塔所在地面标高较低，为了呈现其巍峨高耸的形态，按照中国的传统院落形式建了东、南两段院墙，限定了内仰视塔顶的角度，引导游人专注于欣赏方塔之美。根据基地标高而设置的高低错落的平台与广场、塔院采用不同材料和砌纹的铺地，成为了第五"立面"。"宋塔、明壁、清殿及古树，各依其原标高组成起落、繁简、大小相间的空间，把文物点染烘托出来，以反映珍视文物如拱璧之意。这一中心地段是全园的主要部分。在尺度上注意使松散的格局不失之松懈，在格调韵味上试图体现宋文化的典雅、朴素、宁静、明洁，做到少建筑而建筑性强。"在方塔园整体规划中，冯纪忠"通过山体与水系的整理把全园划分为几个区，各区设置不同用途的建筑，形成不同的内向空间与景色"。各分区之间相互独立，又紧密关联，通过几何关系上的对话，形成一个空间丰富多变的组群布局。方塔园是用现代手法设计

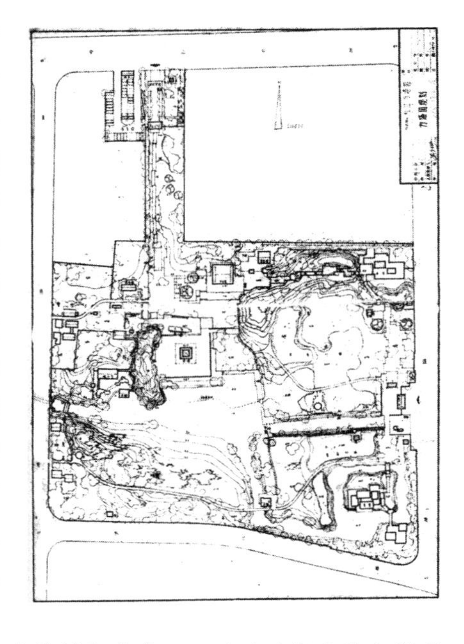

图5-47 方塔园总图

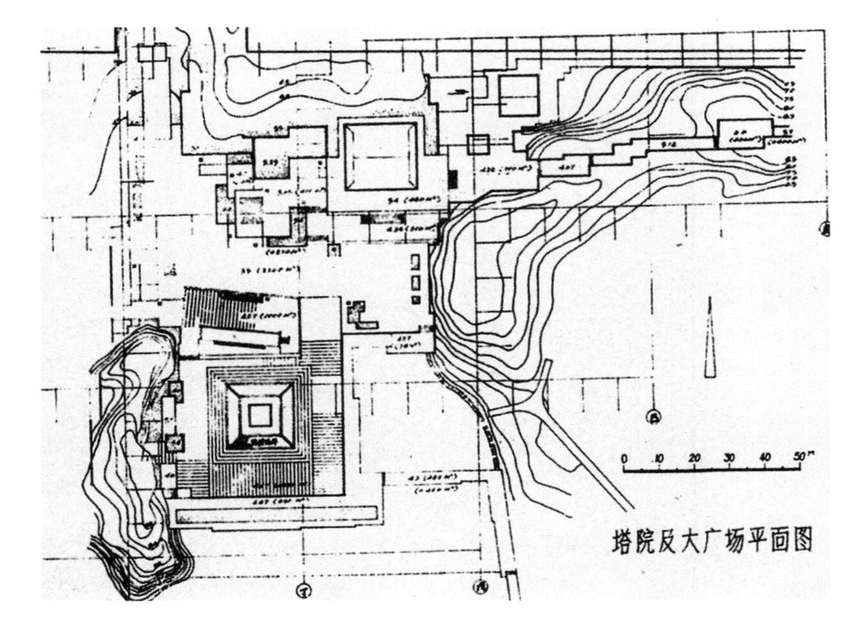

图5-48 塔院及广场平面图

一个中国园林，体现了冯纪忠“力求在继承我国造园传统的同时，考虑现代条件，探索园林规划的新途径”。[1]

在方塔园建成之后，冯纪忠曾以“时空转换”的概念来解释方塔园的设计。“艺术有历时性和共时性之分，而两者都谋求反向趋向，建筑何独不然。”“时空转换”体现的是空间的流动：“步移景异，随着滞留长短，流向不同，次序不同而空间序列的韵律不同，这是人动的变。”[2]方塔园通过主次入口形成两条不同的游览路线，以一曲一直、一刚一柔、一显一隐的对比带来完全不同的空间感受，在两条空间主线之下又安排了丰富的支线空间，创造出了开放的、多重的时空体验。冯纪忠在 1979 年发表的文章《组景刍议》（同济大学学报，第 4 期）中从人的空间感受的角度来探讨游览路线中空间组织与风景观赏之间的关系，提出组景的主要目标是有意识地通过空间感受的变化取得一定的总感受。他认为无论是从景外视点（旁观）还是从景中视点（身受），无论动观还是静观，空间感受的变化都非常重要，他以“旷”和“奥”的组合来解释空间感受的序列变化。时空转换的原则正是经由“旷”、“奥”的组合与交替来实现的。

1986 年建成的“何陋轩”茶室（图 5-49）通过一种“反常合道”的方式将中国传统的诗韵和乡土建筑传统融入到现代建筑的创作之中，不仅体现了“时空转换”，更是加入了“意动空间”的精神。“时空转换”在何陋轩中体现为静中寓动，通过两种空间的交叠形成的不定态势展现了空间的时间感，而高低不均的弧形矮墙“各自起着挡土、屏蔽、导向、透光、视域限定、空间推张等等作用”。[3]意动空间借用了明代阳明心学的说法。

[1] 冯纪忠．方塔园规划 [J]. 建筑学报，1981（7）: 41.

[2] 冯纪忠．时空转换——中国古代诗歌和方塔园的设计 // 同济大学建筑与城市规划学院编．建筑弦柱：冯纪忠论稿 [M]. 上海：上海科学技术出版社，2003：117.

[3] 冯纪忠．何陋轩答客问 // 同济大学建筑与城市规划学院编．建筑弦柱：冯纪忠论稿 [M]. 上海：上海科学技术出版社，2003：113.

图 5-49　何陋轩

何陋轩作为新建筑，从写自然的精神转到写冯纪忠自己的“意”，“不仅仅是与我有共鸣的宋代的‘精神’在流动，更主要的是，我的情感，我想说的话，我本人的‘意’，在那里引领着所有的空间在动，在转换，这就是我说的‘意动空间’。”[1]

在1999年世界建筑师大会优秀设计展上，方塔园成为50个获奖优秀设计作品中惟一的园林作品。方塔园“在整体上以现代设计方式将历史遗存和现代建筑组织在一起，今与古呈现出新的面貌，它是包容了历史的新的现代空间。这种空间是东西、古今相通的，是贯通的生命境界的通透化的意动空间。”[2]

冯纪忠一直在探索一种基于空间层面的设计思维方式，从1960年代的“空间原理”到1970年代末的“组景刍议”，再到方塔园设计中的“时空转换”，无不是处于这种探索之中，他想要建立一套体系化的设计方法，而不是程式化的设计手法。“空间原理”体现的是现代建筑的思想，从“组景刍议”到“时空转换”则融入了冯纪忠对中国传统的思考。冯纪忠深厚的中国文化修养使得他可以从文人的角度来理解中国建筑传统，现代建筑思想与文人建筑美学的结合使得方塔园既有传统的意味又具有时代精神。只有理解了这些，才能真正地了解方塔园设计的价值所在。

前面所提到的建筑多少都是将庭院或园林空间与现代建筑思想结合的设计实践，是建筑空间探索的一个方面，也是建筑设计领域“空间”话语在这一时期的最主要、最突出的体现。建筑空间的形式是多样的，除了庭园建筑之外，其他的建筑实践也对空间进行了探索。这些探索包括多个方向，既有关于建筑室内空间的探索，也有关于建筑群体空间的探索，还有关于景园建筑空间的探索……例如北京建国饭店（1982年）根据功能需要将旅馆分成五幢独立的建筑，将不同体量的空间组合在一起，在室内空间处理上，充分利用不规则空间，使空间丰富多变，主题突出，以亲切宜人的空间氛围引起了中国建筑界的关注。武夷山风景建筑群（1983年）设计强调了建筑空间与环境空间的结合，将建筑与环境作为一个整体的空间环境来考虑，借鉴、发展了当地传统民居，顺应地形地势来布置建筑空间，使得建筑内外空间流畅，促进了武夷山地区建筑“武夷风格”的形成。这些探索促进了建筑“空间”话语的全面展开，是这一时期建筑“空间”话语走向多样化的体现。

“空间”在建筑设计领域的活跃表明中国现代建筑“空间”话语不再是纸上谈兵，而是一种指导建筑设计实践的话语，实现了建筑设计实践与建筑理论之间的互动。建筑理论为建筑设计实践提供了设计方法与手法，建筑设计实践的经验总结为理论思考提供了素材，中国现代建筑“空间”话语正是在这种互动中影响了中国建筑学科的发展。

[1] 冯纪忠谈方塔园//赵冰主编. 冯纪忠与方塔园[M]. 北京：中国建筑工业出版社，2007：13.

[2] 赵冰. 冯纪忠的现代之路[J]. 世界建筑导报，2008（3）：37.

5.5 建筑教育中传播的“空间”话语

随着“文化大革命”的结束，1970 年代末期全国高等教育得到逐渐恢复，中国建筑教育也重新走上了正规化、制度化的道路。在教育恢复的初期，各建筑院校基本上延续了“文化大革命”之前的教学方法。随着对现代建筑合法性的认可，与现代建筑训练有关的内容逐渐加入到建筑教育之中。现代建筑思想在教育领域有了自由发展的空间，而后现代建筑思潮的涌入使得建筑思想领域更加活跃了。在这种情况下，建筑教育中越来越重视空间思维的培养，“空间”成为了建筑教育的一个重要话语。

5.5.1 统编建筑教材中的“空间”

早在“文化大革命”之前，“空间”话语就已经开始出现在建筑教材之中，对建筑设计教育产生了一定的影响。随着高等教育的恢复，“空间”话语的影响进一步加强，不仅在建筑设计教学中是重要内容之一，还对建筑历史教育产生了重要的影响。

1970 年代末期全国建筑院校教材编辑委员会（全国高等学校建筑学专业指导委员会前身）在南京召开教材工作会议，会上确定编写新的全国通用的建筑教材（高等学校教学参考书），全国多所高校的教师都参与了编写工作，各个学校分工合作，共同完成了编写。这次编写的教材既包括建筑历史教材，也包括建筑设计理论教材，经过增补改写，在各高校建筑学教学中一直沿用到世纪之交。

1.《公共建筑设计原理》

（天津大学编，中国建筑工业出版社，1981 年 12 月第 1 版）

在这本教材的扉页中写道：“书内将公共建筑设计的功能问题、室内外空间组织问题、艺术处理问题和技术经济问题等作了初步的归纳和浅显的分析，试图使初学建筑的学生便于掌握公共建筑设计的基本原则和方法。”从这段内容简介中可以看出，室内外空间组织问题与功能、艺术处理、技术经济问题一样是公共建筑设计的重要问题。在本书的“概述”中，进一步明确了公共建筑设计中“空间组合”的重要性：

公共建筑的空间组合工作，是和一定的功能要求与精神要求以及一定的技术条件分不开的。也就是说，功能、艺术、技术是公共建筑空间组合的内因根据，不同的政治制度、民族传统、审美观点、自然条件、城市规划、经济水平等则是影响建筑空间组合的外因条件，因而一定的建筑空间组合形式的产生，是外因通过内因而起作用的结果。应当看到，在考虑公共建筑空间组合的问题时，技术条件是达到功能要求与精神要求的手段。同时也应当看到，技术条件对实现功能要求和空间处理有着一定的制约作用和促进作用。建筑工作者，要充分发挥主观能动性，使三者关系达到高度的统一。[1]

❶ 天津大学．公共建筑设计原理 [M]. 北京：中国建筑工业出版社，1981：1.

这本教材的目录（图 5-50）也充分体现了“功能、艺术、技术是公共建筑空间组合的内因根据”的说法，功能问题、艺术问题都与空间组织、空间处理有关。

图 5-50 《公共建筑设计原理》目录

在 4.4.2 节中提到 1962 年南京工学院编写的《公共建筑设计原理》是这本教材的参考资料之一，南京工学院的《公共建筑设计原理》经过编修，在 1986 年改名为《公共建筑设计基础》出版。对比这两本教材，可以发现，由天津大学主编的《公共建筑原理》比南京工学院的《公共建筑设计基础》更强调“空间组合”在公共建筑设计中的作用，这表明与 1960 年代相比，1980 年代更加注重建筑空间设计了。

2.《住宅建筑设计原理》

（《住宅建筑设计原理》编写组，中国建筑工业出版社，1980 年 12 月第 1 版）

从这本教材的简介来看，住宅建筑设计更加重视的是平面组合问题，针对的是“户”、“房间”的概念而非空间，但这并不表示空间对住宅设计就不重要，“在一户住宅中，各个房间不是孤立的，其功能可以相互补充，相互调剂，空间有多种分隔的可能”[2]。空间组织对住宅设计而言也很重要，“户内各部分由于不同的空间划分及组合关系，可以有不同的使用功能安排，也会产生不同的空间效果。”[3] 虽然这本教材只有第七章“住宅的美观问题”中的第二节“群体空间布局”将空间明确地提出来，但实际上，在其他各章中都有关于“空间”问题的小节。《住宅建筑设计原理》之所以不如《公共建筑原理》强调“空间”，是因为公共建筑某些特殊的功能需要使得它对建筑空间的要求比住宅建筑要高。

❷《住宅建筑设计原理》编写组．住宅建筑设计原理 [M]. 北京：中国建筑工业出版社，1980：22.
❸ 同上：28

3.《房屋建筑学》

（同济大学、南京工学院、西安冶金建筑学院、重庆建筑工程学院编，中国建筑工业出版社，1980 年 12 月第 1 版）

作为一本针对“工业与民用建筑”专业的试用教材，《房屋建筑学》主要阐述的是民用和工业建筑设计与构造的基本原理及应用知识。在第一部分“民用建筑设计”中，将“人体尺度和人体活动所需的空间尺度”，“家具、设备的尺寸和使用它们的必要空间”作为建筑设计的依据之一，认为：“一幢建筑物的平、立、剖面图，是这幢建筑物在不同方向的外形及剖切面的投影，这几个面之间是有机联系的，平、立、剖面综合一起，表达一幢三度空间的建筑整体。”[1]因此，第二章“建筑平面设计”完全着眼于建筑空间的组合，第三章“建筑剖面设计”更是以“建筑空间的组合和利用”作为第三节，“建筑物的体型的大小和高低，体型组合的简单或复杂，总是先以房屋内部使用空间的组合要求为依据。”[2]第四章“建筑体型和立面设计”也与空间组合有关。在第二部分“工业建筑设计”中也有不少关于“空间”的内容。这本教材的编写以1961年编写的五册版《房屋建筑学》为基础，在内容上更加浓缩、更加综合。从目录来看，这本教材似乎没有1961年版那样强调“空间”，实际上则是将“空间”完全融入论述之中，表明“空间”话语已经渗透到建筑设计理论之中。

[1] 同济大学、南京工学院、西安冶金建筑学院、重庆建筑工程学院．房屋建筑学[M]．北京：中国建筑工业出版社，1980：11.

[2] 同上：73

4.《外国近现代建筑史》

（同济大学、清华大学、南京工学院、天津大学编，中国建筑工业出版社，1982年7月第1版）

这本由四所高校共同编著的通用教材简要而系统地讲述了18世纪以来外国的主要建筑活动、建筑思潮及其代表人物，并附有各个时期和流派的代表作品。尽管题名为“近现代史”，但实际上这本教材整体上是一部西方现代建筑史，直接影响了1982年以来全国建筑院校师生对现代建筑历史的认识。这本教材将建筑空间看成是现代建筑的主角，以“空间”作为现代建筑发展的主要线索。在“概论”中有：

> 现代抽象艺术……其抽象构图、体形组合、色彩对比等手法却有其创新和可取的成分，因而被现代建筑艺术所借鉴。正因为如此，它进一步促使了现代建筑的净化，强调了空间与体形的抽象组合。
>
> 毫无疑问，近、现代建筑比封建社会的建筑大大向前跨进了一步。……在建筑艺术方面的变化也相当大，从豪华的折中主义风格到取消装饰、净化建筑，继而走向丰富空间、增加艺术享受，出现了不少新的理论与手法，使当代建筑为之一新。[3]

[3] 同济大学、清华大学、南京工学院、天津大学．外国近现代建筑史[M]．北京：中国建筑工业出版社，1982：3-4.

在其后各章中，都有对空间发展变化的分析，例如在第一章第三节“建筑的新材料、新技术与新类型”中，认为：“正是应用了这些新的技术可能性，突破了传统建筑高度与跨度的局限，建筑在平面与空间的设计上可以比过去自由多了，同时也必然要影响到建筑形式的变化。”[4]在第三章第三节“战后初期的建筑流派”中，认为：“对于形式和空间作一般性的试验研究也是现代生产和生活提出来的要求。”[5]在“新建筑运动走向高潮”中，认为1920年代后期新建筑有了比较完整的理论观点，在总结

[4] 同上：16

[5] 同上：63

这些建筑师的实践时，认为“这些建筑师的设计思想并不完全一致，但是有一些共同的特点”：

（一）重视建筑物的使用功能并以此作为建筑设计的出发点，提高建筑设计的科学性，注重建筑使用时的方便和效率。（二）注意发挥新型建筑材料和建筑结构的性能特点……（三）……把建筑的经济性提到重要的高度。（四）主张创造建筑新风格，坚决反对套用历史上的建筑样式，强调建筑形式与内容（功能、材料、结构、工艺）的一致性，主张灵活自由地处理建筑造型，突破传统的建筑构图格式。（五）认为建筑空间是建筑的主角，建筑空间比建筑平面或立面更重要。强调建筑艺术处理的重点应该从平面和立面构图转到空间和体量的总体构图方面，并且在处理立体构图时考虑到人观察建筑过程中的时间因素，产生“空间-时间”的建筑构图理论。（六）废弃表面的外加的建筑装饰，认为建筑美的基础在于建筑处理的合理性和逻辑性。❶

❶ 同济大学，清华大学，南京工学院，天津大学. 外国近现代建筑史 [M]. 北京：中国建筑工业出版社，1982：65.

这段对现代建筑特征的总结成为了中国建筑师对现代建筑的普遍理解。

《外国近现代建筑史》是从西方移植并经过转化的历史文本，将空间看成现代建筑的主角显然是受到了吉迪翁《空间、时间与建筑》中的“空间—时间”概念的影响。必须指出的是，吉迪翁提出“空间—时间”概念的目的在于将现代建筑纳入到一个具有共性的体系之中，以此来形成建筑艺术与科学技术相统一的历史叙述，与“构图”没有半点关联。“构图”是与“布扎”体系联系在一起的，“空间构图”则是“构图”的发展。因此，《外国近现代建筑史》中将“构图”与“空间”概念相结合来解说现代建筑实际上是对现代建筑的一种误读，这种误读反映出了“布扎”体系对中国建筑学科的深远影响。“空间”在中国建筑学科中就是一个“现代建筑”与“布扎”的结合体，这种“现代”与“布扎”的融合也是中国现代建筑的本质特点。

5.《外国建筑史》

（陈志华著，中国建筑工业出版社，1979 年 12 月第 1 版）

这本教材简要系统地介绍了 19 世纪末以前外国建筑发展的历史，以 1962 年版《外国建筑史》为基础，对内容进行了重新编排。早在 1962 年版的《外国建筑史》中就已经对各个历史时期的建筑空间进行了描述，这种对空间的描述在新的《外国建筑史》中得到了延续。这本教材与《外国近现代建筑史》虽然仍然属于“风格史”，但将建筑的发展过程与空间形式的演变联系起来，对建筑空间观念的传播起到了重要作用。

6.《中国建筑史》

（《中国建筑史》编写组，中国建筑工业出版社，1982 年 7 月第 1 版）

这本教材包括中国古代建筑史和近代建筑史两部分，按城市建设和建筑类型来编写。在“中国古代建筑”部分，认为：“经过长期的封建社会，中国古代建筑逐步形成了一种成熟的、独特的体系，在城市规划、建筑群、园林、民居、建筑空间处理、建筑艺术与材料结构的和谐统一、设计方法、施工技术等方面，都有卓越的创造与贡献。”[1] 在对各种类型的建筑进行介绍时，均对建筑空间进行了介绍。在总结古代木构建筑的特征时写道：

[1]《中国建筑史》编写组．中国建筑史 [M]. 北京：中国建筑工业出版社，1982:1.

> 中国建筑的屋架是由柱梁组合的，两榀这样的屋架（加上联系的枋檩）所组成的空间称为“间”，它是中国木架建筑平面、空间和结构的基本单元。它的优点是具有极大的灵活性，既能适应不同的气候和地理条件，又能满足多方面的使用要求，组成从简单到复杂的各种类型建筑。[2]

[2]《中国建筑史》编写组．中国建筑史 [M]. 北京：中国建筑工业出版社．1982：153.

在“中国近代建筑”部分，也对各种建筑类型空间的发展进行了描述，并分析了各种思潮之下的建筑空间。《中国建筑史》中对建筑空间特征的论述表明“空间”已经成为中国传统建筑的重要特征之一，已经完全融入到对中国建筑的理解中。

这几本统编的建筑教材编写始于1970年代末，成书最晚也仅是到1982年，基本上是以之前编写的教材为基础改编而成的。对“空间”的强调程度虽有轻有重，但每本教材都有与“空间”有关的内容。这些教材关于“空间”的讨论表明建筑空间的概念已经深入到建筑学内部，成为了一个习惯术语，“空间”话语也已成为一个普遍性话语。

当然，建筑教育中的“空间”话语不仅体现在教材之中，还体现在教学上。虽然“文化大革命”之后各高校基本沿用了“文化大革命”之前的教学模式，但现代建筑训练的内容也开始渗透到教学之中，各高校开始重视学生对空间和体块的把握能力，制作模型成为学生入门训练的常用手段[3]，有的学校还开设了与空间构成有关的课程。改革开放的到来使得中国建筑教育工作者有机会到国外进修，直接接触国外的建筑教育，各高校逐步开始了建筑教学改革。在这个时期发表的一系列关于建筑教学改革的文章中不少都强调了空间构思、空间理论对设计教学的重要性，例如王丽方的《建筑设计课教学的改革设想》（建筑学报，1984年第4期）、万国安的《建筑教育改革迫在眉睫》（建筑学报，1984年第7期）等，空间思维能力成为这一时期建筑教育培养的重要内容。

[3] 钱锋．现代建筑教育在中国（1920-1980）[D]. 同济大学工学博士学位论文，2005：164-167.

5.5.2 《建筑空间组合论》

1983年出版的由天津大学教授彭一刚主编的《建筑空间组合论》（以下简称《组合论》）是“空间”话语的一大成果。作为第一本关于建筑空间的专著，它的影响从20世纪80年代初一直延续到现在。从1983年9

月第一版第一次印刷至2008年6月，已印刷37次，发行近18万册，可能是中国建筑学界迄今为止流传最为广泛的一本著作。这本书不是教材，但基本上建筑学学生人手一本，成为学生们学习建筑初期的最重要参考书之一。

1.《组合论》的意图

《组合论》这本书以“空间组合”为题，强调的是“组合”二字，更准确地说是“构图”(composition)。在这本书的扉页上的内容简介中这样写道:“本书从空间组合的角度系统地阐述了建筑构图的基本原理及其运用。”这就是这本书写作的初衷，彭一刚在前言“写在前面”中将这种意图表达得非常清楚。以往的教学中，学生得不到系统的建筑构图方面的知识，由于构图原理本身的抽象性，使教师也很难在有限的课堂辅导中讲解清楚，学生会感到构图原理神秘莫测，教师则苦于只能意会而难以言传。针对这种情况，彭一刚在1960年代初就产生了编一本有关“构图原理”的书籍为学生和在职设计工作人员提供参考的想法。在回忆写作动机时，彭一刚也说道：

> 就我看来，那个时候学生的设计水平更多地取决于学生的构图能力，即composition。当然，建筑不仅是构图，还涉及功能等等，但需要通过构图将它们体现出来形成一个比较具体的方案。……我们当时的设计教学，是将各种建筑的功能，通过diagram将各种关系联系起来。……但要通过组合形成一个完整的方案，平面、立面、剖面等等。一旦涉及这些构图的问题，就讲不清楚了。[1]

彭一刚在“写在前面”中还明确指出,《组合论》的重点是讨论建筑形式处理的问题。形式处理是建筑设计的基本问题之一，如何将形式处理变成系统化的、可传授的知识是建筑教育的一个难点。“布扎”体系中的“构图”理论正是一种系统化的形式处理理论，是一种行之有效的手段，因此，“构图”才会被中国建筑师长期关注。

2.《组合论》的“空间”

明确了《组合论》是一本构图理论论著后，再来看看“空间”在《组合论》中意味着什么。彭一刚从人对一个赖以栖身的场所的需要出发，引出了空间的概念，指出：建筑对于人来说，具有使用价值的不是围成空间的实体的壳，而是空间本身。在空间与形式的关系上，他认为建筑形式主要是指它的内部空间和外部体形，而外部体形又是内部空间的反映。也就是说，建筑的使用价值在于空间，建筑的形式也与空间有关。彭一刚同时还指出“建筑形式”并不只有“空间”,《组合论》中将建筑形式看成是一个包含“空间”(还有体形、轮廓、虚实、凹凸、色彩、质地、装饰等)在内的多种

[1] 李华.“组合”与建筑知识的制度化构筑：从3本书看20世纪80和90年代中国建筑实践的基础//朱剑飞.中国建筑60年(1949-2009)：历史理论研究[C].北京：中国建筑工业出版社，2009：237-238.

要素的复合。在这些要素中，与功能有直接联系的形式要素就是空间。空间成为了功能与形式之间的直接联系。

“组成建筑最基本的单位，或者说是最原始的细胞就是单个的房间，它的形式——包括空间的大小、形状、比例关系以及门窗等设置，都必须适合一定的功能要求。”[1] 从“房间”这个最基本的空间单位入手，《组合论》展开了逐步的分析：由局部到单体，再由单体到群体；由内部空间到外部体形，再由外部体形到外部空间；由内容（功能）到手段（结构），由手段到形式处理等。由此来看，《组合论》实际上是以“空间组合”为线索，从功能、结构、审美要求三个方面来阐明建筑空间组合所必须遵循的基本构图原则的。

虽然以“空间”作为将建筑形式、内容、手段三者联系在一起的“要素”，但由于《组合论》讨论的重点问题是关于形式处理的，目的也在于系统地讲解建筑构图原理，因此，这里“空间”尽管受到西方现代建筑空间概念的影响，却始终偏向于“布扎”体系的“空间构图”概念。《组合论》没有明确地列举出参考文献，书中提到了由奚树祥翻译的《构图原理》[2] 一书。《构图原理》译自塔尔博特·哈姆林主编的《20 世纪建筑的形式与功能》第二卷前十章。据彭一刚回忆，他还受到了纳撒尼尔·柯蒂斯的《建筑构图的秘密》的启发。[3] 柯蒂斯的书写于 1923 年，此时现代建筑还处于形成的初期，因此，这本书完全是以古典的构图原理为基础分析形式的处理问题，针对的是建筑实体的外形构图和建筑平面的组合。哈姆林的《20 世纪建筑的形式与功能》写于 1952 年，此时现代建筑正处于盛期。哈姆林以构图理论为基础，受现代建筑影响，吸收了空间的概念而将建筑作为空间艺术对待。[4] 从某种意义上讲，哈姆林的《20 世纪建筑的形式与功能》中的“构图”是前苏联“空间构图”理论之外的另一部“空间构图”理论。

《组合论》比《20 世纪建筑的形式与功能》对“空间”的讨论更进了一步，不仅吸收了许多现代建筑的思想，还体现出了后现代建筑思想的影响。[5]《组合论》将“布扎”的构图理论引入到现代建筑之中，将形式原理与现代建筑的空间观念融合为“空间组合”的概念。以“空间组合”为基础，将“布扎”与“现代建筑”的设计方法融为一体，可以说是 1950 年代前苏联“空间构图”理论的发展与延续。齐康曾这样评价彭一刚写的《组合论》：

他是从建筑美学、统一、均衡、比例、尺度、韵律、序列设计、规则与不规则的序列设计、性格、风格和群体规划设计等方面来论述的，应当说他对建筑构图的分析是跨前了一步，他探求了建筑空间的特征，人的活动对建筑的影响，空间和实体在建筑表现上给人的感受，以及从时间的观

[1] 彭一刚．建筑空间组合论 [M]. 北京：中国建筑工业出版社，1983：1.

[2] 构图原理 [M]. 奚树祥译．南京工学院建筑系，1979.《20 世纪建筑的形式与功能》第二卷还有一个中译本，翻译了第二卷前 11 章：建筑形式美的原则 [M]. 邹德侬译．北京：中国建筑工业出版社，1982.

[3] 李华．“组合”与建筑知识的制度化构筑：从 3 本书看 20 世纪 80 和 90 年代中国建筑实践的基础 [J]. 时代建筑，2009（3）：40.

[4]《20 世纪建筑的形式与功能》中多次提到三度空间的概念，将建筑看成是三度空间的艺术，参见：构图原理 [M]. 奚树祥译，刘光华校．南京：南京工学院建筑系，1979：1-6.

[5]《组合论》中提到不少与现代建筑甚至是后现代建筑有关的著作和文章，如格罗皮乌斯的《新建筑与包豪斯》、勒·柯布西耶的《走向新建筑》、文丘里的《建筑的复杂性与矛盾性》、芦原义信的《外部空间设计》等。

念作出对建筑序列设计的分析。但这本书的内容和方法上相当部分仍沿袭了传统的古典建筑样式中形式美的分析方法和观念。[1]

[1] 齐康．入门的启示——评《建筑空间组合论》[J]．建筑师，(21)：165.

3.《组合论》引起的讨论

《组合论》一出版就引起了中国建筑界的关注，陈志华以笔名“窦武”发表了《“建筑空间组合论”献疑》一文，对《组合论》中用形式与内容这一对范畴的对立统一来总括建筑的基本理论提出了质疑。他认为，把空间当作建筑形式是不妥当的，空间只是形式的一个方面，把空间放在第一位，甚至惟一的地位，会忽视物质实体。陈志华指出：“只有用墙和屋顶围护起来的空间才是可以防止侵袭的空间，才是所要的栖身之所。这就是壳的使用价值。没有屋顶和墙，根本就没有特定的建筑内部空间。”[2]

[2] 窦武．《建筑空间组合论》献疑 [J]．建筑师，(21)：154.

彭一刚以《空间、体形及建筑形式的周期性演变——答窦武同志》为题作出了回应，认为《组合论》确实是把建筑内部空间当作建筑形式的最本质要素之一，但不是惟一，并给出了把空间当作建筑形式的一个重要组成部分的原因：

> 其一，传统的构图原理过分地忽视它，而把着眼点主要放在眼见为实的物质要素上；其二，由于它与功能保持最直接、最紧密的联系，以它为中介将有助于把功能对于建筑形式（包括空间、体形、立面）的制约关系讲得更清楚。拙作正是循着功能而内部空间，再由内部空间而外部体形（包括体量组合及立面）的相互制约关系而渐次展开的。[3]

[3] 彭一刚．空间、体形及建筑形式的周期性演变——答窦武同志 [J]．建筑师，(21)：159.

通过这段话，彭一刚清楚地表达了为什么会以“空间”来论述建筑构图原理。以“空间组合”来代替“构图”弥补了传统的构图原理对空间的忽视，这与《组合论》要将现代建筑思想与构图原理融合的目的是一致的。

与这两篇文章一起发表的是齐康的《入门的启示——评“建筑空间组合论”》。齐康认为，不同的历史时期人们对建筑构图艺术的认识是不同的。作为反映建筑实体、空间和环境组合的文献，《组合论》在内容的研究上达到了一个新的高度。《组合论》从形式美的规律出发来探讨构图手法，不仅用通俗易懂的文字，还用图，特别是示意图、分析图来阐明建筑的空间组合，以便于初学者学习，使读者具有建筑空间形象的概念，有益于初学者。齐康认为《组合论》比之前的构图理论著作进了一步：“作者大体上以内外空间为主体运用了一般建筑艺术规律来分析，提出了自己的见解，有着它自己独到的设想。”[4]

[4] 齐康．入门的启示——评《建筑空间组合论》[J]．建筑师，(21)：165.

《组合论》作为一本建筑理论著作，针对的不是某种具体的建筑类型或者建筑风格，而是从建筑最普遍的共性出发，通过实例分析、图解和图示等手段将建筑设计的基本原理和方法系统化为可以传授的知识，是一本相当实用的设计工具书。由于作者著书的目的只在于编写一本系统的构图理论，因此，尽管《组合论》对“构图”理论进行了发展，也收集了相当多的可供学生选择使用的手法，但却不能算是一套完全具有原创性的理论。

5.6 空间意识→环境意识

在建筑的不断发展与前进中，现代人的空间意识在不断地发展与扩大。随着人类对环境越来越重视，空间概念开始与环境概念结合，空间意识也开始向环境意识转化，形成了“空间环境”或者说是“环境空间”的概念。

环境意识的兴起[1]与西方世界发生的能源危机与环境危机有关。随着工业的发展，一方面，人们受利益驱动大量开采自然，使很多非再生资源几近枯竭；另一方面，工业生产又产生大量有害物质和气体，排放到自然界，进一步恶化了自然环境。环境的恶化直接威胁着人的生存，引起了人们的强烈不满和反思。1972 年，联合国为维护全球的环境安全，成立了环境计划署（UNEP）。建筑师们也意识到了建筑与环境的关系问题的重要性。1977 年，国际建筑师协会（UIA）在《马丘比丘宪章》中指出，环境污染迅速加剧是当前最严重的问题之一，将其看成是无计划的爆炸性的城市化和地球自然资源滥加开发的直接后果。由此提出：“采取紧急措施，防止环境继续恶化，并按照公认的公共卫生与福利标准恢复环境的固有的完整性。”同时还指出：“新的城市化概念追求的是建成环境的连续性。”[2] 1981 年，《华沙宣言》确立了“建筑—人—环境”为一个整体的概念：“建筑学是为人类建立生活环境的综合艺术和科学”，以此使建筑师更关注人、建筑和环境之间的密切关系，提出：“建筑师的责任是要把已有的和新建的、自然的和人造的因素结合起来，并通过设计符合人类尺度的空间来提高城市面貌的质量。”[3]“规划和建筑应力求创造出一个完整的、多功能的环境，把每一建筑视为综合体中的一个组成部分，在和其他组成部分的呼应下完成其形象。”[4]

国际建筑界这种对环境的强调与后现代思潮的兴起也有一定的关系。在对工业文明的负面效应进行思考后，后现代建筑关注设计与资源环境的关系，主张建筑与环境结合，自然环境与人造环境结合，强调设计与人类社会的可持续发展问题，设计的形式和功能要人性、环保和节能。

中国建筑学界感受到了国际建筑界所发生的这种变化。中国建筑学会第五次全国会员代表大会以“建筑·环境·人”为主题[5]，与会建筑师认为：“在国外，建筑设计正向环境设计发展；过去建筑设计局限于个体，现在要考虑群体和建筑空间，对建筑空间也要从建筑环境的基本概念去考虑，

[1] 关于 1980 年代环境意识的兴起，参见：周鸣浩 .1980 年代中国建筑转型研究 [D]. 同济大学博士学位论文，2011：167-196.

[2] 马丘比丘宪章 [J]. 陈占祥译 . 建筑师，(4)：255，257.

[3] 1981 年国际建筑师协会第十四届世界大会上建筑师的华沙宣言 [J]. 建筑学报，1981（9）：70.

[4] 同上：71

[5] 这次会议出版了论文集：中国建筑学会编 . 建筑•人•环境：中国建筑学会第五次代表大会论文选集 .1981.

注意建筑物的内外结合。"[1]顾孟潮在1985年将人们的建筑价值观念的变迁分为5个阶段：实用建筑学阶段（原始社会—新石器时代）；艺术建筑学时代（青铜时代—铁器时代）；机器建筑学时代（前机器时代—机器时代）；空间建筑学时代（1950 ~）；环境建筑学时代（1980 ~）。[2]刘光华在《建筑·环境·人》中认为，20世纪建筑发生了两次革命，第一次革命创造了新的空间概念，第二次革命则进一步发展了空间概念，将空间与环境结合起来，把建筑（局部）、环境（整体）和社会（人群）结合在一起。[3]第二次革命是从1950年代开始的，1970年代是其高潮，但这个时间指向的是国外的情况，中国的第二次革命则开始于1980年代。

"建筑是最庞大的人工空间环境和形体。"[4]"建筑是人类居住生活的环境空间。"[5]这种观念将空间与环境两个概念融合成一体，建筑离不开环境，"建筑物是一个实体，占有空间，存在于一定的环境之中。进行创作也就必然离不开一定的环境条件。"[6]"建筑不能超脱其所处的周围环境，它总是处在一个特定的环境之中。"[7]在这种观念之下，空间成为环境的一个组成部分，环境成为一种包含更广泛空间的概念。这两种观念都表明空间概念的范围在扩大，不再局限于建筑所形成的人工空间，而是囊括了人工空间所处的自然环境，空间意识在向环境意识转变。

建筑创作也受到新发展的环境意识的影响，从对空间设计的强调转向对环境设计的强调。"建筑创作应该做到顺应环境、利用环境去组织内外空间，并进而创造环境，力求建筑与环境二者相辅相成，组成有机的统一体。"[8]冯钟平在《环境、空间与建筑风格的新探求》中认为，建筑设计的任务是：

> 把人们对生产、生活及审美等方面的要求，通过物质与技术的手段，转化成为有一定大小与形状的建筑空间和体型环境。……从一个房间到整个建筑，从建筑物的内部空间到建筑物的外部空间，从一组建筑群到整个城市，都应有机地联系着，协调着。[9]

创造一个舒适、合用的空间环境，强调建筑空间与环境的协调，把人的活动因素与空间结合起来成为这个时期中国建筑师进行建筑创作的一个原则。"建筑师所承担任务的范围、尺度与规模越来越大，建筑设计已不仅仅是推敲一幢房子的平立面，而是扩大为规划、风景、建筑三位一体的空间环境设计。这种发展趋向是很重要的。建筑设计意图要建立在对环境整体的构思上，即使要作的是一幢个体，也要从大范围的环境整体着眼，这是建筑创作的指导思想，也是一个科学的辩证的思想方法和工作方法。"[10]

在对环境的重视之下，这一时期不少文章将空间与环境放在一起讨论。

[1] 赵芳，齐哲．中国建筑学会第五次全国会员代表大会分组讨论发言摘登 [J]. 建筑学报，1980（6）: 13.

[2] 顾孟潮．理论建筑学与建筑科学 // 杨永生编．建筑百家言 [M]. 北京：中国建筑工业出版社，1998: 12.

[3] 刘光华．建筑·环境·人 [J]. 世界建筑，1983（1）.

[4] 顾奇伟．从繁荣建筑创作浅谈建筑方针 [J]. 建筑学报，1981（2）: 18.

[5] 刘亦兴．建筑与色彩 [J]. 建筑师，（6）: 32.

[6] 方鉴泉．浅谈建筑创作 [J]. 建筑学报，1983（8）: 6.

[7] 徐建得．中小型建筑创作 [J]. 建筑学报，1982（6）: 69.

[8] 同上

[9] 冯钟平．环境、空间与建筑风格的新探求 [J]. 建筑学报，1979（4）: 8.

[10] 李道增，田学哲，单德启，俞靖芝，王炳仪，羊嫆．对名山风景区发展旅游建筑的探讨——从峨眉山旅游区和川西民间建筑得到的启发 [J]. 建筑师，（4）: 8.

冯钟平在《环境、空间与建筑风格的新探求》中指出：“**光寻求建筑立面两度空间上的完整性、统一性是不够的，必须寻求建筑物在高、宽、深三度空间上的完整性，光寻求一个建筑物体型上的完整性是不够的，还必须进一步寻求建筑与周围环境的协调及外部空间、体型环境上的完整性。**”[1] 徐萍的《传统的启发性、环境的整体性和空间的不定性》一文在讨论空间之前先就环境的整体性进行了讨论：“**任何艺术都不像建筑艺术与环境的关系这么密不可分。离开了环境，建筑就没有意义了。**”[2] 徐萍认为，建筑负有生态平衡的特殊责任，应使人与自然更好地接触。建筑设计不仅要“从内到外”，还要“再从外到内”，“外”包括自然环境，也包括建筑环境。从环境的需要出发，空间中应有两种尺度，以适应单体与群体空间的需要。建筑与环境的结合有借景、甘当配角、运用“过渡”几种手法。“**建筑师将从创造美好的建筑个体转为创造美好的环境空间。**”[3] 这种将空间和环境一起讨论的例子还有很多，“空间环境”和“环境空间”成为建筑师常用的空间术语。

❶ 同上：9

❷ 徐萍．传统的启发性、环境的整体性和空间的不定性（上）[J]. 建筑师，(11): 128.

❸ 徐萍．传统的启发性、环境的整体性和空间的不定性（上）[J]. 建筑师，(11): 128.

中国从关注空间转而关注环境、将空间意识扩大为环境意识，一方面是受到了来自国外的影响，另一方面，与对中国传统建筑和园林的研究有关。“天人合一”思想使得中国人一向注重人与自然环境的结合。中国传统建筑大都不是以单体出现的，而是以群体为重，借助于自然景观，顺应自然的景物，作为丰富建筑空间环境的依托。建筑空间环境以崇尚自然作为理想，对于阳光、绿化、水面、山石的处理，对于空间环境、地形地貌、生态环境，都高度重视，以求人工的建筑与自然环境取得和谐。随着对中国传统建筑和园林的深入探讨，中国建筑师开始重新思考建筑与环境的关系问题，将“环境”意识看成是中国本土文化传统的现代版本。

除了以上所述原因之外，还有一个值得注意的因素，那就是旅游业的兴起。风景区、旅游胜地大多处于自然环境之中，风景区的建筑与环境有着千丝万缕的联系。对风景区的建筑而言，强调空间可能是适宜的，对于整个风景区而言，显然强调环境比强调空间更有意义。因此，在风景区建筑设计与规划中，强调空间的作用，更强调整体的环境。

从空间意识到环境意识的转变，可以看成是空间概念的进一步发展与扩大。与空间意识相比，环境意识不但将空间所强调的物质功能和精神功能包含其中，更强调了人与环境的作用。通过建筑设计与外部自然环境的整合，建筑不再是单纯的空间营造与工程建设，而成为了环境的重要组成部分，要为人们的生活提供恰当的、有人性的空间环境。通过对环境意识的强调，中国建筑师拓展了视野、知识范畴，中国建筑学科开始向一个跨学科和交叉学科转向。

5.7 小结

改革开放以来，国外的各种文化观念传入中国，打破了中国文化的封闭性。建筑理论摆脱了政治意识的干扰，建筑创作也摆脱了意识形态的羁绊，中国建筑师的思想再次活跃起来。国外建筑思潮的不断涌入，使中国建筑师看到了世界建筑理论的纷繁陈杂，开始更加积极、主动地引入国外的建筑理论。同时，前一时期受到压制的现代建筑思想开始强势反弹，中国建筑师开始为现代建筑“正名”，“空间”话语也随着对现代建筑的倡导而再次活跃。然而，国际上现代建筑风光不再，后现代建筑已经成为主流，后现代建筑“空间”话语也随之引入中国，给中国建筑界带来了巨大的冲击。现代、后现代建筑理论的一并涌入，使得中国建筑“空间”话语变得开放并走向多样化。

在这种大背景之下，中国建筑师开始了对建筑自主性的诉求，要求建筑方针超越政治化、教条化，回归建筑学本体的范畴。“空间”作为建筑最本质的内容之一，地位得到了极大的提升。在对中国建筑学科发展的反思中，“空间”成为中国建筑师反抗形式主义的利器。在多样化的外来建筑理论的冲击下，中国建筑师对“空间”的认识有了明显的提升，在对建筑空间的讨论中吸收了环境心理学、行为学等其他学科的研究成果，建筑空间成为了与人的活动息息相关的“空间”。此时，专门就“空间”问题进行讨论的建筑理论文章开始涌现，讨论的问题涉及各种各样的建筑空间，甚至涉及现象学、心理学等相关学科的研究成果。在对建筑“空间”的讨论中，前一时期关注的空间构图、室内空间、空间结构等问题得到了继承和发展，不但讨论的视角更加丰富，讨论的深度也有所加强。在这些原有话题的基础上，建筑空间被进一步系统化，成为了有着明确构成的多层次的空间，还发展出了诸如结构构思与空间创造之类的新议题。对中国传统建筑与园林空间特征的研究的深入以及来自“共享空间”等外来建筑空间理论的影响，使得庭园建筑成为了这一时期建筑实践的重要内容之一，将现代建筑空间与中国传统的庭院空间、园林空间相结合成为中国建筑师探索的重点，不但在建筑实践中硕果累累，在经验与理论总结方面也有不少成果。

总的说来，至1980年代，中国建筑学界已经完全接受了“空间”这个术语，“空间”不再停留在理论的探讨中，更在建筑创作实践中展现，理论与实践的互动促进了建筑“空间”话语在更广泛的范围内展开。彭一刚的《建筑空间组合论》的出版更是中国现代建筑空间话语讨论成果的呈现。可以说，“空间”这个术语已经完全渗透到中国建筑学科之中，成为了一个与平面、立面、风格、形式一样的建筑常用术语，中国现代建筑“空间”

话语也成为了一个稳定而常态的话语。这种转变使得此后的“空间”话语在中国变得既重要又平常：重要在于“空间”成为了建筑最本质、最重要的内容之一，既影响理论的发展，也指导建筑实践；平常在于“空间”已经渗透到建筑学科内部，消融在建筑话语之中，建筑师在自觉自动地使用“空间”。同时，环境意识的兴起也使得空间的概念与范围开始扩展，空间意识开始向环境意识转变，一部分内容融入到环境意识之中，与环境概念一起成长。无论如何都不能否认“空间”话语已经对中国建筑学科产生了相当重要的影响，这种影响仍将持续下去。

六

多角度的空间话语

米歇尔·福柯（Michel Foucault，1926-1984）认为：“如果我们能够在一定数目的陈述之间，描述这样的散布系统，如果我们能够在对象、各类陈述行为、这些概念和主题选择之间确定某种规律性的话（次序、对应关系、位置和功能、转换），按习惯我们会说我们已经涉及了话语的形成。”[1]“空间”一词于 1903 年传入中国，从 1920 年代开始中国建筑学界就“空间”逐渐展开了多种多样的讨论，“空间”最终成为中国建筑学科的重要话语之一。根据福柯的理论，可以说，中国建筑“空间”话语已经形成并造成了相当大的影响。那么，“空间”作为现在司空见惯的一种建筑话语，它的形成对中国建筑学科到底有何意义？“空间”话语对中国建筑学科又产生了何种影响呢？可以从认识论和方法论两个角度来讨论空间话语所带来的中国建筑学科的改变。

[1] [法] 米歇尔·福柯．知识考古学 [M]. 谢强，马月译．北京：生活·读书·新知三联书店，1998：47-48.

6.1 作为认识论的“空间”

从认识论的角度来探讨“空间”话语，主要考察“空间”对于人们认识建筑所起的作用。在西方建筑学科建立之初，“空间”这个术语与建筑学没有丝毫的联系，然而现在提到建筑必然会提到“空间”，差异是如此巨大，这表明建筑学本身是一个开放的体系，随着时代的发展，建筑话语也在发生变化。“空间”话语对中国建筑学科的影响不仅在于对建筑的认知，更在于改变了中国建筑师对中国建筑传统的认知。

6.1.1 对建筑的认知

“建筑是什么”是建筑学科一个古老而永恒的问题，是建筑师理解建筑和进行建筑设计创作的基础与出发点。对于建筑的认知一直随着时代的发展而变化，那么“空间”话语的产生对我们认识建筑到底产生了哪些影响呢？

1.“空间”对西方建筑学科发展的改变

早在古罗马时期，建筑可能就已经作为一门学科而存在了，据信已经失传的由古罗马大学者瓦罗（Marcus Terentius Varro，公元前 116- 前 27）所著的《学科要义九书》（*Disciplinarum Libri novem*）是关于文法、修辞、辩证法、几何学、算术、天文学（占星学）、音乐、医学和建筑学九个学科的讨论集。自公元 4 世纪起，前七门学科被称作“七艺”，成为高等教育的标准课程。[2] 不论建筑是否在古罗马就已经成为一门学科，至少 15、16 世纪时建筑学科已经确立了。建筑学科的确立是以文艺复兴初期的人文主义者对古罗马建筑师维特鲁威（Marcus Vitruvius Pollio）的《建筑十书》产生浓厚的兴趣为契机，从阿尔伯蒂（Leon Battista Alberti，1404-1472）的《建筑论》（*De re Aedificatoria*）开始出现了大量的建筑理论文献，建

[2] [英] 博伊德．西方教育史 [M]. 任宝祥等译．北京：人民教育出版社，1985：69.

筑的理论化促成了建筑学科的建立。

19 世纪之前，建筑话语基本上以维特鲁威的《建筑十书》为基础，维特鲁威在书中提出了三个基本的建筑要素：坚固、实用、美观以及六个基本美学原理：秩序（Ordinatio）、布置（Dispositio）、比例（Eurythmia）、均衡（Symmetria）、装饰（Décor）、分配（Distributio），他的建筑观点和建筑原则对建筑学的发展产生了深远的影响。维特鲁威对建筑坚固的强调使得材料、结构、构造等"科学"概念与建筑紧密相关，建筑成为一门"科学"；他对建筑美观的强调正好印证了在西方建筑始终被当作一门艺术来对待的传统。

阿尔伯蒂在维特鲁威的基础之上，将建筑定义为："建筑物这一件事情是由外形轮廓（lineamenta）与结构（structura）所组成的。"[1] 对于阿尔伯蒂而言，建筑设计领先于建造："设计是一位有创意的艺术家孕育于心中的线条（Lines）与角度（Angles）严谨而优美的预先安排（pre-ordering）。"[2] 他也提出了六个基本建筑要素：建筑用地（regio）、基址（site）、房间分隔（partitio）、墙壁（paries）、屋顶（tectum）以及开口（apertio）。从阿尔伯蒂所提的六要素来看，他所思考的建筑的重要问题与平面、立面的设计有关，也就是说，在建筑学建立之初建筑设计主要针对的是平面、立面设计，平面、立面问题是建筑学科最初关注的最重要的内容。

对平面、立面的布置的关注最终在 19 世纪被"布扎"体系理论化为一套系统的"构图原理"。可以说，在"空间"概念渗入建筑学科之前，建筑学科关注的始终是二维的平面、立面形式问题，建筑的各种要求（功能的、审美的、技术的）都是以二维的方式来解决的。虽然"透视法"的出现使得建筑师对建筑的关注从二维转向三维，但这种对三维的关注集中于体块（Mass）的表现，即"透视法"打破了二维形式平坦的艺术表现，转而追求具有深度感的、立体感的与观察者"视点"密切相关的对建筑实体的表现。"空间"概念在建筑学中的出现带来了巨大的改变，使得建筑师不仅关注形成建筑空间的围合结构，更关注其中"空"的部分。可以说，"空间"使得建筑的形式不仅在于平面、立面、剖面，还在于三者的结合。

再来看建筑的原则问题。维特鲁威的"建筑三要素"在建筑学中是一个被奉为圭臬并不断被再解说、再诠释的教条性原则。对于建筑学科而言，"实用、坚固、美观"哪一个也无法被丢弃、被代替，任何建筑理论的探讨都与三要素或者其中之一有关。正如彼得·柯林斯在《现代建筑设计思想的演变：1750-1950》中指出的那样，建筑的革命性改变只能基于这三要素以外的、增加的概念上；或者是给其中一方面或两方面以特别的强调而牺牲掉其他方面，或者是对建筑美观的看法发生变化。在维特鲁威三要素之外，建筑最终增加的惟一概念就是"空间"。[3] 柯林斯的这种说法表明"空间"在建筑中不仅是与平面、立面、剖面相对的概念，更是与维特

[1] [意]莱昂·巴蒂斯塔·阿尔伯蒂．建筑论——阿尔伯蒂建筑十书．王贵祥译．北京：中国建筑工业出版社，2010：3.

[2] Hanno-Walter Kruft. Translation by Ronald Taylor & Elsie Callander and Antony Wood. *A History of Architectural Theory: From Vitruvius to The Present* [M].Princeton Architectural Press，1994：44.

[3] [英]彼得·柯林斯．现代建筑设计思想的演变．英若聪译．北京：中国建筑工业出版社，2003：10.

鲁威建筑三要素相当的一个概念，是可以扩展建筑认知、带来建筑革命性变化的概念。之所以会如此，是因为对建筑而言“空间”是一个积极的建筑性质，它非常特殊：它与维特鲁威的坚固、实用、美观三个原则都有密切的关系，不仅不需要牺牲三个原则中的任何一个，还使得三个原则更加紧密地结合在一起。“空间”的概念使得建筑在“三要素”之外增加了一个更为本质的要素，毕竟在人类第一次建造栖身之所或对栖身的洞穴进行改进时就已经具有一定的空间意识，就已经是在建造空间了。

“空间”概念是从哲学领域走入建筑学领域的，“空间”概念对建筑学发展真正造成影响是从“空间”在艺术评论中被当作建筑的本质而被宣传开始的，与德语系的艺术理论家、建筑理论家对建筑“空间”概念的强调有关。对在此之前，在建筑历史与建筑评论中占统治地位的是“风格”说。从 15 世纪意大利建筑师、理论家菲拉雷特（Antonio Averlino Filarete，1400-1465）第一个将“风格”（style）运用于艺术之中后，“风格”开始了在艺术领域进而在建筑学领域的发展。“风格”在西方建筑理论发展历程中积累了深刻的内涵，经过 18、19 世纪的“风格”争论，它不但同历史主义、民族性等发生了联系，并在很大程度上成为了 19 世纪建筑理论、建筑教育的中心问题。[1] 辛克尔、森佩尔等建筑师对风格的讨论开启了对建筑材料、结构理性、表皮等问题的关注，这些关注最终引导了现代意义上空间概念在建筑学中的使用。“风格”从未成为建筑话语、建筑争论焦点的全部，却在相当长一段时间内占有统治地位，尤其是在建筑历史研究中。“风格”的这种统治地位在 20 世纪 30 年代末 40 年代初受到质疑，建筑历史学家、理论家吉迪翁、佩夫斯纳等人开始有意识地利用“空间”的概念来取代“风格”，在历史学家和理论家的努力之下，“空间”正式进入建筑理论领域，成为一个建筑术语。

万物始终是存在于空间中的，建筑也是根据人的需要而“创造”空间的，虽然之前的建筑文献、建筑理论并不涉及空间，但建筑却逃不开与空间的密切关系。将“空间”看成是建筑创作的基础与动力是一种建筑认识上的进步，可把握住建筑最特殊的、最本质的内涵。以“空间”来对抗风格，在解读不同时期的建筑历史时关注的不再是立面形式的差异，而是将平面、剖面的差异也纳入到认识之中。也就是说，建筑形式的差异以空间形式的差异为体现，不仅表现为建筑外观的差异，更表现为建筑内部组织方式的差异，这使得建筑的历史演变过程变得更加清晰，对建筑形式的认识更加全面。

在“空间”的概念进入建筑学之后，建筑设计关注的重心从平面、立面转向了空间，建筑的原则不再只有建筑三要素而是必须将空间纳入其中，建筑历史也不再仅限于风格史。“空间”概念的引入使建筑学科发生了本质的变化，“空间”不仅使得人们多了一种谈论建筑的术语与角度，更是

[1] 关于“风格”，彼得·柯林斯在《现代建筑设计思想的演变：1750-1950》中有论述；还可参见：王颖．探求一种“中国式样”：近代中国建筑中民族风格的思维定势与设计实践（1900-1937）[D]．同济大学博士学位论文，2009.

颠覆了对“建筑是什么”的理解。建筑不再被当作一个实体，建筑“空”的部分的重要性被发掘出来，这种对“空”的强调在建筑技术发展的配合之下完全改变了建筑形式，使得建筑展现出全新的面貌。由此，建筑艺术从最初的设计艺术（arti del disegno）发展为造型艺术，最终成为空间艺术。从此，“空间”成为了西方建筑学的重要内容之一，建筑的目的变成了获得供人使用的建筑空间：

> 建筑的目的就是要围成空间；当我们要建造房屋时，我们不过是划出适当大小的空间而将它隔开并加以围护，一切建筑都是从这种需要产生的。但从审美观点上看，空间就更为重要，建筑师用空间来造型，正如雕刻家是用泥土造型一样。他把空间设计作为艺术品创作来看待，就是说他力求通过空间手段使进入空间的人们能激起某种情绪。[1]

2.“空间”对中国认知建筑的改变

反观中国，在古代中国并没有今天被称为“建筑”的知识体系存在。虽然早在老子的《道德经》中就已经包含有现代空间观念，但“有室之用”的说法却表明，在中国传统文化中建筑主要的存在价值在于“功用”。中国古代建筑的“学问”就是“建造”的技能，构筑建筑只需要工匠而不需要从事设计活动的建筑师。[2]同时，中国古人对建筑没有明确的分类，建筑的内容分散在经史子集的各个部分[3]，直到18世纪，《古今图书集成》和按照“四分法”重新编纂的《四库全书》中才出现“考工”的分支，但是“考工”也并不是今天所说的建筑。这使得中国建筑在根本上不同于其他国家的建筑，也就是说，在清末以前中国根本不存在建筑学科。

中国对建筑的现代认识是在西学东渐之下受西方学术体系影响逐渐形成的，中国建筑学科的建立主要是通过建筑教育的建立来完成的。清末的教育改革使得中国对建筑的认识向现代转化，1904年1月13日《奏定学堂章程》在全国的颁布表明建筑作为一门独立的学科成立了。中国人最终接受了建筑是一门科学（Architecture as a Science，即工学建筑），也接受了建筑是一门美术（Architecture as a Fine Art，即美术建筑），这种认识一直延续下来。[4]与此同时，中国的建筑观念、建筑话语也在西方的影响之下开始向现代转型，建筑话语从传统的营造、打样、技艺等转向了现代的建筑术语，如技术、建筑历史、建筑师、建筑艺术、科学、现代等。[5]在中国建筑教育体系的建立过程中，留学国外的中国建筑师起到了很大的作用，但他们多数接受的是“布扎”体系的建筑知识，这使得中国建筑学科、建筑教育的发展都深受“布扎”影响。

建筑在学科分类中的完成以及基本的建筑观念的建立改变了中国人对建筑学的认识：“建筑学系集房屋之构筑、稳固与适用之专门技术而成，

[1] [意]布鲁诺·赛维．建筑空间论——如何品评建筑．张似赞译．北京：中国建筑工业出版社，2006：158.

[2] 丁沃沃在《回归建筑本源：反思中国建筑教育》中对中国建筑是“器”进行了论述，见：朱剑飞主编．中国建筑60年（1949-2009）：历史理论研究[C]. 北京：中国建筑工业出版社，2009：222-224.

[3] 关于“建筑”在中国古代文献分类中的位置，在刘雨亭的《中国古代建筑文献浅论》[华中建筑，2003（4）：92-94]、徐苏斌的《中国建筑归类的文化研究——古代对“建筑”的认识》[城市环境设计，2005（1）：80-84]两篇文章中有详细论述。

[4] 关于中国建筑学的诞生问题，参见：徐苏斌．近代中国建筑学的诞生．天津：天津大学出版社，2010.

[5] 关于中国建筑话语现代转型问题，参见：王凯．现代中国建筑话语的发生：近代文献中建筑话语的“现代转型”研究[D]. 同济大学博士学位论文，2009.

但美观与堂皇实亦占建筑中之重要地位。试更详析之，若房屋平面之支配，外表之轩敞，墙垣与屋面之组合，窗户、门户等之地位，与其光线之适度，雕刻之富丽与其形式等，集合而成坚固，合用与美观之建筑，是为建筑学。”[1] 从这种早期提倡的建筑学定义来看，强调的是“实用、坚固、美观”，在具体的关注上侧重的是平面组织与外观形式，这种认识显然来自于“布扎”体系的建筑认识。这种认识持续了相当长的时间，即使是“空间”传入中国建筑学科后也未能立刻改变这种认识。

[1] 建筑史（一）[J]. 杜彦耿译 . 建筑月刊，3，(7)：28.

中国现代建筑“空间”话语的形成无疑也受到了西方的影响。在中国艺术家将建筑作为艺术的一种来传播时，带来了西方艺术分类法中的“空间艺术”与“时间艺术”的分类方式。“空间艺术”是中国建筑界最早接触到的“空间”术语，“空间艺术”的提法使得对建筑的体验与空间紧密联系，将建筑艺术的本质表达得更加明确。当建筑师还纠结于风格、式样之时，艺术家对建筑的关注已经转向更有实质意义的空间，例如滕固在《艺术的质与形》中就认为：“建筑，从单纯之空间的集合，进而为有机的，使中心与肢体结合，成空间的组织；因此产生丰富的形式。”[2] 在艺术家的影响之下，中国建筑师开始逐渐接受建筑是空间艺术的说法，但“空间艺术”对当时的中国建筑师而言，可能仅仅是对建筑的艺术性的一种定性，并没有引起他们对建筑空间的足够重视。早期的中国建筑师对建筑的理解始终是以“布扎”所传授的建筑知识为基础的，建筑设计围绕着建筑造型（主要是平面、立面）展开，在建筑技艺上强调图面表现的绘画技巧。

[2] 新艺术社编 . 新艺术全集 [M]. 上海：大光书局，1935：187.

现代建筑传入中国后，尤其是直接受现代建筑大师教诲的中国建筑师归国之后，“空间”作为一种建筑术语得到了更广泛的传播，但也没有改变中国建筑师对建筑的根本认识。在“布扎”的构图理论发展为“空间构图”之后，中国建筑师才真正开始有意识地探讨建筑空间问题，“空间”真正对中国建筑学科产生了影响。随着中国建筑的去政治化，中国建筑师开始诉求一种对建筑本质范畴的回归，并对之前存在的形式主义进行了批判与反思，“空间”不但成为了建筑的本质，同时也成为了中国建筑师拿来对抗形式主义的利器。至此，中国建筑师对建筑的认识开始围绕着“空间”展开，“空间”彻底改变了中国建筑师对建筑的认识：

建筑是满足人们生活和生产需要的人工的空间环境。建筑物是形成这种空间环境的物质手段。[3]

建筑的根本性质就在于它所包括的非常广阔的各种类型的建筑，都是要创造人们生产、生活使用的物质空间环境。[4]

建筑是一种物质化、空间化的形象思维。它是由空间组织形式来表达它的内容与社会涵义的。空间就是建筑的灵魂。[5]

[3] 李行 . 建筑构图中的对位 [J]. 建筑学报，1964（6）：8-12.
[4] 毋兴元 . 试谈建筑同一般艺术的关系 [J]. 建筑学报，1964（6）：26.
[5] 郑乃圭，胡惠源 . 我们对高层建筑的看法 [J]. 建筑学报，1981（3）：40.

建筑学的含义也随之发生了变化：

包含着艺术性质和工程性质的建筑学（architecture），既不同于一般文艺，在生产斗争和科学实验迅速变革而要求学科分工详细的现时代，它也区别于土木工程学（civilengineering），它是一门关于社会生活空间环境的筹划营建的科学。现代，由于城乡和区域的规划已发展为独立的学科——规划学，所以狭义的建筑学对象，只是单体或群组建筑的设计。在现实的物质条件下（经济的和技术的），把全部功能要求（物质的和精神的）体现在具体的空间、体形关系中——以功能统一空间和体形，这便是建筑学的主要研究课题。[1]

随着对建筑认知的变化、建筑学含义的改变，建筑师的职责也发生了相应的变化，吴观张发表在1983年《新建筑》创刊号上的《建筑师的职责》将建筑师定义为“从事创作适合人们需要的空间环境的科技工作者兼艺术家”。[2]

“空间”概念在西方建筑学中的出现改变了人们对建筑的认识，空间不仅成为了建筑的重要内容，也成为了建筑创作的目的。作为建筑设计的重要内容之一，空间成为了评价建筑创作好坏的标准，一个不仅与形式相关更与功能相关的可以多方面评价建筑的标准。不仅如此，空间还为解读建筑历史提供了一个新的角度，建筑历史不再仅以立面形式的差异、以风格来分期，而是与空间形式也有了关联，使得建筑历史变得更加立体、更加丰富了。

6.1.2 对中国建筑传统的认识

“空间”概念带来了对建筑认识的变革，这是在全世界范围内产生的普遍影响。对于中国而言，“空间”还有更重要的意义，即从“空间”的角度探索中国建筑传统不仅改变了对中国建筑传统的认知，更是为中国建筑传统的现代化转变提供了思路。

1. 作为民族身份的表征的“中国建筑”[3]

19世纪以前，在中国人眼里，中国是作为世界的中心而存在的，中国是最强大、最文明的国家，其他国家属于蛮夷。在这种“华夷”观念之下，在大多数中国人眼中，与中国建筑不同的建筑是野蛮的、可怕的，其结构、材料和做法缺乏中国人所认同的形式美和必要性。在这种认识之下，“中国建筑”并非一个需要特别讨论的概念。

明末以来，随着欧洲传教士和殖民者的东来，中国人对世界的认识受到了根本性冲击：中国非但不处于世界的中心位置，而且也不强大。西方民族主义思想的传入使得中国人有了“国家”、“民族”的概念，西方的侵

[1] 杨鸿勋．关于建筑理论的几个问题——批判姚文元关于“建筑艺术”的谬论[J]．建筑学报，1978（2）：32.

[2] 吴观张．建筑师的职责[J]．新建筑．1983（1）：12.

[3] 关于民族意识与“中国建筑”观念的建构，参见：王颖．探求一种“中国式样”：近代中国建筑中民族风格的思维定势与设计实践（1900-1937）[D]．同济大学博士学位论文，2009；王凯．现代中国建筑话语的发生：近代文献中建筑话语的“现代转型”研究[D]．同济大学博士学位论文，2009.

略更是刺激了这种国家、民族观念的发展，“国家—民族”意识产生了。中国人开始向创造中国的“民族国家”（Nation-State）而努力。在这个过程中，中国人通过与西方文明的初步接触而有了“洋式建筑”的说法，后来发展为“西式建筑”，中西建筑的区别意识开始出现，“中国建筑”的意识开始产生。

必须指出的是，最早将“中国建筑”作为一个整体来对待的是西方人。早期欧洲人对中国的了解更多的是道听途说的印象和想象的混合，18 世纪中叶，在欧洲皇室猎奇心理之下“中国风格”（Chinoirserie）这个名词产生了，其原因有两个：一是对异域文明的好奇；二是建筑“风格”概念的流行，作为西方建筑核心概念的“风格”在建筑理论家的讨论中逐渐与民族性发生了关联。“中国风格”作为一种异域风格，在欧洲大陆，尤其是皇室圈子内风靡一时。

首先对“中国建筑”进行研究和诠释的也是西方的学者，西方学者对中国建筑文化的研究经过了三个阶段：以威廉·钱伯斯（William Chambers，1723-1796）为代表的“中国热”时期；以喜仁龙（Osvald Sirén，1879-1966）为代表的“殖民文化”时期；以李约瑟为代表的高水平全方位时期。[1]西方学者对中国建筑文化的认识经历了深刻的历史性变化。从总体上来讲，在西方人早期对中国建筑的研究中，始终将中国古代建筑排斥在以西方为中心的主流建筑体系之外，其代表就是弗莱彻（Sir. Banister Fletcher，1833-1899）。弗莱彻在其建筑史所列出的“建筑之树”（Tree of Architecture）中将中国等非欧洲建筑文化列为了“非历史性风格”（The Non-Historical Style）。西方对中国建筑的研究与看法对中国建筑观念的形成起到了推动作用，尤其是将“中国建筑”排斥于主流建筑之外的行为，一定程度上刺激了中国人对本国建筑的研究的展开。

“中国建筑”的真正建立与建筑的民族意识和国家意识的建立有关。20 世纪初，中国人开始将建筑与国家、民族联系在一起，康有为在《列国游记》中叹道：“吾国文明，百事不后于人，惟卑宫陋室最为近蛮，且卫生不宜，一无是处，故营筑学不可不讲。”[2]1920 年代新文化运动的展开更是促使中国人对民族性问题进行反思，将对建筑发展落后的不满与对民族性的反思结合在一起。“一国之建筑物，实表现一国之国民性”[3]、“夫建筑一术，为国家文化之表征”[4]之类的说法在建筑文章中大量出现。同时还出现了专门针对建筑与民族意识的文章，例如穆因的《建筑与民族的关系》（《申报》，1934 年 8 月 11 日）、朱绍基的《建筑与民族精神》（《广东省立勷勤大学工学院特刊》，1935 年）。1930 年代，“中国建筑”不仅成为了讨论的热门话题，专业的学术研究也以中国营造学社为中心全面展开。一方面，有人试图从中国建筑传统中寻找民族自信：“我国自古以来，建筑样式，特有风味，适合我国之环境，代表我民族文化美术之专长。”[5]

[1] 赵辰．域内外中国建筑研究思考 [J]. 时代建筑，1998（4）.

[2] 康有为．列国游记——康有为遗稿 [M]. 上海：上海人民出版社，1995：116.

[3] 沪华海工程师论建筑 [N]. 申报，1924[1924-2-17].

[4] 上海市建筑协会成立大会宣言 [J]. 建筑月刊，2，（4）：27.

[5] 过元熙．房屋营造与民众生活之关系（下）[N]. 申报，1933[1933-9-5].

另一方面，中国未来建筑的发展也同“民族性”联系在一起，建筑作为时代、环境和民族性的结晶应该随时代演进，新时代作风的建筑“并不是仿西洋各国，或是复古式，更不是现在所谓的万国式，立体式，国际式的那种建筑，是一种可以表示我们民族性的，和生活上一种有新精神活跃的状态，同时还须兼顾到我们国人的旧习惯，古代文化才行。”[1]

❶ 海声．新年对于建筑界之展望[N]．申报，1934[1934-1-1].

2. 中国人对“中国建筑”认识的变迁

在中国人受到西方建筑影响之后，特别是中国建筑师群体出现之后，不可避免地要对中西建筑作出比较，不仅要对中国建筑传统进行研究与评价，更要思考如何进行中国人自己的建筑创作。在外国人研究中国建筑史的刺激与启发之下，在强烈的民族主义思潮的鼓舞之下，对中国传统建筑进行诠释成为中国建筑师的任务之一，这种解读与诠释随着中国建筑师对中国传统建筑的认识与领悟而不断地变化和发展。

在近代，西方文化主要是通过科学技术知识来影响中国的，西方的“科学”观念为中国有识之士所追捧。西洋的建造方式和建筑式样对中国建筑体系造成的冲击，早期更多地体现在建筑技术方面，因此，接触到西方建筑的中国人首先感觉到了中国传统建筑的不科学性，对传统建筑体系持否定的态度。

19 世纪末，关于中国建筑的讨论与批判开始出现，最初主要集中于卫生、材料、设备等具体经验层面。工部局颁布的《华式新屋建筑规则》(Chinese Building Rules)(1900 年)和《西式新屋建筑规则》(1903 年)是最早关于华式 / 西式区分的官方文件，这种区分不是针对建筑形式而是针对建筑技术而言的。创办了中国第一个高等教育建筑系——苏州工业专门学校建筑科的建筑师柳士英甚至在一个公开场合批评中国传统建筑：“暮气沉沉，一种颓靡不振之精神，时常映现于建筑。画阁雕楼，失诸软弱；金碧辉煌，反形嘈杂。欲求其工，反失其神；只图其表，已忘其实。民性多铺张，而衙式之住宅生焉；民心多龌龊，而便厕式弄堂尚焉。余则监狱式之围墙、戏馆式之官厅。道德之卑陋，知识之缺乏，暴露殆尽。”[2]从“科学”的观点出发，中国建筑师无法回避中国传统建筑的落后，对中国传统建筑非科学性的批评包括中国传统建筑的学理不科学、功用不科学、结构构造不科学。[3]甚至到了 1930 年代，中国人对所谓的“中西”居住建筑的认识也主要是关注于技术与设备的区别，《国人乐住洋式楼房之新趋势》(《时事新报》，1931 年 8 月 13 日)中甚至将中国建筑看成相对于“新式洋房”的“旧式住房”。

❷ 沪华海工程师论建筑[N]．申报．1924[1924-2-17].

❸ 关于对中国传统建筑非科学性的否定，参见：赖德霖．“科学性”与“民族性”——近代中国的建筑价值观．中国近代建筑史研究．北京：清华大学出版社，2007：181-238.

在中国人批判中式建筑不科学的同时，传教士开始探索中国式建筑，他们试图创造一种东方化的西方建筑形式：一方面，1900 年义和团“庚子之变”使得在中国的传教士们强烈地意识到教堂的建筑形式需要获取中国人的认同；另一方面，传教士在中国建造的建筑大部分是由中国工匠完成的，建造很大程度上受中国工匠的建造技术和中国本土传统的影响。“中式”与“西式”的结合产生了一种“中国风”的建筑，其表现为在符合功能的西式建筑形式上增添中国式的大屋顶。这种对中国式建筑的探索引起了中国人对中国建筑“形式”的关注。在民族主义情感的驱动之下，中国传统建筑作为中华民族文化的代表必然有值得肯定的价值。虽然中国人从科学性上否定中国传统建筑，仍然肯定了中国传统建筑所具有的艺术性：“我国建筑的形式，那又独树异帜与各国完全不同。其形式是两边斜向的‘人’字形，宫殿庙宇则筑椽角，四面向上弯，远望起来，另具风味，这是我国房屋外形的最大优点。”[1]

1920年代，随着中国建筑历史研究的展开和中国建筑师人数的增加，对中国建筑传统的认识也逐渐深入，一些人试图在历史、文化等精神层面寻找中国建筑相比西方建筑的优越性。1930年3月20日，乐嘉藻在《大公报》上发表《中国建筑之美》，从形式、色彩、装饰物等直观的角度阐述了中国建筑的优点。1934年2月20日《申报》上刊登的《中国古代建筑与现代建筑之关系》一文更是认为中国古代建筑对世界各国的现代建筑产生了影响，在欧洲建筑进化史上也有贡献，尤其是对古希腊和哥特建筑，文中还分析了中国古代建筑值得注意之处，其中包括弯曲的屋顶、轴线、构造朴实、色彩优美等。

接受西方建筑教育的中国建筑师也对中国传统建筑进行了思考。范文照在《中国建筑之魅力》中认为，中国建筑的本质特征是：一是规划的正规性；二是构造的真挚性；三是屋顶曲线及曲面的微妙性；四是比例的协调感；五是中国艺术基本上是装饰性的。[2]童寯在《中国建筑的特点》中认为：

> 中国建筑离开木材便失去灵魂，这是一个特点。……中国式房屋之墙拆去，亦不过如人剥下衣服，屋架仍赤身露体的立着，瓦顶楼盘，迄然勿动。……中国建筑又有一特点，就是，屋顶毫不客气的外露，并且有许多变化花样……以上所说的中国建筑两个特点，是关于结构上的。在装饰上，中国建筑也有不可磨灭的成就。……中国建筑上生出彩画。……中国建筑于平面布置上，亦有其特殊之点，即以正厢分宾主，有时且藉游廊联络，使极端规则式的几何单位，舒卷为燕适合度的所在，园林的排当，即由这种办法变通引伸而得。[3]

范文照与童寯两位对中国建筑的理解代表了1930年代的较高学术水平，对现在的研究仍有不少启发。但从他们的理解可以看出，中国建筑师在理解中国传统建筑时最初的关注点主要集中在木结构的结构体系、屋顶形式、装饰、色彩以及平面布置之上。

[1] 谈锋．论建筑形式[N]．时事新报．1933[1933-7-26].

[2] 范文照．中国建筑之魅力//杨永生．建筑百家杂识录[M]．北京：中国建筑工业出版社，2004：7.

[3] 童寯．中国建筑的特点．童寯文集（第一卷）[M]．北京：中国建筑工业出版社，2001：109-111.

1919年朱启钤在南京偶然发现的手抄本《营造法式》为中国建筑史研究提供了一个历史的契机。1930年，以梁思成为首的“中国营造学社”展开了系统地重构中国建筑“传统”的专业研究。[1] 梁思成所接受的“布扎”体系的建筑知识使得他在建构中国建筑传统时带有一定的选择性：将“法式”与西方古典主义的“文法”相等同,从美学论述的角度来讨论“法式”而忽视了中国建筑“营造”的本质；在“布扎”以建筑平面、立面为主的建筑图绘体系的基础之上，忽略了中国建筑与西方建筑在空间结构上的完全不同，而是以立面构图来分析中国传统建筑。

受到西方现代建筑影响，梁思成和林徽因开始从中国传统建筑在结构和造型上的合理性与统一性的角度来论述中国建筑传统。林徽因在《论中国建筑之几个特征》中写道：

> 我们如果要赞扬我们本国光荣的建筑艺术，则应该就他的结构原则，和基本技艺设施方面稍事探讨……还有许多完全是经过特别的美术活动，而成功的超等特色，使中国建筑占极高的美术位置的，而同时也是中国建筑之精神所在。这些特色最主要的便是屋顶、台基、斗栱、色彩和均称的平面布置。[2]

这种对中国传统建筑的结构理性的称赞主要是关于建筑技艺的，而对中国传统建筑的美学特征的理解仍然强调的是“平面化”的形式特征。

在对木结构体系的关注中，尽管已经有人（如童寯）注意到木结构所带来的墙体设置的自由性以及平面布置的灵活性,却没有将这种特性跟“空间”联系起来。究其原因，还是在于中国第一代建筑师多数接受的是“布扎”体系的建筑教育,他们对中国传统建筑的认识是以“布扎”对建筑形式、风格和历史式样的注重为基础的，解读中国传统建筑所使用的术语必然来自“布扎”。因此,他们在刚受到现代建筑空间观念的影响时虽然接受了“空间”概念，意识到了“空间”对建筑的影响，却未能及时地从“空间”的角度思考中国建筑传统。

与中国建筑师不一样，中国艺术家的视野更加开阔，他们对西方建筑传统的专业术语的了解有限，使他们在接受了“空间”概念，尤其是接受了“建筑是空间艺术”之后很自然地从空间艺术的角度来思考中国传统建筑，对中西建筑空间进行比较，比中国建筑师更早展开对中国传统建筑空间的探讨。中国建筑师在接受了“空间”概念之后，随着“布扎”构图理论的空间化，对空间的探讨越来越多。再随着对以大屋顶为代表的“民族固有式”建筑实践的反思，中国建筑师开始寻求新的“民族形式”。在这种情况之下，分析中国传统建筑的空间具有了积极的意义。

从空间的角度分析中国传统建筑并不是一蹴而就的事，而是经历了一

❶ 关于梁思成与营造学社的建筑史写作研究，参见：夏铸九《营造学社——梁思成建筑史论述构造之理论分析》、赵辰《民族主义与古典主义——梁思成建筑理论体系的矛盾性与悲剧性》。

❷ 林徽因．论中国建筑的几个特征 [J]. 中国营造学社汇刊．1932，3（1）：163-179.

个发展与变化的过程。最初从空间的角度认识中国传统建筑是在中西方建筑的比较中完成的。首先被注意到的是中西方占用空间方式的差异：中国传统建筑多以建筑群的方式出现，高度不高，每幢建筑的体量不大，组合在一起时规模却不小，从占用空间上来讲，占用的是横向空间；西方建筑追求建筑的高大，喜爱向空中发展，占用的是纵向空间。随着对占用空间方式的差异的深入分析，中西方建筑空间体验方式的不同也逐渐显现：中国传统建筑需要走动着进行观赏，随走随看，随着视点的变化可以体验到不同的空间景象；西方建筑，是以一个整体的体量出现的，可以在固定的视点体验整幢建筑。于是，中国建筑师所关注的中国传统建筑在平面布置上的特色发展成为了“空间组合”上的特色，从平面布置到“空间组合”的发展使得中国传统建筑以群体方式出现的特点被表达得更加清楚与准确。

现代建筑的空间观念在中国的传播使得中国建筑师意识到中国传统空间意识具有的一定的现代特性。老子的《道德经》中著名的“凿户牖以为室，当其无，有室之用”所包含的空间观念与现代建筑空间观念如出一辙，对现代建筑空间观念具有一定的启迪作用。这使得中国建筑师意识到了从“空间”的角度解读中国传统建筑的必要性，促进了对中国传统建筑空间的研究与分析的细致与深入。在这种情况下，除了空间组织上的特色之外，空间处理手法也成为了关注的对象，尤其是园林空间的处理手法。作为中国传统建筑灵魂的木结构体系的现代性最初来自于与现代框架结构的结构相似性，而空间观念的引入使得木结构体系的现代性更在于空间分隔的灵活性以及室内外空间的交流性与渗透性。最终将对中国传统建筑空间的解释上升到“意境”的高度，使得中国传统建筑空间在与现代建筑空间形似之余更是融入了现代建筑空间所不具备的、带有中国传统文化沉淀的一种精神上的“意”与“神”。

从空间上来理解中国传统建筑和园林的更重要的意义在于为中国建筑创作提供了一条新的道路。中国建筑师从诞生之始就一直希望创造一种“融合东西建筑学之特长，以发扬吾国建筑固有之色彩”的建筑，这种诉求使得中国建筑师一直在追求一种“中国式样”，从整体风格、局部装饰、平面模式等方面对“中国式样”进行了多种探索。[1] 这些早期的探索都偏于建筑形式方面，虽然吸收了西方近代建筑体量组合的设计手法，但仍然是以式样和风格为基础的。中国传统建筑和园林空间所具有的“意境”使得中国建筑师开始思考从空间处理的角度、从庭院与建筑结合的角度来发展中国建筑的特色，促进了庭园建筑实践的兴起。“中国式样”一直都是一些中国建筑师所追求的重要目标。从空间的角度来转化中国传统建筑，创造既有时代精神又有中国传统意韵的现代中国建筑的道路不一定是一条成功之路，但却为中国建筑的发展提供了一种可能性。无论如何，对中国建

[1] 关于“中国式样”的探索，参见：王颖．探求一种“中国式样”：近代中国建筑中民族风格的思维定势与设计实践（1900-1937）[D]. 同济大学博士学位论文，2009.

筑传统的多样化理解与反思对于中国建筑的发展都是有益的。

6.2 作为设计方法论的“空间”

从方法论上来探讨“空间”话语主要考察的是“空间”对于建筑师设计与创作建筑所起的作用。虽然，空间观念一直都存在，建筑创造一直与空间有关，但在“空间”概念进入建筑学科之前，建筑设计一直是围绕着平面与立面展开的。“如果建筑师需要追寻一个特定的文化目标，或是希望通过创作来改变人们的感知方式，以另一种方式来看待自身及其环境，空间则会成为一个恰当的角度和媒介，来改变现存的体系，产生新的实践范例，甚至开始一种新的生存观念”[1]“空间”概念的引入，不仅使得建筑师从对平面布局和立面处理的关注转向对空间整体的关注，还使整个设计程序发生了根本性的变革。中国建筑创作也深受“空间”的影响，这种影响是来自多方面的，既与现代建筑有关也与“布扎”体系的发展有关，还受到来自其他学科研究的影响，更与中国建筑师对中国传统建筑和园林的“空间”探索有关。

6.2.1 来自西方的建筑空间理论

中国现代建筑“空间”话语的形成无疑受西方影响：首先，从日语移植而来的“空间”一词是日本在受西方影响后形成的新语；其次，中国现代的空间观念是在西方的影响下形成的；最后，将“空间”作为一个建筑术语也是由西方开始的。总之，中国建筑界以“空间”作为一种建筑设计的方法原则是在吸收西方的建筑空间理论的基础上完成的。

1. 现代建筑的“空间”

“空间”概念进入建筑学科与德国哲学家、艺术学家的努力是分不开的，但对建筑学科产生如此重要的影响则与现代建筑的传播分不开。因此，从方法论上讲“空间”首当其冲的必然是现代建筑的“空间”。

首先，必须对“现代建筑”这个概念进行限定，英国著名的建筑历史理论家阿兰·科尔孔（Alan Colquhoun）在他所写的《现代建筑》（*Modern Architecture*）一书开篇即指出：“现代建筑（Modern Architecture）这个术语是模糊的，它可以被理解为所有现代时期（Modern Period）的建筑而不考虑它们的意识形态基础，或者它可以更确切地被理解为一种具有现代性并积极寻求变革的建筑。”[2]中国对现代建筑的认识显然倾向于科尔孔所提的后一种理解，即指向的是西方现代主义建筑运动（Modern Movement）所探索与追求的“新建筑”。

从西方展开的现代建筑史学史的研究（Historiography of Modern Architecture）来看[3]，现代建筑是在以吉迪翁、佩夫斯纳等为代表的第一

[1] 童明．空间神化 [J]. 建筑师，2003（105）.

[2] Alan Colquhoun. *Modern Architecture* (Oxford History of Art) [M]. Oxford University Press, 2002: 9.

[3] 目前西方对现代建筑史学史的研究主要成果有：Hilde Heynen. *Architecture and Modernity: A Critique*. The MIT Press, 2000; Panayotis Tournikiotis. *The Historiography of Modern Architecture*. The MIT Press, 2001; Anthony Vidler. *Histories of the Immediate Present*. The MIT Press, 2008.

代现代建筑史学家的诠释下建构起来的，这些史学家们直接参与了现代建筑的发展进程，他们对现代建筑的认识与诠释成为了构筑现代建筑特征的重要内容。从第一代现代建筑史学家、理论家建构的现代建筑来看，现代建筑不是一个派别，而是在一定的历史时期内围绕着某些共同的思想意识和建筑目标而开展的一系列建筑创新探索，它包括了多种探索与派别。同时，由于对建筑理解的差异以及出发点的不同，使得建筑史学家在建构现代建筑时选取了不同的代表人物与实践，并以不同的表征来描述现代建筑，但这却正好充分展现了现代建筑的成长是多样的，在各地的发展是存在差异的。因此，即使是现代主义（Modernism）建筑，也应该将其理解为与现代性（Modernity）体验相关的一种艺术思潮与建筑文化运动，也是有许多不同的探索与流派的。[1]

建筑史学家、理论家们在建构现代建筑的时候实际上是想将现代建筑纳入到整个西方建筑的历史发展进程之中，使其可以取代古典主义建筑成为建筑发展的新趋势。也就是说，现代建筑的建构是建筑史学家、理论家有意识地要与古典主义对抗，要求建筑脱离复古思潮的形式主义。即使在希契柯克和菲利浦·约翰逊所著的《国际式——1922 年以来的建筑》一书中，也是在有意识地强调新建筑与复古主义建筑之间的差异，以反对装饰、强调几何形体的简洁造型等表面现象来归纳新建筑的美学表征，只是他们未能逃脱“风格”意识，将新建筑归为了一种新的“风格”。吉迪翁、佩夫斯纳等人由于德国艺术史研究的传统，在建构现代建筑时将有意识地将现代建筑的形成描述为一种与历史传统分裂的过程，强调了“时代精神”（Zeitgeist）的力量。尤其是吉迪翁以“空间—时间”概念作为“时代精神”所表现的核心内容，因此，在他所建构的现代建筑中“空间”概念起到了重要的作用。他抓住新的“空间”观念所带来的建筑形式上的改变，以“空间”作为建筑发展的基础与动力，以此来有意识地反抗建筑史学研究中占统治地位的“风格”学说。这种对“风格”的反抗使得吉迪翁的现代建筑超越了希契柯克和菲利浦·约翰逊的“国际式”，它一开始就没有被当作一种整体的风格，而是以某种共同的建筑意识和建筑目标为纽带组织在一起的多样化的建筑现象。

“空间”的概念在以吉迪翁为首的建筑历史学家、理论家所书写的现代建筑历史中得到了最广泛的传播，然而他们所建构的现代建筑实际上是多种多样的建筑新发展的集合，因此，现代建筑并不存在一套系统的、体系化的设计方法，更不存在统一的“空间”理论。在现代建筑发展的过程中，并非所有现代建筑大师、现代建筑师的理论和实践都围绕着“空间”展开，尽管他们中的部分人可能强调了建筑空间的重要性，但这种强调更多出现于建筑史学家、理论家建构起“现代建筑”体系之后。然而，必须指出的是，不少现代建筑师的确为探索建筑的空间形式做出了努力，尤其

[1] 希尔德·赫南在《建筑与现代性》中对现代化（Modrnization）、现代性（Modernity）、现代主义（Modernism）进行了区分讨论，认为：“现代性的体验以文化思潮和艺术运动的形式掀起反响，一些声称他们自己是赞同面向未来和愿望进步的人被冠以了现代主义（Modernism）之名。这是一个不断变化的世界，男人们和女人们也在其中改变着自己。因此，在最广泛的意义上，对于那些旨在使人们能够对这个世界中不断出现的变化形成控制的、理论的和艺术的思想来说，现代主义可理解为一个广普术语（Generic Term）。”参见：Hilde Heynen. *Architecture and Modernity: A Critique*. The MIT Press, 2000：10.

是德语系的建筑师。也有部分建筑师形成了自己独特的建筑空间理论，例如：阿道夫·路斯的“空间体量设计”（Raumplan）创造了一种超越平面的空间关系，是一种完全从空间、从三维出发的设计方式；密斯的“通用空间”（Universal Space）以灵活可变的大空间来应对建筑使用要求的变化。这些空间理论来自个人，是建筑师个人对建筑空间形式探索的结果。也就是说，尽管现代建筑在空间上显现某些共性，建筑师处理空间所使用的手法却是不一样的，空间的形式也是多种多样的。所谓的现代建筑的空间理论实际上更多地与建筑师的个人探索有关，现代建筑体系实现的只是建筑空间组织、空间形式的突破，形成了多样化的空间处理手法，但没有建构起一套统一的、系统的建筑空间设计方法论。

虽然，现代建筑的空间理论未能建立起如“布扎”的“构图”原理一样体系化的设计方法，但建筑创作实践中对传统的突破却是不容忽视的。在“布扎”体系的建筑设计中，重视的是平面与立面而忽视了剖面的重要性，在做设计时甚至会先考虑立面形象，再做出相应的平面，对剖面随便处理，设计过程是由表及里的。现代建筑以新的空间观念为基础，在设计中，剖面与平面、立面同样重要，三者是作为一个整体来考虑的，从设计程序上讲是由内而外。这种由内而外的设计方式与由表及里的方式相比具有很大的进步性，以前考虑建筑的剖面主要针对的是建筑结构的稳定性，目的在于使建筑矗立不倒。现在，剖面上升为建筑设计中非常重要的内容，内部空间组织取代平面组织被提到一个重要的位置，从而减小了外部形式对建筑内部的束缚作用，有利于满足使用者的功能要求。必须指出的是，尽管现代建筑不存在统一的设计方法论，但现代建筑师对空间设计手法的探索不仅是为了追求新的建筑空间的形式，更是为了实现建筑观念的变化、建筑设计思维过程的改变。空间形式或者空间组织上的特征只是设计思维过程的一种最终呈现而已。吉迪翁在建构现代建筑时，正是看到了某些现代建筑师在空间处理中所呈现的形式上的相似性以及这些空间形式与之前的建筑空间之间巨大的差异性。虽然在他建构的现代建筑中“空间”仍然是一种建筑形式，但空间观念却被当作了建筑师的“看家本领”。

要了解现代建筑“空间”对于中国建筑师的影响，必须先了解中国建筑师对现代建筑的认识与理解。第一代中国建筑师大多数接受的是“布扎”体系的建筑教育，虽然他们在学习建筑的时候看到了不少现代建筑，但他们最初是将现代建筑作为一种新的建筑风格来看待的。随着他们对现代建筑认识的深入，尤其是在接触到现代建筑大师和经典现代建筑理论之后，他们又将现代建筑看成是一种新的建筑思想和实践方式而非一种固定的风格。在国际上现代建筑成为主流之后，中国建筑师有自觉地吸收现代建筑思想的诉求。由于现代建筑没有体系化的设计方法，使得它无法完全取代系统化、体系化的“布扎”传统，使得“布扎”体系的设计思想仍然根深蒂固，中国建筑师在接触到与现代建筑一起传播的“空间”后仅仅是接受了空间概念而没有向现代建筑学习空间处理的手法。现代建筑教育在中国的兴起使得现代建筑设计思想的传播开始走向系统化、体系化，做模型的训练、空间构图训练逐渐取代了平面构图训练，对学生的空间思维、空间构思能力的培养成为建筑设计教学的重要内容之一。在这种训练之下，“空间”的思想得到了建筑学生的认同，空间观念逐渐深入中国建筑师的思维之中。然而，建筑政治化的兴起扼制了现代建筑思想在中国的发展，使得中国建筑师在还没有完全建立起现代建筑空间观念时就中断了现代建筑的系统传播。与此同时，“空间构图”理论开始在中国传播，使得中国建筑师还未成形的空间观念直接转向了“空间构图”理论。当1970年代末中国建筑师开始对现代建筑进行补课时，现代建筑已经失去其统治地位，国际上已经处于对现代建筑的反思之中。因此，实际上中国建筑师从未系统地了解与吸收过由建筑史学家、理论家所建构的现代建筑的空间观念，现代建筑对中国建筑“空间”话语的最大影响在于它使得中国建筑师有了“空间”的概念，建立起了空间的意识、空间的观念。

尽管中国建筑师未能建立起完整的现代建筑的空间思想与空间观念，但现代建筑空间形式仍然对中国建筑师造成了相当大的影响。现代建筑所体现的空间形式的转变与功能和技术是密切相关的，生活方式的变革使得人类对建筑功能的要求发生了变化，而技术的发展，尤其是建筑结构技术的变革不可避免地带来了建筑形式的变化，在两者的共同作用之下，现代建筑的空间的渗透与流动成为可能。因此，现代建筑对中国建筑“空间”话语造成的影响还在于其对功能和结构技术的重视，正是这种重视使得中国建筑师进一步将“空间构图”理论现代化。作为特例的是冯纪忠，他以对“空间”的超前认识和思考建立起一套系统化的、体系化的建筑设计方法论——“建筑空间组合设计原理”。

现代建筑所带来的“空间”观念的另外一个作用是在中国建筑传统与现代建筑之间架起了一座“桥梁”。现代建筑与中国传统建筑一样，两者在空间的组织上具有一定的共性，都强调了室内外空间的交流与渗透，从而形成了各种尺度和界面不断变化的空间；在对动态空间的追求上更是有异曲同工之妙，室内外空间的交流与渗透产生室内外空间的连续与运动，空间不再是静态的而是动态的，是融合了时间因素的空间；现代建筑强调了建筑与环境的结合，自然环境被引入建筑之中，建筑与环境形成水乳交融之势，这与中国传统建筑也不谋而合。正是这种相似性使得1970年代末1980年代初期现代建筑的“空间”观念对中国的建筑创作产生了深远的影响。不少中国建筑师正是因为意识到了中国传统建筑和园林的空间与现代建筑空间形式之间的潜在联系，所以希望从“空间”的角度来探索中国建筑传统的现代化。在这种思考之下，庭园空间与建筑空间的结合成为了不少中国建筑师眼中中国建筑现代化转译的一条可行之路。

从设计方法论上讲，现代建筑“空间”的最大贡献在于使“空间”成为了建筑设计的重要内容之一，改变了形式、风格的统治地位。现代建筑对功能和技术的强调则成为了中国建筑师发展空间理论的出发点。现代建筑空间观念与中国传统空间观念的不谋而合为中国建筑传统的现代化转变提供了一条可行之路。

2. 来自“布扎”的空间构图理论

由于中国第一代建筑师大多数接受的是“布扎”体系的建筑教育，“布扎”对中国建筑学科的影响永远无法回避，即使是在“空间”话语中也一样，“布扎”在很大程度上推动了中国建筑师对“空间”的接受。

18 世纪末 19 世纪初法国巴黎美术学院（Ecole des Beaux-Arts）和巴黎理工学院（Ecole Polytechnique）对建筑理论的探讨促成了建筑学说的系统化整合，更将建筑学说演绎为一套建筑教学体系，即“布扎”体系。“布扎”体系建筑教育模式成为了世界上其他国家建筑教育的母本，“布扎”体系为建筑师提供了一种共同的设计方法和训练模式。在“布扎”的教学中，主要是以类似师徒制的方式让建筑学生在“画室”中接受建筑设计课程教学，理论课程的讲授则是以体会柱式的美学原则为目的，这使得绘画类课程训练在“布扎”的教学中占了相当大的比重，绘画表现技巧的训练成为了建筑学生学习的首要任务。这种对绘画技巧的强调导致接受“布扎”建筑教育的建筑设计师背离了建筑的营造，强调一种“图面建筑学”（Paper Architecture）[1]，建筑设计完全围绕着“构图”展开。

现在的中国建筑师在理解“布扎”时，常常认为“布扎”尚古，以古典原则为审美标准，与现代主义是相反相对的。实际上，“布扎”也是一种现代的建筑知识结构组织方式，它在不同国家和地区的传播并不是简单的复制，而是根据具体的条件而调整、修缮其知识结构体系，并随着时代发展而进步的。[2] 因此，“布扎”与现代主义只是分属于两个不同的知识范畴，追求的都是建筑知识的现代化，“布扎”实际上是一个开放的发展体系。

在“布扎”的建筑术语之中，“空间”是个外来的概念，正是因为“布扎”体系的开放性，“空间”概念才得以进入“布扎”话语之中。“布扎”引入“空间”概念无疑受到了现代建筑运动的影响，吉迪翁等现代建筑史学家、理论家在建构现代建筑时对空间概念的重视使得“空间”成为一个被广泛接受的现代的建筑术语，“布扎”对现代性的追求使得它跟随时代的潮流，吸收了现代建筑的部分有益内容，其中就包括“空间”的概念。

在“布扎”与现代建筑之间建立联系的是前苏联在十月革命前后到 1930 年代之间的“构成主义”前卫艺术活动。“构图”是平面的、二维的构图，“构成”是空间实体的立体构成，强调物体的三维性、空间性，是以“空

[1] 建筑设计背离营造不仅是“布扎”在建筑设计中对“构图”的强调，还在于由建筑技术的发展所引起的建筑师与结构工程师分工日益明确。

[2] 关于“布扎”的现代性，参见李华的《从布扎的知识结构看“新”而“中”的建筑实践》和《“组合”与建筑知识的制度化构筑：从 3 本书看 20 世纪 80 和 90 年代中国建筑实践的基础》：朱剑飞. 中国建筑 60 年（1949-2009）：历史理论研究 [M]. 北京：中国建筑工业出版社，2009.

间”为基础的平面构图向三维的发展。“构成”的概念与“布扎”的核心概念——“构图”虽然有差异，但也有相似之处，那就是强调各种基本元素之间的组合，正是这种相似之处使得“布扎”可以吸收“构成主义”的空间构成，将“构图”向三维发展而形成“空间构图”理论。与此同时，其他国家也完成了“构图”到“空间构图”的转变，如，在 1952 年哈姆林主编的《20 世纪建筑的形式与功能》第二卷讲构图理论时，显然吸收了空间的概念，探讨的是“空间构图”。

中国第一代建筑师将“布扎”体系引入中国建筑教育之中，并对其作出了适应中国的本土化调整，使得“布扎”在初期对中国建筑教育的发展起到了积极的推动作用。同时，他们所受的“布扎”建筑教育使得他们在吸收现代建筑的“空间”概念之后无法立即将其单独运用到建筑设计之中，必然首先是从“布扎”的设计方法“构图”原理出发来思考空间问题。新中国成立初期一边倒地学习前苏联不仅巩固了“布扎”建筑教育在中国的统治地位，随之传入的“空间构图”理论也为中国建筑师探讨建筑“空间”问题找到了突破口。在“布扎”体系在中国实现本土化的过程中，“空间构图”实现了本土化，成为了中国建筑“空间”话语的最核心话题之一。“布扎”体系下发展起来的“空间构图”理论对中国的影响是巨大的，连中国建筑师对现代建筑空间的理解也被打上了“构图”的印记，在建筑历史教材《外国近现代建筑史》中甚至认为：“强调建筑艺术处理的重点应该从平面和立面构图转到空间和体量的总体构图方面，并且在处理立体构图时考虑到人观察建筑过程中的时间因素，产生‘空间 - 时间’的建筑构图理论。”将现代建筑的空间观念表述为“空间 - 时间”的建筑构图理论显然与吉迪翁的叙述大相径庭，充分表现了“布扎”的“构图”原理对中国建筑学界的深远影响。

“布扎”的“构图”作为一种设计活动，它所要建构的是一套行之有效的建筑设计手段，“一种能够建立起所有风格所通用的设计规则的手段”[1]。“构图”以一系列操作性、资料性的规则为基础，为设计提供了一套系统化的工具和方法，通过这些规则的运用将不同的设计构思转化为适当的形式，使得设计在最终完成时可以保证具有一定的水准。在规则的运用和选择上，建筑师是完全自由的，但不是随意的。“空间构图”将“构图”原理进一步发展，将原来只考虑二维的、平面的规则发展为以“空间”整体为考量的、三维的规则，它仍然是一种有效的设计方法与手段。其优点在于设计者依靠构图的工作可以将建筑内部空间合乎功能的彼此联系起来，不论“构图”概念的缺点如何，“空间构图”的基本理想是用合理的方法将许多合乎功能的体积连起来组合成一个有机的与合意的整体。“空间构图”以“构图”一词为中心，在中国发展出了空间组合、空间构成、空间组织、空间布置等一系关键词，这些关键词也成为了中国建筑“空间”

[1] 李华. 从布扎的知识结构看“新”而“中”的建筑实践 // 朱剑飞. 中国建筑 60 年（1949-2009）：历史理论研究 [M]. 北京：中国建筑工业出版社，2009：38.

话语重要的关键词。

在“布扎”体系中发展出来的“空间构图”与现代建筑的空间理论相比，它和传统的基本建筑知识联系得更加紧密，对于建筑初学者而言，更加容易理解、更加容易上手。现代建筑的空间理论是非体系化的，没有统一的设计方法，同时，它是在古典建筑语言的基础上通过建筑师的再提炼形成的多种多样的处理手法，如果对建筑基础知识不够了解、对现代建筑的空间观念没有深入的理解，直接学习现代建筑的空间形式将只是浮于表象而不得其精髓。与现代建筑不成体系的空间理论相比，“空间构图”理论为中国建筑师提供了直接的、系统的、行之有效的设计方法，正是如此才使得“空间构图”成为了中国建筑“空间”话语的最重要、最核心的内容之一。

中国的“空间构图”理论是以“布扎”的构图原理为基础的，其形成受到了前苏联的影响，但并不是前苏联的“空间构图”原理的直接移植。与前苏联的“空间构图”原理相比，中国的“空间构图”理论吸收了更多现代建筑的思想，将现代建筑的许多观点、方法融入到“构图”理论之中。这也充分体现了中国建筑学科的发展尽管一直以“布扎”为主，但中国的“布扎”是经过本土化的“布扎”,是融合了现代建筑思想的“布扎”。同时，必须指出的是，中国建筑的“空间构图”还吸收了中国传统建筑的空间观念与空间处理手法，如清华大学教材《民用建筑设计原理》中所讨论的空间的“围”与“透”显然是中国传统术语。

从设计方法论上讲，来自“布扎”体系的“空间构图”理论以完整的系统的“构图”理论为基础，与传统的建筑基础知识紧密相联，形成了一套易于上手的、行之有效的设计方法。这种设计方法有大量的建筑实例作为支持，以图解和图示等作为分析手段，配合形式美的规律，以可传授的知识为体现，为中国建筑界带来了一种简单、实用的设计方法。

3. 后现代主义的空间

在 1970 年代末期中国再次打开久闭的国门向国外建筑学习时，国际上已经是“后现代主义”的天下了，后现代建筑多样化的理论也给中国建筑“空间”话语造成了一定的冲击。

第二次世界大战结束后，现代主义建筑成为了世界许多地区占主导地位的建筑潮流，但是在现代主义建筑阵营内部很快就出现了分歧，一些人对现代主义的建筑观点提出怀疑和批评，尤其是 20 世纪 60 年代以后在对现代主义建筑的反思与修正中形成了至今仍然具有争议的“后现代主义建筑”。对于什么是后现代主义，什么是后现代主义建筑的主要特征，至今仍无一致的理解，但无可非议的是后现代主义在全世界范围内造成了极大的影响。

与“现代主义”相比，“后现代主义”对“空间”的探索呈现出更加广阔的形式，“后现代主义”的空间理论呈现出多样化的特点。詹克斯认为，后现代空间具有“模棱两可”的特点，这种“模棱两可”不仅指后现代建筑空间的边界模糊不清，更表明了后现代空间概念的“模棱两可”。这是因为空间越来越受到哲学及其他人文社会科学的重视，这使得空间概念囊括了更多内容，变得更加复杂了。列斐伏尔在 1974 年出版的《空间的生产》（*Production of Space*）中认为空间是一种社会产品，每一个社会和每一种生产模式都会“生产”出自己的空间。列斐伏尔的“空间”是三位一体的空间：它既是一种扩展的、物质的环境，一种用以指导实践的概念，同时也是实践者与环境之间关系的体现。福柯在 1967 年 3 月出席的建筑师们在巴黎举行的研究会上发表的《不同空间的正文与上下文》（*Texts/Contexts of Other Spaces*）[1] 中指出：“当今时代或许应是空间的纪元。”[2] 福柯论述了人们居于其间或生产出来的关于场所和关系的空间，这是一种异质且以不同形式呈现的空间，是我们的时间和历史发生的空间；而他的权力空间（Power Space）更是对建筑学产生了重要的影响。哲学家、社会学家对空间概念的不同解读影响了建筑师对建筑空间的认识，在哲学与社会学的影响下，建筑师关注的“空间”话题越来越广泛，建筑“空间”受其他学科的影响也越来越明显。

后现代主义建筑批判了现代主义建筑的冰冷的钢筋混凝土和高度冷漠的空间，认为现代主义建筑极大地异化了人性，忽略了人的情感需要。因此，后现代主义为空间加入了“人”的因素，关注的内容变得更加复杂多样，从芦原义信的“外部空间”到查尔斯·穆尔的“多维空间”，后现代的空间是一种多样化的空间：不仅关注建筑的内部空间与外部空间，更关注与环境的结合，将空间扩大为人们生活的自然的与人工的环境；拒绝建筑内部空间与外部空间的二分法，反对“非此即彼”的空间分区，提倡空间的多种可能性；空间不仅包括长、宽、高以及时间四个维度，还包含其他更加复杂的影响因素，是一种多维空间。同时，后现代主义的建筑空间与政治、经济等社会因素有密切的关系，是一种社会空间；后现代主义的建筑空间既要体现传统文化，又要体现时代文化，是一种文化空间；后现代主义的建筑空间需要从心理学、行为学的角度来进行研究，是一种心理空间……

与现代建筑空间观念和“布扎”的“空间构图”理论相比，后现代主义建筑理论是直到改革开放之后才传入中国的，但后现代主义对中国建筑“空间”话语的影响却也不容小视。在“布扎”建筑思维和现代建筑思想融合下发展起来的中国建筑“空间”话语关注的问题与焦点比较集中，内容范围比较有限。后现代主义的传入开拓了中国建筑师的视野，建筑学科变得更加复杂，不再只是艺术与科学的综合，更是哲学、社会学、心理学等多学科的综合。在这种综合之下，开阔了中国建筑师讨论“空间”的视角，因此，后现代主义给中国建筑“空间”话语带来的最大的影响就在于

[1] 关于该文，先后出现过不同版本，除了包亚明主编的《后现代性与地理学的政治》中收录的《不同空间的正文与上下文》外，还有周宪译的《激进的美学锋芒》中的《不同的空间》、王喆译的载于《世界哲学》的《另类空间》等。

[2] 米歇尔·福柯．不同空间的正文与上下文．陈志梧译 // 包亚明．后现代性与地理学的政治．上海：上海教育出版社，2001：18.

推动中国建筑“空间”话语向多样化发展。

后现代主义的空间理论是由多种空间理论组成的，每种理论都有各自不同的关注点，完全无法完成类似现代建筑的空间理论整合。因此，后现代主义更主要的是通过各个具体的空间理论来影响中国的建筑创作。例如波特曼的“共享空间”虽然是在现代主义建筑空间理论的基础上发展起来的，但其中对环境的强调，尤其是对“人”的因素的强调使得它更应该被归类为后现代空间理论。“共享空间”所呈现的丰富多彩的、令人新奇的公共空间形式不仅有现代建筑空间的渗透与流动，更重要的是集休息、活动、交往为一体，将室内空间由静止、压抑变得生机勃勃而富有动态。在室内外的交流上，更是将室外自然元素引入室内，将室内空间变成城市空间的延续。再如黑川纪章的“灰空间”利用互相矛盾的元素以共存的方式来取得自然与建筑之间、空间与空间之间的连续性，使空间变得矛盾丛生而同时又复杂多变，由单极空间变成多极空间，是日本传统文化与现代建筑思想的有机结合。

由于后现代主义空间理论的多样性以及在设计手法上的可操作性，中国在吸收后现代主义的空间理论时更多地吸收了具体的设计手法或者处理方式。尽管中国没有形成代表性的后现代空间理论，但后现代主义空间对中国的建筑创作的影响却并不逊色于现代主义空间。如果说现代主义建筑空间是在形式上与中国传统建筑和园林有共同之处，那么，后现代主义建筑空间则是在思想、观念的层面由于对环境、对人的因素的强调而与中国的传统观念如“天人合一”思想等形成了共鸣，思想上的共鸣远比形式上的相似更容易使人接受。

从设计方法论上讲，后现代主义空间理论带来了丰富多样的设计手法和空间形式，使得中国建筑师拥有了更多的讨论“空间”的话题。虽然未能形成具有代表性的、系统化的设计方法，但设计手法的多样性弥补了方法论的缺失，使得后现代主义空间理论对中国建筑创作实践的影响毫不逊色于现代建筑和“布扎”的“空间构图”理论。

总的来说，中国吸收这些外来的建筑空间观念、空间理论，目的在于促进中国建筑学科的发展，建立起一套适合中国的建筑设计方法，不仅要能够满足建筑设计教学的需要，更要能够提升中国建筑设计的水平。适合中国的要求使得不论是“布扎”建筑体系还是现代建筑思想或者后现代建筑思想在中国的发展都不是独立的、分开进行的，而是相互影响、相互吸收与相互融合的。这种兼收并蓄正是中国建筑学科在发展过程中所体现出的特点之一，中国的现代建筑是融合了“布扎”思维的本土化的现代建筑，中国的“布扎”是吸收了现代建筑思想的本土化的“布扎”，后现代建筑思想传入后也是融入到这个混合的体系之中。中国的建筑“空间”话语实际上是在多种建筑思想融汇的基础上结合本国需要而发展起来的。

6.2.2 建构中国建筑设计方法论

建筑学科中所有的话语，最终的目的都是为建筑设计实践服务，无论是对建筑历史的研究还是对建筑理论的总结，其目的都是要建立一套建筑设计的方法体系，以使建筑设计变得简单易操作。为建筑设计实践提供支撑正是中国建筑学科的主要目的之一。

1.“空间”对建构设计方法论的贡献

中国具有悠久的建筑历史，但是建筑作为一门学科却只有一百年的历史。中国建筑学科基本上是西方学术体制的直接移植，从建筑术语、内容到范式，基本上都是从西方引进的，中国人对建筑的认识经历了根本的改变。中国古代有着一套自己独特的学术体系，这种学术体系以儒道学术为基础，以研究者思想的不同来分门别派地形成不同的“学问”，即使“考工”分支也只是把有关建筑做法的记载作为辅助施政的手段或工具。这是中国古代建筑不同于其他国家建筑的根本之处。

同时，在中国古代也无“建筑师”这种职业，更没有西方意义上的建筑设计体制。中国古代从事建筑行业的主要是工匠，他们掌握的手艺、技能通常被归为“匠学”。由于中国建筑采用木结构体系，使得建筑设计与施工之间并无明确的界限，工匠往往既掌控我们今天所谓的“设计”又负责组织、参与建筑的营造。尽管热衷于园林营造的文人雅士会参与到园林的设计筹划之中，但他们偏向于提供设想，真正的设计是需要造园师和工匠来完成的。在封建社会严格的等级制度之下，工匠被认为是纯粹的手艺人，社会地位低下，直接导致建筑工匠往往因循旧式，只重视技艺的提升而不管理论的发展，缺乏自主性和创造性。技艺的传承也依赖于师徒之间的口口相传，在实践中亲身相授，传承的主要是营造的经验而非设计的知识。

西方知识体系的传入不仅带来了先进的建筑技术，更带来了现代化的城市规划和建筑工程管理模式。西式建筑在中国的大量兴建使得传统工匠逐渐失去了建筑营建的主导权，因为他们无法独立完成这种新式建筑的营建而必须有人对他们进行建筑设计上的指导。建筑商品化与劳动分工的细化促使建筑设计成为一个独立的行为分支，建筑设计的独立使得建筑师成为了一种职业，正如赵辰所总结的：“近现代的建筑师在中国的出现，意味着更细的社会分工和社会职能的变化。传统的以建筑工匠直接向业主负责的设计建造过程，变成了由建筑师与工匠共同向业主负责。”[1]

西方建筑体系对中国的影响首先是通过建筑技术、建筑材料等“科学”知识的传播实现的。1910 年张锳绪的《建筑新法》和 1920 年葛尚宣的《建筑图案》都体现了“建筑是科学”的观念，对于其中与建筑设计有关的内容，《建筑新法》是将其放在“绘图布局”中讲的，《建筑图案》是围绕着“图

[1] 赵辰．立面的误会——建筑·理论·历史 [M]．北京：三联书店，2007：181.

案”展开的。1920年代以前，“图案”基本上是“设计”的同义词，建筑图案课程也是建筑教学中的重要内容。绘制图样与中国工匠“样房”的打样有一定的相似性，也有本质的区别：“打样”是来自建造经验的直观图像，“图样”是有着准确尺寸的“科学”的工程制图。也就是说，在1920年代中期以前，“建筑设计”本身并没有脱离“工程”的范畴而成为一个完全独立的领域。[1]直到1920年代末期建筑师大量出现才使得建筑设计成为完全独立的行为分支。建筑设计与工程的分离使得建筑学成为了一个更加独立的学科门类，建筑设计的内容也发生了本质的改变，不再只是“科学”的体现，而且还是“艺术”的表现。建筑师职业的兴起与建筑设计创作的需要要求建立一套体系化的建筑设计方法。中国建筑师开始了对建筑设计方法的探索。

[1] 关于建筑设计与“图案”的研究，参见：王凯．现代中国建筑话语的发生：近代文献中建筑话语的“现代转型”研究[D]. 同济大学博士学位论文，2009：93-99.

“布扎”建筑体系在中国的移植，为中国建筑师提供了一套建筑设计方法。但是，“布扎”对绘画表现技巧的强调使得其建筑设计实际上是一种“图面建筑学”，与建筑的营造、施工是完全脱离的。对建筑营造的背离使得“布扎”的建筑设计体系与中国以工匠营建建筑的“营造”传统完全对立，两者之间存在着不可逾越的鸿沟。尽管中国建筑师对其进行了适应本土化的调整，但“布扎”体系仍然无法完全适应中国的国情。如果不考虑中国建筑传统，也许“布扎”的设计体系经过改造能够适应新的建筑设计的要求。在建筑作为一种“民族性”的表征之下，中国建筑师不仅希望建立一套建筑设计方法论，更希望能够继承与延续中国建筑的传统，以现代化的方式建构出理想的中国风格，通过这种中国风格的现代建筑获得一种民族身份上的认同感。

同时，现代建筑运动在国际上的兴起对“布扎”建筑设计体系也造成了剧烈的冲击，不管现代建筑是否在形式上有所创新，现代建筑在建筑技术、建筑观念上的发展是不容否认的。在现代建筑超越复古思潮成为国际建筑的主流后，中国建筑师对现代、对进步的诉求使得他们有向现代建筑靠拢的愿望，现代建筑的冲击使得中国建筑师开始寻求一套更加适合于中国的建筑设计方法论。

作为建筑最本质内容的“空间”与建筑设计之间的关系使得中国建筑师在探索建筑设计方法时将“空间”纳入考虑之中。从中国建筑师在设计方法上对“空间”的探索来看，空间设计理论在中国的发展主要有三种：一是冯纪忠的“空间原理”——完全从空间组织的角度来建构建筑设计方法论；二是“布扎”构图理论的发展，代表作为彭一刚的《建筑空间组合论》；三是从结构美学的角度来探索建筑的空间创作，以布正伟的结构构思理论为代表。

（1）冯纪忠与“空间原理”

作为中国建筑设计空间理论的代表，冯纪忠在1960年代初期在教学中运用的“空间原理”的形成受到了现代建筑思想的影响。“空间原理”中“空间”既体现了对功能的强调，同时还与结构、采光、通风等建筑因素都有关联。冯纪忠在探索中国现代建筑之路时发现，现代建筑的根本不在于风格与式样而在于对建筑空间的组织，同时，这种空间组织不在于空间形式的特征而在于设计思维与方法手段。“空间原理”想要建立的是建筑设计的最基本程序、最一般方法，强调的是建筑设计的过程。目的在于摆脱建筑功能类型多样化所造成的对建筑设计的束缚，让建筑师、建筑学生在进行建筑设计时不会因为没有接触过某种功能类型的建筑就不知道该如何下手。冯纪忠在“空间原理”中所提的“空间”是建筑设计的最基本单元，是建筑设计的原始细胞。“空间”作为一种最基本的建筑单元，通过将建筑的功能、各种限制条件换算为“空间”，使得“空间”成为设计的基本要素；根据“空间”组织方式的不同来分类建筑，将建筑设计还原为空间组织的过程。在这个过程中，“空间”既与功能有关，还受到结构的限制：“各空间可能各有不同的功能，但是为了物质条件简单化，经济地统一起来，调整成统一一致的空间，以满足更大限度的空间使用……力求空间单元与结构单元的一致，达到功能与技术统一……事实上，结构与空间完全吻合是最理论的（Theoretical）。”[1] 因此，冯纪忠在“空间原理”中建构的是一种科学化的、理性化的建筑设计方法，一种可以传授的建筑设计程序。“空间原理”的“空间”超越了现代建筑空间观念，传递的是建筑学科中最本质的设计思想。冯纪忠将建立这种科学思维与设计方法看成是建筑学科建设的根本任务，它可以看成是一种工具性的知识建构，针对的是建筑设计的过程而不是建筑创作的最终结果。在“空间原理”的基础上，1980 年代冯纪忠将传统中国的文人情怀和园林意境融入到空间观念之中，从文化传统的高度提出了“时空转换”与“意动空间”的概念。“时空转换”与“意动空间”完全实现了现代空间意识与中国人文传统的融合，将场地、历史、文化记忆、意境等综合在一起，这些均充分体现在方塔园和何陋轩的设计之中。

（2）空间构图理论

中国的“空间构图”理论是“布扎”构图理论的发展，受到了来自前苏联“空间构图”理论的影响。清华大学 1960 年代编写的教材《民用建筑设计原理》，尤其是其中关于“空间组合”的讨论，算得上是中国早期“空间构图”理论的代表。虽然这本教材中的“空间”受到了现代建筑空间观念的影响，但对“空间”的讨论总体上是置于“构图”理论之下的。“建筑设计中的空间组合”这一章是与后一章的“外形构图”相并列的，讨论的是建筑艺术技巧问题，“只涉及有关空间和外形组合中的一些最基本、最浅显的技巧问题”[2]，也就是说，“空间组合”中的“组合”与“构图”有相通之意。在具体的讨论与分析中偏重的也是空间的形式问题，从平断

[1] 谈谈建筑设计原理课问题 // 同济大学建筑与城市规划学院编 . 建筑弦柱：冯纪忠论稿 [M]. 上海：上海科学技术出版社，2003：16.

[2] 清华大学土建系民用建筑设计教研组 . 民用建筑设计原理（初稿）[M]. 清华大学内部刊行 . 1963：107.

面形状、尺度、大小感、轴线到空间的“围”与“透”、空间序列，关注的都是空间形式的艺术性，在内容编写上也是类似于迪朗的《简明建筑学教程》，是一种资料集成，通过对空间处理手法集合分类为学生提供选择。

对“空间构图”进行最系统、最细致的讨论的无疑是彭一刚的《建筑空间组合论》。在《组合论》中，彭一刚吸收了现代建筑对空间功能性的强调，将空间作为功能与形式之间的直接联系点，以“空间组合”为线索，从功能、结构、审美要求等三个方面阐明了建筑空间组合所必须遵循的基本构图原则，重点是讨论建筑形式的处理问题。《组合论》从建筑形式美的规律与共性出发，通过实例分析、图解和图示等手段将建筑设计的基本原理以“空间组合”为线索转化为可传授的知识，虽然建构的不是一套全新的设计方法，但它将“布扎”的“构图”理论与现代建筑、后现代建筑的空间观念相结合，使得“构图”理论在一定程度上适应了当前建筑设计的需要，成为了一种适宜的、好用的建筑设计方法。《组合论》也因此而成为了一本适合建筑学生的工具书。

（3）结构构思与空间创造

现代建筑的发展与建筑结构技术的发展是分不开的，结构是传递荷载，支撑建筑物的骨架，对建筑的外部空间、内部划分有着或显或隐的影响。结构工程师为现代建筑的发展做出了巨大的贡献，奈尔维在《建筑的艺术与技术》一书的开篇就提到：“无论何时何地，一个建筑物的普遍规律，它所必须满足的功能要求，建筑技术，建筑结构和决定建筑细部的艺术处理，所有这一切，都构成一个统一的整体，只有对复杂的建筑问题持肤浅的观点，才会把这个整体分划为互相分离的技术方面和艺术方面。建筑是，而且必须是一个技术与艺术的综合体，而并非是技术加艺术。”[1]布正伟正是看到了结构作为建筑的骨骼对创造建筑空间的主观能动作用，看到了结构构思不能脱离对空间的认识，而希望把结构工程师的结构造型与建筑师的空间布局融合在一起，创造出结构的逻辑性与建筑的艺术性达到完美统一的建筑：“在现代建筑的结构构思中，只有从如何围合空间、支配空间和修饰空间这三个基本方面，去潜心挖掘结构与视觉空间之间的那些直观的与非直观的全内在联系时，我们才能抓住要领、广开思路，使建筑创作的技术水平与艺术水平达到一个新的高度。”[2]结构构思在一定程度上将从建筑学科中分离的结构工程再次收入建筑设计体系之中，有利于改变中国建筑学生学习了建筑结构却无法有效利用的局面。

2.“空间”对转化中国建筑传统的贡献

从中国的建筑学科建立开始就一直在寻找与实践一种适合于中国的建筑设计方法体系，以满足中国建筑设计的需要，上面几种对建筑设计方法论的探索正是这种需求的体现。必须指出的是，这些建筑设计方法满足的仅仅是“新建筑”的设计，而中国建筑师还有一种更深层次的建筑设计追

[1] [意]奈尔维．建筑的艺术与技术[M]．黄运升译．北京：中国建筑工业出版社，1981：序言．

[2] 布正伟．现代建筑的结构构思与设计技巧．天津：天津科学技术出版社，1986：157．

求，即要将中国建筑传统转化为一种现代化的“中国风格”。

中国人自我认同的“中国建筑”一直是几代中国建筑人共同关注的焦点，期间对“中国建筑”的认识几经改变，逐渐发展深化。对“中国建筑”的认识甚至是“中国建筑史”的建构都是在建筑实践中实现建筑现代化的同时继承和发展中国建筑的固有文化传统，这是一个贯穿了整个20世纪的建筑话题、建筑课题。

最初复兴中国建筑传统的是西方传教士，他们试图创造一种东方化的西方建筑形式以获取中国人的认同感。传教士们在建造教会建筑时在符合功能要求的西式建筑上加入中国建筑形式的母题。由传教士对中国建筑元素的业余模仿所创造的“中国风格”被以美国建筑师墨菲（Henry Killam Murphy，1877-1954）为代表的西方建筑师进一步发展与完善。墨菲不仅进行了所谓的“适应性建筑”（Adaptive Architecture）的实践，更是总结出了中国传统建筑的五个基本特征：曲线形屋顶（Curving Roof）、布局的秩序（Orderliness of Arrangement）、结构的真实性（Frankness of Construction）、华丽的色彩（Lavish Use of Gorgeous Color）、建筑构件间完美的比例（the Perfect Proportioning One to Anothe of its Architectural Elements）。[1] 墨菲的建筑设计影响了第一代中国建筑师的实践，在中外建筑师的共同推动下，形成了一种特定的中国式的建筑风格式样。

1920 ~ 1930年代，强烈的民族主义文化氛围使得中国建筑师开始了基于西方技术条件的对新的“中国建筑”的探求，中国建筑的“外观”成了中国建筑师坚守的底线，然而仅从“外观”来探索新的“中国建筑”不可避免地存在一种内在的矛盾，正如赖德霖所评价：

> 对中国建筑艺术型的肯定导致了这样一个结果，近代中国在否定传统建筑的使用价值的同时肯定了它的观赏价值，从而为中国建筑的古典复兴找到了形式美的根据。……这种对西方建筑结构技术和对中国传统建筑形式的肯定决定了一种近代中国建筑中西结合手法的特征，即是用西方的材料、结构建造中国传统形式的建筑。其结果，即把不断发展的材料、结构和建筑功能强塞入陈旧的建筑形式之中。这种手法难免导致建筑内容与形式之间的矛盾。[2]

这一时期对“中国固有式”的探索实际上是多样化的，至少建构起了三种不同的实践类型。[3] 这些新的“中国建筑”实践都是以对中国建筑的纯形式的理解为基础的，只是选择了不同的具有“中国精神”的传统建筑元素，重新以“构图”原理和折中主义的态度来组合应用这些元素，也就是说，对“中国建筑”的理解与中国式建筑实践之间存在着内在联系：从形式主义美学出发关注的是“中国建筑”形式上的特征，尤其是屋顶部分；从结

[1] Henry K. Murphy. *An Architectural Renaissance in China: The Utilization in Modern Public Buildings of the Great Styles of the Past.* Asia. 1928（28）: 468-475.

[2] 赖德霖．中国近代建筑史研究[M]. 北京：清华大学出版社，2007：192.

[3] 关于这一时期对“民族形式”探索的研究，参见：赵立瀛．我国建筑“民族形式”创作的回顾[J]. 建筑师，（9）；王颖．探求一种“中国式样”：近代中国建筑中民族风格的思维定势与设计实践（1900-1937）[D]. 同济大学博士学位论文，2009.

构理性主义出发强调的是“中国建筑”木结构体系的合理性，希望通过与现代建筑的结构原理相对比而获得“中国建筑”存在的意义。1930年代“中国固有式”的探索在抗战期间因受到干扰而中断，在1950年代得到了延续，其代表作品就是1959年的“国庆十大工程”。

这种单纯的形式上的模仿并不能满足中国建筑师对“民族形式”的追求，尤其是建筑历史研究领域对过去的研究方式的批判否定了“官式”建筑，迫使建筑师寻找新的“民族形式”，从而拓展了中国建筑师对“民族形式”的定义，民居与园林也纳入到“民族形式”之中。这种反思在一定程度上促进了中国建筑师从“空间”的角度来理解中国建筑，发现了中国建筑在形式以外的现代潜力，尤其是对中国园林空间的研究，为中国建筑师提供了超越“布扎”体系的物质性范本。

“中国建筑”与西方传统建筑在空间组织上有着巨大的差异，中国建筑多以建筑群的方式出现，需要走动着进行观赏，随走随看，步移景异。中国建筑的空间不是静态的空间，而是融入了时间因素的具有时空转换性质的空间，而且中国建筑空间是一种内外结合的空间，室内与室外空间一直在转换、流动、渗透。这种空间流动、空间渗透与现代建筑空间形式具有一定的相似性，在空间意识与现代建筑空间观念上也与现代建筑不谋而合，这使得中国建筑师意识到“中国建筑”的空间是具有一定的现代性的。将对“中国建筑”空间的理解与诠释上升到“意境”的高度，更是使得中国传统建筑空间融入了带有中国传统文化沉淀的一种精神上的“意”与“神”。由此，“空间”为中国建筑实践提供了一个可能的路径。

许多建筑师参与到了这种从“空间”的角度来转化“中国建筑”的实践之中，试图将庭院空间、园林空间融入到现代建筑空间之中，不论这些实践是否成功，至少是在纯形式模仿之外为“中国建筑”的现代转化做出了努力。

6.3 小结

通过从认识论和设计方法论两个方面对中国现代建筑“空间”话语的分析可以看出，“空间”话语对中国建筑学科的改变是巨大的。首先，“空间”进入中国建筑话语之中不仅改变了中国建筑师对建筑的认知，更是改变了他们对“中国建筑”的认知。“空间”不仅与建筑形式有关，还与建筑的功能、结构等有关系，它超越了“建筑三要素”，成为了更本质的建筑“第四要素”，使得建筑设计的注意力从“构图”转向建筑空间，使“中国建筑”从形式特征走向了更深层次的空间“意境”。其次，在建筑设计中，“空间”使得“布扎”的构图理论发展为“空间构图”理论，在一定程度上适应了当前对建筑设计的要求。同时，“空间”还将结构与建筑形式创造联系在一起，完成了结构与建筑设计的再整合。以“空间”为出发点的“空间原理”更是建构起了一套系统的、在全世界都具有领先性的设计方法。最后,“空间”为中国建筑师的最高追求——“中国建筑”的现代化转变提供了一条可能的途径。可以说，“空间”话语对中国建筑学科的改变是全方位的，从建筑认知到建筑设计无不受到“空间”话语的影响。

通过从认识论和设计方法论两个方面对中国现代建筑“空间”话语的分析，还清楚地呈现了中国现代建筑空间话语形成的缘由、中国现代建筑空间话语的特征：

1. 中国现代建筑空间话语的缘由

从外因上讲，无疑是受西方建筑学影响。中国建筑学科的形成是对西方建筑学的移植,从建筑认识到建筑话语再到建筑教育模式都来自于西方。最初中国移植“布扎”建筑体系，而现代主义建筑在国外的广泛展开使得“布扎”开始过时。“现代建筑”这个称谓显示了对建筑现代性的一种追求，这与中国的“现代”之路吻合，现代建筑所呈现的新颖的形式也满足了部分中国人的猎奇思想，这些变化与发展使得中国建筑师越来越关注现代建筑，并逐渐接受了现代建筑历史建构中所传播的“空间”概念。西方现代建筑及其“空间”的影响只能算是中国建筑“空间”话语形成的一个外在的动因。

“空间”话语真正在中国兴起的根本原因是中国建筑学科发展的需要，即来自中国建筑学界内部的原因才是真正促使建筑“空间”话语形成的动因。中国建筑师在建筑学科的发展过程中发现“布扎”体系与中国的现实不合，“布扎”的“图面建筑学”忽视了建造技术和材料的运用，而单纯地追求建筑造型和建筑绘画技巧，在建筑设计中完全专注于形式的构成，导致了强烈的形式主义倾向。在对形式主义的反思中，一部分中国建筑师选择了“空间”作为“武器”,冯纪忠的“空间原理”就是在对“形式主义”的反思中形成的。[1]“空间构图”理论的形成也是为了弥补“构图”理论的不足，使其能够适应建筑发展的需要。除了对抗形式主义之外，“空间”还成为了对抗“风格”学说的利器。“风格”学说的引入使得中国建筑师在思考“中国建筑”时带有一种思维定势,始终将中国建筑看成是一种“风格”(式样)，在这种思维定势之下，新的“中国建筑”的建构由于民族风格的限制，完全被束缚在形式上而忽略了更加本质、更加深层次的对建筑文化、建筑本质特征的思索。“空间”还在中国建筑传统和现代建筑之间架起了一座“桥梁”，为中国建筑传统的现代化提供了一条道路。尽管中国建筑学科从来没经历过一个现代建筑占据主导地位的时期，但中国建筑师一直将现代建筑看成是建筑发展的方向,一直希望向现代建筑方向发展。中国传统空间观念与现代建筑空间观念之间的相似性使中国建筑师看到了中国建筑在形式之外的现代特征，甚至是后现代的特征，这种现代潜力开

[1] 同济大学建筑与城市规划学院．建筑人生：冯纪忠访谈录[M]. 上海：上海科学技术出版社，2003：57.

启了中国建筑实践的又一扇大门。

2. 中国现代建筑空间话语的特征

再从中国现代建筑“空间”话语的发展与变化历程来看，我们可以发现“空间”话语的特征有两方面：一方面在于它有很强的针对性与目的性，另一方面，它具有很强的包容性和兼收并蓄的特征。

（1）针对性与目的性

中国建筑“空间”话语的发展本身是有迹可寻的，实际上，中国建筑师对“空间”话语的探讨一直是围绕着两条线索展开的：建立一套体系化的建筑设计方法和建构新的现代化的“中国建筑”。

中国建筑学科的成立表面上是西方知识体系影响下形成的学术分科，根本原因则在于：在西方观念影响之下中国社会的生活方式、社会观念发生了改变，生活方式的改变必然会产生对建筑的新的要求（如卫生、通风、采光等现代功能要求），对于这些要求，中国传统的建筑体系无法满足。因此，中国建筑学科成立的主要目标是建立适合中国的建筑设计理论和方法，以此来促进建筑设计实践有效、有益地展开。建筑设计理论和设计方法的建立不仅是针对建筑师的，更是针对建筑学生的，目的在于使建筑设计过程变得具有可操作性，同时使建筑设计实践有一定的质量保证。中国建筑师对建筑“空间”的讨论始终围绕着建筑设计展开，目的是以理论来指导建筑设计实践，即使是由“空间”所引起的对建筑的认知的改变，其目的也是为“空间”在建筑设计中的运用与利用建立思想基础。

中国建筑学科的特殊性在于中国古代不仅不存在“建筑”的学科分类，也不存在“中国建筑”这种观念。建筑与民族性之间的关联使得中国建筑学科在发展过程中不得不面对如何建构“中国建筑”这样一个问题。“中国建筑”的建构不是一个如何认识中国建筑的问题，而是一个如何转化中国建筑传统的问题。中国人研究“中国建筑史”实际上是在建构和发明一种被认为理所当然的“传统”，这种“传统”与中国今后的建筑实践有直接的关系，这使得在对中国传统建筑的历史研究中往往带有建筑师预设的建筑理想和美学判断。为了建构现代化的“中国建筑”，中国建筑师进行了不止一种的中国式建筑实践探索。对中国建筑“空间”特色的分析让中国建筑师找到了建筑形式以外的中国建筑传统中所蕴含的现代潜力。因此，在对中国传统建筑和园林“空间”进行研究与探索时，中国建筑师是带着一定的建构“中国建筑”的目的进行的，最终是希望通过“空间”来实现现代化的“中国建筑”的建构。

中国建筑“空间”话语所有的讨论都离不开这两条线索，或者说是两个目标。正是围绕着这两条线索，中国建筑师在外来影响和内部需要的促进之下展开了各种各样的对建筑空间的讨论，以期以理论化的空间原理来指导中国建筑设计实践的展开。中国建筑，从传统上来讲，注重的就是建筑功用，中国人不像西方人一样讲究哲学思考，而是更加关注物质性与实用性。因此，中国建筑“空间”话语所体现的针对性与目的性在整个中国建筑学科发展过程中也是有很明显的体现的，中国建筑历史研究的展开、建筑理论探讨的展开始终都是为建筑设计实践服务的，中国建筑师对设计实践的重视远超过对设计理论的关注。

（2）包容性与兼收并蓄

中国建筑“空间”话语的包容性与兼收并蓄的特征反映在几个方面：

首先从“空间”这个术语来看，“空间”是一个来自日语的“现代”词汇。“空间”进入中国以后，首先是与中国传统的“宇”观相等同，然后逐渐取代“宇”字成为一个新而中的术语。不仅“空间”术语具有新而中的特性，中国现代空间的概念也是如此。中国现代空间概念的形成首先是受到了西方新的“空间—时间”概念的影响，但不是西方空间概念的直接移植，而是吸收了中国传统的空间意识而形成的。在西方空间概念的影响之下，中国的空间概念加入了物质的特征，具有了可以触及的几何实体化的特质，同时保留了中国传统空间意识中的经验与想象，在某些时候，它仍然是无形的、不可及的、虚无的空间。以这种空间观念为基础的对建筑“空间”展开的讨论使得中国建筑“空间”话语既有西方现代空间观念的特性又有中国传统空间意识的特质。

其次，中国现代建筑“空间”话语虽然是在西方建筑影响下形成的，却也不是西方话语的完全移植。西方建筑空间话语最初主要是围绕着三种建筑空间观，即空间作为围合、空间作为连续体、空间作为身体的延伸展开的，对建筑空间的讨论还是具有形而上学的遗传的，毕竟空间概念一直是西方哲学的一个重要问题。中国的建筑“空间”话语并不存在或者说较少存在这种对“空间”的形而上学的探索，也就是说，中国在对建筑空间进行探讨时不强调对空间的哲学思考。中国传统的空间观念“埏埴以为器，当其无，有器之用；凿户牖以为室，当其无，有室之用”决定了中国建筑师对空间的兴趣更集中于“用”，即空间所承载的实用性。在马克思辩证唯物主义思想的影响之下，中国建筑师还关注空间作为物质存在的客观性，强调空间的物质性特征。这种对空间实用性、物质围合性的探讨能够更好地运用到建筑设计实践之中，比哲学探讨更具有可操作性。中国建筑“空间”话语吸收了西方建筑空间话语，但在讨论上却是从实用性层面，从“空间”作为工具、手段的层面展开的。

最后，中国现代建筑“空间”话语接受的西方影响不是单一的，它既接受了现代建筑的空间思想，也融合了“布扎”的构图理论，在后期更是吸收了多样化的后现代空间理论。中国建筑“空间”话语实际上一直在不断地、有意识地、有目的地吸收、融合来自西方建筑的各种影响，同时不断地将这些外来思想本土化，使之能够与中国传统的空间意识结合成为一个适应中国建筑需要的整体。

中国现代建筑“空间”话语体现出的包容性、兼收并蓄正是中国建筑学科在发展过程中所体现出的特点之一。中国建筑学科虽然是以“布扎”体系为基础建立起来的，但在发展过程中不断地吸收现代建筑以及后现代建筑的思想，即使是“布扎”完全占据统治地位的时期，中国的“布扎”也是结合了现代建筑思想的“布扎”，而中国的所谓现代建筑从来都是西方现代建筑与“布扎”的融合体。中国建筑学科的包容性、兼收并蓄的特征来自于中国建筑学科发展的需要，既要与国际建筑接轨，同时也不能放弃中国建筑的传统，因此，中国建筑学科一直试图吸收西方建筑理论中对中国建筑发展“有利”的部分，使其与中国建筑传统相结合，形成一种现代化的“中国建筑”。

七

结语：中国现代建筑空间话语反思

"如果没有事物的历史，也就没有事物的理论，但是，如果没有事物的理论，甚至连关于事物历史的思想也不会有，其所以如此，就是因为不会有关于事物，关于事物的意义和界限的概念。"[1]研究历史的目的在于以史为鉴，反思现实。"话语"是一个过程的范畴，是暂时性的、简单化的、不系统的，始终处于一种变化的、不稳定的态势。"空间"话语的变化是朝两个方向运行的：一是上升到理性高度，转化成系统化的建筑理论或思想；一是没有经过理论加工，只能是一些琐碎的只言片语。不论哪种，都反映出了中国建筑师对建筑的思考。作为建筑众多话语之一，"空间"话语虽然不能全面地反映出中国建筑学科的发展与变化，却为我们提供了中国建筑学科发展中所遇到的一些具体化的实际问题，有助于我们更加清醒地面对现实，澄清误解，为未来的发展作出参考。

[1] 转引自：[苏]查宾科（М.П.Цапенко）.论苏联建筑艺术的现实主义基础 [M]. 清河译 . 北京：建筑工程出版社，1955：42.

事实上，目前部分中国建筑师对中国现代建筑"空间"话语的认识与历史并不相符，存在着一些误解与"误读"。"误读"往往是一种有意为之的选择，因为学习他者文化的最终目的是为我所用，建立适合自己的价值体系。对中国现代建筑"空间"话语进行研究的目的就在于澄清这些误解，理清这些"误读"，以更加清醒的态度来对待"空间"话语的未来发展，对待中国建筑学科的未来发展。

中国建筑师对"空间"话语的最大误解在于将"空间"与现代建筑完全绑定在一起，实际上：

现代建筑≠空间，空间≠现代建筑

尽管"空间"概念在吉迪翁等西方建筑史学家、理论家建构现代建筑体系时起到了重要作用，但"空间"在另一些建筑史学家、理论家那里却不是那么重要。建筑史学家、理论家在建立现代建筑谱系时，实际上每个人的出发点、目标、基本思想都是有差异的。现代建筑实际上是在一定的历史时期内围绕着某些共同思想意识和建筑目标而开展的一系列建筑创新探索，现代建筑师每个人的探索并不一致，有些人甚至很少提及"空间"。现代建筑在"空间"之外还有许多其他的内容与思想。因此，我们在理解现代建筑时不能只强调它的某一方面而忽视其他的内容，不能简单地以"空间"来表明现代建筑的特征，更不能将现代建筑等同于空间。

"空间"在西方建筑领域的发展的确是明确地与现代建筑联系在一起的，然而"空间"在中国建筑领域的发展却并非如此。"空间"进入中国建筑领域当然有现代建筑思想的影响，但必须指出的是，在现代建筑进入中国之前，"空间"已经在建筑文章中使用，中国人已经将"空间"与建筑联系起来了。中国人将"空间"与建筑联系起来有两个思想基础：一方面，"空间"术语的传入带来了现代的空间概念与空间观念的形成，"空间"

被广泛运用于各个学科，成为了一个具有“现代性”的术语，这使得一些中国的有识之士有意或者无意地将“空间”用于建筑领域。另一方面，“美育”的兴起使得艺术受到重视，艺术活动频繁而活跃，艺术家在介绍“美术”概念的同时带来了“空间艺术”与“时间艺术”的分类，建筑作为一种“空间艺术”很自然地会与“空间”发生关系。早期现代建筑传播的非系统化使得现代建筑未能从整体上对中国建筑学科造成影响，新中国成立后，由于意识形态的缘故，更是使得现代建筑在中国的传播断断续续，改革开放后，整个国际建筑环境已为后现代建筑所垄断，中国从未建立起现代建筑的整体环境。在这种情况之下，中国建筑的“空间”当然不可能只与现代建筑有关。

中国现代建筑“空间”话语吸收的来自西方的影响是多方面的，过分地强调“空间”与现代建筑的关系既是对历史的不尊重，也会误导中国建筑学科未来的发展。正确地看待“空间”与现代建筑的关系，有利于正确而客观地理解现代建筑，也有利于放开建筑空间的视野，促进建筑空间探索的展开。

通过对中国现代建筑“空间”话语的形成与发展的回顾，我们看到，“空间”话语是在外来影响和中国建筑学科发展的历史需要之下形成与发展的，同时有着很强的目的性和针对性。但是，不得不说建筑学历史中从来都没有一个话语可以完全地占据建筑争论的全部，建筑思考的多维度性才是推动建筑学不断发展的动力。在“空间”话语发展的过程中，它从来没有成为占据统治地位的建筑话语，而是与其他话语一起在促进中国建筑学科的发展。也就是说，“空间”话语在中国从来都不是一个完全自主性的话语，它始终是与其他建筑问题（如功能、技术、构图等）联系在一起的，“空间”在相当程度上都是以一个术语的形式来促进建筑问题的探讨的。正如赛维所言，以空间来解释建筑“**是一种超级的解释，或者，你也可以说它是一种根本的解释。更准确地说，它不像其他那些属于某一专门方面的解释，因为空间方面的解释可能是政治方面的、社会的、科学的、技术的、生理-心理的、音乐的和几何学的，或者是形式上的。**”[1]“空间”以其特殊性与所有建筑问题都有或密或疏的联系，这决定了它不可能成为一个完全自立的建筑话语，也决定了“空间”话语在中国发展时建筑师是具有主动性的。

中国建筑师对待“空间”的态度和研究“空间”的角度也不是一成不变的。在强调“空间”的重要性时，也不断地有建筑师对“空间”的重要性进行反思，这种反思防止了“空间”成为与风格、形式主义一样的一元话语。从1980年代中后期开始，中国对建筑空间的理解从对实用性和物质性的重视转向对文化传统和哲学思想的重视，而在此之前这种哲学层面的探讨几乎是不存在的。一方面是因为中国没有进行哲学反思的传统，中国建筑师对空间的理解一直处于发展之中，对西方建筑理论的理解也未上

[1] [意]布鲁诺•赛维．建筑空间论（七）——如何品评建筑[J]．张似赞译．建筑师，(8)：238.

升到哲学的高度；另一方面，这种纯粹地从哲学角度探讨空间理论对中国建筑师而言远不如直接从实用性、物质性层面探讨来得方便，对建筑设计实践的指导有限。“空间”向哲学的转向以及环境观念发展的影响使得“空间”的探讨在 1980 年代后期逐渐停滞。可以说，“空间”话语在一定程度上被消解了，“空间”成为中国建筑学科中最重要的内容之一却是无法改变的事实，直到现在，仍有建筑师不断地从新的角度探索建筑空间。

话语分析描述是观念的一种演变，在建筑方面这种观念上的演变不仅体现在文献中,更体现在设计中。以“空间”话语来分析中国建筑学的发展，从一个具体的角度透视了一些以前较少关注的细节问题，可以更加全面地反映中国建筑发展的过程。“空间”话语的形成与发展中所展现的复杂性从一个侧面反映了中国建筑现代之路的特色。当然，“空间”话语只是中国众多建筑话语之一，它的形成促进了中国建筑话语的多样化发展，这种多样化发展必将为中国建筑的发展提供强劲的推动力。

附录

附录A　空间及相关词汇在民国辞书中的解释

1. 方毅等．辞源（丁种）．上海：商务印书馆，民国四年十月（1915）．

   [空间] 常与时间对举。横至于无限者，空间也。纵至于无限者，时间也。空间犹言字宇，谓上下四方。时间犹言宙，谓古往今来。

2. 郝祥辉．百科新辞典·文艺之部．上海：世界书局，民国十一年（1922）．

   [空间的艺术] 像绘画、建筑等占领空间而成立的艺术，叫做空间的艺术。

3. 赵缭．数学辞典：问题详解．上海：群益书社，民国十二年八月（1923）．

   空间．几 英 Space 试观吾人之周傍，能容吾人之场所，果有界限乎，则茫茫无涯际，达于日月星辰，犹不知其所终极，晴夜仰视苍空，则见多数星辰之棋布散列，然若用望远镜，则更能发见多数之星辰，若更用强大之望远镜，则尚能发现无数之星辰，苍空之渺茫无穷，不可惊叹哉。故空间虽不能下精密之定义，然可谓于一切无限大之方向而含一切物体之处也。换言之，空间者，为所有之场所，而以数学的言之，则空间为无限大也。又物体皆占空间之一部，故几何学可谓为论空间之学科也。空间有限之一部为立体，立体有长有广有厚有位置，立体与其周傍空间之界为面，故面有长有广有位置而无厚，面之四方亦为无限大，若论面之一部，则其周围为线，故线有长有位置而无广与厚，线之两方亦为无限长，若论线之一部，则其两端为点，故点惟有位置，而无长广厚。

4. 樊炳清．哲学辞典．商务印书馆，民国十五年五月（1926）．

   [空间觉] 英 Space-perception 法 Perception de l'espace 德 Raum wahrnehmung

   关于事物之形状及其方向，位置等等之知觉也。如吾以视以触，而知其物开头如何，大小如何，或闻声音，而知其音从何来，距我若干远，凡兹之类皆是。空间觉之所由生，学者颇有异议。詹姆士一派，则以为感觉自身之固有性。如以视觉言，则谓视觉自有扩延之属性，与有色彩光度等属性同。其他感觉，莫不皆然。冯德诸家反之，谓由数多感觉结合，始得知觉空间，故不名空间知觉而名以 [空间观念]（Raum vorstellung）云。诸感觉中，惟视触二觉结合，最为直接而完全，故空间之知觉，虽有由他感觉而起者，而皆以视触二者为之媒介。因之有 [视空间][触空间] 之名。间亦用 [听空间] 语者，但空间觉而纯出于听觉必不甚确实，是皆用过去的经验，以为其辅助者也。

5. 孙俍工．文艺辞典．上海：民智书局，民国十七年十月（1928）．

   空间感觉（德 Raumempfindung）

   空间感觉即是视觉、触觉和运动感觉，这三种的感觉各各感觉其相异的空间。视觉的空间是平面的。如绘画、如工艺美术中染织物等是。触觉的空间是立体的，如雕刻、如工艺美术中的陶器漆器等是。运动感觉的空间，是中空的，如建筑是。

空间艺术（德 Raumkunst）

空间艺术是依据空间感觉而成立的一种艺术，是对于时间艺术而说的。如依据视觉的空间（平面的）的绘画，依据触觉的空间（立体的）的雕刻，依据中空的空间（运动感觉）的建筑以及视觉触觉并用的工艺美术与浮雕等都包括在内。用表显示其关系如左：

6. 舒新城，中华百科辞典，上海：中华书局，民国十九年三月（1930）.

【空间】Space[几]

在无限诸方向之中而包含诸物体者也。在几何学上凡空间之有限部分曰立体。立体有长、有广、有厚、有位置。立体与其周傍空间之界为面，故面有长、有广、有位置而无厚。面之四方广至无限。若就面之一部而论，则其周围为线，故线有长有位置而无广与厚。线之两端长至无限。然就线之一部考之，则其一端为点。故点唯有位置而无长、广及厚。

【空间美】[美] 与时间美并称，占居空间之事物或现象之美也。自然景物及人造物体大半属之。有平面与立体之殊；前者为绘画之类，后者为雕刻之类。

【空间知觉】Perception of Space [心] 对于空间认知其大、小、长、短、深、浅、方向、位置者也。分视、触、听及运动诸觉。

【空间感觉】[艺] 即视觉、触觉及运动感觉是。

【空间艺术】[艺] 建筑、雕刻、绘画统称空间艺术；以其占有空间而用空间感觉鉴赏者也。与时间艺术相对待。分三种：(一)平面，如绘画，用视觉鉴赏；(二)立体，如雕刻，用触觉鉴赏；(三)空虚，如建筑，用运动感觉鉴赏。此种感觉，即空间感觉。但在事实上，空间艺术多以视觉鉴赏之。

7. 沈志远，新哲学辞典，北平：笔耕堂书店，民国二十二年九月（1933）.

【空间】(space) 物质存在底一种形式。辩证唯物论与主观唯心论底见解相反，它认为空间不是主观的，而是客观的范畴，存在物体本身、客观现实本身中的一种客观的范畴。

8. 刑墨卿，新名词辞典，上海：新生命书局，民国二十三年六月十日（1934）.

【空间艺术】是表现于空间的艺术，与造型艺术同义。为时间艺术的对语。如建筑、雕刻、绘画等，与诗歌、小说不同，是占据空间的物体与现象以及表现于有关面积或体积的作品。至以时间为要素的艺术，如音乐诗歌等，则称时间艺术。

9. 李鼎声，现代语辞典，上海：光明书局，民国二十三年十二月（1934）.

【空间】Space (E); Espace (F); Raum (G)（哲）是与“时间”对称的名词。~是有容积，面积，体积，距离，环于吾人上下左右而成为一切物体寄托之所的，如太阳系即为一大~；美国与中国从距离上说来，亦可说是两个不同的~。

【空间美】Space-beauty (E); Raumschönheit (G)（艺）见“空间艺术”。

【空间知觉】Perception of space（心）辨别物的方向与距离的知觉，是由视、触、运动诸觉构成的。

【空间艺术】Space-art (E); Art d'espace (F); Raumkunst (G)（普）一般地说，~是表现于空间的艺术，即造型艺术。普通艺术大别为造型艺术与音乐艺术二种，前者称~，如绘画，雕刻，建筑等，后者称“时间艺术”。近代艺术学认为~是以表现“空间美”为目的的，而时间艺术是以表现“时间美”为目的的。所谓“空间美”，即是占据空间的物体与现象以及表现于有面积或体积的作品上的美，如图画，雕刻，建筑美皆是；所谓时间美，即是在时间过程中绵延的美，如流水与鸟语及音乐之声调等皆是。

10. 新辞书编译社，新知识辞典，上海：童年书店，民国二十五年二月（1936）.

[空间]（Space）（普通）“时间”的对立名词。凡广的占有面积和体积的，即是“空间”。如一个国家，从它的历史上说，是时间的；从它的地位和面积上说，是占有空间的。

[空间感觉]（Sensation of Space）（文学）视觉，触觉，运动感觉，都是“空间感觉”。平面的如绘画，即用视觉鉴赏的；立体的是雕刻，即用触觉鉴赏的；空间的如建筑，即用运动感觉鉴赏的。

11. 胡行之 . 外来语词典，上海：天马书店，民国二十五年四月（1936）.

【空间美】Space-beauty（艺）见“空间艺术”。

【空间知觉】Perception of space（心）辨别物的方向与距离的知觉，是由视，触，运动诸觉构成的。

【空间艺术】Space-art（艺）一般地说，~是表现于空间的艺术，即造型艺术。如建筑，绘画，雕刻等是。与“时间艺术”相对。时间艺术即音乐，文学等。

【空间感情】Phantasiegefuhi（文）作家在写作时，往往有一种空想的感情，即和从判断而来之真实感情相对。

12. 现代知识编译社，现代知识大辞典 . 上海：现代知识出版社，1937：5.

【空间】（Space）（E）；（Espace）（F）；（Raum）（G）[普]“时间”的对立名词。凡广的占有面积和体积的，就是“空间”。如一个国家，从它的历史上说，是时间的；从它的地位和面积上说，是占有空间的。

【空间美】（Space-beauty）（E）；（Raumschönheit）（G）[艺] 见“空间艺术”条。

【空间知觉】（Perception of Space）[心] 辨别物的方向与距离的知觉，是由视，触，运动诸觉构成的。

【空间感觉】（Sensation of Space）[艺] 视觉，触觉，运动感觉，都是“空间感觉”。平面的如绘画，即用视觉鉴赏的；立体的如雕刻，即用触觉鉴赏的；空间的如建筑，即用运动感觉鉴赏的。

【空间艺术】（Art of Space）（E）[艺] 时间艺术的对待名词，即依据于空间感觉而成立的一种艺术。如建筑，雕刻，绘画等都是空间艺术，空间艺术都是以视觉鉴赏的。

13. 世界辞典编译社 . 现代文化辞典（上册）. 上海：世界书局 . 1939.

空间感觉

空间感觉有三种：（一）视觉的空间是平面的，譬如绘画，和工艺美术中的染织物。（二）触觉的空间是立体的，譬如雕刻和工艺美术中的陶器漆器。（三）运动感觉的空间是中空的，譬如建筑便是。

空间艺术

这是依据空间感觉而成立的一种艺术。它和时间艺术是对立的名称。从下面的表里可以看出空间感觉和空间艺术相互间的关系：

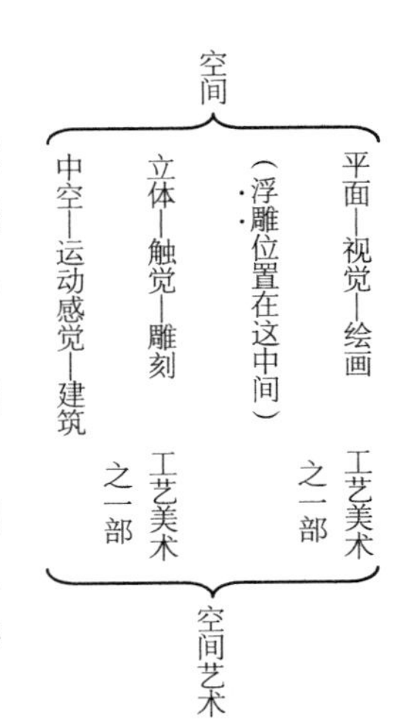

空间艺术的形式，种类繁多，不胜枚举。就建筑言，宗教建筑因有基督教，回教，佛教的派别而有各种形式。就雕刻言，有丸雕，半肉雕，薄肉雕等形式。就绘画言，有挂额轴，绘卷，扇面等形式。

14. （苏）M·洛静泰尔，犹琴．简明哲学辞典．孙冶方译，哈尔滨：新知书局，民国二十九年三月（1940）．

    空间 space 参考“时间和空间”条，页 108

    时间和空间（Time and space）马克思主义哲学的唯物论告诉我们，世界上，除了运动着的物质以外，没有别的东西了，而这物质只能在空间和时间中才能运动，所以，空间和时间是物质存在底客观形态。空间和时间是不能跟物质相分离的，而物质又不能跟空间和时间相分离。主观观念论认为时间和空间只是人类思想底产物，而且把时间和空间跟物质相分离开来，相反地，唯物论断定说，时间和空间没有了物质便是被剥夺了任何内容。“……这两个物质存在形态，没有了这个物质便成为一无所有，那只是空洞的概念，只在我们头脑中存在的抽象化”。（恩格斯）自然科学中关于空间和时间的理解和概念是在改变着，发展着。然而有一事实是不会改变的，即是自然界只有在时间和空间中存在着。“……我们的发展着的时间和空间的概念，反映着客观现实的时间和空间”。（列宁）

15. 米丁·易希金柯．辩证法唯物论辞典．上海：读书出版社，1946.

    空间（Space, Espace, Raum）物质的存在形式。辩证法唯物论与主观观念论的见解相反，认为空间不是意识的的形式，而是存在、物质的形式，是物体本身、客观现实本身所固有的。参看“时间”条。

16. 顾志坚，简明．新知识辞典，上海：北新书局，民国三十七年四月（1948）.

    〔空间〕（Space）“时间”的对立名词。凡广的占有面积与体积的，即是“空间”。如一个国家，从它的历史上说是时间的；从它的地位和面积上说，是占有空间的。

    〔空间感觉〕（Sensation of Space）视觉、触觉、运动感觉，都是“空间感觉”。平面的如绘画，即用视觉鉴赏的；立体的如雕刻，即用触觉鉴赏的；空间的如建筑，即用运动感觉鉴赏的。

    〔空间艺术〕（Art of Space）时间艺术的对待名词，即依据于空间感觉而成立的一种艺术。如建筑、雕刻、绘画等都是空间艺术，空间艺术都是以视觉鉴赏的。

17. 上海辞书出版社，辞海，上海辞书出版社，1989.

    空间　在哲学上，与“时间”一起构成运动着的物质存在的两种基本形式。空间指物质存在的广延性；时间指物质运动过程的持续性和顺序性。空间和时间不依赖于人的意识，具有客观性。空间、时间同运动着的物质是不可分割的，没有脱离物质运动的空间和时间，也没有不在空间和时间中运动的物质。空间和时间又是互相联系的。现代物理学的发展，特别是相对论的提出和得到证实，更表明空间和时间同运动着的物质的不可分割的联系。唯心主义否认空间和时间的客观性，形而上学唯物主义把空间和时间看成是脱离物质运动的，这些看法都不符合客观时空的本来面貌。空间和时间是无限和有限的统一。就宇宙而言，空间无边无际，时间无始无终；就每一具体的个别事物而言，则空间和时间都是有限的。自然科学中通过量度单位的选 定和参考系的建立对空间和时间进行量度。量度空间一般以米或其分数（如厘米、微米）或倍数（如千米）为单位。量度天体间距离时则用天文单位、光年、秒差距。量度时间一般以地球自转和公转为标准，由此一出各种年、月、日、时、分、秒等单位。历法是量度较长时间的系统，近代利用某些物质原子的内部过程作为空间和时间的量度标准。

空间感 绘画术语。根据透视原理，运用明暗、色彩的深浅和冷暖差别，表现出物体之间的远近层次关系，使人在平面的绘画上获得立体的、深度的空间感觉。

空间知觉 认识外界物体的空间特性的知觉。有大小知觉、形状知觉、距离知觉（深度知觉）、方位知觉等。

附录B　1952年以前使用了“空间”的建筑文章列表

序号	题名	作者	刊名	发表时间	卷期	页码
001	论居室	胡香泉	妇女杂志	1918年2月5日	4（2）	1-5
002	建筑铁骨工场设计大要	程璘	工业同志进行会杂志	1918年	2	70-95
003	我国建筑谈	过明霞	北京女子高等师范文艺会刊	1919年	3	237-238
004	论建筑房舍所应注意之点	杨特	同济杂志	1922年	6	工艺：1-9
005	同济大学工科之新建筑	培伦子 王汰甄 译	同济杂志	1923年	18	11-55
006	中国建筑史话	姜丹书	艺术	1925年	119	
007	上海人所占的空间	萧萧	新上海	1925年	1	153-156
008	安徽石埭永济桥建筑之经过	庚宗溎 高观四 朱有卿	工程：中国工程学会会刊	1925年12月	1（4）	269-271
009	现代的建筑	汪申伯	海灯	1927年	1	21-22
010	家庭卫生小工程		中华工程师学会会报	1927年	14（11、12）	1-7
011	图书馆建筑	李小缘	图书馆学季刊	1928年	2（3）	385-400
012	建筑原理	刘既漂	贡献	1928年7月25日	3（6）	27-35
013	南北欧之建筑作风	刘既漂	中央日报特刊	1928年	3	72-74
014	莫忘记了雕刻和建筑	林文铮	亚波罗	1928年11月16日	4	261-267
015	南北欧之建筑作风（附图）	刘既漂	旅行杂志	1929年4月	3（4）	7-9
016	建筑原理	刘既漂	国立大学联合会刊	1929年	2（2）	45-58
017	乡村小学建筑设备谈	钟自新	广东省立小学教员补习函授学校月刊	1930年	2	9-16
018	中国美术建筑之过去及其未来	刘既漂	东方杂志	1930年	27（2）	133-139
019	校舍建筑问题之理论与实际	李清悚	教育杂志	1930年	22（3）	35-54
020	农业仓库建筑之计划（仓廪计划）	龙庆忠	中华留日东京工业大学学生同窗会年刊	1930年10月	8	46-57
021	艺术建设发凡	尚其煦	东方杂志	1931年	28（5）	43-49
022	建筑设计与都市美之关系	顾亚秋	东方杂志	1931年	28（5）	49-51
023	建筑物与声浪之关系（原文载“The Architect & Building Neus’，10th，Arcit，1931）	Dr. A. H. Davie 著 倪庆穰 译	工程译报	1931年	2（3）	29-32

续表

序号	题名	作者	刊名	发表时间	卷期	页码
024	建筑师漫谈（译自美国Pencil Point杂志）	袁宗耀	时事新报	1931年2月28日		
025	“中西建筑漫谈”——冯柳漪先生公开演讲		南开大学周刊	1931年5月19日	110	43-44
026	中西建筑漫谈	冯文潜	南开大学周刊	1931年5月26日	111	19-22
027	中西建筑漫谈（附照片）	冯文潜	中国学生（上海1929）	1931年	3（5）	42-44
028	吾国美术建筑之历史	松夫	时事新报	1931年9月16日		
029	校舍调查	邰爽秋	中华教育界	1932年	20（3、4）	
030	法隆寺与汉六朝建筑式样之关系并补注	滨田耕作 著 刘敦桢 译注	营造学社汇刊	1932年3月	3（1）	1-59
031	中西建筑之构通	沈尘鸣	时事新报	1932年11月16日		
032	建筑师新论	沈尘鸣	时事新报	1932年11月23日		
033	谈建筑物中之电梯	沈潼	时事新报	1932年12月14日		
034	工场建筑概论	沈日升	工业安全	1933年	1（2）	125-138
035	武汉大学的建筑的研究	刘既漂	前途	1933年	1（2）	1-8
036	钢筋三和土概论	知止	申报	1933年1月1日		
037	中国建筑之魅力	范文照	美国《人民论坛》	1933年3月		
038	欧洲及美洲建筑学之歧视	仲琴	申报	1933年5月9日		
039	住宅图说	施兆光	建筑月刊	1933年8月	1（9-10）	97-99
040	从城市规划说到国家规划（工程师学会第四届年会演讲稿）	朱泰信	交大唐院季刊	1933年9月	3（3）	79-87
041	未来建筑之声音处理问题	朱枕木	申报	1933年9月19日		
042	建筑工程述要	黄钟琳	时事新报	1933年9月27日		
043	建筑辞典		建筑月刊	1933年10月	1（12）	19-24
044	中西建筑之沟通	周明章	申报	1933年10月3日		
045	大同古建筑调查报告	梁思成 刘敦桢	营造学社汇刊	1933年12月	4（3-4）	1-168
046	木材之腐朽及其法	？影	申报	1933年2月7日		
047	玻璃建筑	丰子恺	现代（上海1932）	1933年	2（5）	660-662
048	仓禀建筑计划	龙非了	河南政治月刊	1933年	3（9）	1-16
049	历史上的中国民族文艺：建筑、雕塑、绘画、大众文艺：述要	石人	前锋（北平）	1934年	16	1-5

续表

序号	题名	作者	刊名	发表时间	卷期	页码
050	空间屋		小世界：图画半月刊	1934年	43	33
051	从城市规划说到国家规划	朱泰倍	工程周刊	1934年	3（36）	562-563
052	中国历代宗教建筑艺术的鸟瞰	孙宗文	中国建筑	1934年2月	2（2）	44-47
053	怎样才减少建筑物之声息	影呆	申报	1934年2月27日		
054	建筑中之上海最摩登的一段码头	鲁意	北辰杂志	1934年2月28日	55	16-20
055	航空站之规划及设计	杨定九	交大唐院季刊	1934年3月	4（1）	21-34
056	房室声学（续）	唐璞 译	中国建筑	1934年3月	2（3）	39-41
057	隔热用之铝箔	J. Hancock Callonder 夏行时 译	中国建筑	1934年3月	2（3）	42-47
058	建筑的新曙光（续）	戈毕意氏 卢毓骏 赠稿	中国建筑	1934年3月	2（4）	37-38
059	房室声学（续）	唐璞 译	中国建筑	1934年3月	2（5）	46-47
060	苏维埃建筑思想（1917-1933）	译者：N.A.E	中华留日东京工业大学学生同窗会年刊	1934年5月		59-66
061	意大利之雅典（续前）	华林	美术杂志	1934年6月	3	14-16
062	北行报告（续）——北平市沟渠建设设计纲要	杜彦耿	建筑月刊	1934年7月	2（7）	55-60
063	建筑正轨（续）	石麟炳	中国建筑	1934年8月	2（8）	41-44
064	城市计划学	卢毓骏	中国建筑	1934年10月	2（9-10）	32-33
065	略谈建筑	TTC	新光（北平）	1934年	1	2
066	卫生小谈：卫生与建筑	叶劲秋	卫生月刊	1935年	5（4）	208-209
067	20世纪欧美新兴建筑之趋势	俞征	湖南大学季刊	1935年	1（3）	91-101
068	都市住宅问题	叶新明	中国新论	1935年	1（7）	93-104
069	近代建筑样式	胡德元	勷勤大学季刊	1935年	1（1）	106-126
070	农业仓库建筑之研究	龙庆忠	中国建设（上海1930）	1935年2月	9（2）	41-62
071	交通部新厦之砂层基础	钱石曾	中国建设（上海1930）	1935年2月	9（2）	99-106
072	识小录：门饰之演变	陈促篪	营造学社汇刊	1935年3月	5（3）	139-150
073	社会生活的变迁与建筑样式	谷口忠作	申报	1935年4月2日		
074	最新医院建筑设计之大要（中）	刘既漂	申报	1935年4月30日		
075	上海住宅趋势之研究（下）	刘仲超	申报	1935年6月11日		
076	现代儿童图书馆之建筑	查介眉	中央时事周报	1935年6月24日	4（23）	57-59

续表

序号	题名	作者	刊名	发表时间	卷期	页码
077	营造学（续）	杜彦耿	建筑月刊	1935年7月	3（7）	28-30
078	上海霞飞路恩派亚大厦	黄元吉 设计	中国建筑	1935年9月	3（4）	3-13
079	平民剧院设计应注意之事项	刘仲超	申报	1935年11月5日		
080	今日建筑家应有的根本思想	张寿昌	工程：中国工程学会会刊（武汉版）	1935年12月	2	46-48
081	摩天楼	陈炎仲	工商学志	1935年12月25日	7（2）	99-102
082	中国营造学社概况		中国建筑展览会会刊	1936年4月	1	
083	清代建筑略述	林徽因	中国建筑展览会会刊	1936年4月	1	
084	南京新都大戏院	李锦沛 设计	中国建筑	1936年5月	25	2-14
085	苏州古建筑调查记	刘敦桢	营造学社汇刊	1936年9月	6（3）	17-68
086	现代的荷兰建筑	阳欧佑琪	新建筑	1936年10月	创刊号	14-16
087	谈建筑及其他美术	费成武	中国建筑	1936年10月	27	62-63
088	中国园林——以江苏、浙江两省园林为主	童寯	Tien Hsia monthly 天下月刊	1936年10月		
089	碱地之房屋	华南圭	工商学志	1936年12月25日	8（2）	1-18
090	谈民间建筑	施世珍	月报	1937年	1（3）	663-665
091	谈建筑及其他美术（续）	费成武	中国建筑	1937年1月	28	61-62
092	营造学（续）	杜彦耿	建筑月刊	1937年3月	4（12）	29-34
093	建筑艺术讲话	梁净目	新建筑	1937年4月	4	20-22
094	现代的都市集合住居	霍云鹤	新建筑	1937年	5-6合刊	94-109
095	高层建筑论	郑祖良	新建筑	1937年	5-6合刊	70-93
096	都市之净化与住宅政策	黎抡杰	新建筑	1937年	5-6合刊	148-169
097	房屋各部构造述概	杨大金	中国建筑	1937年4月	29	48-55
098	国际新建筑会议十周年纪念感言	林克明	新建筑	1938年	7	1-6
099	挽近新建筑的动向	郑祖良	新建筑	1938年	9	2-5
100	合理主义的建筑再论	冠中	新建筑	1938年	9	10
101	绘画的文章体式和峨特式建筑艺术及上海的圣三一堂	齐明	现实	1939年	1	40-41
102	建筑艺术与都市建设	郑祖良	今日评论	1939年	2（23）	362-363
103	仓库建筑中“窗孔”之研究	曹裕民	农本	1940年	35-36合刊	41-53
104	建筑物之抗火效能	胡树楫	新工程	1940年	5	20-27

续表

序号	题名	作者	刊名	发表时间	卷期	页码
105	书林偶拾：中国建筑史（日本伊东忠太原著，陈清泉 译）	仲	中和月刊	1940年	1（4）	114-118
106	住宅的设计与制图：（续）	金贤法	自修	1940年	121	15-17
107	住宅的设计与制图：第四章楼房的设计（续）二	金贤法	自修	1940年	131	18-20
108	利用坐椅垫下的空间	祥发	科学画报	1940年	6（9）	554
109	现代建筑的主潮：从合理主义到新建筑的达点——建国际筑	郑祖良	新动向	1940	3（7-8）	1020-1024
110	国际建筑与民族形式：论新中国新建筑底“型”的建立（上篇）	霍然	新建筑	1941年	渝版1	9-11
111	五年来的中国新建筑运动	黎抡杰	新建筑	1941年	渝版1	2-4
112	新建筑艺术与市政建设	郑梁	市政评论	1941年	6（2）	8-9
113	论带形都市（Bandstadt）与大陪都之改造	黎宁	市政评论	1941年	6（7-9）	6-8
114	谈空间	丁谛	文综（上海1941）	1941年	2（1）	20-21
115	防空建筑安全屋：一种新奇的房屋设计（译自“Architectural Forum”）	曹志华 译	每月科学	1941年	1（6）	16-17
116	理想家庭之屋	弃名	理想家庭	1941年3月	创刊号	18-19
117	理想家庭之屋的理想家具：舒适・美观・空间节省・光线・都是理想的条件	锦江	理想家庭	1941年4月	2	31
118	都市卫生之建议	顾子明	社会旬报	1941年7月1日	8	4-7
119	理想小住宅	鸿白	健康家庭	1941年7月	3（4）	14-15
120	小家庭经济住宅设计：设计四：几所简单的平屋（D）	毛心一 金贤法	健康家庭	1941年	2（11）	22-23
121	小家庭经济住宅设计：设计九：闹市的幽居（A）	毛心一 金贤法	健康家庭	1941年	3（5）	18-19
122	混凝土建筑及其价值	永令	科学画报	1941年	7（11）	628-629
123	公共盥室的设计	P.Y.P.	工商建筑：工商建筑工程学会会刊	1941年10月	1	16-19
124	防空山峒厂房建筑之理论及实施	郑梁	现代防空	1942年	2（2）	61-90
125	空间刚节构架之分析	金宝桢	工程：中国工程学会会刊	1942年8月	15（4）	51-59
126	工业建设与防空	徐愈	土木	1942年10月	2-3合刊	19-26

续表

序号	题名	作者	刊名	发表时间	卷期	页码
127	实业计划上之城市建设	朱泰信	市政工程年刊	1943年	1	7-19
128	中国之中枢区域与首都	沙学波	市政工程年刊	1943年	1	141-147
129	论防空都市之建立	霍然	现代防空	1943年	3（2）	26-31
130	空间之扩大	斌南	建筑（中央大学油印本）	1943年	4	17-25
131	三十年来中国之建筑工程	庐毓骏	现代防空	1944年	3（4-6）	23-45
132	建筑创造了我们		世说（重庆）	1944年	75	3-4
133	空间刚架的应力分析	杨式德	国立清华大学土木工程学会会刊	1944年	6	27-39
134	战后建筑展望	梁衍	国立清华大学土木工程学会会刊	1944年	6	24-26
135	“与子同谋” Planning with You！（译自Arch Foium）	张守仪 译	建筑（中央大学油印本）	1944年	6	26-35
136	东京娱乐场尽作工人宿舍		建筑（中央大学油印本）	1944年	6	42
137	建筑是建造的艺术……	Contantin A. Paitzoff（？）	建筑（中央大学油印本）	1944年	6	5
138	经济建筑之一：三种地平的住宅		建筑（中央大学油印本）	1944年	6	6
139	建筑我们的剧场	张骏祥	戏剧时代	1944年	1（4-5）	93-114
140	战后我国建筑风格之趋势	段毓灵	重庆市政	1944年	2（4/5）	35-41
141	建筑师对于公共卫生之责任	俞乃文	工程导报	1945年	5	1-2
142	战后的住宅问题	李森堡	战斗中国	1945年	1（10-11）	38-47
143	都市人口与住宅问题	孟光宇	财政评论	1945年	13（3）	25-33
144	住宅供应与近代住宅之条件：市政设计的一个要素	林徽因	市政工程年刊	1946年	2	21-27
145	此为美国第一幢设计有完备空气调节装置之办公大楼高21层，可用之空间达27万平方呎，定于1947年5月竣工［照片］		中华少年	1946年	3（3）	1
146	明日之住宅	P.R. Williame 潘亦稣 节译	新建筑	1946年	2	14-15
147	都市人口与住宅问题	孟光宇	新建筑	1946年	2	24-29
148	战后我国建筑风格之趋势	段毓灵	市政工程年刊	1946年	2	28-35
149	今日的都市问题	E. Saarinen 邓友鸾 译	市政评论	1946年11月	8（9）	23-25

续表

序号	题名	作者	刊名	发表时间	卷期	页码
150	都市计划中之美学原理	Camillo Sitte 赵杏白 节译	市政评论	1946年12月	8（10）	13-14
151	建筑与文化	藤岛亥次郎余鸣谦 译	科学时报	1946年9月	8	53-60
152	消费节约与经济动员：节约的五个要点：人力节约·物力节约·财力节约·时间节约·空间节约	陈启天	新运导报	1947年	14（4）	2
153	砖石房屋建筑	林朗怀	工程学报（广州）	1947年	复刊1	108-123
154	住屋问题		世界卫生组织汇报	1947年	1（10）	123-124
155	明日的房子	黄华节	新中华	1947年	复刊 5（3）	34-36
156	都市特写：世界首都——纽约		市政评论	1947年3月	9（2-3）	27-29
157	从迁居新厦想到"空间"的运用	苏蒨梦	新语	1947年12月	12（16）	182-183
158	冷水集：利用空间	挑水夫	礼拜六	1948年	118	5
159	技术的天空里	彩方	技协	1948年	24	
160	关于建筑	叶鼎洛	青年界	1948年	新5（3）	22-23
161	空中厨房	左和金	民用航空	1948年	4	29-30
162	何谓卫生住宅	马育骐	卫生工程导报	1948年	1（1）	15-18
163	中国建筑与中华民族	龙庆忠	国立中山大学校刊	1948年12月	18	
164	内部装饰	熊汝统	台湾营造界	1948年	2（2）	16
165	我国机场建筑之演进及观感	陈六琯	民用航空	1948年	2	3
166	高效率的结构工程——刚构	蒋式穀	工程界	1949年3月	4（3）	6-7+29
167	北京——都市计划的无比杰作	梁思成 林徽因	新观察	1951年4月	7、8	
168	北京市劳动人民文化宫	林徽因	新观察	1952年1月	2	
169	故宫三大殿	林徽因	新观察	1952年1月	3	
170	祖国的建筑传统与当前的建设问题	梁思成 林徽因	新观察	1952年9月	16	

附录C 《建筑学报》中比较重要的“空间”文章列表（1954–1984）

序号	题名	作者	期号
001	国际建筑师协会执行委员 波兰建筑师海伦娜·锡尔库斯教授关于标准设计的报告	海伦娜·锡尔库斯 华揽洪、吴良镛 译	1955年第2期
002	广东中部沿海地区的民间建筑	岑树桓	1956年第2期
003	波兰人民共和国的建筑事业	梁思成	1956年第7期
004	近代科学在建筑上的应用（二）	周卜颐	1956年第7期
005	苏联建筑的新趋向	沙洛诺夫 著 王炳仪 译	1956年第8期
006	上海虹口公园改建记——鲁迅纪念墓和陈列馆的设计	陈植、汪定曾	1956年第9期
007	前门饭店	张鎛	1957年第1期
008	优秀的古典建筑之一——应县佛宫寺释迦塔	杨鸿勋、傅熹年	1957年第1期
009	北京幸福村街坊设计	华揽洪	1957年第3期
010	从北京几座新建筑的分析谈我国的建筑创作	周卜颐	1957年第3期
011	对“对‘我们要现代建筑’一文意见”的意见	朱育琳	1957年第4期
012	密斯·凡·德·罗	罗维东	1957年第5期
013	北京新建旅馆建筑设计中的几个问题	何重义	1957年第6期
014	对前门饭店设计评论的意见和补充说明	张镈	1957年第6期
015	整日制幼儿园的设计	周文正	1957年第7期
016	沃尔特·格罗皮乌斯	周卜颐	1957年第7期
017	沃尔特·格罗皮乌斯（续完）	周卜颐	1957年第8期
018	从华揽洪的建筑理论和儿童医院设计谈到“对现代建筑”的看法	戴念慈	1957年第10期
019	西北黄土建筑调查	陈中枢、王福田	1957年第12期
020	上海沪东住宅区规划设计的研讨	徐景猷、方润秋	1958年第1期
021	城市住宅区的规划和建筑	刘宾·托聂夫教授	1958年第1期
022	二层住宅及街坊设计问题的探讨	黄报青、吕俊华	1958年第4期
023	建筑教学中两条道路的斗争——记清华大学建筑系的教学思想大辩论	岳进	1958年第7期
024	重庆市丘陵地区一个小区规划方案介绍	龚达麟	1958年第10期
025	批判我的资产阶级学术思想	刘敦桢	1958年第11期
026	上海邑庙区方浜中路成街改建规划	徐景猷、吕光祺	1958年第11期
027	中国园林的探讨	陈丽芳	1958年第12期
028	关于创作新的建筑风格的几个问题	袁镜身	1959年第1期
029	党引导我们走上正确的建筑教学方向	梁思成	1959年第2期

续表

序号	题名	作者	期号
030	介绍武汉团校楼房住宅的通风处理	徐强生	1959年第2期
031	关于美术馆的采光照明设计	蒋仲钧、胡心璐等整理	1959年第2期
032	工矿住宅设计的内容与形式问题——陕西省1959年城市工矿住宅定型设计实践	方山寿	1959年第3期
033	展览馆建筑的采光和照明	陈鲛	1959年第3期
034	杭州花港观鱼公园规划设计	孙筱祥、胡绪渭	1959年第5期
035	对建筑创作的几点看法	哈雄文	1959年第6期
036	从“适用、经济、在可能条件下注意美观”谈到传统与革新	梁思成	1959年第6期
037	1958年布鲁塞尔国际博览会法国馆介绍	R·萨尔惹（Sarger）	1959年第6期
038	1958年布鲁塞尔国际博览会	龚正洪	1959年第6期
039	对建筑形式的一些看法	陈植	1959年第7期
040	创造中国的社会主义的建筑风格	赵深	1959年第7期
041	关于建筑的艺术问题的几点意见	吴良镛、汪坦	1959年第7期
042	关于上海市住宅区规划设计和住宅设计质量标准问题的探讨	汪定曾	1959年第7期
043	万人体育馆设计方案探讨	魏敦山	1959年第7期
044	从一些实例谈到苏联建筑艺术革新的趋向和特点	金瓯卜	1959年第8期
045	创造中国的社会主义的建筑新风格	刘秀峰	1959年第9、10期
046	人民大会堂	北京市规划管理局设计院人民大会堂设计组	1959年第9、10期
047	人民大会堂建筑装饰创作实践	奚小彭	1959年第9、10期
048	中国革命和中国历史博物馆	北京市规划管理局 设计院博物馆设计组	1959年第9、10期
049	北京新建车站大楼的建筑设计	建筑工程部北京工业建筑设计院、南京工学院车站大楼设计组	1959年第9、10期
050	北京工人体育场	北京市规划管理局 设计院体育场设计组	1959年第9、10期
051	大型体育馆的形式，采光及视觉质量问题	梅季魁	1959年第12期
052	通过首都几项重大工程设计试谈建筑创作问题	张开济	1959年第12期
053	从建筑光学角度研究人民大会堂的照明	建筑科学研究院建筑物理 研究室光学组	1960年第1期
054	上海市闸北区天目路——西藏北路成街改建规划	顾忠涛、姚金凌	1960年第1期
055	高举毛泽东思想的红旗，实现今年勘察设计工作更好更全面的继续跃进	杨春茂副部长	1960年第2期

续表

序号	题名	作者	期号
056	国外建筑结构的某些发展近况	王铁梦	1960年第2期
057	大型火车旅客站舍设计的探讨	张敕、张文忠	1960年第4期
058	七星岩公园规划	建筑科学研究院建筑理论及历史研究室园林组	1960年第6期
059	月牙楼的设计：风景建筑创作笔记	建筑科学研究院建筑理论及历史研究室园林组	1960年第6期
060	大型铁路旅客站流线设计问题的探讨	南京工学院建筑系火率站设计小组	1960年第8期
061	扬州瘦西湖规划中的几点体会	南京工学院土木建筑工程系城乡规划教研组	1961年第2期
062	关于住宅标准和设计中几个问题的讨论	戴念慈	1961年第3期
063	北京工人体育馆的设计	北京市建筑设计院北京工人体育馆设计组	1961年第4期
064	体育馆的平面形式和看台剖面设计的探讨	建筑科学研究院城乡建筑研究室	1961年第4期
065	博览建筑的布局与陈列室设计	建筑科学研究院城乡建筑研究室	1961年第5期
066	国外悬索结构发展近况	王铁梦	1961年第5期
067	建筑创作中的几个重要问题	梁思成	1961年第7期
068	关于建筑风格的几个问题——在“南方建筑风格”座谈会上的综合发言	林克明	1961年第8期
069	建筑的历史发展和中国社会主义建筑新风格的成长	吴景祥	1961年第8期
070	试论北京工人体育馆的建筑艺术	张开济	1961年第8期
071	试谈建筑艺术的若干问题	陈植	1961年第9期
072	从建筑谈到照明风格问题	吴华庆	1961年第9期
073	川黔地区中小型铁路旅客站建筑设计中的几个问题	卢小荻	1961年第9期
074	从建筑风格谈谈当前建筑创作的方向	唐璞	1961年第10期
075	建筑的形式和风格	董大酉	1961年第10期
076	关于住宅内部的设计问题	曾坚、杨芸	1961年第10期
077	从建筑史的角度来谈建筑理论中的几个问题	鲍鼎	1961年第12期
078	探求我国住宅建筑新风格的途径	徐强生、谭志民	1961年第12期
079	居住建筑规划设计中几个问题的探讨	汪定曾、徐荣春	1962年第2期
080	积极创作，努力提高住宅建筑设计水平	王华彬	1962年第2期
081	亭·廊·桥	黄树业	1962年第6期
082	浙江民居采风	汪之力	1962年第7期
083	北海静心斋的园林艺术	胡绍学、徐莹光	1962年第7期
084	汪坦教授谈西方建筑的室内外空间处理		1962年第7期

续表

序号	题名	作者	期号
085	人体尺度的研究	秦剑、华一清	1962年第10期
086	李笠翁谈建筑——读《闲情偶寄·居室部》	侯幼彬	1962年第10期
087	小区建筑群空间构图	吕俊华	1962年第11期
088	资本主义国家现代建筑的若干问题	顾启源	1962年第11期
089	广西僮族麻栏建筑简介	孙以泰（整理）	1963年第1期
090	朝鲜族住宅的平面布置	张芳远、卜毅、杜万香	1963年第1期
091	新疆维吾尔族传统建筑的特色	韩嘉桐、袁必堃	1963年第1期
092	东北地区的农村住宅设计	毛之江	1963年第2期
093	宫廷建筑巧匠——“样式雷”	单士元	1963年第2期
094	建筑形式的比例（构图原理讲座）	周维权	1963年第2期
095	开展大区学术活动——东北三省学会取得丰硕成果（学术动态）		1963年第3期
096	漫谈岭南庭园	夏昌世、莫伯治	1963年第3期
097	庭园建筑艺术处理手法分析	彭一刚	1963年第3期
098	苏州留园的建筑空间	郭黛姮、张锦秋	1963年第3期
099	庭院式居住区研究性规划设计方案的探讨	董鉴泓	1963年第3期
100	改善住宅建设和住宅建筑群体的意见	黄忠恕	1963年第3期
101	重庆几个大型民用建筑创作的分析	叶仲玑	1963年第6期
102	苏州园林的观赏点和观赏路线	潘谷西	1963年第6期
103	建筑群的观赏（构图原理讲座）	齐康、黄伟康	1963年第6期
104	宽银幕影院观众厅形式问题的探讨	周人忠、康森	1963年第9期
105	火力发电厂的建筑处理	余作民	1963年第10期
106	传统建筑的空间扩大感	侯幼彬	1963年第12期
107	北京几个公共建筑室内装饰的设计分析	张仲一	1963年第12期
108	读《园冶》	张家骥	1963年第12期
109	自力更生，奋发图强，争取学术上的更大成就（社论）		1964年第1期
110	寒冷地区城市住宅设计中的几个问题	冯德毓、李庆堂、陈明棻	1964年第1期
111	谈城市住宅的室内设计	北京工业建筑设计院五室	1964年第1期
112	对解决城市住宅西晒问题的探讨	刘鸿典	1964年第1期
113	上海居住区规划设计中几个问题的探讨	汪骅、陈庆庄	1964年第2期
114	住宅建筑模数、参数与尺寸问题	王华彬	1964年第2期
115	农村住宅降低造价和帮助农民自建问题的探讨	江一麟	1964年第3期

续表

序号	题名	作者	期号
116	居住区级商业服务设施设置形式的探讨	王硕克	1964年第4期
117	大型铁路旅客站建筑设计的几个问题——兼谈北京车站的创作体会	陈登鳌	1964年第6期
118	建筑构图中的对位	李行	1964年第6期
119	园林小品艺术处理的意匠	莫永彦、李文佐	1964年第6期
120	试谈建筑同一般艺术的关系	毋兴元	1964年第6期
121	试作北京垂杨柳住宅区规划的一些体会	朱畅中	1964年第7期
122	住宅群体布局中保持环境安静的一些方法	徐强生、谭志民、秦剑	1964年第7期
123	门窗和隔墙装配式做法的传统经验——江苏省无锡县及吴县农村住宅调查札记	方若柏、胡岩良	1964年第8期
124	工业建筑的色彩处理	金贤法	1964年第10期
125	错误的建筑理论必须批判	毋兴元	1966年第3期
126	集体宿舍设计中如何贯彻“干打垒”精神	徐尚志、阮长善	1966年第4、5期
127	湿热地区的建筑设计——兼谈对设计中几个矛盾问题的看法	陈登鳌、庄念生	1977年第1期
128	梯廊式住宅的初步探讨	吴连辉	1977年第2期
129	广州建筑与庭园	莫伯治、吴威亮、蔡德道（文字整理）	1977年第3期
130	北京紫竹院公园南大门设计	杨鸿勋	1977年第3期
131	长沙铁路客站设计	湖南省建筑设计院车站现场设计组（张宝纬执笔）	1978年第1期
132	关于建筑理论的几个问题——批判姚文元关于“建筑艺术”的谬论	杨鸿勋	1978年第2期
133	丁山宾馆设计	丁山宾馆设计小组	1978年第4期
134	试谈公共建筑创作中的几个问题	陈世民	1979年第1期
135	关于建筑现代化和建筑风格问题的一些意见	张镈、林克明、徐尚志、佘庆康、哈雄文、黄忠恕、洪青	1979年第1期
136	重视建筑形式的探索——对广州几个新建筑的一点看法	邓其生	1979年第1期
137	谈住宅建筑的层高	刘宝仲	1979年第2期
138	南宁装配式空心大板住宅小区规划设计	傅博	1979年第2期
139	国外展览馆、博物馆的建筑设计（附图）	清华大学建工系博览建筑研究小组（梁鸿文、朱纯华执笔）	1979年第2期
140	太湖水乡城镇建筑群空间处理	曾繁智	1979年第2期

续表

序号	题名	作者	期号
141	视觉分析在建筑创作中的应用	白佐民	1979年第3期
142	建筑——空间与实体的对立统一——建筑矛盾初探	侯幼彬	1979年第3期
143	影剧院建筑设计的几个问题	林立岩	1979年第3期
144	墨西哥阿卡波尔科文化会议中心和几个墨西哥、美国的旅馆	龚德顺	1979年第3期
145	环境、空间与建筑风格的新探求	冯钟平	1979年第4期
146	广州新建筑的地方风格	莫伯治、林兆璋	1979年第4期
147	国外展览馆、博物馆的内部设计	清华大学建工系博览建筑研究小组（梁鸿文、朱纯华执笔）	1979年第4期
148	打碎精神枷锁 提高设计水平	龚德顺	1979年第6期
149	漫谈建筑创作	佘畯南	1979年第6期
150	中小型建筑创作小议	程泰宁、叶湘菡、徐东平	1979年第6期
151	丰富多彩的瑞士建筑	王华彬、张祖刚、孙大章	1979年第6期
152	论斗栱	张家骥	1979年第6期
153	杭州剧院设计	浙江省工业设计院剧院设计小组	1980年第1期
154	建筑创作中的几种错误倾向	艾定增	1980年第1期
155	由西方现代建筑新思潮引起的联想	杨芸	1980年第1期
156	七十年代欧美几座著名建筑评介	周卜颐	1980年第1期
157	全国城市住宅设计方案竞赛评述	税清劭、赵冠谦、冯利芳、徐丽珍、班焯	1980年第2期
158	白天鹅饭店建筑设计构思	临江	1980年第2期
159	解除思想束缚 繁荣建筑创作——上海建筑设计思想座谈会听后记	徐强生	1980年第2期
160	“民族形式”与建筑风格	陈世民	1980年第2期
161	七十年代欧美几座著名建筑评介（续）	周卜颐	1980年第2期
162	苏州古典园林艺术古为今用的探讨	程世抚	1980年第3期
163	网师园的布局、绿化与景观分析	庞志冲、李文佐	1980年第3期
164	低造价能否做出高质量的设计？——谈广州友谊剧院设计	佘畯南	1980年第3期
165	民族形式再认识	王世仁	1980年第3期
166	国外实验室建筑的灵活性	周逸湖、陈乐迁	1980年第3期
167	保护文物古迹与城市规划	郑孝燮	1980年第4期
168	从贝聿铭的北京“香山饭店”设计谈现代中国建筑之路	彭培根	1980年第4期
169	改进住宅设计的几个问题——兼谈我院的住宅样子间	赵景昭	1980年第4期

续表

序号	题名	作者	期号
170	为刘秀峰同志《创造中国的社会主义的建筑新风格》一文辩诬	陈植	1980年第5期
171	住宅户型探讨	顾宝和	1980年第5期
172	日本建筑师黑川纪章的创作与观点	邱秀文	1980年第5期
173	融人工于大自然——桂林风景区七星岩	尚廓	1980年第6期
174	苏州饭店新楼设计	方鉴泉、罗新扬、张兰香	1980年第6期
175	住宅建筑新体系的初探——工业化蜂窝元件的组合体	唐璞、江道元	1980年第6期
176	波特曼的“共享空间”	李耀培	1980年第6期
177	展望八十年代我国城乡建筑的发展	王华彬	1981年第1期
178	现代建筑还是时髦建筑	戴念慈	1981年第1期
179	试论现代建筑与民族形式	渠箴亮	1981年第1期
180	广开才路 广开思路——记中国建筑学会第五次代表大会的学术活动	林志群、刘荣原	1981年第1期
181	峨眉山建筑初探	沈庄	1981年第1期
182	日本现代建筑的结构运用与艺术创新	布正伟	1981年第1期
183	对我国社会主义城市规划几个问题的探讨	郑孝燮	1981年第2期
184	从繁荣建筑创作浅谈建筑方针	顾奇伟	1981年第2期
185	民居——创作的泉源	成城、何干新	1981年第2期
186	路易斯·康的建筑精神	刘沪生	1981年第2期
187	全国中、小型剧场设计方案竞赛作品简述	宫小振	1981年第3期
188	从全国中、小型剧场设计方案竞赛谈谈对剧场设计的几点看法	林乐义	1981年第3期
189	我们对高层建筑的看法	郑乃圭、胡惠源	1981年第3期
190	对我国七十年代几个新建剧院的意见	唐葆亨	1981年第3期
191	大中型百货商店建筑设计探讨	任焕章	1981年第3期
192	云岗幼托设计的一些思考	姚振生	1981年第3期
193	藏居方室初探	黄诚朴	1981年第3期
194	发展高层统建办公楼的现实性与经济性——兼谈其建筑设计	陈从恩	1981年第4期
195	中国科学技术馆设计方案的建筑构思	李宝铿、翁如璧、张郁华、肖济元	1981年第4期
196	多功能体育馆观众厅平面空间布局	梅季魁、郭恩章、张耀曾	1981年第4期
197	建筑内容散论	侯幼彬	1981年第4期
198	农村建筑的传统与革新——对陕西关中新村住宅的初步探索	周士锷	1981年第4期

续表

序号	题名	作者	期号
199	首都公共民用建筑创作探讨	吴观张、徐镇、翁如璧、刘力、刘开济	1981年第5期
200	建设有特色的居住小区	沈继仁	1981年第5期
201	SAR的理论和方法	张守仪	1981年第6期
202	香山饭店设计对中国建筑创作民族化的探讨	王天锡	1981年第6期
203	全国剧场竞赛建声设计评述	曹孝振、梁应添	1981年第6期
204	北方通用大板住宅建筑体系标准化与多样化问题的探讨	中国建筑科学研究院标准所四室 赵冠谦、班焯、马韵玉执笔	1981年第6期
205	对“住宅建筑新体系的初探”一文的商榷	林锡恩	1981年第6期
206	从传统建筑中学习空间处理手法	汪国瑜	1981年第6期
207	上海住宅建设的若干问题	曹伯慰、张志模、钱学中	1981年第7期
208	上海市乌鲁木齐中路居住组群设计	徐景猷、殷铭	1981年第7期
209	上海宾馆设计札记	汪定曾、张皆正	1981年第7期
210	略谈锐角几何图形的建筑构图	王天锡	1981年第8期
211	庭园旅游旅馆建筑设计浅说	莫伯治、林兆璋	1981年第9期
212	旅游风景区的饮食服务建筑	万仲英、许家珍	1981年第9期
213	广州文化公园“园中院”	郑祖良、刘管平	1981年第9期
214	试谈提高设计水平问题	余畯南	1981年第9期
215	湛江友谊商店	张绍桂	1981年第9期
216	约翰·波特曼在广州——略谈波特曼氏的设计哲理	奋京	1981年第9期
217	向黄土地层争取合理的新空间——靠山天井院式窑洞民居初探	周培南、杨国权、李屏东	1981年第10期
218	中国园林地方风格考——从北京半亩园得到的借鉴	佟裕哲	1981年第10期
219	西安化觉巷清真寺的建筑艺术	张锦秋	1981年第10期
220	医院建筑的扩建和改造	罗运湖	1981年第11期
221	山城重庆的临街住宅	余卓群	1981年第11期
222	略谈四川大学图书馆方案设计	郑国英、陈益华	1981年第11期
223	总结·交流·展望——关于“医院建筑设计学术交流会”的报导	裔绸	1981年第12期
224	一种简单、轻巧、机动、灵活的结构体系——我国民间建筑构架的构成与特色	尚廓	1981年第12期
225	正确处理住宅设计与分配的关系	沈奎绪、蔡全祥	1981年第12期
226	读书偶感（续）	梅尘	1982年第1期
227	折板建筑的结构与艺术	李镇强、欧阳植	1982年第1期

续表

序号	题名	作者	期号
228	城郊园林空地与周围环境的生态关系	程世抚	1982年第2期
229	我国多功能剧场发展与设计问题的探讨	梁应添	1982年第2期
230	北京西单百货商场设计——兼谈百货商场设计的几个问题	朱宗彦、盛声遐	1982年第2期
231	园林杂谈	黄周	1982年第2期
232	现代高效能图书馆建筑设计问题探讨	邱秀文	1982年第3期
233	苏州刺绣研究所接待楼建筑空间及环境设计	苏州市建筑设计院（执笔：时匡）	1982年第4期
234	徐州市博物馆碑园建筑设计	翟显中	1982年第4期
235	现代高效能图书馆建筑设计问题探讨（续）	邱秀文	1982年第4期
236	住宅设计要更多更好地考虑住户方便	张步骞	1982年第4期
237	建筑环境中新老建筑关系处理	仲德崑	1982年第5期
238	广东中山温泉宾馆	广州市设计院	1982年第5期
239	Taliesin West印象	王天锡	1982年第5期
240	大城市之未来——城市结构上的定向扩展与城市建设上的内向扩展	张明宇、杜振远	1982年第6期
241	河北省图书馆建筑设计构思	王世宏、李拱辰、钱秀云等	1982年第6期
242	唐山陶瓷展销陈列馆设计	徐显棠	1982年第6期
243	承德避暑山庄的园林艺术特色	韩宝庄、孔宪梁	1982年第6期
244	天津动物园大象馆设计	陈瑜	1982年第6期
245	螺旋发展与风格渐近——兼论继承与变革的辨证关系	彭一刚	1982年第6期
246	中小型建筑创作	徐建得	1982年第6期
247	创造丰富、多样、优美的居住环境——记居住建设多样化学术交流会	黄力	1982年第7期
248	论创造城市优美环境的规划	俞绳方	1982年第7期
249	扬州西园宾馆设计中结合民居形式的探讨	何时建、关天瑞	1982年第7期
250	《鹏园》规划设计简介	李正	1982年第7期
251	探讨住宅设计中的厅	聂兰生	1982年第8期
252	扩大模数及其网格在工业化住宅设计中的应用	李耀培	1982年第8期
253	外界环境与旅游旅馆建筑设计的构思	邹鸿良	1982年第8期
254	试评我国近期剧场建设中的一些问题	刘沪生	1982年第8期
255	水景与建筑庭院空间	王乃弓	1982年第8期
256	灵活空间的探索	刘云	1982年第8期
257	上海龙柏饭店建筑创作座谈会	钱学中（整理）	1982年第9期

续表

序号	题名	作者	期号
258	徒言树桃李，此木岂无阴——谈谈上海龙柏饭店的建筑创作	戴复东	1982年第9期
259	龙柏饭店建筑设计构思	张耀曾、凌本立	1982年第9期
260	龙柏饭店	张乾源、张耀曾、凌本立	1982年第9期
261	北京华都、建国两饭店设计座谈	顾孟潮（整理）	1982年第9期
262	浅评华都饭店	魏大中	1982年第9期
263	华都饭店设计	孙培尧、刘振宏、顾铭春	1982年第9期
264	印象与启示	刘力	1982年第9期
265	美国住宅建设中有关密度与层数的争论	李德耀	1982年第9期
266	日本中小学建筑设计新的探索	邬天柱	1982年第9期
267	创造形象，体现思想	王华彬	1982年第10期
268	谈西方现代建筑师的分代与建筑的分代	张似赞	1982年第10期
269	户内不同层高单元式高层住宅方案探讨	顾均	1982年第10期
270	山区住宅群布置中的几个问题	吴爱伦	1982年第10期
271	城市住宅设计调查会在昆明召开	钱卫中	1982年第10期
272	略论室内设计	蔡德道	1982年第11期
273	初论城市地下空间的利用	徐思淑	1982年第11期
274	多层厂房立面造型设计	赵宝馥	1982年第11期
275	“中国传统建筑图片展览”在香港九龙新世界中心开幕	邵华玉	1982年第11期
276	街道、广场与建筑——上海市宝山居住区中心设计札记	汪定曾	1982年第12期
277	建筑的本质和特征	李行	1982年第12期
278	美国研究生分析中国古建筑——天津大学部分留学生作业简介	荆其敏、张文忠	1982年第12期
279	北京图书馆东楼设计	肖启益	1982年第12期
280	四川“天井”民居	成诚、何干新	1983年第1期
281	船舶仓室空间设计	唐令方	1983年第1期
282	杭州风味餐厅室内设计简介	蒋敖树	1983年第1期
283	人类工程学与现代室内设计	李婉贞	1983年第1期
284	低层高密度住宅与多层住宅方案的设想	聂兰生、夏兰西	1983年第1期
285	喀麦隆文化宫建筑设计	杨家闻	1983年第1期
286	北京近年居住小区规划评析	沈继仁	1983年第2期
287	里弄住宅设计手法探讨	杨秉德	1983年第2期
288	武夷山风景环境与建筑初探	卜菁华	1983年第2期

续表

序号	题名	作者	期号
289	武夷山开发前景及其建筑探索	赖聚奎	1983年第2期
290	一个小建筑的空间构思——六安市青少年之家设计	汪正章	1983年第2期
291	为大多数人服务的建筑——为格罗皮乌斯诞生100周年而作	王申祜	1983年第2期
292	国外现代建筑创作趋向及其启示	布正伟	1983年第2期
293	辽阳化纤居住区规划与设计	张绍良、费成信	1983年第3期
294	建筑的模糊性	侯幼彬	1983年第3期
295	谈谈“几何母题法”	蔡希熊	1983年第3期
296	北京香山饭店建筑设计座谈会	顾孟潮（整理）	1983年第3期
297	关于发展我国大开间住宅设计的问题探讨	开彦	1983年第4期
298	工业化住宅标准化与多样化的探讨	水亚佑	1983年第4期
299	从香山饭店探讨贝聿铭的设计思想	顾孟潮	1983年第4期
300	关于我国城市效率的探讨	王德汉	1983年第5期
301	试论山区城市的布局结构——兼评重庆山城的布局特点	黄光宇	1983年第5期
302	西班牙建筑	龚德顺、王荣寿、黄德令	1983年第5期
303	建筑理论	彼得·柯林斯（Peter Collins）原著 孙增蕃 译	1983年第5期
304	建筑形式及其在建筑创作中的地位	王天锡	1983年第5期
305	立足现实 革新创造——评康健新村规划设计邀请竞赛	评选委员会	1983年第6期
306	4号方案简介	邓述平 等	1983年第6期
307	2号方案规划构思	鲍尔文	1983年第6期
308	松花江百货大楼扩建设计及评述	王桂菊、刘树广、张玉泽、黄居祯	1983年第6期
309	住宅室内空间布局的研究	马韵玉、班焯、唐璋、开彦	1983年第7期
310	从小居室的空间利用谈家具造型设计	张峻德	1983年第7期
311	建筑艺术的延续性和变化	D·拉斯顿爵士 张钦楠 译、整理	1983年第7期
312	关于图书馆藏阅空间布局的革新	王章	1983年第7期
313	广州南湖宾馆	李奋强、郭怡昌	1983年第7期
314	浅谈建筑创作	方鉴泉	1983年第8期
315	对建筑创作的一点体会	佘畯南	1983年第8期
316	建筑空间环境的开拓	余卓群	1983年第8期
317	风景名胜区规划与建筑	蔡德道	1983年第9期
318	广州白天鹅宾馆	广州市设计院白天鹅宾馆设计组	1983年第9期

续表

序号	题名	作者	期号
319	从建筑的整体性谈广州白天鹅宾馆的设计构思	佘畯南	1983年第9期
320	环境、空间与格调	莫伯治	1983年第9期
321	论苏州古城保护规划	俞绳方	1983年第9期
322	动态空间的创造	何其林	1983年第10期
323	新的起点——在《总体规划方案》和《批复》指导下做好首都的规划设计工作	吴良镛	1983年第11期
324	论城市街道的美化	沈亚迪	1983年第11期
325	石头 · 建筑 · 人——从贵州石建筑探讨山地建筑风格	罗德启	1983年第11期
326	贵州的干栏式苗居	李先逵	1983年第11期
327	山地民居空间环境剖析	余卓群	1983年第11期
328	杭州花家山宾馆四号楼设计	方子晋、唐葆亨	1983年第11期
329	上海宾馆建筑创作座谈会	唐玉恩、陈翠芬、郭小岭、张延文（记录整理）	1983年第12期
330	古代艺术融于现代建筑之初试——上海宾馆门厅、中庭的室内设计	姚金凌	1983年第12期
331	园林植物配置艺术的探讨	余森文	1984年第1期
332	苏联建筑观随谈——兼谈社会主义现实主义	李伟伟	1984年第1期
333	建筑表现	阿克曼、高恩斯（Janes S.Ackerthan and Alan gouans）原著 孙增蕃 译	1984年第2期
334	城市住宅的防卫安全问题	朱嘉广	1984年第3期
335	体育馆结构形式多样化初议	梅季魁	1984年第3期
336	建筑设计课教学的改革设想	王丽方	1984年第4期
337	医院集中治疗护理单元（ICU）建筑设计	智益春	1984年第4期
338	合肥园林绿地规划设计特点	劳诚	1984年第4期
339	系统方法与建筑设计	李敏泉	1984年第5期
340	北京长城饭店简介	倪国元	1984年第5期
341	试谈现代建筑美感的“雕塑性”	汪正章	1984年第5期
342	信息革命对办公建筑设计的影响	方元	1984年第6期
343	上海游泳馆设计	魏敦山、胡珊珊	1984年第6期
344	中山市中山纪念堂	王禄运	1984年第6期
345	徐州市云龙公园盆景园设计	颜文武、虞颂华	1984年第6期
346	写在全国小型体育馆方案评选之后	金东霖	1984年第7期
347	上海黄浦体育馆	葛如亮、张振山、龙永龄、刘宗元	1984年第7期

续表

序号	题名	作者	期号
348	广州市科学技术中心设计	黄秀龄、任佩珠	1984年第7期
349	综合性高等院校实验室规划设计的探讨	胡仁禄	1984年第8期
350	多哥人民联盟之家建筑设计	董学奎	1984年第8期
351	风景开拓议	冯纪忠	1984年第8期
352	语言、符号及建筑	项秉仁	1984年第8期
353	源园餐厅的装修设计	邹之麒、何干新、袁天义、陈卫东	1984年第8期
354	试谈建筑师的作用和地位	石威廉	1984年第9期
355	建筑设计10议	蔡德道	1984年第9期
356	澳大利亚城市历史保护区内新建筑的发展	P·柯克斯 乐琪 译、整理	1984年第9期
357	建筑——城市结构的组成部分	J·泰勒 张仲一 译、整理	1984年第9期
358	兴城规划与建设如何反映建筑现代化和地方风格问题	秦剑	1984年第10期
359	平面布局基线网与承重结构轴线网的相对旋转	王天锡	1984年第10期
360	探索一座科研中心的规划设计：兼谈电子计算中心的建筑实践体会	陈登鳌、李肖寒	1984年第10期
361	探讨现代化大城市干道：北京西直门路口用系统论方法试评路口规划	孙维绚	1984年第10期
362	城市工业建筑的发展与改造	雷春浓、吴迪慎	1984年第11期
363	厦门国际机场规划设计	黎佑明	1984年第11期
364	武汉市新华饭店建筑设计构思	缪顺	1984年第11期
365	商业建筑设计浅析	刘梦虎	1984年第11期
366	标准化与多样化的尝试	王炳俊、刘运晖、冯双媛	1984年第12期
367	创作新设想方案的己见	胡德君	1984年第12期
368	新住宅空间的探索	俞文怡	1984年第12期
369	住宅设计要创新	吴英凡	1984年第12期
370	凡事预则立——谈建筑教育革新	张文忠	1984年第12期
371	乐山大佛寺楠楼宾馆	沈庄	1984年第12期

附录D 《建筑师》中比较重要的"空间"文章列表（1-26期）

序号	题名	作者	期号
001	古为今用 推陈出新	王华彬	第1期
002	建筑艺术与建筑工业化、现代化——谈谈民族风格、地方风格和新风格问题	渠箴亮	第1期
003	评广州友谊剧院的建筑空间	杜白操	第1期
004	谈中国古代建筑的空间艺术	赵立瀛	第1期
005	谈谈建筑创作（1978年12月23日在清华大学建工系的讲演）	贝聿铭	第1期
006	《进步建筑》论贝聿铭（圆桌会议讨论梯形）（译自1978年10月号美《进步建筑》杂志）	凌灏 译	第1期
007	关于建筑创作的若干问题	熊明	第2期
008	关于园林建筑小品	刘管平	第2期
009	圆明园的中心——九洲景区	何重义、曾昭奋	第2期
010	太和殿的空间艺术	张家骥	第2期
011	格罗皮乌斯与"包豪斯"	罗小未	第2期
012	建筑空间论（一）——如何品评建筑	〔意〕布鲁诺·赛维著 张似赞 译	第2期
013	旅游旅馆建筑设计笔谈	林乐义、张镈、佘畯南、莫伯治、黄康宇、黄忠恕 等	第3期
014	国外旅游和旅馆设计综述	奚树祥	第3期
015	建筑思潮与旅馆——从波特曼的旅馆谈起	邹鸿良	第3期
016	论风景城市的布局和风景名胜的保护	黄光宇	第3期
017	关于风景文物保护区的探讨	郑孝燮	第3期
018	上海豫园游览区规划构想	徐景猷、殷铭、何新权	第3期
019	住宅群的布置	沈继仁	第3期
020	大板住宅建筑体系的标准化与多样化	顾宝和	第3期
021	勒·柯布西耶	罗小未	第3期
022	建筑空间论（二）—— 如何品评建筑	〔意〕布鲁诺·赛维著 张似赞 译	第3期
023	外部空间的设计（一）	〔日〕芦原义信著 尹培桐 译	第3期
024	对名山风景区发展旅游建筑的探讨——从峨眉山旅游区和川西民间建筑得到的启发	李道增、田学哲、单德启、俞靖芝、王炳仪、羊鎔	第4期
025	峨眉山旅游区及其建筑特色	李道增、单德启、田学哲、俞靖芝、羊鎔、王炳仪	第4期

续表

序号	题名	作者	期号
026	北海古柯庭庭院空间试析	汪国瑜	第4期
027	密斯·凡·德·罗	罗小未	第4期
028	雅典宪章	清华大学营建系 译	第4期
029	马丘比丘宪章	陈占祥 译	第4期
030	建筑空间论（三）——如何品评建筑	〔意〕布鲁诺·赛维著 张似赞 译	第4期
031	外部空间的设计（二）	〔日〕芦原义信著 尹培桐 译	第4期
032	城市居住小区规划设计的几个问题	曹希曾	第5期
033	低层高密度整体居住环境空间设计探讨	胡德君	第5期
034	一厅二室户型与居住过厅	顾定和	第5期
035	住宅的功能分析与辅助面积	庄裕光、刘玉清	第5期
036	关于住宅户内空间的分隔	汪统成	第5期
037	感触——联想	张祖刚	第5期
038	广州庭园（电视剧本）	刘管平	第5期
039	风物长宜放眼量——圆明园西北景区	何重义、曾昭奋	第5期
040	西方现代建筑师分代问题小议	梁应添	第5期
041	赖特	罗小未	第5期
042	日本著名建筑师丹下健三	洪明栋	第5期
043	空间与形式的再探索——关于理查德·迈耶的建筑艺术	王章	第5期
044	建筑空间论（四）——如何品评建筑	〔意〕布鲁诺·赛维著 张似赞 译	第5期
045	外部空间的设计（三）	〔日〕芦原义信著 尹培桐 译	第5期
046	中国建筑学会第五次全国会员代表大会分组讨论发言摘登	赵芳、齐哲整理	第6期
047	建筑与色彩	刘亦兴	第6期
048	试谈现代化图书馆设计的若干问题	鲍家声	第6期
049	铁路旅客站创作杂谈——从塘沽车站设计所想起的	张文忠	第6期
050	碑林杂拾	蔡希熊、赖聚奎	第6期
051	工业化住宅建筑的标准化与多样化	赵冠谦	第6期
052	住宅户型设计探讨	张勃	第6期
053	炎热地区“敞厅式”住宅设计	李再琛、朱昌廉	第6期
054	上海里弄住宅的空间组织和利用	王绍周、殷传福	第6期

续表

序号	题名	作者	期号
055	崇政殿的建筑艺术	刘宝仲	第6期
056	著名木构选讲	喻维国	第6期
057	新建筑世系谱	童寯	第6期
058	老子、赖特与“有机建筑”	陈少明	第6期
059	奈维与现代建筑	岩生	第6期
060	建筑空间论（五）——如何品评建筑	〔意〕布鲁诺·赛维著 张似赞 译	第6期
061	外部空间的设计（四）	〔日〕芦原义信著 尹培桐 译	第6期
062	论风景区	张国强	第7期
063	风景区规划设计	李长杰	第7期
064	结构构思与合用空间的创造（上）	布正伟	第7期
065	试论建筑学的方向	郑光复	第7期
066	西方建筑正在向何处去？——当代国外建筑思潮初探	刘先觉	第7期
067	1960~1980年美国的建筑、城市规划与环境设计理论的发展	〔美〕多萝瑞丝·海登著 蔡畹英 译，华实 校	第7期
068	建筑空间论（六）——如何品评建筑	〔意〕布鲁诺·赛维著 张似赞 译	第7期
069	外部空间的设计（五）	〔日〕芦原义信著 尹培桐 译	第7期
070	居住区规划——人们生活活动的环境设计	白德懋	第8期
071	无锡太湖风景区规划的几个问题	奚树祥	第8期
072	围绕石头做文章——石林风景区规划手法初探	艾定增	第8期
073	对建筑理论基本问题的探讨	刘鸿典	第8期
074	形象·象征·建筑艺术	沈福煦	第8期
075	西方现代建筑发展中的矛盾——关于建筑现代化问题的探讨	张仲一	第8期
076	国外医院护理单元研究	陈励先	第8期
077	结构构思与合用空间的创造（下）	布正伟	第8期
078	园林与绘画、文学及其他	程里尧	第8期
079	建筑庭院空间的民族特征	王乃弓	第8期
080	追忆太白风 再现故园情——谈谈李白纪念馆规划设计	张文聪、廖明友、雍朝勉	第8期
081	建筑创作小议——广州新建筑的启示	刘振亚、雷茅宇	第8期
082	有益的探索——参观广州新建筑札记	峪光	第8期

续表

序号	题名	作者	期号
083	关于后期现代主义——当代国外建筑思潮再探	刘先觉	第8期
084	建筑的复杂性和矛盾性	〔美〕罗伯特·文丘里著 周卜颐 摘 译	第8期
085	阿尔瓦·阿尔托	刘先觉	第8期
086	建筑空间论（七）——如何品评建筑	〔意〕布鲁诺·赛维著 张似赞 译	第8期
087	我国建筑“民族形式”创作的回顾	赵立瀛	第9期
088	形象思维与逻辑思维的统一——天津水上公园熊猫馆方案构思琐谈	彭一刚	第9期
089	壁画与建筑的构图关系	尚廓	第9期
090	研究——质量——技术——速度（上）——从国外医院建筑中的一些问题所想到的	戴复东	第9期
091	体育馆发展方向探讨	梅季魁、张耀曾、郭恩章	第9期
092	重庆“吊脚楼”民居	邵俊仪	第9期
093	徽州民居建筑风格初探	汪国瑜	第9期
094	苗侗山寨考查	邓焱	第9期
095	拉萨民居	拉萨民居调研小组	第9期
096	“精神功能”纵横谈	杨鹰	第9期
097	建筑空间论（八）——如何品评建筑	〔意〕布鲁诺·赛维著 张似赞 译	第9期
098	新苗茁壮，人才辈出——首届全国大学生 建筑设计方案竞赛述评	本刊编辑部（彭一刚执笔）	第10期
099	美国、英国的建筑教育	刘光华、龙希玉	第10期
100	美国建筑教育源流	靳东生	第10期
101	研究——质量——技术—速度（下）——从国外医院建筑中的一些问题所想到的	戴复东	第10期
102	国外的环境设计与居住环境	中国建筑科学研究院情报研究所（杜白操执笔）	第10期
103	工业化高层住宅的“半公共空间”	吴英凡	第10期
104	建筑科技沿革（一）	童寯	第10期
105	张镈谈“为著名建筑师立传”问题	顾孟潮 记述	第10期
106	菲利普·约翰逊的进取精神	张国良	第10期
107	晚期现代主义与后现代主义（节 译自日本《都市与建筑》1979年第10期）	〔英〕查尔斯·詹克斯著 尹培桐 译	第10期

续表

序号	题名	作者	期号
108	从苏州谈历史文化名城的保护规划	俞绳方	第11期
109	现代城市居住组群	徐景猷、殷铭、黎新	第11期
110	大厅式住宅初探	冼汉光	第11期
111	变层高式住宅设计探讨——兼论节约住宅建筑空间体量	业祖润	第11期
112	传统的启发性、环境的整体性和空间的不定性（上）	徐萍	第11期
113	漫谈园林语言	丁文魁	第11期
114	建筑科技沿革（二）	童寯	第11期
115	约翰·波特曼的设计理论和建筑实践	李勤范	第11期
116	现代建筑语言（上）	〔意〕布鲁诺·赛维著 席云平、王虹 译	第11期
117	“神似”刍议——试探建筑造型艺术的继承与创新	张勃	第12期
118	实体·空间·建筑艺术	沈福煦	第12期
119	建筑室内空间环境	蔡冠丽、齐康	第12期
120	结构构思与视觉空间的创造（一）	布正伟	第12期
121	水与建筑	陈宗钦	第12期
122	山区城市的布局结构——兼评重庆大山城的布局	黄光宇	第12期
123	浅谈山城建设特点	向松林	第12期
124	步行商业区及其规划构思	廷尉	第12期
125	国外建筑设计中的三角形构图	殷仁民	第12期
126	武汉地区高校规划与设计浅论	李舜华	第12期
127	试论工业化住宅设计方法（上）	窦以德	第12期
128	传统的启发性、环境的整体性和空间的不定性（下）	徐萍	第12期
129	曲径通幽处，禅房花木深——建筑设计与园林绿化结合小议	张至刚	第12期
130	故园青山在，来日庆长春——长春园初探	何重义 曾昭奋	第12期
131	中国园林空间的意境	宛素春	第12期
132	建筑科技沿革（三）	童寯	第12期
133	现代建筑语言（下）	〔意〕布鲁诺·赛维著 席云平、王虹 译	第12期
134	空间的限定（译自《建筑文化》1965年8月号）	岩木芳雄、堀越洋、桐原武志、大竹精一、佐佐木宏著 赵秀恒 译	第12期
135	现代开敞式舞台剧场设计初探	吴持敏	第13期
136	提高旅游旅馆室内环境质量的几个问题	邹鸿良	第13期

续表

序号	题名	作者	期号
137	南方地区公共建筑内庭空间处理	史庆堂	第13期
138	从若干实例看国外工业建筑设计的一些特点	王福义	第13期
139	工业建筑与灵活性	翁致祥、郑时龄	第13期
140	试论工业化住宅设计方法（下）	窦以德	第13期
141	广东潮汕民居	陆元鼎、魏彦钧	第13期
142	对《崇政殿的建筑艺术》的几点质疑	张家骥	第13期
143	英国著名建筑师欧司金	余庆康、张乾源	第13期
144	探索与创造——试谈丹下健三的作品风格	张明宇	第13期
145	后现代建筑语言（上）	〔英〕查尔斯·詹克斯著 李大夏摘 译	第13期
146	喜看建坛绽新蕾——第二届全国 大学生建筑设计方案竞赛述评	本刊编辑部（白佐民执笔）	第14期
147	现代西文建筑理论动向	汪坦	第14期
148	三访香山饭店	顾雷	第14期
149	香山饭店观感	范守中、蔡镇钰、管式勤、项祖荃	第14期
150	空间·时间·建筑艺术	沈福煦	第14期
151	结构构思与视觉空间的创造（二）	布正伟	第14期
152	高山仰止，构祠以祀——记陕西韩城司马迁祠	赵立瀛	第14期
153	建筑科技沿革（四）	童寯	第14期
154	莫斯科的公共建筑浅说	李伟伟	第14期
155	赖特建筑哲学中的辩证思维浅析	项秉仁	第14期
156	后现代建筑语言（中）	〔英〕查尔斯·詹克斯著 李大夏 摘 译	第14期
157	建筑量度论（一）——建筑中的空间、形状和尺度	〔美〕查尔斯·穆尔、杰拉德·阿伦著 邹德侬、陈少明节 译 沈玉麟 校	第14期
158	影剧院观众厅楼座设计问题	吴德基	第15期
159	北海碧波映新楼——北京图书馆东楼的建筑空间处理	肖启益	第15期
160	向地下争取居住空间——简介我国黄土窑洞	金瓯卜	第15期
161	下沉式黄土窑洞民居院落雏议	任致远	第15期
162	庐山新景开发	丁文魁、曹孝刿	第15期
163	太阳岛风景区建筑设计竞赛述评	李德大、邓林翰	第15期
164	生理·心理·建筑艺术	沈福煦	第15期

续表

序号	题名	作者	期号
165	结构构思与视觉空间的创造（三）	布正伟	第15期
166	谈建筑室内设计	高民权	第15期
167	CIP“长寿之家”设计方案构想	薛求理	第15期
168	重新思索——“中国长江水晶宫”设计构思	张在元	第15期
169	奥斯卡・尼迈亚——巴西“新巴洛克”匠师的作品风格	林言官	第15期
170	建筑的新“主义”——后现代古典主义	［英］查尔斯・詹克斯著 程友玲 译	第15期
171	后现代建筑语言（下）	［英］查尔斯・詹克斯著 李大夏摘 译	第15期
172	建筑量度论（二）——建筑中的空间、形状和尺度	［美］查尔斯・穆尔、杰拉德・阿伦著 邹德侬、陈少明节 译 沈玉麟 校	第15期
173	建筑方针杂议	孙承彬、沈娟珍	第16期
174	现代西方建筑理论动向（续篇）	汪坦	第16期
175	景观心理学琐谈	艾定增	第16期
176	论现代建筑空间的灵活性和可变性（上）	汪正章	第16期
177	关于哈尔滨城市建设的几个问题	常怀生	第16期
178	高层旅馆设计的建筑技术	蔡德道	第16期
179	安全、健康、舒适、效率——高层旅馆客房设计探讨	唐玉恩、张皆正	第16期
180	博览建筑的空间处理	陈岳	第16期
181	福建民居掠影	高珍明、杨道明、陈瑜	第16期
182	设计方法论中思维程序及其思维手段	黄亦骐	第16期
183	建筑随感录（续一）	王天锡	第16期
184	东京札记（上）	尹培桐	第16期
185	建筑量度论（三）——建筑中的空间、形状和尺度	［美］查尔斯・穆尔、杰拉德・阿伦著 邹德侬、陈少明节 译 沈玉麟 校	第16期
186	建筑评论的思考与期待——兼及“京派”“广派”“海派”	曾昭奋	第17期
187	结构构思与视觉空间的创造（四）	布正伟	第17期
188	论现代建筑空间的灵活性和可变性（下）	汪正章	第17期
189	邻里交往・住宅设计・小区规划	范耀邦	第17期
190	低层高密度住宅探讨	曹兴儒	第17期
191	现代建筑庭院（上）	齐婉	第17期

续表

序号	题名	作者	期号
192	现代形式构图原理	史春珊	第17期
193	学步偶感	蔡德道	第17期
194	国外玻璃建筑	陈新	第17期
195	现代建筑已经“寿终正寝”了吗?	〔美〕赫克丝苔勃尔著 王申祜 译	第17期
196	建筑量度论(四)——建筑中的空间、形状和尺度	〔美〕查尔斯·穆尔、杰拉德·阿伦著 邹德侬、陈少明节 译 沈玉麟 校	第17期
197	忽如一夜春风来,千树万树梨花开——全国大学生建筑论文竞赛述评	本刊编辑部(王伯扬执笔)	第18期
198	对“形似”、“神似”的再探讨	合肥工业大学 班琼	第18期
199	论折衷	天津大学 洪再生	第18期
200	中国古典建筑美学思想札记	清华大学 沈国强	第18期
201	建筑师·建筑·社会	重庆建筑工程学院 赵燕青	第18期
202	建筑性格简论	重庆建筑工程学院 潘咏华	第18期
203	建筑的动	天津大学 徐苏斌	第18期
204	虚空间纵横探	天津大学 孙刚	第18期
205	漫谈建筑中的镜子	南京工学院 朱继毅	第18期
206	工业建筑中的“情”	西安冶金建筑学院 胡炜	第18期
207	地下空间心理与设计	重庆建筑工程学院 郭黎阳	第18期
208	食堂与大学生	西安冶金建筑学院 刘克成	第18期
209	抽象雕塑与环境设计	清华大学 陈卫理	第18期
210	旧城镇商业街坊与居住里弄的生活环境	南京工学院 王澍	第18期
211	地下王国+田园城市——论未来城市结构形态	天津大学 沈晨	第18期
212	广场的启示	哈尔滨建筑工程学院 张路峰	第18期
213	城市农贸市场规划设计初探	天津大学 赵菁	第18期
214	交往空间——被遗忘的居住构成	天津大学 张军	第18期
215	邻里社团——城市日常居住生活的基本单位	西安冶金建筑学院 王琦	第18期
216	南方地区大进深住宅设计探讨	华南工学院 何其林	第18期
217	湘西民居拾零	天津大学 陈小四	第18期
218	试论中国古典园林的含蓄美	同济大学 叶华	第18期
219	上海豫园鱼乐榭庭院空间试析	同济大学 傅国华	第18期
220	试论中国山水画对古典园林的影响	天津大学 梁雪	第18期

续表

序号	题名	作者	期号
221	庭园——现代建筑生命之花	天津大学 孙丽萍	第18期
222	探索与追求——一个游泳馆的设计构思	周方中	第19期
223	山水游赏空间设计初探（上）	孔少凯	第19期
224	现代建筑庭院（下）	齐婉	第19期
225	现代建筑的格网	毛晓冰	第19期
226	高层建筑发展一百年（上）	吴海遥	第19期
227	福建民居的传统特色与地方风格（上）	黄汉民	第19期
228	建筑 · 色彩 · 心理	王学文	第19期
229	雅马萨奇的建筑艺术	刘先觉	第19期
230	构成主义建筑与维斯宁兄弟	李伟伟	第19期
231	苏联建筑师简介（上）	许德恭	第19期
232	城市的形象（一）	〔美〕凯文 · 林奇著 项秉仁 译，刘光华 校	第19期
233	工业建筑的发展及其美学问题	郑时龄	第20期
234	贵州岩石建筑——我国建筑百花园中的一朵鲜花	戴复东	第20期
235	园虽小而可珍——记扬州珍园	刘家麒	第20期
236	竖向交通与建筑空间	于健生	第20期
237	壁画创作琐谈	于美成	第20期
238	国外建筑绿化（上）	陈新	第20期
239	城市的形象（二）	〔美〕凯文 · 林奇著 项秉仁 译 刘光华 校	第20期
240	不断发展中的建筑与建筑师的职责	渠箴亮	第21期
241	中国建筑视觉艺术	刘宝仲	第21期
242	结构构思与视觉空间的创造（五）	布正伟	第21期
243	独乐寺观音阁的空间艺术	张家骥	第21期
244	现代城市建筑综合体	徐景猷	第21期
245	一个城镇规划进入第三代的代表作——介绍巴黎埃夫利一区	魏挹澧 王齐凯	第21期
246	法院建筑设计（下）——法院建筑的性格	屈浩然 寿民	第21期
247	住宅建设的新哲学和新方法——SAR “支撑体”的理论和实践	鲍家声	第21期
248	小户型住宅及其室内设计探讨	金志杰	第21期
249	山水游赏空间设计初探（下）	孔少凯	第21期

续表

序号	题名	作者	期号
250	《建筑空间组合论》献疑	窦武	第21期
251	空间、体形及建筑形式的周期性演变——答窦武同志	彭一刚	第21期
252	入门的启示——评《建筑空间组合论》	齐康	第21期
253	高层建筑发展一百年（下）	吴海遥	第21期
254	国外建筑绿化（下）	陈新	第21期
255	城市的形象（三）	〔美〕凯文・林奇著 项秉仁 译，刘光华 校	第21期
256	建筑的方形平面和方形空间构图	蔡希熊、王锦海	第22期
257	上海城市空间设计探索（上）	佘晓白	第23期
258	人类扩大室内空间的成果——大空间结构（上）	吴海遥	第23期
259	存在・空间・建筑（一）	[挪威]诺伯格・舒尔茨著 尹培桐 译	第23期
260	空间使用方式初探（上）	胡正凡	第24期
261	上海城市空间设计探索（下）	佘晓白	第24期
262	高层建筑外部空间设计之我见	唐玉恩	第24期
263	人类扩大室内空间的成果——大空间结构（中）	吴海遥	第24期
264	存在・空间・建筑（二）	[挪威]诺伯格・舒尔茨著 尹培桐 译	第24期
265	空间使用方式初探（下）	胡正凡	第25期
266	人类扩大室内空间的成果——大空间结构（下）	吴海遥	第25期
267	存在・空间・建筑（三）	[挪威]诺伯格・舒尔茨著 尹培桐 译	第25期
268	建筑空间的构成手法	张萍	第26期
269	存在·空间·建筑（四）	[挪威]诺伯格·舒尔茨著 尹培桐 译	第26期

参考文献

中文书目

[1] 杨永生，顾孟潮. 20 世纪中国建筑 [M]. 天津：天津科学技术出版社，1999.

[2] 邹德侬. 中国现代建筑史 [M]. 天津：天津科学技术出版社，2001.

[3] 邹德侬等 . 中国现代建筑史 [M]. 北京：机械工业出版社，2003.

[4] 伍江，赵辰. 中国近代建筑学术思想研究 [M]. 北京：中国建筑工业出版社，2002.

[5] 杨秉德. 中国近代中西建筑文化交融史 [M]. 武汉：湖北教育出版社，2003.

[6] 李海清. 中国建筑现代转型 [M]. 南京：东南大学出版，2004.

[7] 赖德霖. 中国近代建筑史研究 [M]. 北京：清华大学出版社，2007.

[8] 赖德霖. 近代哲匠录——中国近代重要建筑师、建筑事务所名录 [M]. 北京：中国水利水电出版社，知识产权出版社，2006.

[9] 邓庆坦. 中国近现代建筑历史整合研究论纲 [M]. 北京：中国建筑工业出版社，2008.

[10] 杨永生 . 建筑百家杂识录 [M]. 北京：中国建筑工业出版社，2004.

[11] 杨永生 . 建筑百家回忆录 [M]. 北京：中国建筑工业出版社，2000.

[12] 杨永生 . 建筑百家回忆录续编 [M]. 北京：中国建筑工业出版社，2003.

[13] 杨永生 . 中国四代建筑师 [M]. 北京：中国建筑工业出版社，2000.

[14] 杨永生 . 建筑百家书信集 [M]. 北京：中国建筑工业出版社，2000.

[15] 杨永生 . 建筑百家言 [M]. 北京：中国建筑工业出版社，1998.

[16] 赵辰. "立面"的误会——建筑·理论·历史 [M]. 北京：三联书店，2007.

[17] 钱锋，伍江. 中国现代建筑教育史 [M]. 北京：中国建筑工业出版社，2008.

[18] 邹德侬 . 中国现代建筑艺术论题 [M]. 济南：山东科学技术出版社，2006.

[19] 邹德侬 . 中国现代建筑论集 [M]. 北京：机械工业出版社，2003.

[20] 汪坦 . 第三次中国近代建筑史研究讨论会论文集 [C]. 北京：中国建筑工业出版社，1991.

[21] 朱剑飞 . 中国建筑 60 年（1949—2009）：历史理论研究 [M]. 北京：中国建筑工业出版社，2009.

[22] 徐苏斌 . 近代中国建筑学的诞生 [M]. 天津：天津大学出版社，2010.

[23] 邹德侬，戴路，张向炜 . 中国现代建筑史 [M]. 北京：中国建筑工业出版社，2010.

[24] 杨秉德 . 新中国建筑——创作与评论（第 1 辑）[M]. 天津：天津大学出版社，2000.

[25] 钱锋，伍江 . 中国现代建筑教育史 [C]. 北京：中国建筑工业出版社，2008.

[26] 郝曙光 . 当代中国建筑思潮研究 [M]. 北京：中国建筑工业出版社，2006.

[27] 吴焕加，吕舟 . 1946—1996 建筑史研究论文集 [C]. 北京：中国建筑工业出版社，1996.

[28] 伍江 . 上海百年建筑史 [M]. 上海：同济大学出版社，1997.

[29] 北京市中日文化交流史研究会 . 中日文化交流史论文集 [C]. 北京：人民出版社，1982.

[30] 刘正埮，高名凯，麦永乾等 . 汉语外来词词典 [M]. 上海：上海辞书出版社，1984.

[31] 汪荣宝，叶澜 . 新尔雅 [M]. 上海：上海文明书局，1903.
[32] 蓝立蓂 . 关汉卿戏曲词典 [M]. 成都：四川人民出版社，1993.
[33] 冯天瑜 . 新语探源——中西日文化互动与近代汉字术语的生成 [M]. 北京：中华书局，2004.
[34] 舒新城 . 中华百科辞典 [M]. 上海：中华书局，民国十九年（1930）.
[35] 沈志远 . 新哲学辞典 [M]. 北平：笔耕堂书店，民国二十二年（1933）.
[36] 李鼎声 . 现代语辞典 [M]. 上海：光明书局，民国二十三年（1934）.
[37] 现代知识编译社 . 现代知识大辞典 [M]. 上海：现代知识出版社，1937.
[38] 黄河清，姚德怀 . 近现代辞源 [M]. 上海辞书出版社，2010.
[39] 吴国盛 . 希腊空间概念的发展 [M]. 成都：四川教育出版社，1997.
[40] 冯雷 . 理解空间：现代空间观念的批判与重构 [M]. 北京：中央编译出版社，2008.
[41] 宗白华 . 美学散步 [M]. 上海：上海人民出版社，1981.
[42] 宗白华 . 美学与意境 [M]. 北京：人民出版社，1987.
[43] 宗白华 . 宗白华全集（三卷）[M]. 合肥：安徽教育出版社，1994.
[44] 李允鉌 . 华夏意匠：中国古典建筑设计原理分析 [M]. 天津：天津大学出版社，2005.
[45] 李泽厚 . 美的历程（修订插图本）[M]. 天津：天津社会科学院出版社，2001.
[46] 丰陈宝，丰一吟，丰元草 . 丰子恺文集·艺术卷 [M]. 杭州：浙江文艺出版社，1990.
[47] 丰子恺 . 西洋建筑讲话 [M]. 上海：开明书店，1935.
[48] 唐敬杲 . 现代外国人名辞典 [M]. 上海：商务印书馆，1933.
[49] 魏凤文 . 时空物理纵横——近代时空观的建立 [M]. 北京：北京出版社，1988.
[50] 陈学勇 . 林徽因文存·建筑 [M]. 成都：四川文艺出版社，2005.
[51] 陈学勇 . 林徽因文存·散文 书信 评论 翻译 [M]. 成都：四川文艺出版社，2005.
[52] 梁思成 . 梁思成谈建筑 [M]. 北京：当代世界出版社，2006.
[53] 高亦兰 . 梁思成学术思想研究论文集（1946-1996）[M]. 北京：中国建筑工业出版社，1996.
[54] 同济大学建筑与城市规划学院 . 建筑弦柱：冯纪忠论稿 [M]. 上海：上海科学技术出版社，2003.
[55] 同济大学建筑与城市规划学院 . 建筑人生：冯纪忠访谈录 [M]. 上海：上海科学技术出版社，2003.
[56] 赵炳时，陈衍庆 . 清华大学建筑学院（系）成立 50 周年纪念文集（1946-1996）[C]. 北京：中国建筑工业出版社，1996.
[57] 同济大学建筑与城市规划学院 . 历史与精神（同济大学建筑与城市规划学院百年校庆纪念文集）[C]. 北京：中国建筑工业出版社，2007.
[58] 同济大学建筑与城市规划学院 . 同济大学建筑与城市规划学院教学文集一·开拓与建构 [C]. 北京：中国建筑工业出版社，2007.
[59] 同济大学建筑与城市规划学院 . 同济大学建筑与城市规划学院教学文集二·传承与探索 [C]. 北京：中国建筑工业出版社，2007.
[60] 潘谷西 . 东南大学建筑系成立七十周年纪念专集 [C]. 北京：中国建筑工业出版社，1997.
[61] 同济大学建筑与城市规划学院 . 黄作燊纪念文集 [M]. 北京：中国建筑工业出版社，2012.
[62] 赵冰 . 冯纪忠与方塔园 [M]. 北京：中国建筑工业出版社，2007.

[63] 冯纪忠 . 建筑人生——冯纪忠自述 [M]. 北京：东方出版社，2010.
[64] 冯纪忠 . 意境与空间——论规划与设计 [M]. 北京：东方出版社，2010.
[65] 冯纪忠 . 与古为新——方塔园规划 [M]. 北京：东方出版社，2010.
[66] 童寯 . 童寯文集 [M]. 北京：中国建筑工业出版社，2001.
[67] 童寯 . 新建筑与流派 [M]. 北京：中国建筑工业出版社，1980.
[68] 吴焕加 . 20 世纪西方建筑史 [M]. 郑州；河南科学技术出版社，1991.
[69] 罗小未 . 现代建筑奠基人 [M]. 北京：中国建筑工业出版社，1991.
[70] 童寯 . 近百年西方建筑史 [M]. 南京：南京工学院出版社，1986.
[71] 李道增 . 李道增文集 [M]. 北京：建筑工业出版社，2006.
[72] 布正伟 . 现代建筑的结构构思与设计技巧 [M]. 天津：天津科学技术出版社，1986.
[73] 布正伟 . 创作视界论——现代建筑创作平台建构的理念与实践 [M]. 北京：机械工业出版社，2004.
[74] 陆元鼎 . 岭南人文·性格·建筑 [M]. 北京：中国建筑工业出版社，2005.
[75] 王贵祥 . 东西方的建筑空间：文化、空间图式及历史建筑空间论 [M]. 北京：中国建筑工业出版社，1998.
[76] 辛华泉 . 立体构成 [M]. 哈尔滨：黑龙江美术出版社，1991.
[77] 刘先觉 . 现代建筑理论：建筑结合人文科学自然科学与技术科学的新成就 [M]. 北京：中国建筑工业出版社，1999.
[78] 王受之 . 世界现代建筑史 [M]. 北京：中国建筑工业出版社，1999.
[79] 吕富珣 . 苏俄前卫建筑 [M]. 北京：中国建材工业出版社，1991.
[80] 韩林飞，B·A·普利什肯，霍小平 . 建筑师创造力的培养：从苏联高等艺术与技术工作室（BXYTEMAC）到莫斯科建筑学院（MAPXHИ）[M]. 北京：中国建筑工业出版社，2007.
[81] 冯江，刘虹 . 中国建筑文化之西渐 [M]. 武汉：湖北教育出版社，2008.
[82] 卢永毅 . 建筑理论的多维视野：同济建筑讲坛 [C]. 北京：中国建筑工业出版社，2009.
[83] 王夫之. 思问录 [M]. 济南：山东友谊出版社，2001.
[84] 项秉仁. 赖特 [M]. 北京：中国建筑工业出版社，1992.
[85] 刘月 . 中西建筑美学比较论纲 [M]. 上海：复旦大学出版社，2008.
[86] 蔡元培 . 蔡元培美学文选 [M]. 北京大学出版社，1983.
[87] 郎绍君，水天中 . 二十世纪中国美术文选（上册）[M]. 上海书画出版社，1999.
[88] 彭长歆 . 岭南著名建筑师 [M]. 广州：广东人民出版社，2005.
[89] 周畅 . 建筑学报五十年精选（1954-2003）[C]. 北京：中国计划出版社，2004.
[90] 康有为 . 列国游记——康有为遗稿 [M]. 上海：上海人民出版社，1995.
[91] 包亚明 . 后现代性与地理学的政治 . 上海：上海教育出版社，2001.

外文译著

[1] 彼得·罗，关晟 . 承传与交融——探讨中国近现代建筑的本质与形成 [M]. 成砚译 . 北京：中国建筑工业出版社，2004.

[2] 维特鲁威 . 建筑十书 [M]. 高履泰译 . 北京：知识产权出版社，2004.
[3] 维特鲁威 . 建筑十书 [M]. 陈平译 . 北京：北京大学出版社，2012.
[4] [意] 布鲁诺・赛维 . 建筑空间论：如何品评建筑 [M]. 张似赞译 . 北京：中国建筑工业出版社，1985.
[5] [意] 布鲁诺・赛维 . 现代建筑语言 [M]. 席云平，王虹译 . 北京：中国建筑工业出版社，2005.
[6] [意] 奈尔维 . 建筑的艺术与技术 [M]. 黄运升译 . 北京：中国建筑工业出版社，1981.
[7] [意] 曼弗雷多・塔夫里，弗朗切斯科・达尔科 . 现代建筑 [M]. 刘先觉等译 . 北京：中国建筑工业出版社，2000.
[8] [意]L・本奈沃洛 . 西方现代建筑史 [M]. 邹德侬，巴竹师，高军译 . 天津：天津科技出版社，1996.
[9] [意] 莱昂・巴蒂斯塔・阿尔伯蒂 . 建筑论——阿尔伯蒂建筑十书 [M]. 王贵祥译 . 北京：中国建筑工业出版社，2010.
[10] [挪威] 诺伯格・舒尔茨 . 存在・空间・建筑 [M]. 尹培桐译 . 北京：中国建筑工业出版社，1990.
[11] [挪威] 诺伯格・舒尔茨 . 西方建筑的意义 [M]. 李路珂，欧阳恬之译 . 北京：中国建筑工业出版社，2005.
[12] [德]Jürgen Joedicke. 建筑设计方法论 [M]. 冯纪忠，杨公侠译 . 武汉：华中工学院出版社，1983.
[13] [德] 柯特・西格尔 . 现代建筑的结构与造型 [M]. 成莹犀译，冯纪忠校 . 北京：中国建筑工业出版社，1981.
[14] [德] 格罗皮乌斯 . 新建筑与包豪斯 [M]. 张似赞译 . 北京：中国建筑工业出版社，1979.
[15] [德] 莱辛 . 拉奥孔 [M]. 朱光潜译 . 北京：人民文学出版社，1984.
[16] [德] 黑格尔 . 美学（三卷）[M]. 朱光潜译 . 北京：商务印书馆，1979.
[17] [德] 叔本华 . 作为意志和表象的世界 [M]. 石冲白译 . 北京：商务印书馆，1982.
[18] [德] 阿道夫・希尔德布兰德 . 造型艺术中的形式问题 [M]. 潘耀昌等译 . 北京：中国人民大学出版社，2004.
[19] [德] 福尔倍 . 造型美术 [M]. 钱稻孙译 . 上海：商务印书馆，民国十九年（1930）.
[20] [美] 肯尼斯・弗兰姆普敦 . 现代建筑：一部批判的历史 [M]. 张钦楠等译 . 北京：生活・读书・新知三联书店，2004.
[21] [美] 肯尼斯・弗兰姆普敦 . 建构文化研究：论 19 世纪和 20 世纪建筑中的建造诗学 [M]. 王骏阳译 . 北京：中国建筑工业出版社，2007.
[22] [美] 罗伯特・文丘里 . 建筑的复杂性与矛盾性 [M]. 周卜颐译 . 北京：中国建筑工业出版社，1991.
[23] [美] 塔尔博特・哈姆林 . 构图原理 [M]. 奚树祥译 . 南京：南京工学院建筑系，1979.
[24] [美] 塔尔博特・哈姆林 . 建筑形式美的原则 [M]. 邹德侬译 . 北京：中国建筑工业出版社，1982.
[25] [美] 沙里宁 . 形式的探索：一条处理艺术的问题的基本途径 [M]. 顾启源译 . 北京：中国建筑

工业出版社，1989.
[26] [美] 罗伯特·文丘里，丹尼丝·斯科特·布朗，史蒂文·艾泽努尔 . 向拉斯韦加斯学习 [M]. 徐怡芳，王健译 . 北京：知识产权出版社，中国水利水电出版社，2006.
[27] [英] 彼得·柯林斯 . 现代建筑设计思想的演变 [M]. 英若聪译 . 北京：中国建筑工业出版社，2003.
[28] [英] 弗兰克·惠特福德 . 包豪斯 [M]. 林鹤译 . 北京：生活·读书·新知三联书店，2001.
[29] [英] 布莱恩·劳森 . 空间的语言 [M]. 杨青娟等译 . 中国建筑工业出版社，2003.
[30] [英] 查尔斯·詹克斯 . 后现代建筑语言 [M]. 李大夏译 . 北京：中国建筑工业出版社，1986.
[31] [英] 罗杰·斯克鲁登 . 建筑美学 [M]. 刘先觉译 . 北京：中国建筑工业出版社，2003.
[32] [英] 尼古拉斯·佩夫斯纳 . 欧洲建筑纲要 [M]. 殷凌云，张渝杰译 . 济南：山东画报出版社，2011.
[33] [英] 尼古拉斯·佩夫斯纳 . 现代建筑与设计的源泉 [M]. 殷凌云，李宏，毕斐译 . 北京：生活·读书·新知三联书店，2001.
[34] [波兰] 伊·基谢尔 . 工业建筑的设计和定型化 [M]. 陶吴馨等译 . 北京：建筑工程出版社，1958.
[35] [苏] 寇金（А.Д.Кокин），杜尔宾（Н.И.Турбин）. 建筑技术与建筑艺术 [M]. 高履泰译 . 北京：建筑工程出版社，1956.
[36] 苏联大百科全书选译：建筑艺术 [M]. 北京：建筑工程出版社，1955.
[37] [苏] В · В · 谢尔巴桐夫，В · Е · 贝柯夫，Г · К · 别里林，Д · Б · 哈扎诺夫 . 电影院建筑 [M]. 北京：城市建设出版社，1957.
[38] [苏] И · И · 那依玛尔克 . 庭院式少层住宅建筑 [M]. 吴梦光译 . 北京：建筑工程出版社，1956.
[39] [苏] 查宾科（М.П.Цапенко）. 论苏联建筑艺术的现实主义基础 [M]. 清河译 . 北京：建筑工程出版社，1955.
[40] 苏联建筑科学院建筑理论、历史和建筑技术研究所 . 建筑构图概论 [M]. 顾孟潮译 . 北京：中国建筑工业出版社，1983.
[41] [俄] 金兹堡 . 风格与时代 [M]. 陈志华译 . 西安：陕西师范大学出版社，2004.
[42] [俄] 瓦西里·康定斯基 . 点·线·面：抽象艺术的基础 [M]. 罗世平译 . 北京：人民美术出版社，1988.
[43] [俄] 康定斯基 . 康定斯基论点线面 [M]. 罗世平，魏大海，辛丽译 . 北京：中国人民大学出版社，2003：10.
[44] [瑞士] 基提恩 . 时空与建筑：一个新传统的成长 [M]. 刘英译 . 银来图书出版有限公司，1972.
[45] [瑞士]S·基提恩 . 空间、时间、建筑 [M]. 王锦堂，孙全文译 . 台北：台隆书店，1986.
[46] [德] 格罗皮乌斯 . 整体建筑总论 [M]. 汉宝德译 . 台北：台隆书店，1984.
[47] [瑞士] 约翰内斯·伊顿 . 设计与形态 [M]. 朱国勤译 . 上海：上海人民美术出版社，1992.
[48] [瑞士] 约翰内斯·伊顿 . 色彩艺术 [M]. 杜定宇译 . 上海：上海人民美术出版社，1985.
[49] Reyner Banham. 近代建筑概论 [M]. 王纪鲲译 . 台北：台隆书店，1982.

[50] [德] 康德 . 纯粹理性批判 [M]. 蓝公武译 . 北京：商务印书馆，1960.
[51] [匈] 玛察 . 现代欧洲艺术 [M]. 雪峰译 . 上海：大江书铺，1930.
[52] [日] 日田敏 . 现代艺术十二讲 [M]. 丰子恺译 . 长沙：湖南文艺出版社，2004.
[53] [日] 芦原义信 . 外部空间设计 [M]. 尹培桐译 . 北京：中国建筑工业出版社，1985.
[54] [日] 黑田鹏信 . 艺术概论 [M]. 丰子恺译 . 上海：开明书店，民国十七年 .
[55] [日] 利光公 . 包豪斯——现代工业设计运动的摇篮 [M]. 刘树信译 . 北京：轻工业出版社，1988.
[56] [英] 弗兰克 · 惠特福德，包豪斯——大师和学生们 [M]. 钱竹，陈江峰，李晓隽译 . 北京：艺术与设计杂志社，2003.
[57] [德] 黑格尔 . 自然哲学 [M]. 梁志学译 . 北京：商务印书馆，1980.
[58] [德] 玛克斯 · 德索 . 美学与艺术理论 [M]. 兰金仁译 . 北京：中国社会科学出版社，1987.
[59] [奥] 卡米洛 · 西特 . 城市建设艺术——遵循艺术原则进行城市建设 [M]. 仲德崑译，齐康校 . 南京：东南大学出版社，1990.
[60] [英] 博伊德 . 西方教育史 [M]. 任宝祥等译 . 北京：人民教育出版社，1985.
[61] [美]H · H · 阿纳森 . 西方现代艺术史 [M]. 邹德侬，巴竹师，刘珽译 . 沈玉麟校 . 天津：天津人民美术出版社，2007.
[62] [英] 威廉 · J · R · 柯蒂斯 . 20 世纪世界建筑史 [M]. 本书翻译委员会译 . 北京：中国建筑工业出版社，2011.
[63] [丹麦] 扬 · 盖尔 . 交往与空间 [M]. 何人可译 . 北京：中国建筑工业出版社，2002.
[64] [瑞士]H · 沃尔夫林 . 艺术风格学 [M]. 潘耀昌译 . 沈阳：辽宁人民出版社，1987.
[65] [法] 加斯东 · 巴什拉 . 空间的诗学 [M]. 张逸婧译 . 上海：上海译文出版社，2009.
[66] [日] 原口秀昭 . 路易斯 · I · 康的空间构成 [M]. 徐苏宁，吕飞译 . 北京：中国建筑工业出版社，2007.
[67] [日] 原口秀昭 . 世界 20 世纪经典住宅设计：空间构成的比较分析 [M]. 北京：中国建筑工业出版社，1997.
[68] [英] 诺曼 · 弗尔克拉夫 . 话语与社会变迁 [M]. 殷晓蓉译 . 北京：华夏出版社，2003.
[69] [日] 实藤惠秀 . 中国人留学日本史 [M]. 谭汝谦，林启彦译 . 北京：生活 · 读书 · 新知三联书店，1983.
[70] [日] 矢代真己，田所辰之助，滨崎良实 . 20 世纪的空间设计 [M]. 卢春生，小室治美，卢叶译 . 北京：中国建筑工业出版社，2007.
[71] [法] 米歇尔 · 福柯 . 知识考古学 [M]. 谢强，马月译 . 北京：生活 · 读书 · 新知三联书店，1998.
[72] [英] 诺曼 · 费尔克拉夫 . 话语与社会变迁 [M]. 殷晓蓉译 . 北京：华夏出版社，2003.
[73] [瑞士] 索绪尔 . 普通语言学教程 [M]. 高名凯译 . 北京：商务印书馆，1985.
[74] [英]G · 勃罗德彭特 . 符号、象征与建筑 [M]，乐民成等译 . 北京：中国建筑工业出版社，1991.
[75] [美] 马泰 · 卡林内斯库 . 现代性的五副面孔 [M]. 顾爱彬，李瑞华译 . 北京：商务印书馆，2002.

外文原著

[1] Werner Oechslin and Lynnette Widder. *Otto Wagner, Adolf Loos, and the Road to Modern Architecture* [M]. Cambridge University Press. 1st Eng. Edition, 2002.

[2] Adrian Forty. *Words and Buildings: A Vocabulary of Modern Architecture* [M]. Thames & Hudson, 2000.

[3] Herny-Ruseell Hitchcock & Philip Johnson. *The International Style: Architecture Since 1922* [M]. New York: W.W. Norton, 1995.

[4] Sigfried Giedion. Space, *Time and Architecture: the growth of a new tradition* [M]. Oxford University Press, 1947，1952，1956，1963，1967.

[5] Nikolaus Pevsner. *An Outline of European architecture* [M]. Baker & Taylor Books, 1961.

[6] Hilde Heynen. *Architecture and Modernity: A Critique* [M]. The MIT Press, 2000.

[7] Hanno-Walter Kruft. Translation by Ronald Taylor & Elsie Callander and Antony Wood. *A History of Architectural Theory: From Vitruvius to the Present* [M]. Princeton Architectural Press, 1994.

[8] Panayotis Tournikiotis. *The Historiography of Modern Architecture* [M]. The MIT Press, 2001.

[9] Charles Willard Moore. *Dimensions: space. shape & scale in architecture* [M]. Architectural Record Books,1976.

[10] Alan Colquhoun. *Modern Architecture* [M]. Oxford University Press, 2002.

[11] Reyner Banham. *Theory and Design in the First Machine Age* [M]. The MIT Press，1980.

[12] Leonardo Benevolo. *History of Modern Architecture* [M], MIT Press, 1971.

[13] Barry Bergdoll. *European Architecture 1750-1890* [M]. Oxford University Press, 2000.

[14] Howard Robertson. *The Principles of Architectural Composition* [M]. London, The Architectural Press, 1924.

[15] Robin Middleton ed. *The Beaux-Arts and Nineteenth-century French Architecture* [M]. THAMES AND HUDSON, 1984.

[16] Donald Drew Egbert. *The Beaux-arts Tradition in French Architecture* [M]. Princeton: Princeton University Press, 1980.

[17] Gottfried Semper. Translated by Harry Francis Mallgrave and Wolfgang Herrmann. *The Four Elements of Architecture and Other Writings* [M]. Camberidge University Press, 1989.

[18] Andrew Benjamin. *Style and Time: Essays on the Politics of Appearance* [M]. Northwestern University Press, 2006.

[19] Harry Francis Mallgrave. *Modern Architectural Theory. a historical survey [1673-1968]* [M]. Cambridge University Press, 2005.

[20] Beatriz Colomina. *Sexuality & Space* [M]. Princeton Architectural Press,1992.

[21] Rudolf Wittkower. *Architectural Principles in the Age of Humanism* [M]. Academy Press, 1998.

[22] Adolf Loos. Aldo Rossi and Jane O. Newman and John H. Smith. *Spoken into the Void: Collected Essays by Adolf Loos 1897-1900* [C]. The MIT Press, 1987.

[23] Harry Francis Mallgrave. *Architectural Theory (Volume II): An Anthology from 1871 to 2005*[M].

Wiley-Blackwell, 2008.

[24] Harry Francis Mallgrave ed. *Empathy, Form, and Space: Problems in German Aesthetics, 1873-1893* [C]. The Getty Center for the History of Art, 1994.

[25] Max Dessoir. *Ästhetik und allgemeine Kunstwissenschaft* [M], Stuttgart: Verlag von Ferdinand Enke, 1906.

[26] Herny-Ruseell Hitchcock. *Modern Architecture: Romanticism and Reintegration* [M]. New York: Payson & Clarke , 1929.

[27] Mitchell Schwarzer. *German Architectural Theory and the Search for Modern Identity* [M]. Cambridge: Cambridge University Press, 1995.

[28] Christof Thoenes. *Architectural Theory: From the Renaissance to the Present* [M]. Köln: Taschen, 2003.

[29] Paul Zucker. *The Paradox of Architectural Theory at the Begin of the Modern Movement* [J]. Journal of the Society of Architectural Historians 10:3, Oct.1951：8-14.

[30] Kathi Holt-Damant. *Celebration: Architectonic constructs of space in the 1920s* [J]. Leach, Andrew and Matthewson (eds.) *The 22th Annual Conference of the Society of Architectural Historians Australia and New Zealand*. SAHANZ. Society of Architectural Historians Australia and New Zealand, Napier：173-178.

[31] Comelis van de Ven. *Ideas of space in german architectural theory 1850-1930* [J]. Architectural Association Quarterly, 1977（9）: 30-39.

[32] Mitchell W. Schwarzer. *The Emergence of Architectural Space: August Schmarsow's Theory of "Raumgestaltung"* [J]. Assemblage, 1991（15）: 48-61.

[33] Eugene Clute, Russell Fenimore Whitehead, Kenneth Reid, Elizabeth L. Cleaver. *Progressive Architecture* [C].2009（1）.

[34] 井上哲次郎，有贺长雄 .（改订增补）哲学字汇 . 东京：东洋馆，明治十七年五月（1884）.

学位论文

[1] 钱锋 . 中国现代建筑教育奠基人——黄作燊 [D]. 同济大学硕士论文，2001.

[2] 刘小虎 . 时空转换和意动空间——冯纪忠晚年学术思想研究 [D]. 华中科技大学博士学位论文，2009.

[3] 王凯 . 现代中国建筑话语的发生：近代文献中建筑话语的“现代转型”研究 [D]. 同济大学博士学位论文，2009.

[4] 王颖 . 探求一种“中国式样”：近代中国建筑中民族风格的思维定势与设计实践（1900-1937）[D]. 同济大学博士学位论文，2009.

[5] 周鸣浩 . 1980 年代中国建筑转型研究 [D]. 同济大学博士学位论文，2011.

[6] 单踊 . 西方学院派建筑教育史研究 . 东南大学博士学位论文，2002.

[7] 王彦丽 . 建筑空间本质的哲学反思 [D]. 西安建筑科技大学硕士论文，2005.

[8] 刘珊 . 造型艺术空间论 [D]. 苏州大学博士学位论文，2010.

[9] 高颖 . 包豪斯与苏维埃 [D]. 天津大学硕士学位论文，2009.

[10] 庞蕾 . 源流与误解——论构成的变异 [D]. 南京艺术学院硕士学位论文，2005.

[11] Comelis van de Ven. *Concerning the Idea of Space: The Rise of a New Fundamental in German Architectural Theory and in the Modern Movements Until 1930*[D]. 宾夕法尼亚大学（University of Pennsylvania）博士论文，1974.

主要期刊：

[1]《建筑学报》

[2]《建筑师》

[3]《世界建筑》

[4]《时代建筑》

[5]《华中建筑》

[6]《新建筑》

[7]《中国建筑》

[8]《建筑月刊》

[9]《新建筑》（民国）

[10]《申报》

[11]《时事新报》

图片出处

第二章

图 2-1　Gottfried Semper. Translated by Harry Francis Mallgrave and Wolfgang Herrmann. The Four Elements of Architecture and Other Writings [M]. Camberidge University Press，1989：29.

图 2-2　Max Dessoir. *Ästhetik und allgemeine Kunstwissenschaft*[M]，Stuttgart：Verlag von Ferdinand Enke，1906：310.

图 2-3　[德] 玛克斯·德索 . 美学与艺术理论 [M]. 兰金仁译 . 北京：中国社会科学出版社，1987：269.

图 2-4　作者自制　原图来自：www.en.wikipedia.org/wiki/ 与 http://www.archigraphie.eu/

图 2-5　高介华 . 楚学——莱特学派的哲学基础 . 华中建筑，1991（04）：6.

图 2-6　Barry Bergdoll. European Architecture 1750-1890[M]. Oxford University Press，2000：78.

第三章

图 3-1　孙俍工 . 文艺辞典 [M]. 上海：民智书局，民国十七年（1928）：376.

图 3-2　黑田鹏信 . 艺术概论 [M]. 丰子恺译 . 上海：开明书店，民国十七年（1928）：11.

图 3-3　童玉民 . 造庭园艺 [M]. 上海：商务印书馆，民国十二年（1923）：163.

图 3-4　[美]H·H·阿纳森 . 西方现代艺术史 [M]. 邹德侬，巴竹师，刘珽译，沈玉麟校 . 天津：天津人民美术出版社，2007：彩图 42.

图 3-5　Ingo F. Waither ed. Art of the 20th Century: Painting. Sculpture. New Media. Photography（Part I）. Taschen，2012.

图 3-6　Alan Colquhoun. *Modern Architecture* [M]. Oxford University Press，2002：92.

图 3-7　宗白华 . 宗白华全集 1[M]. 合肥：安徽教育出版社，1994：512.

图 3-8　同上：562

图 3-9　同上：580

图 3-10　《中国学生》(上海，1929 年第三卷第五期：43）

图 3-11　费成武 . 谈建筑及其他美术 [J]. 中国建筑，(27)：62.

图 3-12　利用座椅垫下的空间 [J]. 科学画报，1940，6（9）：554.

图 3-13　Eugene Clute，Russell Fenimore Whitehead，Kenneth Reid，Elizabeth L. Cleaver. Progressive Architecture[C].2009（1）：1.

图 3-14　《新建筑》第 2 期：2

图 3-15　《新建筑》创刊号：16

图 3-16　Alan Colquhoun. Modern Architecture [M]. Oxford University Press，2002：16.

图 3-17　Henry-Russell Hitchcock and Philip Johnson. *The International Style: Architecture Since 1922* [M]. New York：W.W. Norton，1995：172.

图 3-18　Sigfried Giedion. Space，*Time and Architecture: the growth of a new tradition* [M]. Oxford University Press，1947：48，53.

图 3-19　Sigfried Giedion. *Space, Time and Architecture: the growth of a new tradition* [M]. Oxford University Press，1952：220.

图 3-20　[瑞士] 约翰内斯·伊顿 . 设计与形态 [M]. 朱国勤译 . 上海：上海人民美术出版社，1992：12.

第四章

图 4-1　Hanno-Walter Kruft. Translation by Ronald Taylor & Elsie Callander and Antony Wood. *A History of Architectural Theory: From Vitruvius to The Present* [M]，Princeton Architectural Press，1994：图版 154.

图 4-2　苏联建筑科学院建筑理论、历史和建筑技术研究所 . 建筑构图概论 . 顾孟潮译 . 北京：中国建筑工业出版社，1983：8.

图 4-3　Ingo F. Walther ed. Art of the 20th Century: Painting. Sculpture. New Media. Photography (Part I). Taschen, 2012.

图 4-4　Ingo F. Walther ed. Art of the 20th Century: Painting. Sculpture. New Media. Photography（Part I）. Teschen，2012.

图 4-5　Alan Colquhoun. *Modern Architecture* [M]. Oxford University Press，2002：124

图 4-6　韩林飞，B·A·普利什肯，霍小平 . 建筑师创造力的培养：从苏联高等艺术与技术工作室（BXYTEMAC）到莫斯科建筑学院（MAPXHИ）[M]. 北京：中国建筑工业出版社，2007：26.

图 4-7　同上：30

图 4-8　Sigfried Giedion. Space，Time and Architecture：the growth of a new tradition [M]. Oxford University Press，1947：325.

图 4-9　同上：547

图 4-10　汤纪敏 . 彻底粉碎资产阶级建筑思想 [J]. 清华大学学报，4（3）：359.

图 4-11　潘谷西 . 苏州园林的观赏点和观赏路线 [J]. 建筑学报，1963（6）：17.

图 4-12　郭黛姮，张锦秋 . 苏州留园的建筑空间 [J]. 建筑学报，1963（3）：19.

图 4-13　齐康，黄伟康 . 建筑群的构图与观赏 [J]. 南工学报，1963：28.

图 4-14　吕俊华 . 小区建筑群空间构图 [J]. 建筑学报 . 1962（11）：3.

图 4-15　曾坚，杨芸 . 关于住宅内部的设计问题 [J]. 建筑学报，1961（10）：13.

图 4-16　徐尚志，阮长善 . 集体宿舍设计中如何贯彻“干打垒”精神 [J]. 建筑学报，1966（4，5）：69，71.

图 4-17　周文正 . 整日制幼儿园的设计 [J]. 建筑学报，1957（7）：17.

图 4-18　北京市规划管理局设计院人民大会堂设计组 . 人民大会堂 [J]. 建筑学报，1959（9，10）：27.

图 4-19　北京市建筑设计院北京工人体育馆设计组 . 北京工人体育馆的设计 [J]. 建筑学报，1961（4）.

图 4-20 徐景猷，方润秋 . 上海沪东住宅区规划设计的研讨 [J]. 建筑学报，1958（1）：5.

图 4-21 建筑科学研究院建筑理论及历史研究室园林组 . 月牙楼的设计：风景建筑创作笔记 [J]. 建筑学报，1960（6）：23.

图 4-22 莫伯治，莫俊英，郑昭，张培煊 . 广州泮溪酒家 [J]. 建筑学报，1964（6）：23.

图 4-23 王吉螽，李德华 . 同济大学教工俱乐部 [J]. 建筑学报，1958（6）：18-19.

图 4-24 王吉螽，李德华 . 同济大学教工俱乐部 [J]. 同济大学学报，1958（1）.

图 4-25 清华大学土建系民用建筑设计教研组 . 民用建筑设计原理（初稿插图）[M]. 清华大学内部刊行，1963：99.

第五章

图 5-1 [日] 原口秀昭 . 路易斯·I·康的空间构成 [M]. 徐苏宁，吕飞译 . 北京：中国建筑工业出版社，2007：29.

图 5-2 布鲁诺·赛维 . 现代建筑语言（上）[J]. 席云平，王虹译 . 建筑师，（11）：220.

图 5-3 布鲁诺·赛维 . 现代建筑语言（下 [J]）. 席云平，王虹译 . 建筑师，（12）：220.

图 5-4 [德]Jürgen Joedicke. 建筑设计方法论 [M]. 冯纪忠，杨公侠译 . 武汉：华中工学院出版社，1983：46.

图 5-5 同上：47

图 5-6 同上：49

图 5-7 Steve Womersley. *John Portman and Associates: Selected and Current Works*（*The Master Architect series VI*）. Images Publishing Dist Ac, 2006:25.

图 5-8 马国馨 ."走自己的路"——记黑川纪章 [J]. 世界建筑，1984（6）：120.

图 5-9 张守仪 . 六七十年代西方的城市多户住宅 [J]. 世界建筑，1983（2）：13.

图 5-10 王章 . 空间与形式的再探索——关于理查德·迈耶的建筑艺术 [J]. 建筑师，（5）：239.

图 5-11 [日] 芦原义信 . 外部空间设计 [J]. 尹培桐，译 . 建筑师，（3）：225.

图 5-12 查尔斯·詹克斯 . 后现代建筑语言（下）[J]. 李大夏，摘译 . 建筑师，（15）：225.

图 5-13 槙文彦 . 日本的城市空间和"奥"[J]. 葛水粼译 . 世界建筑，1981（1）：62.

图 5-14 岩木芳雄，堀越洋，桐原武志，大竹精一，佐佐木宏 . 空间的限定 [J]. 赵秀恒译 . 建筑师，（12）：227.

图 5-15 侯幼彬 . 建筑—空间与实体的对立统一——建筑矛盾初探 [J]. 建筑学报，1979（3）：16、17.

图 5-16 赵立瀛 . 谈中国古代建筑的空间艺术 [J]. 建筑师 . 1979（1）：89.

图 5-17 王世仁 . 民族形式再认识 . 建筑学报，1980（3）：32.

图 5-18 汪国瑜 . 北海古柯庭庭院空间试析 [J]. 建筑师，（4）：177，180，181.

图 5-19 傅国华 . 上海豫园鱼乐榭庭院空间试析 [J]. 建筑师，（18）：193.

图 5-20 荆其敏，张文忠 . 美国研究生分析中国古建筑——天津大学部分留学生作业简介 [J]. 建筑学报，1982（12）：47、48.

图 5-21 蔡希熊，王锦海 . 建筑的方形平面和方形空间构图 [J]. 建筑师，（22）：66.

图 5-22 殷仁民．国外建筑设计中的三角形构图 [J]. 建筑师，(12)：109；王世仁．民族形式再认识 [J] 建筑学报，1980（3）：32.

图 5-23 仲德崑．建筑环境中新老建筑关系处理 [J]. 建筑学报，1982（5）：28-35.

图 5-24 杨秉德．里弄住宅设计手法探讨 [J]. 建筑学报，1983（2）：20.

图 5-25 汪统成．关于住宅户内空间的分隔 [J]. 建筑师，(5)：82.

图 5-26 业祖润．变层高式住宅设计探讨——兼论节约住宅建筑空间体量 [J]. 建筑师，(11)：85，87，89-92.

图 5-27 鲍家声．住宅建设的新哲学和新方法——SAR“支撑体”的理论和实践 [J]. 建筑师，(21)：128.

图 5-28 陈岳．博览建筑的空间处理 [J]. 建筑师，(16)：105.

图 5-29 唐璞 江道元．住宅建筑新体系的初探——工业化蜂窝元件的组合体 [J]. 建筑学报，1980（6）：60.

图 5-30 布正伟．结构构思与合用空间的创造（上）[J]. 建筑师，(7)：102.

图 5-31 布正伟．结构构思与视觉空间的创造（一）[J]. 建筑师，(12)：45.

图 5-32 王乃弓．建筑庭院空间的民族特征 [J]. 建筑师，(8)：132.

图 5-33 同上：140

图 5-34 孙刚．虚空间纵横探 [J]. 建筑师，(18)：65.

图 5-35 邹德侬，戴路，张向炜．中国现代建筑史 [M]. 北京：中国建筑工业出版社，2010：107.

图 5-36 王天锡．香山饭店设计对中国建筑创作民族化的探讨 [J]. 建筑学报，1981（6）：14.

图 5-37 作者拍摄．

图 5-38 佘畯南．低造价能否做出高质量的设计？——谈广州友谊剧院设计 [J]. 建筑学报，1980（3）：18.

图 5-39 杜白操．评广州友谊剧院的建筑空间 [J]. 建筑师，1979（1）：56.

图 5-40 陈世民．试谈公共建筑创作中的几个问题 [J]. 建筑学报．1979（1）：24.

图 5-41 陆元鼎．岭南人文·性格·建筑 [M]. 北京：中国建筑工业出版社，2005：123.

图 5-42 莫伯治．环境、空间与格调 [J]. 建筑学报，1983（9）：50.

图 5-43 佘畯南．从建筑的整体性谈广州白天鹅宾馆的设计构思 [J]. 建筑学报，1983（9）：40.

图 5-44 同上：42

图 5-45 陆元鼎．岭南人文·性格·建筑 [M]. 北京：中国建筑工业出版社，2005：132；莫伯治．环境、空间与格调 [J]. 建筑学报，1983（9）：48，50；佘畯南．从建筑的整体性谈广州白天鹅宾馆的设计构思 [J]. 建筑学报，1983（9）：41.

图 5-46 郑祖良，刘管平．广州文化公园“园中院”[J]. 建筑学报，1981（9）：26.

图 5-47 赵冰．冯纪忠与方塔园 [M]. 北京：中国建筑工业出版社，2007：29.

图 5-48 同上：33

图 5-49 李柔锋拍摄

图 5-50 天津大学．公共建筑设计原理 [M]. 北京：中国建筑工业出版社，1981.

后记

本书是在我的博士论文《中国现代建筑空间话语研究（1920s-1980s）》的基础上修改而成的，回想博士论文的写作，感慨很多。从迷茫地开始选题到反复讨论交流确定开题，从无处寻找资料到信息越来越庞杂，从无从下手到打开思路，论文写作是个充满痛苦与快乐的过程，酸甜苦辣样样具备。欣慰的是付出终有收获，在论文写作接近尾声时，我终于对论文相关研究领域有了一些认识和不太成熟的想法。尽管这些认识与想法在论文的修改中得到了一些完善，相对于我所研究的空间话语历史，需要做的研究工作还有很多很多。要完成中国现代建筑历史研究中的一个完整的空间专题研究，以我才疏学浅，在短短的博士学习期间及博士之后的短短的几年时间内实在力不从心，此课题将是我为之继续奋斗的目标。

首先，应该感谢我的导师卢永毅教授，她引导和鼓励了我对建筑历史与理论的热爱。从硕士开始，她的谆谆教导不仅使我的专业技能和专业素质有了很大的提高，更重要的是她严谨的治学态度给我求学和研究学术做出了最好的榜样。

感谢伍江教授、王骏阳教授、李翔宁教授、钱锋（女）副教授在我论文开题时为我提供研究思路，感谢赖德霖先生对我论文写作的指导。感谢伍江教授、赵辰教授、王骏阳教授、韩冬青教授、彭怒教授、赵国文副教授在博士论文评审和答辩中给我的指导与肯定，正是在他们的鼓励与指导下，我完成了论文的修改。

感谢我的父母，我所有的收获都是你们付出的结果。特别感谢我的先生朱霁，他一直包容着我的坏脾气，默默地守候在我身边，没有他的支持我不可能没有任何后顾之忧地专心扑在博士论文的研究之中。

还要感谢王凯师兄、王颖师姐、周鸣浩师兄、段建强师兄、赵冬梅师姐、周慧琳师妹陪我讨论论文，为我提供研究思路。感谢束林师妹帮助我获得了大量的外文文献资料。感谢所有师兄师姐、同门兄弟姐妹们对我研究的帮助。

感谢中国建筑工业出版社的编辑何楠对本书出版的帮助。

2016 年 1 月于成都